可視光応答型光触媒の実用化技術
Practical Use Technology of Visible-light Photocatalyst

監修:多賀康訓

シーエムシー出版

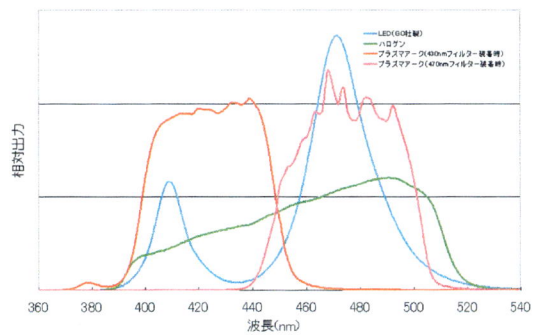

歯科用可視光線照射器の分光スペクトル
（第8章7節　図1）

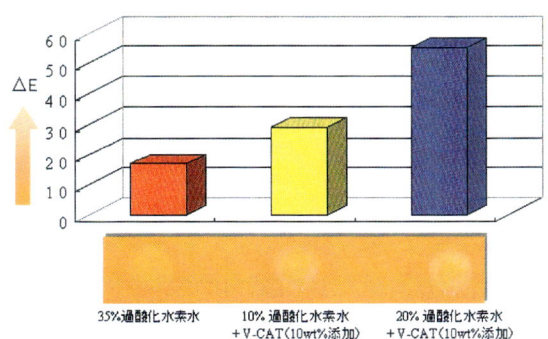

βカロチン染色紙を用いた漂白試験結果
（第8章7節　図2）

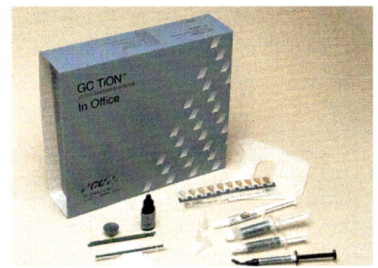

GC TiON IN OFFICE
（第8章7節　図3）

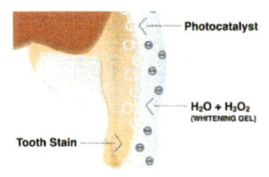 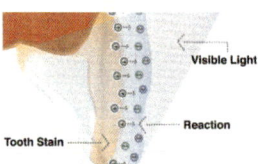 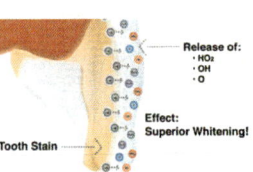

1. ホワイトニング材を作用させる　　2. 可視光線照射を行う　　3. 着色原因物質が分解される

GC TiON IN OFFICE の漂白機構
（第8章7節　図4）

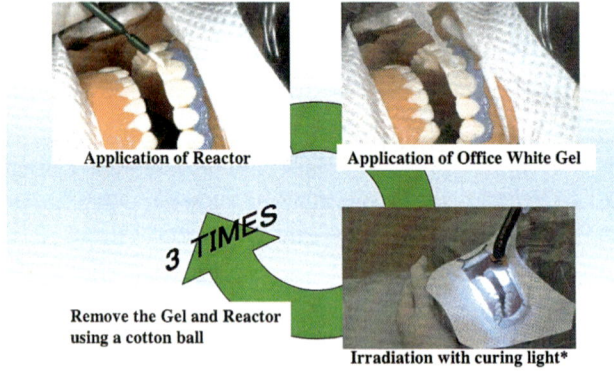

GC TiON IN OFFICE の治療方法
（第8章7節　図5）

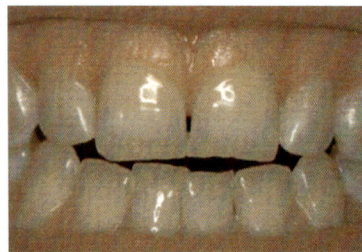 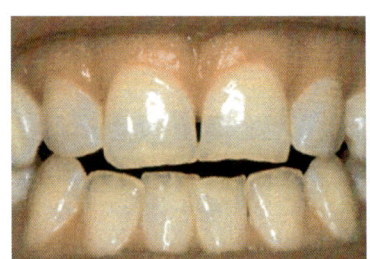

ホワイトニング前　→　ホワイトニング後

GC TiON IN OFFICE 臨床写真
（第8章7節　図6）

はじめに

　光触媒現象は日本で発見された。事実，1964年加藤，増尾らは紫外光照射された酸化チタン（TiO_2）表面におけるテトラリンの光触媒分解を見出し工業工学雑誌に論文を発表している。しかし，この光触媒現象を世界的に認知させたのは1972年，藤嶋，本多により発表されたNature誌の論文であった。彼らは紫外光照射されたTiO_2電極上で水が光化学分解できることを発見したのである。これら一連の紫外光照射下のTiO_2表面で起こる種々の光化学反応を総称した光触媒作用はHonda-Fujishima効果として広く知られており現在日本が世界を先導する科学技術の一つである。特に，無限の太陽光を利用し地上に無限に存在する水からエネルギー源であるH_2とO_2が生成出来る夢の光化学反応として期待された。そして90年代に入り「環境」や「エネルギー」が大きな社会問題となり加えて1997年R. Wangらにより光照射によるTiO_2表面の光触媒超親水現象が発見され再び注目を集めた。

　その後の技術開発により紫外光照射下での光触媒作用は基材表面に防汚性，防臭性，抗菌性，親水性，等の新機能を付与する形で応用展開され，自動車用アウターミラー（親水，防汚利用），空気清浄機（防臭利用），テント，タイル，防音壁（防汚利用），等へ次々と実用化されている。

　こうした紫外光型TiO_2光触媒の用途開発・実用化が軌道にのり，研究開発の中心が実用レベルの可視光下で使用可能な光触媒材料の開発に移った。この可視光応答型光触媒はTiO_2系光触媒の発見当初から切望され実験室レベルでの可能性報告はいくつか存在したが，実用レベルの報告は無かった。この永遠の課題にひとつの解を与える報告が2001年Science誌に掲載され国内・外の注目を集めた。その後研究報告が数多く発表され可視光応答型光触媒研究・開発の流れを創出している。またごく最近可視光応答型光触媒を利用した部材，製品が徐々に市場に出始めている。

　紫外光は太陽光中にわずか3～4％しか含まれない事から，より多くの光子が存在する可視光を利用した光触媒の開発には非常に大きな期待が寄せられている。事実，国内外の研究機関，企業による可視光応答型光触媒材料の開発が活発に行われているが，報告されている可視光応答型光触媒材料の性能は紫外光応答型に比べなお不十分であり今後更なる研究開発が必要である。

　本書は可視光応答型光触媒に絞り材料設計，プロセス技術，物性・特性解析，安全性評価，および市場に出始めた応用製品の紹介，等を統一的に盛り込んだ。さらに，現在の課題とその解決策について議論し新しい市場創出への期待と展望を加えた。また，可視光応答型光触媒の研究開発および製品開発の第一線でご活躍の多くの方々にご出稿いただいた。ここに感謝の意を表したい。本書が可視光応答型光触媒の正しい理解，今後の研究開発および製品開発の一助となり，しいては新しい産業振興に寄与できれば幸いである。

2005年9月

多賀康訓

普及版の刊行にあたって

　本書は2005年に『可視光応答型光触媒―材料設計から実用化までのすべて―』として刊行されました。普及版の刊行にあたり，内容は当時のままであり加筆・訂正などの手は加えておりませんので，ご了承ください。

　2010年10月

シーエムシー出版　編集部

―― 執筆者一覧(執筆順) ――

多賀 康訓	(現)中部大学　光機能薄膜研究センター　センター長・教授
村上 能規	(現)長岡工業高等専門学校　物質工学科　准教授
野坂 芳雄	(現)長岡技術科学大学　教授
旭　 良司	(現)㈱豊田中央研究所　材料基盤研究部　材料設計研究室　室長
西川 貴志	石原産業㈱　開発企画研究本部　機能材料研究開発室　四日市研究グループ　研究主管
佐藤 次雄	(現)東北大学　多元物質科学研究所　教授
殷　 澍	(現)東北大学　多元物質科学研究所　准教授
森川 健志	㈱豊田中央研究所　材料分野　無機材料研究室　推進責任者；主任研究員
村上 裕彦	㈱アルバック　筑波超材料研究所　ナノスケール材料研究部　部長
作花 済夫	京都大学　名誉教授
大脇 健史	(現)㈱豊田中央研究所　材料基盤研究部　無機材料研究室　室長
横野 照尚	(現)九州工業大学　大学院工学研究院　教授
古谷 正裕	(現)㈶電力中央研究所　原子力技術研究所　上席研究員
田中 伸幸	(現)㈶電力中央研究所　環境科学研究所　環境リスク評価領域　上席研究員
常磐井 守泰	(現)㈶電力中央研究所　特別名誉顧問
村松 淳司	(現)東北大学　多元物質科学研究所　プロセスシステム工学研究部門　ハイブリッドナノ粒子研究分野　教授
高橋 英志	東北大学　多元物質科学研究所　多元ナノ材料研究センター　ハイブリッドナノ粒子研究部　助手 (現)東北大学　大学院環境科学研究科　准教授
加藤 英樹	東京理科大学　理学部　応用化学科　助手 (現)東北大学　多元物質科学研究所　講師
辻　 一誠	東京理科大学　大学院理学研究科 (現)日揮ユニバーサル㈱　プロセス触媒研究室　研究員
工藤 昭彦	東京理科大学　理学部　応用化学科　教授
堂免 一成	(現)東京大学　大学院工学系研究科　化学システム工学専攻　教授

(つづく)

前田 和彦	(現)東京大学　大学院工学系研究科　化学システム工学専攻　助教
駒木 秀明	(現)㈳日本ファインセラミックス協会　標準部長
青木 恒勇	㈱豊田中央研究所　材料分野　無機材料研究室　副研究員
小池 宏信	住友化学㈱　基礎化学品研究所　主席研究員
小田原 恭子	住友化学㈱　生物環境科学研究所　主席研究員
河合 里美	住友化学㈱　生物環境科学研究所　主任研究員
中村 洋介	住友化学㈱　生物環境科学研究所　主任研究員
北本 幸子	住友化学㈱　生物環境科学研究所　主任研究員
森本 隆史	住友化学㈱　生物環境科学研究所
須安 祐子	住友化学㈱　基礎化学品研究所
正木 康浩	(現)住友金属工業㈱　総合技術研究所　物性分析研究開発部　参事
福田 匡	住友金属工業㈱　総合技術研究所　商品基盤技術研究部　部長研究員
	(現)国立和歌山工業高等専門学校　知能機械工学科　教授・学科主任
田坂 誠均	(現)住友金属工業㈱　総合技術研究所　主任研究員
溝口 郁夫	アキレス㈱　研究開発本部　主任研究員
山田 真義	(現)アキレス㈱　研究開発本部　第2グループ　副参事　研究員
加藤 真示	㈱ノリタケカンパニーリミテド　研究開発センター　チームリーダー
金法 順正	(現)小松精練㈱　研究開発室　室長
何合 泰源	(現)㈱KAKOU　代表取締役
浅野 英昭	(現)㈱ニコン　映像カンパニー　デザイン部　プロダクトデザイン課　主任研究員
山口 晋	(現)㈱ジーシー　研究所　研究員
入内嶋 一憲	平山設備㈱　抗菌システム部　課長代理
原田 正裕	㈱きもと　企画開発部
石井 芳一	(現)アルバック理工㈱　代表取締役社長
大谷 文章	(現)北海道大学　触媒化学研究センター　教授
中野 由崇	(現)中部大学　総合工学研究所　准教授

執筆者の所属表記は，注記以外は2005年当時のものを使用しております。

目 次

第1章 光触媒の現状と本書の構成　　多賀康訓
……………………………………………… 1

第2章 光触媒の動作機構と期待される特性　　村上能規，野坂芳雄

1 はじめに ………………………… 5
2 光触媒の電子エネルギー構造 …… 6
3 光触媒の光吸収過程とその測定法 … 10
4 エネルギー準位と電位図 ………… 13
5 電子，正孔の表面移動と表面吸着分子との反応 ………………………… 14

第3章 可視光応答型光触媒の設計

1 バンドギャップ狭窄法による可視光応答化 ……………………旭　良司 … 18
 1.1 はじめに ……………………… 18
 1.2 可視光応答化の指針 ………… 18
 1.3 金属元素のドーピング ……… 20
 1.4 アニオンドーピング ………… 21
 1.5 まとめと今後の展望 ………… 24
2 増感化合物表面修飾法による可視光応答化 ……………………西川貴志 … 26
 2.1 はじめに ……………………… 26
 2.2 可視光応答型酸化チタンの設計 … 28
 2.3 可視光応答型酸化チタン光触媒の物性及び反応特性 ……………… 31
 2.4 おわりに ……………………… 32

第4章 可視光応答型光触媒作製プロセス技術

1 湿式プロセス … 佐藤次雄，殷　澍 … 34
 1.1 はじめに …………………………… 34
 1.2 チタン化合物水溶液のアンモニア中和－仮焼による窒素固溶酸化チ

I

	タンの合成 ………………………	34
1.3	ソルボサーマル反応による窒素固溶酸化チタンの合成 ………………	35
1.4	おわりに …………………………	42
2	乾式プロセス ……………森川健志…	44
2.1	はじめに …………………………	44
2.2	酸素欠損型 TiO_{2-x} ………………	44
2.3	カチオン（陽イオン）ドープ TiO_2 …	45
2.4	アニオン（陰イオン）ドープ TiO_2 …	46
2.4.1	N ドープ TiO_2 …………………	47
2.4.2	S ドープ TiO_2 …………………	49
2.4.3	C ドープ TiO_2 …………………	50
2.5	共ドープ TiO_2 …………………	51
2.6	おわりに …………………………	51
3	薄膜プロセス ……………村上裕彦…	54

3.1	はじめに …………………………	54
3.2	酸化チタン薄膜の作製方法 ………	54
3.3	可視光応答型酸化チタンの作製 …	55
3.3.1	可視光応答型酸化チタンとバンド構造 …………………………	55
3.3.2	アンモニアによる酸化チタンの窒化反応 ………………………	56
3.3.3	光吸収スペクトルとエネルギーバンドギャップ測定 ………	58
3.4	可視光応答型酸化チタンの性能評価 ………………………………	60
3.4.1	UV 光下での触媒性能評価 …	60
3.4.2	可視光下での触媒性能評価 …	60
3.5	おわりに …………………………	61

第5章　ゾル－ゲル溶液の化学：コーティングの基礎　作花済夫

1	はじめに ……………………………………	62
2	溶液中のシリコンアルコキシドの反応 ………………………………………	62
2.1	均質溶液の調製 …………………	62
2.2	シリコンアルコキシドのゾル－ゲル反応の物質収支 ………………	63
2.3	シリコンアルコキシドの加水分解と縮合 ………………………	64
2.4	加水分解の機構：触媒の影響 ……	64
2.4.1	シリコンアルコキシドの加水分解 ………………………………	64
2.4.2	酸性触媒による加水分解のメカニズム ………………………	65

2.4.3	塩基性触媒による加水分解のメカニズム ………………………	65
2.4.4	酸性，塩基性以外の触媒効果 ………………………………	66
2.4.5	ゲル化反応の起こり方：酸触媒と塩基触媒の比較 …………	66
2.5	ケイ素アルコキシドの加水分解・縮合に影響する各種ファクター …	68
2.5.1	テトラアルコキシシランの加水分解にたいするアルキル基の種類の影響 ………………	68
2.5.2	アルキルアルコキシシランの加水分解 ………………………	68

2.6 ケイ素アルコキシドの反応に関連のあるその他の知見 ………… 69	3 非シリカ酸化物のゾル-ゲル反応…… 71
2.6.1 水の割合と加水分解 ………… 69	3.1 遷移金属アルコキシドの加水分解・重合 ………………………… 71
2.6.2 溶媒と加水分解 …………… 69	3.2 遷移金属アルコキシドの化学修飾による反応性の制御 ………… 72
2.6.3 リエステリフィケーション … 69	
2.6.4 トランスエステリフィケーション ……………………… 69	3.3 ヘテロ金属アルコキシドによる多成分機能性酸化物の合成 …… 73
2.7 縮合反応およびゲル化に影響するファクター …………………… 70	4 おわりに ……………………………… 74

第6章 可視光応答型光触媒の特性と物性

1 Ti-O-N系 ……………**大脇健史**… 77	2.3 硫黄カチオンをドープした可視光応答型二酸化チタン粒子の物性 … 86
1.1 はじめに ………………………… 77	
1.2 $TiO_{2-x}N_x$の光触媒特性 ………… 77	2.4 硫黄カチオンドープ可視光応答型二酸化チタンの触媒活性 ………… 87
1.2.1 ガス分解特性 ……………… 77	
1.2.2 色素分解特性 ……………… 78	2.4.1 硫黄カチオンドープ可視光応答型二酸化チタンを用いたメチレンブルーの光触媒的分解反応の波長依存性 ………… 88
1.2.3 抗菌性 ……………………… 79	
1.2.4 親水性 ……………………… 79	
1.3 $TiO_{2-x}N_x$の物性 ………………… 80	
1.3.1 $TiO_{2-x}N_x$の結晶構造 ……… 80	2.4.2 硫黄カチオンドープ可視光応答型二酸化チタンを用いた2-プロパノールの光触媒的分解反応の波長依存性 …………… 89
1.3.2 XPSによる状態および組成の解析 ……………………… 80	
1.4 NO_xドープ酸化チタンの特性と物性 ………………………………… 82	2.4.3 硫黄カチオンドープ可視光応答型二酸化チタンを用いたアダマンタンの光触媒的部分酸化反応の波長依存性 ………… 90
1.5 おわりに ………………………… 82	
2 硫黄ドープ可視光応答型二酸化チタン光触媒 ………**横野照尚**… 84	
2.1 はじめに ………………………… 84	2.4.4 硫黄ドープ可視光応答型二酸化チタン光触媒の高感度化 … 91
2.2 硫黄カチオンをドープした可視光応答型二酸化チタン粒子の調製 … 85	

```
    2.5  可視光応答型二酸化チタン光触媒
         の展望と問題点 ………………… 91
 3  Ti-O-C系
         …古谷正裕，田中伸幸，常磐井守泰… 94
    3.1  はじめに ……………………… 94
    3.2  構造特性 ……………………… 95
    3.3  被膜耐久性 …………………… 96
    3.4  光触媒特性 …………………… 97
    3.5  おわりに ……………………… 98
 4  層間化合物光触媒
         ………………佐藤次雄，殷　澍 … 100
    4.1  はじめに ……………………… 100
    4.2  層間化合物光触媒の設計指針 …… 100
    4.3  層間化合物光触媒の調製 …… 101
    4.4  層間化合物光触媒の特性 …… 104
    4.5  ゲスト-ホスト電子移動 ……… 108
    4.6  おわりに ……………………… 109
 5  Ba．Sr（Ti．Zr）O₃
         ………………村松淳司，高橋英志… 111
    5.1  はじめに ……………………… 111
    5.2  新規合成法＝ゲル-ゾル法 ……… 111
    5.3  ゲル-ゾル法によるペロブスカイト
         酸化物合成法 ………………… 112
    5.4  光触媒への応用 ……………… 113
    5.5  硫化挙動 ……………………… 114
```

```
    5.6  部分硫化ペロブスカイトの光触媒
         特性 …………………………… 116
    5.7  光触媒活性 …………………… 119
    5.8  結論 …………………………… 120
 6  水素および酸素生成のための可視光応
    答性酸化物および硫化物系光触媒
         ……加藤英樹，辻　一誠，工藤昭彦… 122
    6.1  はじめに ……………………… 122
    6.2  可視光応答性光触媒の設計 …… 122
    6.3  ワイドバンドギャップ光触媒のド
         ーピングによる可視光応答化 … 123
    6.4  浅い価電子帯形成による可視光応
         答化 …………………………… 125
    6.5  固溶体形成による可視光応答化 … 126
    6.6  二段階励起型光触媒系による可視
         光照射下での水の完全分解 …… 127
    6.7  おわりに ……………………… 129
 7  （オキシ）ナイトライド型光触媒
         ………………堂免一成，前田和彦… 131
    7.1  緒言 …………………………… 131
    7.2  金属酸化物と（オキシ）ナイトライド
         ………………………………… 131
    7.3  窒化ゲルマニウム（Ge$_3$N$_4$）によ
         る水の完全分解 ……………… 133
    7.4  （Ga$_{1-x}$Zn$_x$）（N$_{1-x}$O$_x$）固溶体によ
         る水の可視光完全分解 ………… 134
```

第7章　可視光応答型光触媒の性能・安全性

```
 1  特性評価法 …………森川健志… 138
    1.1  はじめに ……………………… 138
```

```
    1.2  光源 …………………………… 138
    1.3  ガス測定方法 ………………… 141
```

1.4 ガス分解性能の計測 ……… 141	3.7 おわりに ……………………… 165
1.4.1 CO₂計測の例 …………… 141	4 生体安全性……………小池宏信,
1.4.2 ガスの間欠注入測定 ……… 143	小田原恭子, 河合里美, 中村洋介,
1.4.3 ワンススルー測定 ……… 144	北本幸子, 森本隆史, 須安祐子… 167
1.5 部材の消臭官能試験 ………… 144	4.1 はじめに ……………………… 167
1.6 その他の光触媒効果の評価 …… 145	4.2 現在確立されている光毒性評価法
1.7 おわりに ……………………… 146	……………………………………… 167
2 性能評価法の標準化………駒木秀明… 147	4.2.1 日本の評価基準および試験法
2.1 はじめに ……………………… 147	……………………………………… 168
2.2 これまで日本で提案された光触媒	4.2.2 海外の評価基準および試験法
性能評価方法 …………………… 147	……………………………………… 168
2.3 紫外光下での光触媒性能評価試験	4.2.3 まとめ …………………… 169
方法 …………………………… 148	4.3 光触媒に求められる生体安全性評価
2.4 国際標準化の状況 …………… 151	法 …………………………………… 169
2.4.1 光触媒の国際標準化がなぜ必	4.3.1 光触媒そのものの生体安全性
要か ……………………… 151	—酸化チタンの例 ………… 170
2.4.2 海外の標準化の状況 ……… 152	4.3.2 光触媒反応中間体の生体安全性
2.5 可視光応答型光触媒の性能評価試	……………………………………… 170
験方法 ………………………… 155	4.4 可視光応答型光触媒の生体安全性
2.6 おわりに ……………………… 157	評価法 …………………………… 172
3 光触媒分解速度と中間生成物	4.4.1 可視光応答型光触媒そのもの
………………………青木恒勇… 159	の安全性評価法 …………… 172
3.1 はじめに ……………………… 159	4.4.2 可視光応答型光触媒反応中間
3.2 測定方法 ……………………… 160	体の生体安全性 …………… 172
3.3 分解速度の測定結果（ホルムアル	4.4.3 可視光応答型光触媒を用いた
デヒド） ……………………… 161	トルエンの光触媒分解（高
3.4 分解速度の測定結果（アセトアル	濃度系）……………………… 172
デヒド，トルエン） ……………… 162	4.4.4 可視光応答型光触媒を用いた
3.5 中間生成物（アセトアルデヒドの	トルエンの光触媒分解（20L
光触媒分解時） ………………… 163	チャンバー法）……………… 173
3.6 中間生成物（トルエンの光触媒分	4.4.5 可視光応答型光触媒を用いた
解時） ………………………… 165	トルエンの光触媒分解のリス

クアセスメント ……………… 175	ルデヒドの分解挙動 ………… 181
4.5 まとめと今後の課題 ……… 175	5.3.4 各環境因子の影響度 ……… 181
5 室内設計と効果	5.4 室内VOCシミュレーション……… 182
……正木康浩，福田 匡，田坂誠均… 178	5.4.1 VOC拡散・分解シミュレーシ
5.1 はじめに ……………………… 178	ョンの基礎式 ……………… 182
5.2 VOC拡散・分解挙動のモデル化… 178	5.4.2 解析条件 …………………… 183
5.3 反応速度に対する環境因子の影響	5.4.3 物質伝達係数の影響 ……… 184
……………………………… 179	5.4.4 住宅における実測値とシミュ
5.3.1 ラボ試験装置の仕様概要 …… 179	レーションの比較 ………… 184
5.3.2 ラボ試験条件 ……………… 179	5.4.5 室内濃度分布 ……………… 185
5.3.3 可視光型光触媒によるアセトア	5.5 おわりに ……………………… 186

第8章 可視光応答型光触媒の開発，実用化技術

1 合成皮革応用…**溝口郁夫，山田真義**… 188	3 フィルター応用…………**加藤真示**… 196
1.1 製品概要・特徴 ……………… 188	3.1 可視光応答型光触媒のフィルター化
1.2 特性 …………………………… 189	……………………………… 196
1.2.1 メチレンブルー褪色 ……… 189	3.2 光触媒フィルターの実用化開発 … 198
1.2.2 ガス分解 …………………… 189	3.2.1 プロジェクトにおける開発背景
1.2.3 抗菌試験 …………………… 190	……………………………… 198
1.2.4 物性 ………………………… 190	3.2.2 光触媒蛍光灯具 …………… 199
1.3 技術PR ……………………… 191	3.2.3 光触媒ユニット …………… 200
2 壁紙応用………**溝口郁夫，山田真義**… 192	4 繊維，ファブリック応用…**金法順正**… 201
2.1 製品概要・特徴 ……………… 192	4.1 はじめに ……………………… 201
2.2 評価 …………………………… 193	4.2 「V-CAT®」開発 ……………… 201
2.2.1 OHラジカル生成量測定 …… 193	4.2.1 可視光応答型光触媒 ……… 201
2.2.2 メチレンブルー褪色 ……… 193	4.2.2 繊維への固着 ……………… 201
2.2.3 ガス分解 …………………… 194	4.3 「V-CAT®」特長 ……………… 202
2.2.4 抗菌試験 …………………… 194	4.3.1 技術的特長 ………………… 202
2.2.5 物性 ………………………… 194	4.3.2 機能的特長 ………………… 202
2.3 施工事例 ……………………… 194	4.4 「V-CAT®」性能 ……………… 202

  4.4.1　可視光照射下での分解性能 … 202
  4.4.2　蛍光灯下での消臭性能 ……… 203
  4.4.3　蛍光灯下での抗菌性能 ……… 204
 4.5　「V-CAT®」商品展開 …………… 204
5　可視光応答型光触媒の人工観葉樹応用
  …… **何合泰源，陳　杰，何合栄昭**… 205
 5.1　はじめに ……………………… 205
 5.2　光触媒をコーティングしたクリーン・
   フローラのアルデヒド分解性能試験
   ………………………………… 208
 5.3　メチレンブルー退色効果試験 …… 210
 5.4　防汚活性用光触媒評価チェッカー
   （胡蝶蘭）① ……………………… 211
 5.5　防汚活性用光触媒評価チェッカー
   （胡蝶蘭）② ……………………… 214
 5.6　防汚活性用光触媒評価チェッカー
   （ガラス板） …………………… 217
 5.7　防汚活性用光触媒評価チェッカー
   （シンゴニウム）① …………… 219
 5.8　防汚活性用光触媒評価チェッカー
   （シンゴニウム）② …………… 221
 5.9　おわりに ……………………… 222
6　眼鏡応用 …………………**浅野英昭**… 224
 6.1　はじめに ……………………… 224
 6.2　開発の経緯 …………………… 224
 6.3　問題点 ………………………… 225
 6.4　今後の展開 …………………… 225
7　歯科応用 …………………**山口　晋**… 227
 7.1　はじめに ……………………… 227
 7.2　歯を白くするためにはどうしたら
   よいか？ ………………………… 227
 7.3　歯の着色原因物質と治療法 …… 228
 7.4　ホワイトニング材の設計 ……… 229
  7.4.1　どんなオフィスホワイトニン
    グ材が求められているか？ … 229
  7.4.2　可視光応答型酸化チタンの漂
    白能力 …………………… 229
  7.4.3　可視光応答酸化チタンと過
    酸化水素の組み合わせ …… 229
  7.4.4　臨床的な製品設計 ………… 230
 7.5　GC TiON IN OFFICEの特徴 …… 230
 7.6　おわりに ……………………… 231
8　可視光応答型光触媒を用いた消菌クリ
  ーンシステム …………**入内嶋一憲**… 232
 8.1　緒言 …………………………… 232
 8.2　機能的特長 …………………… 232
 8.3　技術的特長 …………………… 233
 8.4　消菌分解性能 ………………… 233
 8.5　用途 …………………………… 233
 8.6　使用に当たっての留意点 ……… 233
 8.7　消菌クリーンシステムの施工例 … 234
 8.8　消菌クリーンシステムを実際使用
   している病院の実データ ……… 236
  8.8.1　実施例1 ……………………… 237
  8.8.2　実施例2 ……………………… 239
  8.8.3　実施例3 ……………………… 239
  8.8.4　実施例4 ……………………… 240
  8.8.5　実施例5 ……………………… 242
9　光触媒フィルム …………**原田正裕**… 243
 9.1　はじめに ……………………… 243
 9.2　光触媒フィルムの用途と機能 …… 243
 9.3　光触媒フィルムの構造と各層の役割
   ………………………………… 243
 9.4　光触媒能以外で求められる性能 … 246

9.5 他手法との比較 …………………… 247
9.6 おわりに ……………………………… 248
10 光触媒機能膜の防汚評価チェッカー
　　　………………………石井芳一… 250
　10.1 はじめに …………………………… 250
　10.2 光触媒機能の防汚の各種評価法 … 250
　10.3 光触媒機能チェッカー …………… 251
　10.4 光触媒機能のチェッカーの測定原理
　　　……………………………………… 252
　10.5 有機色素の吸光度測定による評価例
　　　……………………………………… 253
　10.6 可視光応答型光触媒の評価例 …… 254
　10.7 従来法との比較 …………………… 255
　10.8 おわりに …………………………… 256

第9章　光触媒の物性解析

1 作用スペクトル解析による光触媒活性
　評価 ………………………大谷文章… 258
　1.1 はじめに …………………………… 258
　1.2 作用スペクトルと量子収率 ……… 258
　1.3 均一系光化学反応の量子収率 …… 259
　1.4 光触媒反応の量子収率 …………… 261
　1.5 電子ー正孔の利用効率 …………… 262
　1.6 みかけの量子収率と作用スペクトル
　　　……………………………………… 263
　1.7 作用スペクトルと光触媒活性 …… 265
　1.8 可視光応答型光触媒の作用スペク
　　　トル解析 …………………………… 265
　1.9 おわりに …………………………… 267
2 光触媒活性種の解析 ………野坂芳雄… 268
　2.1 酸化チタン光触媒の反応と活性種
　　　……………………………………… 268
　　2.1.1 OHラジカルは反応活性種か？
　　　…………………………………… 268
　　2.1.2 一般的な反応機構と時間依存性
　　　…………………………………… 269
　2.2 光触媒に生じた捕捉正孔・捕捉電
　　子の解析 …………………………… 270
　　2.2.1 電子スピン共鳴（ESR）法に
　　　よる解析 ………………………… 270
　　2.2.2 吸収スペクトルによる解析 … 273
　2.3 活性酸素種の形成と解析 ………… 273
　　2.3.1 スーパーオキサイドの解析 … 274
　　2.3.2 過酸化水素の解析 …………… 275
　　2.3.3 殺菌反応の解析 ……………… 276
　2.4 その他の光触媒反応の解析 ……… 276
　　2.4.1 水の分解反応の解析 ………… 276
　　2.4.2 増感型光触媒反応における反
　　　応活性種 ………………………… 277
　　2.4.3 超親水性化反応とその活性種
　　　…………………………………… 278
3 半導体物性計測技術によるバンドギャ
　ップ内準位評価…………中野由崇… 280
　3.1 はじめに …………………………… 280
　3.2 DLOS測定原理 …………………… 280
　3.3 サンプル作製 ……………………… 281
　3.4 電気的測定条件 …………………… 282

3.5 物理的評価 ………………… 283
3.6 電気的評価 ………………… 284
3.7 おわりに …………………… 287

第10章　可視光応答型光触媒の課題　　多賀康訓

1 高性能化へのアプローチ ……………… 289
2 応用製品開発へのアプローチ ………… 290
　2.1 プロセス技術開発 ………………… 290
　2.2 安全性確認 ………………………… 290
　2.3 特性評価と官能評価との対比 …… 290
　2.4 商品コンセプト …………………… 290

第1章　光触媒の現状と本書の構成

多賀康訓＊

　光触媒材料であるTiO₂そのものは生体には安全で且つ環境の負荷物質でもないことは良く知られている。TiO₂はO2pがつくる価電子帯とTi3dがつくる伝導帯との間のバンドギャップ（Eg）が3.2eVの半導体であり化学的にも安定で無公害物質である。光触媒反応を構成する4つの素過程を図1に示す。第1の素過程はTiO₂等の光触媒材料が光を吸収し価電子帯の電子を伝導帯に励起し電子／正孔対を形成し電荷分離がピコ秒で起こる。この様にして形成された光励起キャリアがTiO₂表面に拡散移動する第2の素過程はおおよそナノ秒で推移する。さらに，第3過程では表面に移動した電子は酸素を還元しスーパーオキサイドイオンO_2^-を，また正孔は水を酸化しヒドロキシラジカル・OH，等の表面活性種を形成する。こうした活性表面上に気相から吸着したガス分子や表面有機汚染物質，等を光触媒分解する第4の素過程はマイクロ秒で起こる。最も大切なことは光触媒効果は上述の4つの素過程がすべて完結し初めて発現するものであり，特に第4の分解対象物の表面吸着が光触媒反応全体を律速することである。

　可視光下での光触媒反応を起こすには上述のEg＝3.2eV（光の波長に換算すると$\lambda \leq 387nm$）を狭くする必要がある。事実，Eg≦3.2eVの物質は金属酸化物系にいくつも存在するが，TiO₂

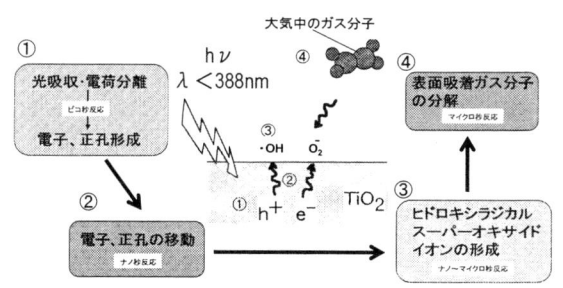

図1　光触媒反応を構成する4つの素過程

　＊　Yasunori Taga　㈱豊田中央研究所　リサーチアドバイザー；東北大学　多元物質科学研究所　研究教授

可視光応答型光触媒

に匹敵する化学的に安定で且つ無公害の物質系は他に無くTiO_2がベースの材料設計が中心的課題になる。

一方，光照射によりTiO_2表面に形成される正孔による水の酸化反応で発生するヒドロキシラジカル·OHや電子による酸素の還元反応により形成されるスーパーオキサイドイオンO_2^-，等の環境，生体への影響に関する報告はほとんど無い。勿論，通常のTiO_2光触媒は紫外光照射下の窓ガラス，ビル外壁，高速道路防音壁，等に使われているが表面活性種が光触媒の動作中にその表面に直接触れることはほとんど無いことからその安全性については今日まで議論されてこなかった。ところが，可視光応答型光触媒が使用されようとしている一般住宅やビル，オフィス等の室内には紫外光は極めて少なく屋外の1/100～1/1000程度である。しかし，紫外光が比較的少ない光環境下においても使用する可視光応答型光触媒の人体，環境への影響が大きくクローズアップされ始めた。ちなみに，図2は各種光源のスペクトルである。同図から，通常の白熱電球にはほとんど紫外光が含まれず逆に光触媒評価に使われるブラックライト蛍光灯には360nm近傍の紫外域に非常に強い輝線が存在する。最も一般的な白色蛍光灯には可視域のみならず紫外域にも数本の輝線があることが判る。紫外光応答型光触媒が蛍光灯下でわずかに作動する根拠である。また，アクリル等のカバー付きの蛍光灯照明では400nm以下の紫外光が完全に吸収遮断される。

図3には10Wの白色蛍光灯の照度と光強度と光源からの距離との関係を示す。同図から照度のみならず可視光，紫外光の強度も距離と共に急激に減少することがわかる。蛍光灯の至近距離で

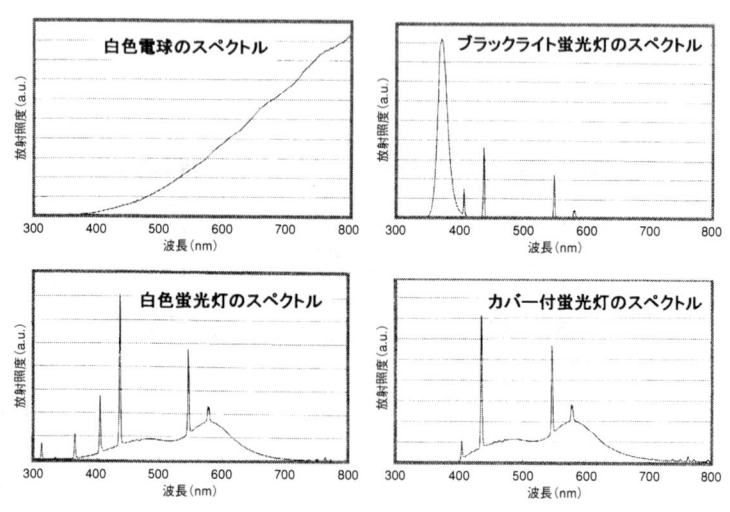

図2　各種光源のスペクトル

第1章 光触媒の現状と本書の構成

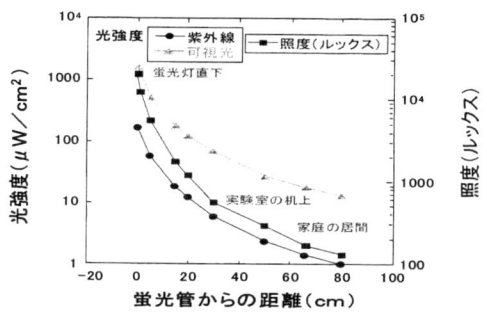

図3　10W白色蛍光灯光強度と照度の変化

$100 \sim 200\mu W/cm^2$存在した紫外光強度は約80cm離れることにより$1\mu W/cm^2$以下に減少する。一方，そうした光環境下においても可視光はなお$10 \sim 50\mu W/cm^2$存在することがわかる。つまり，可視光応答型光触媒が使われる人の居住空間では紫外光はほとんど無いが利用可能な可視光はなお$50 \sim 100\mu W/cm^2$の強度で存在することになる。図3に示す結果はなぜ可視光応答型光触媒開発が必要かとの問いに答えを与えるものである。

TiO_2系超微粒子が通常光触媒粉末として用いられる。出発原料としてはイルメナイト鉱石やルチル鉱石が用いられそれぞれ硫酸法，塩素法と呼ばれるプロセスにより$TiOSO_4$，$TiCl_4$等の化合物に変換されその後チタニウム塩の中和加水分解法，四塩化チタンの気相酸化法，チタン酸ソーダの中和法，チタンアルコキシドの加水，気相分解法，等により数$nm \sim 0.5\mu m$の粒径をもつ白色の粉末となる。このようにして作製されたTiO_2粉末の光学反射特性はその粒径に，また，光学吸収特性は粉末の結晶構造に依存することは良く知られている。前者は白色顔料やプロセス触媒として国内で数十万トン／年生産され，後者は光触媒として$200 \sim 300$トン／年生産されている。

一方，光触媒粉末表面の光化学反応は対象となるガス分子，等の表面への吸着に強く依存する。従って，高性能光触媒としては粒径が小さく比表面積の大きな微粒子粉末が必要となる。ちなみに，市販最高性能といわれる光触媒粉末の一次粒径は7nmでありその比表面積は約$300m^2/g$である。なお，この粉末の粒内には約10^4個の原子が含まれ，更に表面原子数が粒子の全原子に占める割合は約30％である。しかし，粒子径を小さくし比表面積を大きくすることが表面反応サイトを増加させ触媒性能を向上させる反面，ナノ秒で進む電子，正孔の再結合頻度を上げるため微粒子化の効果には限界があることになる。このように現象は極めて複雑で一義的な議論は誤解を招く可能性がある。

いずれにせよ，上記プロセスにより作製されたTiO_2は紫外光応答型でありそれらを可視光化

可視光応答型光触媒

する必要がある。現在2種類の可視光化手法が提案されているがその詳細は第3章に記載されている。また、今日までに報告されたほぼすべての可視光応答型光触媒材料系の特性と物性は第6章にまとめて記載した。

しかし、可視光応答型光触媒粉末が出来ても粉末の状態で実用部材に適用することはほとんどない。図1に示す素過程からも判るが光触媒反応は表面現象であり粉末材料は必ず表面に露出させる必要がある。通常、分散剤等を用いて粉末を溶液中に均一に分散させさらに固定化のための接着剤（バインダー）を添加しコーティング液化する。機能を付与しようとする部材表面に塗布しその後種々の雰囲気下での紫外光照射や熱処理（100～500℃）により部材表面に固定化される。こうした固定化技術はその基礎がコーティング液の溶液化学にあることから本書ではあえて第5章を設けた。また、光触媒メーカー各社は基礎溶液化学に基づき蓄積した独自のノウハウ技術によりコーティング液を調整し実用に供している。それらの一部は第4章および第8章に記載されている。光触媒コーティング層に求められる第一の必要条件は触媒粉末の表面露出であるがそのほかに、1）透明性，2）硬度，3）密着性の3点が不可欠である。例えば、透明樹脂基材やフィルムの場合、こうした光触媒コーティング処理は100℃以下の低温プロセスにより行う必要があり1）～3）を満たす条件確立は非常に難しい。勿論、光触媒コーティング層の種々の使用環境下での特性、耐久性の確認は当然行うべき事である。

光触媒コーティング層の紫外光照射下での特性評価法の確立が急がれているが、可視光下での評価法はほとんど未着手である。こうした評価基準策定の遅れが不十分な性能の商品の市場出現を許し結果的にはユーザーの不信とひんしゅくを買うことになる。現状を第7章にて紹介する。一方、可視光応答型光触媒に特有の問題としてその安全性確認が挙げられる。紫外光応答型光触媒とは対照的に可視光応答型は住居、オフィス、車室等の内部で使用される場面がほとんどである。こうした使用環境下では可視光照射下で活性を呈する光触媒コーティング部材表面に我々が直接触れる事が考えられることからその生体安全性の確認は重要である。加えて、可視光応答型光触媒によるガス反応過程も未解明な部分が多く特に、ガスの分解過程における中間生成物や未反応物の特定はほとんど行われていない。また、紫外光の極めて少ない光環境下での光触媒による抗菌効果についても全く確認されていない。こうした可視光応答型光触媒の生体安全性、反応過程における生成物、反応物の安全性および抗菌効果、防カビ効果に関する基礎的検討はごく最近着手されたが本書では特に第7章を設け速報的にその検討結果を紹介する。

上述のように本書では可視光応答型光触媒に関する技術を材料設計のコンセプトから粉末作製プロセス、コーティング液調整技術とそれらの評価技術さらには最新の安全性評価結果を加え市場に出始めた応用製品のいくつかまでを紹介した。本書の最大の特徴は可視光応答型光触媒の現状を統一されたコンセプトの下にまとめたことである。

第2章　光触媒の動作機構と期待される特性

村上能規[*1]，野坂芳雄[*2]

1　はじめに

　酸化チタン光触媒表面への光照射に誘起される強い酸化・還元力は酸化チタン光触媒表面に付着した油分，および大気汚染物質であるNOxやシックハウス症候群で問題となっているアルデヒド等の環境汚染物質を分解，除去する原動力となっている。酸化チタンを越える光触媒，特に可視光でも十分に環境汚染物質の分解活性を持つ光触媒の開発研究が現在は盛んである。光触媒が光照射により表面に付着した汚染物質を分解できる機構については，図1に示したような模式図でよく説明される。つまり，光触媒作用は，

　a）光吸収による電子，正孔の生成
　b）電子，正孔の光触媒表面への移動（電子，正孔再結合過程による失活）
　c）光触媒表面における電子，正孔による酸化還元反応
　d）吸着分子の触媒表面からの脱離と新しい分子の吸着

の過程を経て進行し，それぞれの過程の効率が光触媒活性に影響を与える。特に，可視光応答型の光触媒を設計する上において，a）の光触媒の光吸収過程で，如何に多く可視光を吸収できるかが光触媒材料を設計する上で重要である。一方，可視光を吸収する光触媒を合成しても，光触媒の表面に環境汚染物質を吸着しない場合や光吸収により生成した電子が還元反応を，正孔が酸化反応を等しく起こさなければ，光触媒活性を示さない材料になる。そのような意味で，b）光吸収で生成した電子と正孔の表面への移動過程および c）光触媒表面での電子と正孔による酸化還元反応

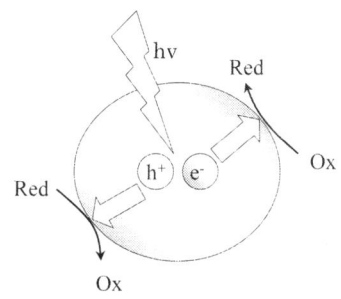

図1　光触媒上での環境汚染物質分解メカニズムの模式図
Red，Oxはそれぞれ還元体，酸化体。

＊1　Yoshinori Murakami　長岡技術科学大学　物質・材料系　助手
＊2　Yoshio Nosaka　長岡技術科学大学　物質・材料系　教授

可視光応答型光触媒

を効率よく進行させることも光触媒活性向上のために不可欠な条件となる。特に，可視光応答型光触媒の開発においては光触媒材料の酸化・還元能力と光触媒の光吸収波長の関係はしばしば問題となり，その理解は重要である。そこで，本章では，可視光応答型光触媒開発を進める上において必要な光触媒動作機構の基礎的事項を紹介する。

2 光触媒の電子エネルギー構造[1]

　まず，ここでは光触媒として酸化チタンを例に挙げ，光触媒初期過程である光吸収による電子と正孔の生成機構について説明する。光触媒による光の吸収過程とは，他の有機・無機化合物の光吸収過程と同様，光触媒結晶中に存在するエネルギーの低い電子状態から光のエネルギーを獲得して光触媒結晶内のエネルギーが高い状態に上がる過程である。つまり，光触媒結晶内の電子がどのようなエネルギー準位からどのようなエネルギー準位に移れるかが，半導体の光吸収の特性を決める。アナターゼ型酸化チタンの場合は下のエネルギーの状態から上のエネルギーの状態へのエネルギー差が$3.2eV$で，$E=ch/\lambda$の関係式から波長λに換算すると，$380nm$となり，酸化チタンが光吸収する波長端にほぼ一致する。このように酸化チタン結晶の電子構造を理解することは光触媒の光吸収特性を説明するうえで重要である。

　結晶中の電子構造を理解するには量子化学の知識を必要とする。つまり，酸化チタン光触媒の電子構造はその結晶を構成するチタンおよび酸素原子の原子軌道の重なり合いにより形作られていることを理解しなければならない。原子軌道が重なり合う場所で同位相の場合，エネルギーは安定化し，逆位相の場合においてエネルギーは不安定化する。酸化チタン光触媒中においても各原子軌道は重なり合う位相の関係により安定化，不安定化を起こして様々なエネルギーをとる。理解しやすいようにここでは，間隔bで同一原子が直線的に並んだ場合のs軌道とp軌道の電子構造を例にあげ，軌道の重なりによりバンド構造ができる仕組みを図2，3に示す。図2はs軌道が並んだ場合における軌道の位相の繰り返し方を示している。図2の(a)はs軌道のすべてが同位相で重なり合った場合で最もエネルギーが安定な状態である。一方，図2の(b)は$8b$の長さの周期で原子軌道の位相が変化する場合，(c)は$4b$，(d)は$2b$で位相が変化する場合である。周期が短くなればなるほど，原子軌道の重なりが減少し，エネルギーが不安定化する。原子軌道の位相変化の周期は波数kで表現し，$k=2\pi/\lambda$（λは位相変化の周期）と定義する。図2にはs軌道の重なり方の図とともに波数kを併記してある。波数kはこのように原子軌道の重なりの位相関係を示すとともに，電子の運動量とも関連する結晶の電子構造を記述する重要なパラメーターのひとつである。図3はp軌道の場合の並び方と対応するエネルギーバンド図である。p軌道の場合は原子の並ぶ方向とp軌道の電子雲の向きの関係からσ結合（図3の(a)，(b)）とπ結合（図3の

第2章 光触媒の動作機構と期待される特性

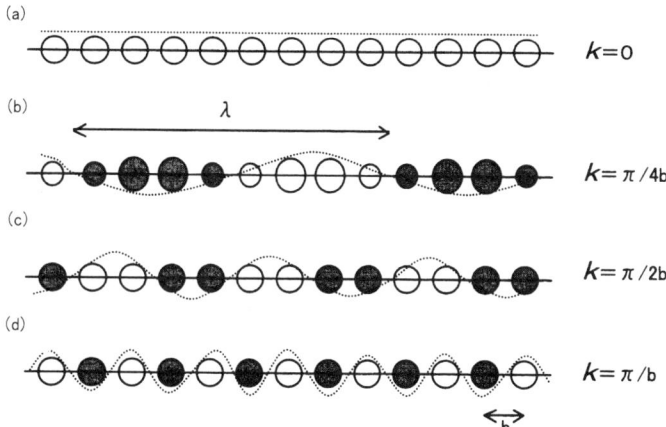

図2 s軌道の1次元列から生じる種々の軌道の重なり方

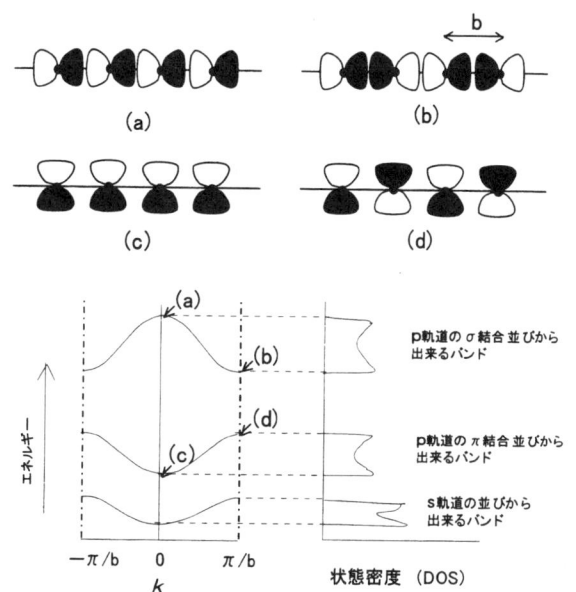

図3 p軌道の1次元列から生じる種々の軌道の重なり方と対応する
エネルギーバンド図

(c), (d))の2通りの結合様式がある。σ結合様式においては同位相の原子軌道が並んだ場合にはエネルギーが不安定化するのに対して、π結合様式では同位相で並んだ場合に最も安定化する。図3にs軌道, p軌道の一次元配列から生じるエネルギーバンド図を示す。このようなエネルギーバンド図をE-k図とも呼び、横軸に波数kを縦軸にエネルギーEをとったものである。エネルギーバンド図に示すよう各原子軌道の重なり具合により結晶中でとりうるエネルギーはある幅を持つバンド構造になることがわかる。一方、s軌道, p軌道と表記していた各原子軌道はあるエネルギーを示す準位の数の密度、つまり、エネルギー準位密度（状態密度、DOS: Density of States）としか意味を持たなくなる。また、エネルギーEの波数kに対する曲線はk＝0近傍ではド・ブロイの関係式から

$$E(k) = \pm h^2 k^2 / 2 m^*$$

で与えられる。ここで、m^*は有効質量である。有効質量m^*が小さいと、E-k図で曲率が大きくなり、少ない波数kの変化でもエネルギーEが大きく変化する。言い換えると、有効質量が小さければ小さいほど電子、正孔は結晶中を動きやすくなる。有効質量は実験的には磁場による伝導度の変化により測定可能であるが、第一原理に基づくバンド計算によってもある程度の精度で決定できる。アナターゼ型酸化チタンに比べてルチル型酸化チタンが低活性の理由として、結晶径の大きさ、光吸収スペクトルの違い、懸濁系においては分散性の差異などが考えられている。しかし、ルチル結晶の正孔の有効質量はアナターゼ結晶の正孔の有効質量に比べて一桁以上も大きく、ルチル結晶の正孔の移動度が本質的に小さいことが光触媒活性の低下の原因となっている可能性が示唆されている。

最後に、アナターゼ型酸化チタン光触媒の原子軌道(a)と結晶場による原子軌道の分裂(b)、最終的な結晶でのバンドエネルギー状態図(c)を図4に示す[2]。アナターゼ型酸化チタン結晶構造におけるバンド構造は、結合に関与しない酸素原子の2s軌道のバンド、酸素原子の2p軌道が主の結合性軌道のバンド、そして、チタン原子の3d軌道が主の反結合性軌道のバンドからなっている。図中のE_Fはフェルミ準位を表し、これより下のエネルギーに電子が詰まっていることを意味する。正孔と反応する基質、例えばアルコールなどの還元剤が十分あり、かつ無酸素の条件下において、酸化チタン自身に紫外光を照射すると酸化チタン自身が還元されて青灰色に変化する実験事実はよく知られているが、これは光励起により酸素2p軌道を主とする価電子帯からチタン原子3d軌道を主とする伝導帯へ電子が移動し、価電子帯に生成した正孔が酸化チタン表面上で基質と反応して消滅するのに対し、伝導帯中の電子は無酸素条件のため表面吸着種を還元することができず、酸素欠陥に隣接する4価のチタン種（Ti^{4+}）を還元して3価のチタン種（Ti^{3+}）を生成させるためである。これは図4に示した酸化チタンのバンド構造と対応する原子軌道との

第2章　光触媒の動作機構と期待される特性

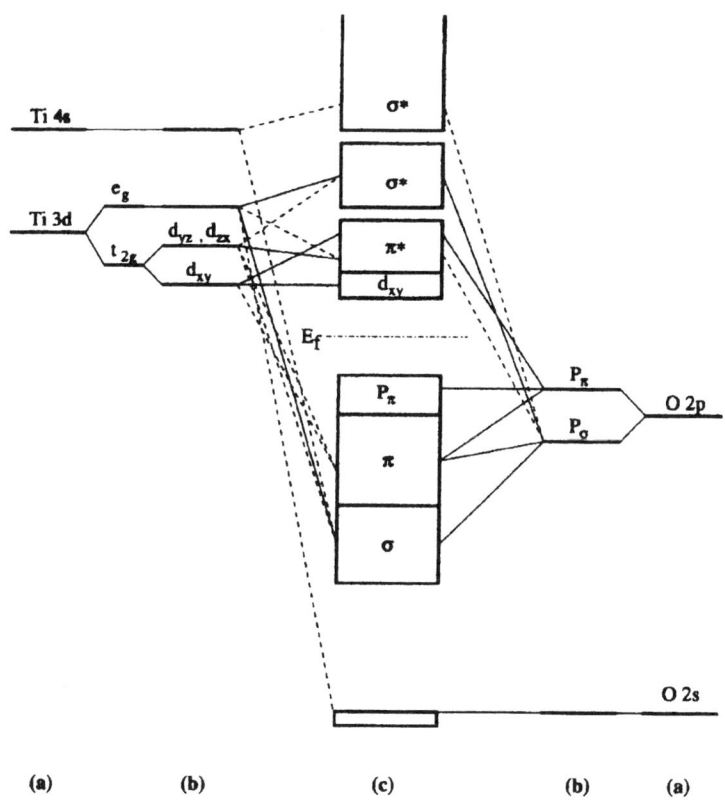

図4　アナターゼ酸化チタンの原子軌道の結晶場による分裂と結晶でのエネルギーバンド図[2]
(a) 原子軌道 (b) 結晶場での電子状態 (c) 最終的な結晶中の電子状態。
図中の実線は強い相互作用，破線は弱い相互作用を示す。

関係を考えると明らかである。近年，各種の酸化物に対して，酸素の一部を窒素原子または硫黄原子に置換したオキシナイトライドおよびオキシサルファイドを用いた可視光応答型の水分解光触媒の開発が盛んであるが，これは酸素2p軌道を主とする価電子帯に代わって窒素2p軌道または硫黄3p軌道を中心とする価電子帯を新たに形成することでバンドギャップを狭窄化する手法である（第6章参照）。

3 光触媒の光吸収過程とその測定法

前節で結晶中において電子のエネルギーはある一定の幅を持ったバンド構造をもっていることを説明した。その結晶が絶縁体か良導体か半導体かはバンドの配置とどのエネルギー準位まで電子が詰まっているかの関係で決まる。電子が詰まっているバンドを価電子帯（valence band），その上の空のバンドを伝導体（conduction band）と呼び，価電子体と伝導体の間のエネルギーは電子が存在することができないため，バンドギャップ（band gap）あるいは禁制帯と呼ぶ。良導体が電気伝導性をもつのは電子がバンドの一部にしか詰まっていないため，熱エネルギーのような小さなエネルギーでも電子がバンド内を簡単に移動できるためである。一方絶縁体は，電子が価電子帯に完全に詰まっているため，電子は移動できない。上の状態の伝導体には電子が詰まってないが，伝導体にあがるためにはバンドギャップに相当するエネルギーを要する。絶縁体と半導体の違いはバンドギャップの大きさの違いで，半導体の場合はバンドギャップが小さく，光により価電子帯から伝導体に電子を励起することが可能である。電気伝導の本質は電荷の移動であるが，フェルミ準位が禁制帯内の上にあるか下にあるかに対応して，伝導体に電子が流れる場合と価電子帯にできた電子の空隙である正孔が結晶中を流れる場合の二通りがある。そこで，電子が伝導帯を流れる場合はn型半導体，正孔が価電子帯を流れる場合をp型半導体といって区別する。酸化チタンは，酸素の量がチタンの2倍という化学量論比よりわずかに欠乏することにより電子が伝導体を流れるn型半導体となる。図5に物質の電気的性質とエネルギーバンド，フ

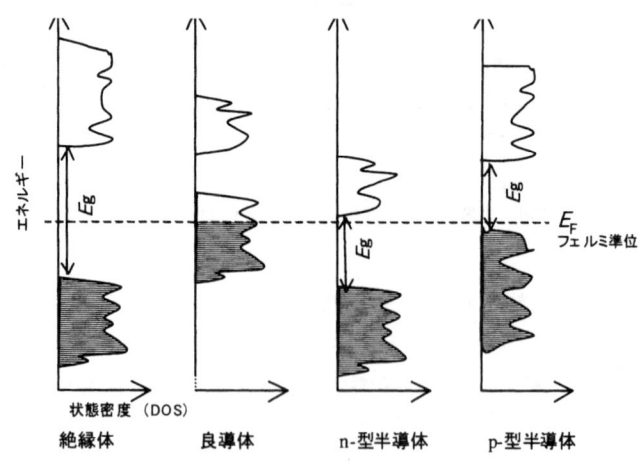

図5　エネルギーバンドとフェルミ準位の位置関係と結晶の電気的性質

第2章　光触媒の動作機構と期待される特性

ェルミ準位の関係を示す。フェルミ準位とは「電子の存在確率が1/2になる準位」であり、これより下のエネルギーに電子が詰まっていることを意味するが、このフェルミ準位のエネルギーE_Fを用いるとエネルギーEをもつ準位に電子がいる確率fを

$$f = (1 + \exp(E - E_F) / k_B T)^{-1}$$

と表現できることが知られている。ここで、k_Bはボルツマン定数、Tは結晶の温度である[3]。

このようなバンド構造を持つ光触媒半導体の光吸収スペクトルの測定はバンドギャップの大きさや光触媒活性を持つ波長範囲などを類推する上で非常に重要である。光触媒が薄膜状の場合には白色光を入射して透過する光のスペクトルを測定することで吸収スペクトルの測定が可能であるが、光触媒が粉末状の場合には散乱が強すぎて従来の透過吸収スペクトルは測定できない。このような場合に使用される吸収分光法が拡散反射吸収分光法である。図6に吸収の強い波長における入射光の粉体による拡散反射と吸収の弱い波長における入射光の粉体による拡散反射の2通りの拡散反射法の模式図を対応する吸光度と並べて示した[4]。粉末試料に光が照射されると種々の方向に反射する。ある光は粉体内に屈折して進入したり、ある光は粉体内および粉体表面で反射を繰り返しながら、最終的には再度、空気中に放射される。拡散反射光は粉体内を通過する間に、粉体に吸収があればその光強度が弱められ、結果として透過吸収スペクトルと類似したスペクトルがこの拡散反射スペクトル分光法によっても得られる。しかし、粉体が強い吸収を示す波長領域では長い光路長の拡散反射光はほとんど吸収され、短い光路長の拡散反射光のみが空気中に再放出される。一方、粉体が弱い吸収を示す波長領域では長い光路長であっても拡散反射光は

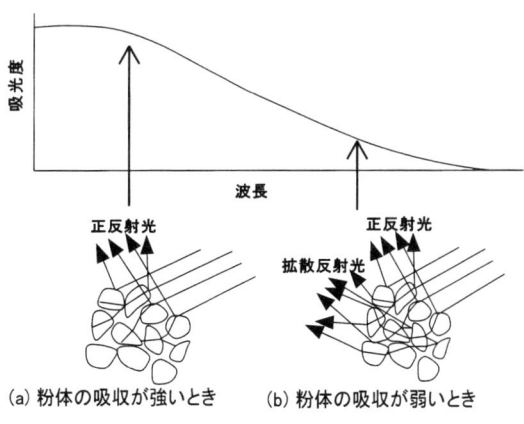

図6　粉体の吸収スペクトルと拡散反射の関係

あまり吸収されず，そのまま拡散反射光として空気中に再放出されるため，透過吸収スペクトルの強い吸収スペクトルは小さい信号強度に，透過吸収スペクトルの弱い吸収は大きい信号強度になる。

このように，吸収スペクトルのピーク波長は透過吸収スペクトルと同じであるが，ピーク強度の定量的な分析にはクベルカームンクの方法

$$K/S = (1-R)^2/2R$$

による変換が必要になる。ここで，K，Sはそれぞれ粉体の吸収係数，散乱係数であり，Rは拡散反射分光法で測定する絶対反射率である。絶対反射率の測定は通常困難なため，測定領域で吸収係数K＝0である酸化マグネシウム（MgO）や硫酸バリウム（$BaSO_4$）等の標準粉体に対する絶対反射率の比r

$$r = R(試料)/R(標準粉体)$$

を測定し，

$$K/S = (1-r)^2/2r$$

によりクベルカームンク関数K／Sに変換する。試料の散乱係数Sが波長に依存しない場合はK／Sは試料の吸収係数Kと比例するので吸収スペクトルを与える。このような方法は粉末試料の吸収スペクトル解析によく用いられている。しかし，標準粉末と試料粉末の粒子径や屈折率が大きく異なると光の反射する方向や広がりの大きさが同じではなくなる。そこで，この影響を防ぐために積分球を分光光度計に組み込んで，積分球により全方向の拡散反射光を捕集して分光光度計により測定する工夫はされているが，一般的には粉末試料の吸収係数をこの手法で精度よく求めることは容易ではないとされている。

実験的に光触媒薄膜または粉末の吸収スペクトルが測定できたとすると，バンド間遷移の吸収端における吸収係数αと光の波長λの関係は

$$E = hc/\lambda \qquad \text{ここで，hはプランク定数，cは光の速度}$$
$$\alpha \propto (E-Eg)^n/E \qquad \text{ここで，Egはバンドギャップエネルギー}$$

で与えられるので，$(\alpha E)^{1/n}$をEに対してプロットし，直線を外挿すればバンドギャップエネルギーEgを求めることができる。ちなみに，前出の波数kが電子遷移で変化しない直接遷移の場合はn＝1／2（許容遷移），n＝3／2（禁制遷移），波数kが変化する間接遷移の場合はn＝2となる[5]。

第2章 光触媒の動作機構と期待される特性

4 エネルギー準位と電位図[6]

これまで，原子軌道，固体のバンドを説明するのにエネルギー準位という言葉で説明した。エネルギー準位とは，電子が存在する場所での位置エネルギーであり，真空中の静止電子のエネルギーが基準となる。例えば，金属や半導体のフェルミ準位から電子を無限遠に取り去るエネルギーが仕事関数Wであり，逆に真空中の静止電子を基準とするとE_Fのエネルギー準位は$-W$となる。ここで，エネルギー準位と酸化還元電位の関係を示すために，酸化還元電位の異なる二種類のレドックス種（S_1，S_2）の酸化還元反応を考える（図7(a)参照）。酸化還元反応を行うということは，そのレドックス種が酸化還元反応を行うエネルギー準位に電子を入れたり，抜き去ったりすることである。図7に示すように，系の全エネルギーを安定化させるために2種類のレドックス種を混合すると，エネルギー準位の高い電子の詰まった軌道（最高被占軌道，HOMO）からエネルギー準位の低い，かつ電子が存在しない空の軌道（最低空軌道，LUMO）へ電子が移動し，酸化還元反応が進行する。つまり，S_1は酸化され，S_2は還元される。バンド構造を持つ金属の小片をあるレドックス種の酸化体（S_{ox}）と還元体（S_{red}）が同濃度存在する溶液に浸した場合を図7(b)に示すが，金属のフェルミ準位に存在する電子が溶液の最低空軌道へ移動し，両者のエネルギーが一致したところで平衡に達する。この金属片に電位を印加すると，その金属のフェルミ準位E_Fの位置を相対的に変化させることができ，電位を負側にかけるとフェルミ準位E_Fのエネルギーは高くなり，逆に電位を正側にかけるとフェルミ準位E_Fのエネルギーは低くなる。このように，エネルギーレベルは電位によって表すことができるので，半導体の価電子帯，伝導帯のエネルギーの位置も電位として表すことができる。図8はpH＝0における種々の半導体の価電子帯と伝導帯のエネルギー準位を標準水素電極（NHE）を基準とした電位で示した[7]。このように電位で表現したエネルギー準位を酸化還元電位と呼び，酸化還元電位が負であるほど還元力が強く，正であるほど酸化力が強い。つまり，酸化および還元能力のある半導体光触媒はバンドギャップが大きくなり，このような光触媒を光励起させるためにはエネルギーの大き

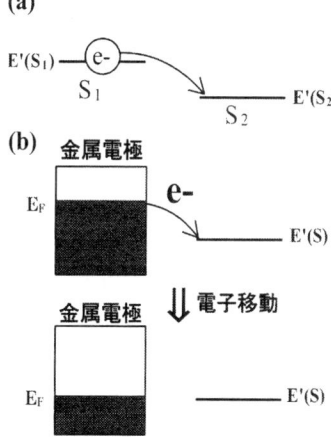

図7 エネルギー準位と電子移動過程
(a) 二種類のレドックス種 (b) レドックス種に金属片を浸した場合[6]。

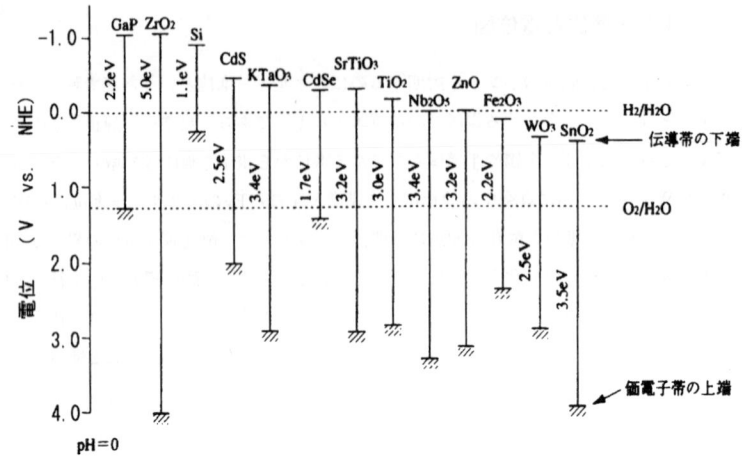

図8 半導体の伝導帯下端と価電子帯の上端のエネルギー[7]

い短波長の光を照射する必要が生じてくる。

一方，WO_3(2.5eV)，Fe_2O_3(2.2eV)，CdSe(1.7eV)，CdS(2.4eV) などの金属酸化物，硫化物，セレン化物などの光触媒はバンドギャップが小さいため可視光活性があり，その光応答性が数多く研究されたが，光照射により自己溶出することがわかり水中の反応には使えていないのが現状である。

5 電子，正孔の表面移動と表面吸着分子との反応

高い活性をもつ光触媒を設計するために，光触媒の結晶系，粒子径，表面積などの構造物性と活性の相関についてこれまで多くの研究者が調べてきたが，構造物性と光触媒活性の相関はそれほど単純でないことが明らかになってきた。光触媒活性を上げるためには，光吸収で生成した電子と正孔をいかに効率よく光触媒表面上に移動させ，表面吸着分子と反応させるかが重要である。図9に光吸収で生成した電子と正孔が表面に拡散する過程の模式図を示す。図9に示すように，光吸収で生成した電子と正孔の大部分は結晶内あるいは表面で再結合し，目的の表面吸着分子と反応する割合が多くないことが知られている。このような光触媒反応の効率を表す指標として「量子収率」がある。反応の量子収率 ϕ は吸収された光子の数に対する反応した原料分子の数として定義されるが，光触媒反応の場合においては，光の吸収と電子・正孔対生成は同一であるので，

第2章　光触媒の動作機構と期待される特性

$\phi=$(電子・正孔による光触媒反応速度)/{(電子・正孔による光触媒反応速度)+(再結合速度)}

と表現できる。再結合速度は光量に依存すると考えられるので，解析は簡単でないが，量子収率を上げる，つまり，光吸収で生成した電子と正孔を効率よく光触媒反応に有効に利用できるようにするには，表面吸着分子の量を増大させ，再結合速度を遅くするのが必須であることを示唆している[1]。再結合がどのような因子で決まっているかについては不明な点が多いが，定性的には光触媒中の結晶欠陥が再結合の中心となっていることが，アモルファス酸化チタンには光触媒活性がまったくないこと，アモルファス状の含水酸化酸化チタンを熱処理すると光触媒活性が上がること，酸化チタン粉末を粉砕すると光触媒活性が低下する例などから示唆されている[8]。再結合の起こる部位を「再結合中心」と呼ぶが，再結合中心に電子や正孔が捕捉されると電子および正孔は安定化し，トラップサイトと呼ばれる不連続な離散準位を形成すると考えられている（図9参照）。最近のフェムト秒レーザーを用いた再結合速度の直接測定の結果によると，再結合速度は光化学反応で求めた欠陥量（Ti^{3+}）と相関があることが明らかになっている[9]。また，80年代の報告で，Crなどの金属イオンをカチオンとして酸化チタンにドープして可視光応答型酸化チタンを作製する試みがなされたが，結局は金属イオンのドープにより形成されたカチオンサイトが電子と正孔と再結合中心となり，光触媒活性を低下させることが明らかとなり，現在では電荷が4+になるような3価と5価の金属イオンの共ドープがはかられている（第7章参照）。

　表面吸着量に関しては，光触媒活性の粒子径依存性と関連してよく議論される内容である。吸着量を表す基本式はラングミュアの式であり，吸着濃度［D_{ad}］で，気相中の分子Dが吸着サイトS_Dと吸着平衡

　　　$D+S_D \Leftrightarrow D_{ad}$

にあると仮定すると導出できる。つまり，吸着の平衡定数が$K_D=[D_{ad}]/[D][S_D]$であり，Dが吸着していない空の吸着サイトの濃度［S_D］が，吸着前のDの吸着サイト濃度［S_D］$_0$を用いて［S_D］＝［S_D］$_0$－［D_{ad}］で表されるので，これらを連立すると吸着濃度［D_{ad}］は

　　　$[D_{ad}]=K_D[S_D]_0[D]/(1+K_D[D])$

となる。これがラングミュアの式である。つまり，気相中の分子の濃度［D］が高いと吸着濃度［D_{ad}］は一定となり，気相中の分子の濃度［D］と光触媒反応速度とは無関係になる。一方，気相中の分子の濃度［D］が低いと吸着濃度［D_{ad}］は気相中の分子濃度とともに増加し，光触媒反応速度もそれにともなって増加するようになる。このように，光触媒反応中に吸着平衡が成り立っている前者を「光量律速」，成り立たない後者を「物質輸送律速」と呼び，光触媒反応のタ

可視光応答型光触媒

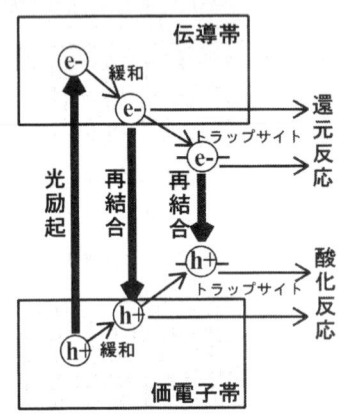

図9　光触媒反応における電子，正孔の表面移動拡散と反応過程

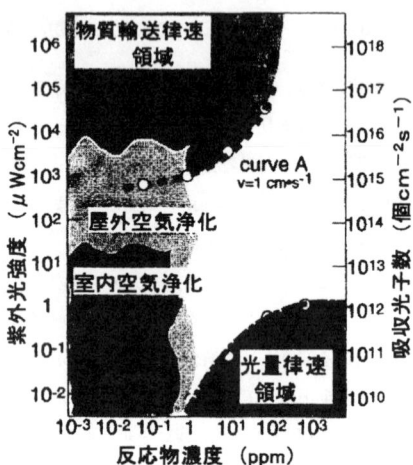

図10　紫外光強度および反応物濃度と有機物分解の各種律速過程との関係[10]

イプを区別する。図10は有機物分解が光量律速で進むか，物質輸送律速で進むかの領域を示したものである[10]。図に示すように物質輸送律速で進む紫外光の上限は1mWcm^{-2}であるが，夏の太陽光強度中の紫外線強度は3mWcm^{-2}なので，通常の屋外での空気浄化は物質輸送律速であることがわかる。すなわち，屋外での空気浄化の光源としては太陽光で十分の強度があり，それを集光することは意味を成さないことがいえる。例えば，吸着剤の上に酸化チタンを担持することで，酸化チタン近傍に反応物濃度を濃縮し光触媒活性を上げる手法などは「物質移動律速」過程から「光量律速」過程へシフトさせる一つの手法といえる。また，同一の光触媒材料においても紫外光においては光吸収量が大きく「物質移動律速」であるのに，可視光においては光吸収量が小さいため「光量律速」になることもありうる。これまでの可視光応答型光触媒の開発においては標準的な酸化チタン粉末の可視光領域での活性の比較による評価が一般的であるが，光触媒反応の速度がどのような因子に支配されているのかを知ることも今後の可視光応答型光触媒開発において，重要性を増すと思われる。

第2章　光触媒の動作機構と期待される特性

文　　献

1) 野坂芳雄, 野坂篤子, 入門 光触媒, 東京図書 (2004)
2) R. Asahi *et al., Phys. Rev. B.*, **61**, 7459 (2000)
3) 窪川裕ほか, 光触媒, 朝倉書店, p.15 (1988)
4) 伊藤光男, 新実験化学講座4 (基礎技術3光Ⅱ), 丸善, p.393 (1976)
5) 工藤恵栄, 光物性の基礎, オーム社 (1996)
6) 大堺利行ほか, ベーシック電気化学, 化学同人 (2000)
7) 橋本和仁ほか, セラミックス, **31**, 815 (1996)
8) 大谷文章, 光触媒標準研究法, 東京出版 (2005)
9) 橋本和仁, 藤島昭, 図解光触媒のすべて, p.136, 工業調査会 (2003)
10) Y. Ohko *et al., J. Phys. Chem. B.*, **102**, 1724 (1998)

第3章　可視光応答型光触媒の設計

1　バンドギャップ狭窄法による可視光応答化

旭　良司*

1.1　はじめに

　光触媒反応は，常温でクリーンに光エネルギーを化学エネルギーに変換する環境調和型プロセスとして注目され，近年それを利用した商品化開発が活発に行われている。光触媒活性を有する材料としては，酸化チタン，酸化亜鉛，チタン酸ストロンチウム，硫化カドミウム，等の様々な半導体材料が知られているが，現在実用化されているのは酸化チタンだけである。これは酸化チタンが，比較的高い光触媒活性，化学的安定性，安全性，低価格，等の利点を有するためである。酸化チタンを用いた光触媒反応の最も大きな問題点の一つは，吸収波長が主に紫外光領域であり太陽光においては約5％の紫外光成分しか利用できないことである。特に用途を屋外のみならず室内へ拡大するためには，紫外光に加えて可視光によっても高い活性を呈することが望まれている。

　これまでにも光触媒の可視光応答化の研究は盛んになされていた。代表的なものとして，酸化チタンに対する金属ドーピング[1～3]，NO_xのドーピング[4]，酸化チタンの酸素が一部欠損した還元型酸化チタン[5,6]，等の研究例がある。中でも，金属ドーピングにより光吸収特性や触媒活性を改善しようとする試みは1970年代より論文及び特許に多数報告されている。しかしながら，これらの可視光応答型光触媒は，熱的安定性，生産性，再現性，光触媒性能の点から必ずしも実用上十分なものではなかった。

　本節では，酸化チタンにドーピングを施すことによる可視光応答化について，材料設計の立場から述べる。特に，設計指針に基づき第一原理計算を行うことにより，より具体的で確率の高い材料設計が可能となった。材料設計の結果得られた窒素ドープによる可視光応答型光触媒は，その光触媒特性と再現性の点から優れた材料であることが実験的に証明されている[7,8]。

1.2　可視光応答化の指針

　光触媒反応は，光を吸収し半導体中に電子・正孔キャリアを生成する光吸収プロセス，光励起キャリアが半導体表面反応サイトまで移動する拡散プロセス，そして，表面の反応サイトで電子

---

　*　Ryoji Asahi　㈱豊田中央研究所　材料分野　無機材料研究室　主任研究員

第3章　可視光応答型光触媒の設計

が還元反応，正孔が酸化反応を生じさせる反応プロセス，と主に3つのプロセスから構成される。このうち反応プロセスについてはまだ詳細は不明な点が多いが，一般的によく用いられる説明としては，正孔が表面の吸着水を酸化してヒドロキシラジカル（・OH）を形成し，電子が酸素を還元してスーパーオキサイドイオン（O^{2-}）等の活性酸素を形成し，これらが有機物を分解する際の反応活性種の役割を担う，と考えられている。

酸化チタンが可視光で活性を示さない理由は，バンドギャップ（アナターゼの場合3.2eV＝387nm）より長波長の可視光吸収プロセスが生じないためである。すなわち十分な可視光吸収を可能にするためには，バルクのバンドギャップを狭くする必要がある。可視光吸収を満たすように適当なバンドギャップを有する半導体を用いることも考えられる。しかしながら，上述のように酸化チタンの優れた性質を満たす半導体材料は現在のところない。そこで，ここではドーピングにより酸化チタンのバンドギャップを小さくすることを考える。この際，上述の光触媒反応プロセスを考慮して，以下の3点を材料設計の指針とした。

① 可視光吸収を行うため酸化チタンのバンドギャップ内に不純物準位を形成する。
② 光励起キャリアが不純物準位によって容易にトラップされたり，再結合したりしないように，不純物準位は酸化チタンのバンド端近傍に形成する（つまり不純物準位が深すぎない）。
③ 反応プロセスを効率よく行うために，不純物準位を含めた伝導帯下端は水の還元準位（H_2/H_2O）より高い位置に，価電子帯上端は水の酸化準位（O_2/H_2O）より低い位置になるようにする。

このうち指針③に関しては，水の還元準位はアナターゼ酸化チタンの伝導帯の下約0.2eVに位置しているため，かなり厳しい条件である。この指針の背景は，上述のように活性種の生成には水を分解する能力が一つの目安となっていることがあるが，反応メカニズムによっては必ずしも水素・酸素を生成する水分解を想定する必要がない場合も考えられるので注意を要する。

不純物準位の位置は不純物の種類やドーピングサイトによって変化する。例えば，酸素欠損を導入すると，図1のように伝導帯近傍に不純物（欠陥）準位を形成する[6]。その場合，上述指針③の条件を満たすことが困難である。つまり還元力が低下する可能性がある。さらに欠損量が多くなると，結晶性が低下し欠陥準位も深くなるため，指針②を満たすことが困難になってくる。

このように，不純物準位を調べることにより，

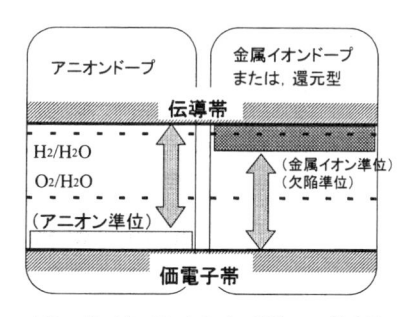

図1　ドーピングによるバンドギャップ狭窄法

可視光応答型光触媒

上述の指針に基づいて可視光応答型光触媒としての可能性を判断することができる。以下，金属およびアニオン元素の不純物ドーピングについて検討を行った結果について述べる。不純物をドーピングした際の電子状態の変化を比較検討するために，量子力学的第一原理計算を行った。計算手法は局所スピン密度近似に基づくFLAPW法[9]を用いた。

1.3 金属元素のドーピング

アナターゼ酸化チタン中のTiの位置に各種$3d$遷移金属（C_s）を置換ドープした場合に計算された状態密度（DOS）を図2に示す。ここで単位胞は4-TiO_2のスーパーセルを用いた。エネルギー値については，不純物元素から最も離れた酸素の$2s$準位を一致させるようにし，原点を無ドープ酸化チタンの価電子帯上端にとった。バンドギャップ内の不純物準位は主に不純物元素のd状態によるものであり，原子番号が増えるに従ってその準位が低エネルギー側に移動する。また，Cr，Mn，Fe，Coの不純物サイト上ではスピン分極が顕著であることが分かる。これらの傾向は$4d$および$5d$遷移金属元素のドーピングに対しても同様であり，不純物準位の位置はE(Ti $3d$) ～ E(Nb $4d$) ～ E(W $5d$) の関係がある。d状態は結晶の配位子場を受けt_{2g}軌道とe_g軌道に分裂し，前者は酸素のp軌道との混成が小さく局在性が強い[10]。このような局在準位がバンドギャップ内の深い準位である場合，それらがキャリアの再結合中心となりやすく，前述指針②により高活性が期待できない。一方，V，Mo，Re等は不純物準位が伝導帯直下にあるため比較的再結合中心となりにくく，可視光応答の可能性が高い。しかしながら，これら金属元素の不純物準位により触媒の還元力が低下するため指針③の条件を満たさない可能性がある（図1）。

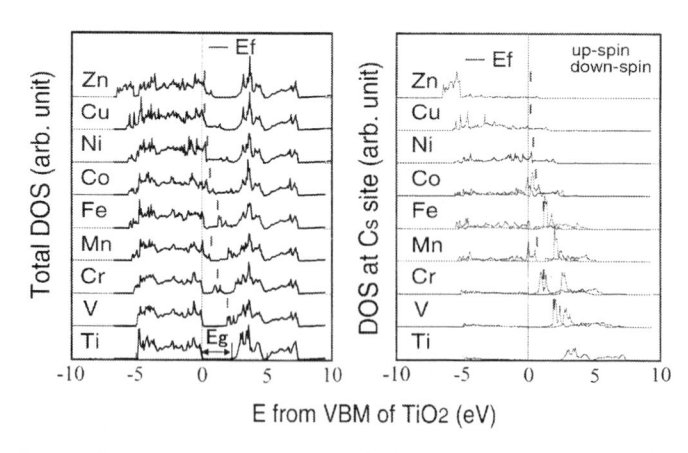

図2 各種3d遷移金属をドーピングした時の全状態密度（左）とドーパントサイトの状態密度（右）

第3章 可視光応答型光触媒の設計

　Choiらは酸化チタンに対する各種金属イオンのドーピングによる触媒活性を系統的に調べた結果，V，Fe，Mo，Ru，Re，Osのドーピングで特に光触媒活性の向上を報告した[2]。しかしながら，これら金属イオンをドーピングした系は全て200℃以上の熱処理によって著しい触媒活性の低下が見られた。高活性の理由としては，金属ドーピングによって導入された電子トラップもしくは正孔トラップによってキャリアが空間的に分離し再結合の確率が下がるためとし，熱処理によって触媒活性が低下する理由は，ドーパント金属が熱拡散により凝集するためとしている。一方，AnpoらはVとCr等の金属元素をイオン注入により導入することで可視光応答を確認した[3]。この方法は金属を均一に分散させるために有効であり，そのために熱的安定性も向上している，としている。イオン注入法というコストの問題があるが興味深い結果である。
　これらの実験で高活性な金属種と計算による候補金属種が一致していることは指針②が有効であることを示唆している。ここで，金属元素の導入で気を付けなければならないことは，バルクの効果と表面担持の効果を分けて考慮することである。後者による触媒活性の向上は古くからFe，Pt，Cu等で確認されている。一方，可視光応答化を可能にするためにはバルク中に均一なドーピングをすることが重要である。

1.4　アニオンドーピング

　ここまで金属ドーピングや酸素欠損によって図1に示すように伝導帯側に新しい準位を形成し

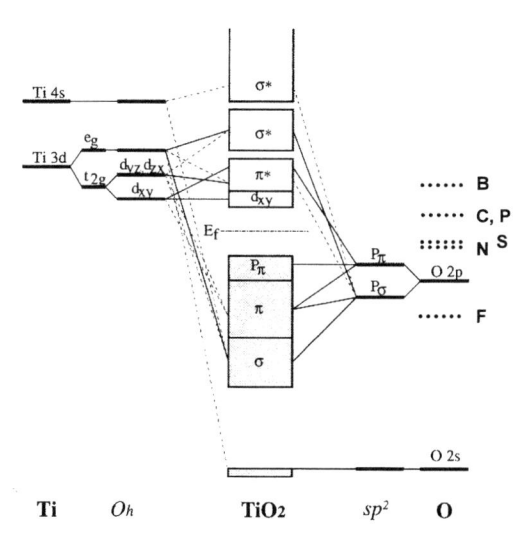

図3　原子準位（両端）と酸化チタン（中心）の分子軌道モデル

可視光応答化する手法について述べた。この際、不純物準位が水の還元準位より下に位置する可能性が高い。これに対してアニオンドープでは、価電子帯に近い位置に準位を形成して可視光を吸収する設計が可能である。図3に酸化チタンの分子軌道モデル[10]と、各種アニオン元素の原子準位（右端）を示した。酸化チタンのバンド構造は主に酸素の$2p$とチタンの$3d$が混成することで形成される。特に、価電子帯上端は酸素の$2p$軌道が配位子場分裂したp_π軌道の準位によって決まる。このp_π軌道は酸化チタンの固体中で結合の無い方向に伸びているためアニオン原子のp軌道準位を比較的直接反映している。したがって、図3に示したように、N、S、Cといったアニオン原子によってバンドギャップ内に可視光吸収準位を形成することが予測できる。

図4は、酸化チタンのOの位置に各種アニオンを置換ドープした場合に計算された状態密度（DOS）を示す。N、Sをドープしたものでは、価電子帯の上端近傍に新たな準位が形成され、バンドギャップが狭まっていることが分かる。これに対し、C、Pをドープしたものでは、バンドギャップ中の深い位置（中央付近）に準位が出来ており、指針②の観点から光触媒作用への寄与が小さいと考えられる。また、Fをドープしたものでは、バンドギャップ中に準位は形成されない。図5にNまたはSをドーピングした場合の誘電率虚数部（光吸収による遷移確率）の計算結果を示す。本計算では双極子近似とバンドギャップに対する補正（$\Delta = 1.14\mathrm{eV}$）を用いた[10]。アナターゼの結晶系（正方晶）に対応して誘電率には異方性が見られる（ε_{xy}は波数ベクトルがc軸と平行な偏光に対する吸収を表す）。この誘電率関数を解析すると吸収に寄与するバンド間遷移を特定することができる。その結果、価電子帯近傍のNまたはSのp_π準位から酸化チタンの伝

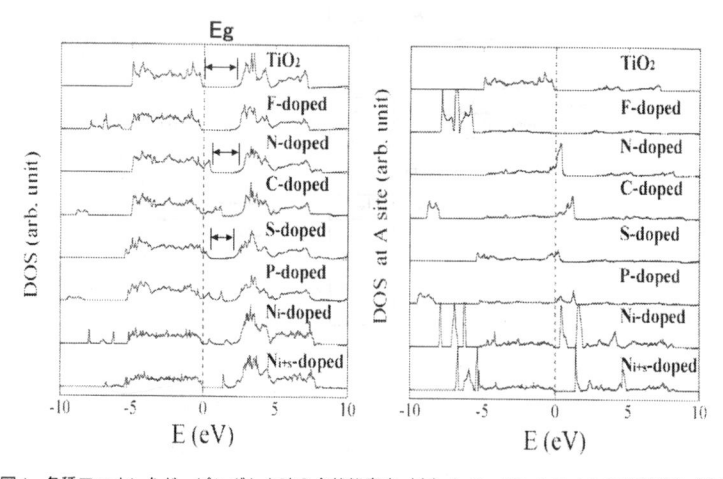

図4 各種アニオンをドーピングした時の全状態密度（左）とドーパントサイトの状態密度（右）

第3章　可視光応答型光触媒の設計

導帯Ti d_{xy}準位への光学遷移が主に可視光吸収に寄与することが明らかになった。NとSを比較すると，Sの置換ドープに伴う形成エネルギーは4.1eVと計算され，これはNの置換ドープに伴う形成エネルギーの1.6eVよりかなり大きい。これはS^{2-}のイオン半径が1.82ÅとO^{2-}（1.36Å）やN^{3-}（1.48Å）より大きいために結晶格子中に置換することがプロセス的に困難であることを意味する。

上記は，酸化チタンの結晶格子のOを置き換える置換サイトにアニオンをドープした結果である。Nについては，このほかに結晶格子間にドープした場合（N_i），および置換サイトと格子間の両方にドープした場合（N_{i+s}）も検討した。図6にドーピングした系の原子位置を最適化した電荷密度分布を示す。N_iドープまたはN_{i+s}ドープの結果，近接のOまたはN同士が結合し，それぞれN-O及びN-Nの分子状態を形成することが分かった。電荷密度分布からこれらの分子状態がTiとの結合を弱めながら孤立している様子が分かる。実際，それぞれの結合距離1.20Å（N-O）及び1.16Å（N-N）は，孤立分子の結合距離

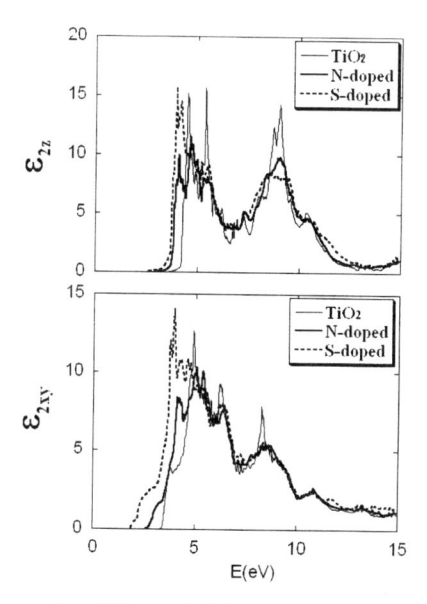

図5　計算された誘電率関数の虚数部（光吸収による遷移確率）

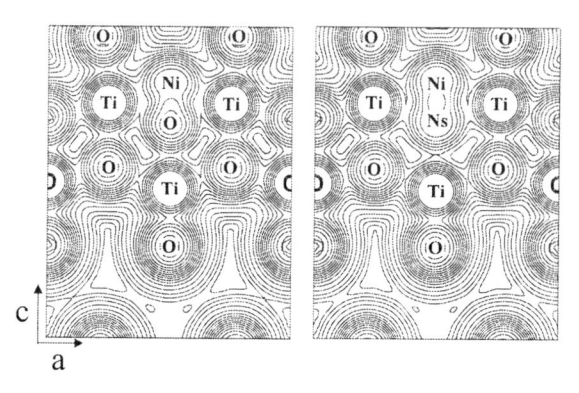

図6　格子間窒素ドーピング（左：N_i，右：N_{i+s}）の電荷密度分布

1.15Å（NO）及び1.10Å（N_2）と良く一致した。これら孤立した分子状態は酸化チタンのバンドとほとんど混成しない。図4の状態密度をみるとその様子が明らかである。不純物準位として分子状結合状態（E<−5eV）と反結合状態（E>0）を形成しており、後者はバンドギャップ中に深く局在した状態を作る。光を分子内で吸収しても励起されたキャリアが酸化チタン中に移動する確率は低いため、いずれの不純物状態も光触媒活性には寄与しないと考えられる。

1.5 まとめと今後の展望

　以上、材料探索指針と第一原理計算の検討より、アニオンドープに関して検討した結果、Nの置換ドーピングが可視光応答化に適していることが明らかになった。一方、V、Mo、Re等の金属ドーピングに対しても、還元力が低下する可能性があるが、均一に分散させるプロセスを用いれば、可視光応答化することが示された。

　一連の材料設計で最も重要なポイントは設計指針を的確に設定することである。例えば、ここでは酸化チタンに対するドーピングのみを検討したが、用途によっては多少化学的安定性やコストを犠牲にしても高活性な触媒が必要な場合も考えられる。そのような場合は、母材料を含めた材料設計を行うための新たな指針を設定する必要がある。

　近年アニオンドープに関する研究が盛んに行われ、Nドープ[4, 7, 8, 11]をはじめとして、Sドープ[12, 13]、Cドープ[14, 15]、等による種々の可視光応答型光触媒の報告がなされている。これらのドーパントの状態は一般に複雑でプロセスに依存する。例えば、アンモニアガス中の窒化プロセスでは置換型NドープがXPSによって観察されるが、アンモニア水中で塩化チタンを加水分解するいわゆる湿式プロセスでは酸素位置にNO_2が置換ドープされていることがESRによって示唆されている[16]。これらの状態の違いは当然のことながら光学特性や触媒性能の違いとなって現れる。実際、後者の湿式プロセスでは高温500℃の熱処理により可視光応答性が著しく劣化する[4]が、前者は550℃の熱処理を行った後でも十分な可視光応答性が見られる[17]。同様に、SドープやCドープについても、ここで取り扱った酸素位置の原子状置換ドープだけでなく、O、N、H等との結合状態も可能性として考慮する必要がある。アニオンドープという単純な検討から始まった研究領域であるが、今後、非金属元素・分子ドーピングという幅広い見地からの基礎研究および材料開発が望まれる。

第3章　可視光応答型光触媒の設計

文　献

1) A. K. Ghosh, H. P. Maruska, *J. Electrochem. Soc.*, **124**, 1516 (1977)
2) W. Choi, *et al.*, *J. Phys. Chem.*, **98**, 13669 (1994), and references therein.
3) M. Anpo, *Catal. Surv. Jpn.*, **1**, 169 (1997)
4) S. Sato, *Chem. Phys. Lett.*, **129**, 126 (1986)
5) R. G. Breckenridge, W. R. Hosler, *Phys. Rev.*, **91**, 793 (1953)
6) D. C. Cronemeyer, *Phys. Rev.*, **113**, 1222 (1959)
7) R. Asahi *et al.*, *Science*, **293**, 269 (2001)
8) T. Morikawa *et al.*, *Jpn. J. Appl. Phys.*, **40**, L561 (2001)
9) E. Wimmer, H. Krakauer, M. Weinert, A. J. Freeman, *Phys. Rev. B*, **24**, 864 (1981); H. J. F. Jansen, A. J. Freeman, *Phys. Rev. B*, **30**, 561(1984)
10) R. Asahi *et al.*, *Phys. Rev. B*, **61**, 7459 (2000)
11) C. Burda *et al.*, *Nano Lett.*, **3**, 1049 (2003)
12) T. Umebayashi *et al.*, *J. Appl. Phys.*, **93**, 5156 (2003); T. Umebayashi *et al.*, *Chem. Lett.*, **32**, 330 (2003)
13) T. Ohno *et al.*, *Chem. Lett.*, **32**, 364 (2003)
14) S.U.M. Khan *et al.*, *Science*, **297**, 2243 (2002)
15) H. Irie *et al.*, *Chem. Lett.*, **32**, 772 (2003)
16) M. Che and C. Naccache, *Chem. Phys. Lett.*, **8**, 45 (1971)
17) R. Asahi *et al.*, *Science*, **295**, 627 (2002)

2 増感化合物表面修飾法による可視光応答化

西川貴志*

2.1 はじめに

酸化チタンは屈折率が高く，粒子径を可視光線の波長の1/2程度にすることにより散乱効率が最大になり，隠蔽性も比例して大きくなる[1]ことから，白色顔料として使用されている。また，さらに粒子径を小さくすることにより，紫外線に対する吸収能が向上するため紫外線遮蔽剤としても使用されている。これらの用途では樹脂や分散剤，安定化剤などの有機化合物と混合して使用するため，酸化チタンは単味ではなく目的に応じた表面処理が施されている。これらの用途以外に，酸化チタンは光半導体特性や誘電体特性などの多様な特性を持つため，機能性材料としても幅広い分野で応用がなされている。

近年，特に酸化チタンの光半導体特性を用いた光触媒機能には大きな関心が寄せられ，様々な応用製品が市場に展開されている[2]。光触媒用酸化チタンは古くから研究対象となってきたが，その主眼は光触媒活性に着目したものであり，最終製品を意識した原材料開発が行われるようになったのは最近になってからである。酸化チタンが光触媒として用いられる理由としては，①化学的に安定である，②光溶解を起こさない，③安全で比較的安価である，という3つの点で他の材料と比較して優れているからである。

酸化チタン光触媒の作用機構は，図1に示すように波長400nm以下の光を吸収することにより内部に電子・正孔を生じ，これが表面に拡散して表面吸着種と酸化（正孔），還元（電子）反応を起こす。正孔は表面水酸基を酸化し，・OH（ヒドロキシラジカル）を生じる。また一部は表面に捕捉され，直接，表面吸着種と反応するものもある。一方，電子は表面吸着酸素と反応し，・O_2^-（スーパーオキサイドアニオン）を生じ，さらにプロトンと反応し，HO_2・（ペルオキソラジカル）と平衡状態で存在する。これらが，表面吸着種と反応する反応活性種だと考えられている。また，この反応活性種の酸化力を各種酸化剤の酸化ポテンシャルと比較すると，酸化チタン光触媒で生成する・OHは酸化電位が2.8Vと非常に高く，一般的に使用されるオゾン，過酸化水素，塩素などよりも高い酸化力を有している。

酸化チタンの観点から光触媒活性を高めるには，結晶内の欠陥準位や不純物準位を少なくして結晶性を良くし，電子・正孔の粒子表面への拡散を促進することが有効である。光照射によって生じる反応活性種は寿命が短く，光触媒反応は酸化チタン表面近傍でしか起こらないため，表面への反応物質の吸着量を高めることも見かけの光触媒活性を向上させることに繋がる。材料自身

---

* Takashi Nishikawa　石原産業㈱　開発企画研究本部　機能材料研究開発室　四日市研究グループ　研究主管

第3章　可視光応答型光触媒の設計

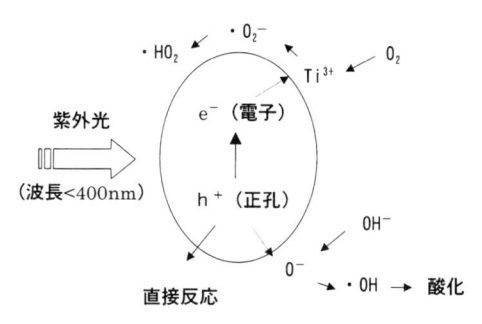

図1　酸化チタン光触媒の作用機構

の表面積を大きくすること以外にも，活性炭，ゼオライト，アパタイト等の種々の吸着剤と酸化チタンを組み合わせた複合材料も開発されてきた。これらはすべての反応対象物の吸着性能を一律に高めて反応効率を上げようとするものである。

一方で，特定の反応対象物の吸着性能を高め，限定した用途での光触媒性能の向上を狙ったものもある。酸化チタンの表面は酸性であるため，塩基性ガスであるアンモニアやトリメチルアミンなどは吸着分解しやすいが，酸性ガスである硫化水素やメチルメルカプタンに対しては吸着能が劣る。例えば，酸性ガス，NOx除去用として酸化チタン表面に亜鉛化合物，ランタン化合物をそれぞれ表面処理したもので，一旦それらの化合物に反応対象物や中間生成物を吸着させることによって光触媒分解能を高めたものも開発されている。図2はこのしくみを模式的に示したものである。このように酸化チタン光触媒の材料開発は結晶性等の物質のミクロな物性と吸着性能等のマクロな物性を考慮することが重要であり，微粒子製造技術，表面処理技術，反応工学的知見が巧みに融合し，開発を行ってきている。

また，酸化チタン光触媒は前述の酸化分解特性と，紫外光を照射することにより膜面と水との濡れ性が非常に向上する光誘起超親水性[3]を有するため，図3に示す脱臭，大気浄化，水質浄化，抗菌，防汚，防曇などの各種の適用分野において検討され，商品化が進展している。また，各用途において，光触媒材料のハンドリング性を向上させるために各種の形態のものが開発されている。

このように種々の形態の酸化チタン光触媒が開発され，各用途において展開されてきたが，酸化チタン光触媒を活性化するにはバンドギャップ以上のエネルギーを有する400nm以下の紫外光が必要であるため，実効性が得られる使用環境が限定される。そのため，屋内などの紫外線が少ない環境下でも機能する可視光応答型光触媒の開発が望まれてきた。

可視光応答型光触媒

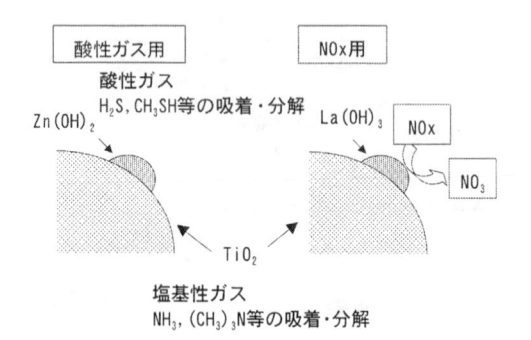

図2　特定反応物に対する光触媒活性向上のための表面処理模式図

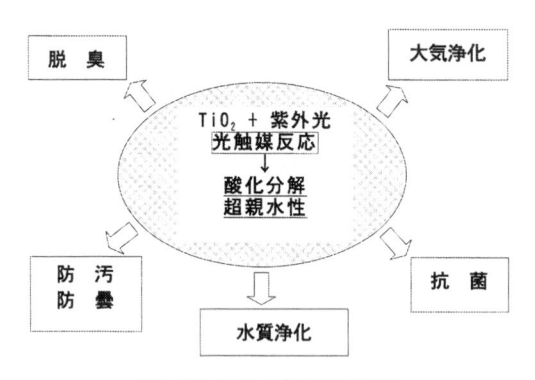

図3　酸化チタン光触媒の適用用途

2.2　可視光応答型酸化チタンの設計

　光触媒酸化チタンのバンドギャップは3.0eVであり，励起に必要な波長は400nm以下の紫外光が中心である。一方，屋外光または室内光の光源からの光は大部分が可視光領域の波長である。屋外及び室内光下における光の利用効率を高めることにより，さらに，活性の向上が期待できることから，可視光応答型の検討が盛んになされてきた。ここ数年間は特に精力的に研究開発が行われ，本書で報告されているような技術を始め，様々な技術が検討されている。

　生活空間中の光を図4に示すように紫外光量と可視光照度の強度に対して便宜的に4つの領域に大別した[4]。従来の酸化チタン光触媒の性能が十分に発揮される領域はⅠ，Ⅱであり，日常生活空間の光はⅡ以外の領域の光が大部分を占めている。したがって，光触媒の適用を拡大するにはⅢ，Ⅳの領域で高活性な光触媒の開発が望まれる。

　筆者らは酸化チタン粒子製造技術と表面処理技術を応用し，増感化合物を用いた可視光応答型

第3章 可視光応答型光触媒の設計

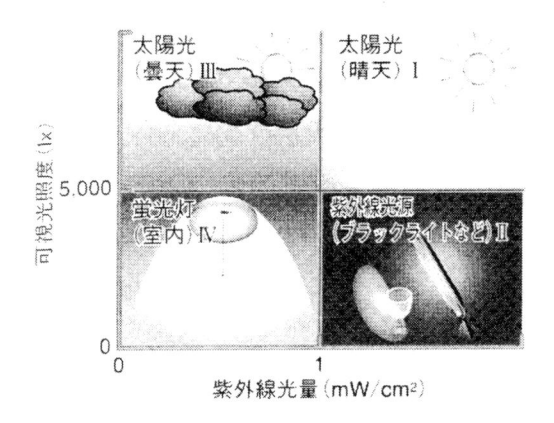

図4 生活空間中の光の分類

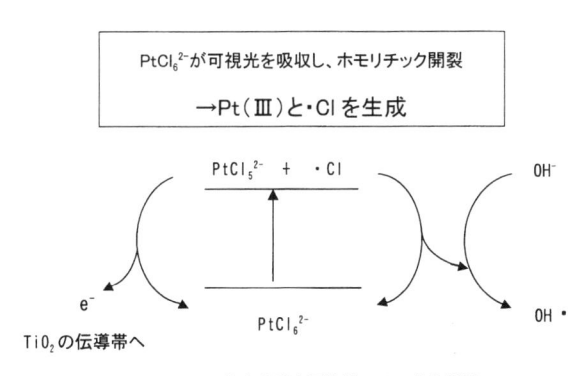

図5 ハロゲン化白金酸表面修飾による応答機構

光触媒の開発を行った。開発した光触媒の可視光応答機構は，現在次のように推察している。酸化チタンに吸着した$PtCl_6^{2-}$は波長450nm付近に吸収ピークを持ち，光照射によって生成した3価の白金（$PtCl_5^{2-}$）と塩素ラジカルがそれぞれ酸化チタン上に移行することにより還元，酸化サイトを形成する[5]（図5）。

酸化チタン表面に吸着した$PtCl_5^{2-}$は化学的に不安定であるが，同じく酸化チタン表面に吸着しているH_2O分子との反応によりアコ錯体化し，安定な化学種である$PtCl_5OH_2^-$を生成する。この$PtCl_5OH_2^-$も$PtCl_6^{2-}$と同様に可視光照射によって開裂を起こし，一連の化学種の連鎖プロセスにより安定的に可視光応答能が持続する。

アコ錯体化反応はH_2OとClの存在下で進行するが，酸化チタンの表面状態によってこれらの

可視光応答型光触媒

化学種の濃度は異なるため，塩化白金酸を処理する酸化チタンの種類により可視光応答能が大きく異なることが予想される。塩化白金酸をアナタース型光触媒酸化チタン（ST-01，石原産業㈱製）に処理したものと，今回開発した酸化チタンベースに処理したもの（開発品A）の光吸収スペクトルを比較すると図6のようになる。開発品Aおよびアナタース型ベースの吸収スペクトルは，それぞれベースの酸化チタン単独の吸収スペクトルとの差分であり，用いる酸化チタンを最適化することにより増感化合物の吸収ピークが長波長側にずれ，また可視光領域における吸収量が大きくなることがわかる。

(1) 増感化合物量依存性

本材料は増感化合物による機構を用いていることから，増感化合物量を変化することにより，可視光における光触媒活性を制御できるかどうかについて確認した結果を次に示す。図7に示すように増感化合物量の増加により光触媒活性が向上することが確認できた（開発品B）。

(2) 酸化チタンベースの影響

開発品Aは焼成工程を経ない湿式処理により作製しているが，酸化チタンベースの結晶性を高める目的で焼成処理を施し，焼成温度と可視光活性との関係について調べた。その結果，図8に示すように焼成温度が400℃付近で可視光増感能が最大となり，それ以上の温度領域では温度上昇と共に活性が低下する傾向にあることが明らかとなった。また，焼成温度に応じた粒子径の増加が見られたことから，適度な結晶性の向上により可視光下での活性が向上することが明らかとなった。

また，図9に異なる焼成温度におけるサンプル中の白金化合物の差分吸収スペクトルを示す。上述の結果を裏付けるように，焼成温度を最適化することにより可視光域での吸収が増加することが明らかとなった（開発品C）。

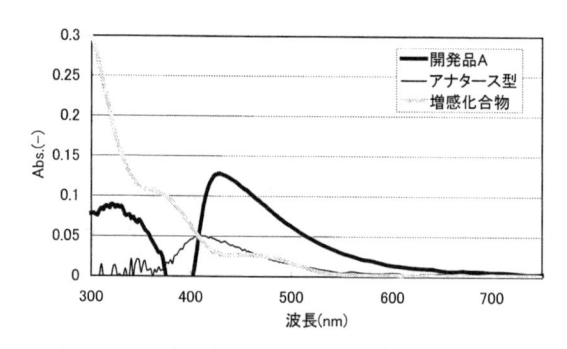

図6 塩化白金酸単味および酸化チタンに処理した塩化白金酸の差分吸収スペクトル

第3章　可視光応答型光触媒の設計

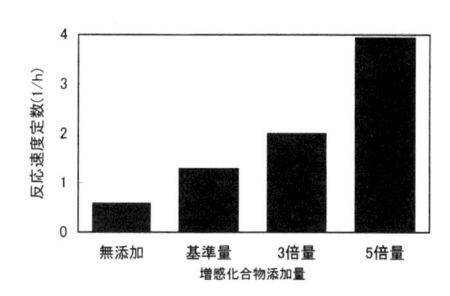

図7　アセトアルデヒド分解速度定数の
　　　増感化合物量依存性
　　　（実験条件：表2，照度：5700lx）

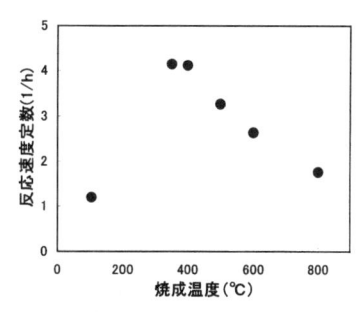

図8　アセトアルデヒド分解速度定数に
　　　対する酸化チタンベースの焼成温
　　　度依存性
　　　（実験条件：表2，照度：5700lx）

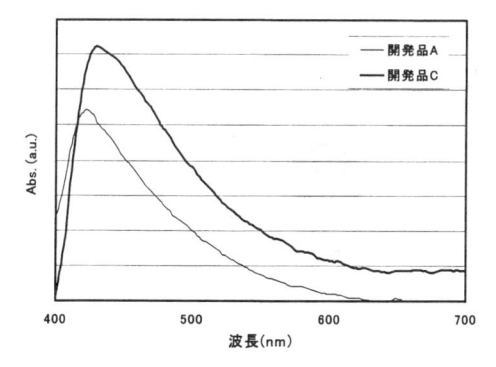

図9　焼成温度の異なるサンプルの増感化合物の差分吸収スペクトル

2.3　可視光応答型酸化チタン光触媒の物性及び反応特性

可視光応答型酸化チタン光触媒開発品A，B，Cの物性を表1に示す。

次に，開発した可視光応答型酸化チタンの反応特性についての評価結果を示す。2.1項でも述べたように光触媒は様々な用途で使用され，さらに，使用時の形態も多様である。本項では，可視光応答型酸化チタンの使用が想定される室内環境下での光触媒活性を測定した。以下に評価方法の概要を示す。室内環境下で使用する場合，脱臭用途での適用が想定される。そこで，アセトアルデヒドを用いた閉鎖式循環系の反応評価装置を用いて，アセトアルデヒドの濃度減少から算出した反応速度定数により評価を行った。反応条件を表2に示す。

（1）紫外光下（図4の領域Ⅱ）

可視光応答型酸化チタン光触媒の紫外光下での活性を図10に示す。通常のブラックライト照

31

可視光応答型光触媒

表1　可視光応答型光触媒の粉体特性

項　目	開発品A	開発品B	開発品C	ST-01
比表面積（m^2/g）	約130	約130	約60	約300
X線粒径（nm）	10	10	18	7
組成	TiO_2/Pt/Cl	TiO_2/Pt/Cl	TiO_2/Pt/Cl	TiO_2

表2　アセトアルデヒド反応条件

項　目	実験条件
反応方式	閉鎖式循環型
反応容積	2.8L
アセトアルデヒド初期濃度	150ppm
循環流量	3L/min
サンプル量	0.1g（6cmϕ径のシャーレ上に分散）
光源・光量	（図10）ブラックライト1mW/cm^2 （図7，8，11）白色蛍光灯5700lx

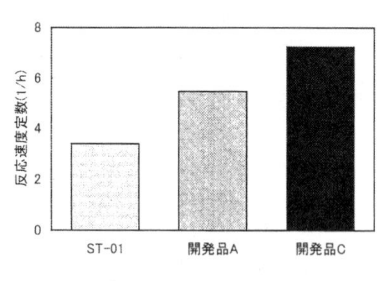

図10　ブラックライト下でのアセトアルデヒド分解活性
（実験条件：表2）

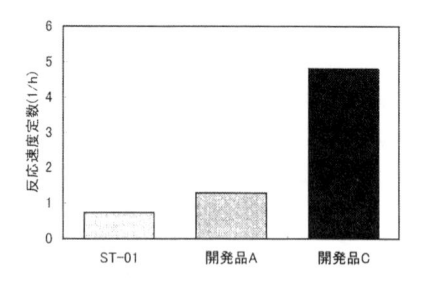

図11　蛍光灯下でのアセトアルデヒド分解活性
（実験条件：表2）

射下においても，ST-01と同等またはそれ以上の活性を示した。

(2)　蛍光灯下（図4の領域Ⅳ）

　次に，蛍光灯照射下での光触媒活性を調べた結果を示す。アセトアルデヒドの分解速度定数は光照度に依存することをこれまでに確認している。ここでは白色蛍光灯5700lxの条件における光触媒活性の比較を図11に示す。この結果から，可視光応答型酸化チタンはST-01と比較して，蛍光灯下でも紫外光下でも高い活性を有することが明らかとなった。

2.4　おわりに

　本稿では増感化合物修飾による可視光応答化について述べた。光触媒の応用製品は拡大の一途をたどっており，原材料に求められる性能もいっそう多様化してきている。また，光触媒は比較

第3章 可視光応答型光触媒の設計

的末端商品への応用が容易な技術である反面,安易な発想で商品化が行われていることも事実である。今後の光触媒市場の発展をめざし,原料開発の見地から可視光応答型光触媒の開発を中心として,光触媒技術の革新に貢献して行きたい。

文　献

1) 清野学,酸化チタン,技報堂出版, p.130 (1991)
2) 例えば,竹内浩士ほか編,光触媒ビジネス最前線,工業調査会, p.130 (2001)
3) 藤嶋昭ほか,光クリーン革命,シーエムシー出版, p.57 (1997)
4) 藤嶋昭ほか編,図解 光触媒のすべて,工業調査会, p.121 (2003)
5) L. Zang et al., J. Phys. Chem. B., **102**, 10765 (1998)

第4章 可視光応答型光触媒作製プロセス技術

1 湿式プロセス

佐藤次雄[*1], 殷　澍[*2]

1.1 はじめに

　酸化チタンに可視光応答性を付与することを目的として、酸化チタンへのアニオン固溶によるバンドギャップエネルギーの低減が検討されている。Asahiら[1]、量子力学的第一原理計算により酸化チタンの酸素位置に種々の元素を固溶した際の電子状態密度計算を行い、窒素（N）や硫黄（S）の固溶により価電子帯の位置が変化し、可視光応答化が可能であることを予見した。例えば、酸化チタンへの窒素固溶では、酸化チタンの価電子帯を形成しているO2pより高い位置にN2pの準位が形成されるため、バンドギャップが狭くなり可視光応答性が付与されると考察されており、Asahiらは、酸化チタンを500－600℃付近の窒素やアンモニア雰囲気中で熱処理する乾式プロセスにより窒素固溶酸化チタンを合成し、可視光応答性光触媒活性の発現を実証している[1, 2]。一方、湿式プロセスによる窒素固溶酸化チタンの合成に関する研究も活発に行われており、反応条件の制御により、特性の異なる種々の窒素固溶酸化チタンが合成されている。

1.2 チタン化合物水溶液のアンモニア中和－仮焼による窒素固溶酸化チタンの合成

　Sato[3]は、市販の水酸化チタン（キシダ化学㈱製）を空気中で仮焼し、淡黄色の酸化チタン粉末を得、可視光（λ＞434nm）照射下で酸素同位体交換反応、CO酸化反応およびC_2H_6酸化反応に対する光触媒活性を有することを見出した。可視光応答性の発現は、四塩化チタンの加水分解による水酸化チタンの製造時に用いられたNH_4OHが試料中に残存し、仮焼時にNO_xとして酸化チタンに取込まれたためと考察している。なお、本試料は熱的にあまり安定ではなく、400℃仮焼粉が最も優れた可視光吸収能および光触媒活性を有し、500℃以上の高温では可視光吸収能および光触媒活性が低下する（図1[3]）。

　坂谷ら[4]は、三塩化チタン水溶液にアンモニア水を添加し、生成した水酸化チタンを空気中400℃で仮焼し、黄色のアナターゼ型窒素固溶酸化チタンを得て、可視光照射下でアセトアルデヒドの酸化分解に対する光触媒活性を有することを報告している。なお、チタン源として四塩化

＊1　Tsugio Sato　東北大学　多元物質科学研究所　教授
＊2　Shu Yin　東北大学　多元物質科学研究所　助教授

第4章 可視光応答型光触媒作製プロセス技術

チタンを用いて同様の反応を行うと白色の酸化チタンが生成し,可視光応答性酸化チタンは得られないことが報告されており,Satoの結果[3]と異なっている。

一方,井原[5]は,硫酸チタン水溶液にアンモニアを加え加水分解し,400℃で焼成することによりあざやかな黄色を示す窒素固溶可視光応答性酸化チタンを得た。なお,この方法では,仮焼前の粉末の洗浄方法が重要で,洗浄が不十分な場合は黄色の可視光応答性窒素固溶酸化チタンは生成しないと報告されている。得られた窒素固溶酸化チタンおよび2種類の市販酸化チタン(石原産業㈱製ST-1,Degussa社製P-25)を用い,図2[5]に示されるスペクトルのLED光照射下でアセトンの酸化分解を行った時のCO$_2$生成量を図3[5]に示す。アナターゼ型酸化チタンのみのST-01は緑色LEDでも青色LEDでも活性を示さず,アナターゼとルチルの混合物のP-25は青色LEDでは活性を示すが,緑色LEDでは活性を示さない。一方,窒素固溶酸化チタンは緑色LEDでも青色LEDでも活性を示し,窒素固溶酸化チタンが最も長波長の可視光への応答性を有することがわかる。なお,青色LEDにおけるP-25の活性は,試料に約25%含まれているルチルの影響と思われる。

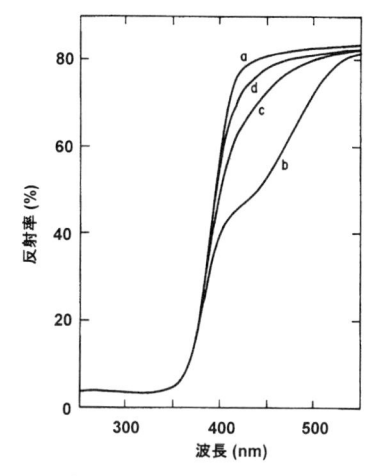

図1 水酸化チタンから合成した酸化チタンの拡散反射スペクトル[3]
(a) 水酸化チタン,(b) 400℃仮焼後,
(c) 500℃仮焼後,(d) 600℃仮焼後

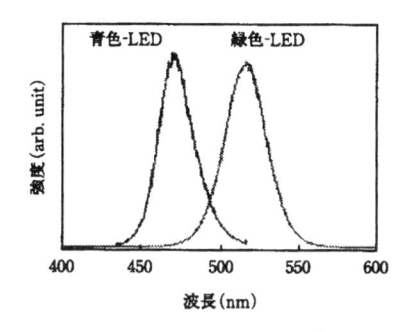

図2 LED光源のスペクトル[4]

上記の方法は,いずれも最終的に400℃付近での熱処理が必要とされており,熱処理に伴う窒素固溶量の減少や比表面積の減少による活性低下が懸念される。

1.3 ソルボサーマル反応による窒素固溶酸化チタンの合成

ソルボサーマル反応とは,溶媒として高温水を用いる水熱反応(ハイドロサーマル反応)を水以外の非水溶媒系に拡張したものであり,多様な溶媒の利用により,結晶化度の高い分散性の良

可視光応答型光触媒

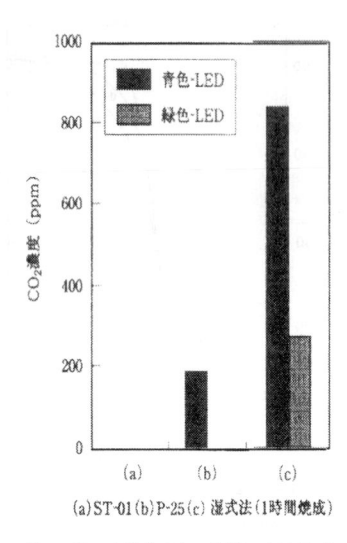

図3 種々の酸化チタンを用いたLED光照射下におけるアセトンガスの光分解による二酸化炭素の生成[4]
(a)ST-01 (b)P-25 (c)湿式法(1時間焼成)

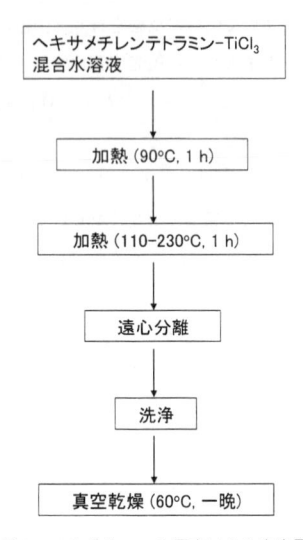

図4 ソルボサーマル反応による窒素固溶酸化チタンの合成フローシート

い微粒子を合成できることから注目されている。チタン化合物（$TiCl_3$）を尿素やヘキサメチレンテトラミン水溶液中で熱処理するソルボサーマル反応で，仮焼プロセス無しに直接窒素固溶酸化チタンナノ結晶が得られ，優れた可視光応答性光触媒活性を示す[6～10]。

図4に合成操作のフローシートを示す。耐圧容器に出発原料$TiCl_3$水溶液，窒素源（ヘキサメチレンテトラミンまたは尿素）および処理溶媒（水，メタノール，エタノール，1-プロパノール，1-ブタノール等）を入れ混合し，その後，オートクレーブに密封し熱処理を行う。本手法では，窒素源としてヘキサメチレンテトラミンを用いると，90℃付近でヘキサメチレンテトラミンの分解で生成するアンモニアの作用により非晶質窒素含有チタニウム水酸化物の沈殿が生成し（均一沈殿反応），引き続き所定温度に昇温し結晶化させると，淡黄色の窒素固溶酸化チタンナノ結晶が得られる。なお，反応溶液のpHは，$TiCl_3$と窒素源のモル比を変えることにより調整でき，pH制御による粉末の特性制御が可能である。

均一沈殿反応

$$C_6H_{12}N_4 + 6H_2O \rightarrow 6HCHO + 4NH_3$$

$$TiCl_3 \rightarrow TiO_{2-x}N_y \cdot nH_2O$$

結晶化

$$TiO_{2-x}N_y \cdot nH_2O \rightarrow TiO_{2-x}N_y + nH_2O$$

第4章 可視光応答型光触媒作製プロセス技術

図5[7)]に種々の条件で合成した酸化チタン粉末のXRDパターンを示す。条件により生成物の結晶相が異なり、沈殿剤としてヘキサメチレンテトラミンを用いるとpH9の水溶液中ではルチル，pH1-7の水溶液中ではブルッカイトが単相で得られる。通常の水熱反応ではルチルおよびアナターゼが得られ，ブルッカイトは生成しないことから，ヘキサメチレンテトラミンがブルッカイト相の生成に重要な役割を示すことが示唆される。

生成物はいずれも直径20nm以下のナノ粒子であり（図6[7)]），pHが高いほど粒径が減少する。これは，高pH溶液ほど沈殿剤のヘキサメチレンテトラミン濃度が高く，副生するホルムアルデヒド濃度が高く，酸化チタンの溶解度が減少するためと思われる。

生成物の結晶相は溶媒組成により変化し，$TiCl_3$-ヘキサメチレンテトラミン水溶液にメタノールを加えるとpH9でアナターゼが単一相で生成する（図7[7)]）。これより，溶媒

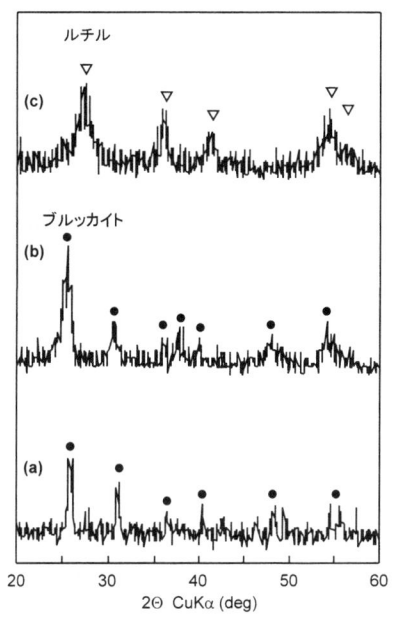

図5 $TiCl_3$-ヘキサメチレンテトラミン混合水溶液の熱処理による生成物のXRDパターン（反応温度190℃，反応時間2h），pH：(a) 1，(b) 7，(c) 9[7)]

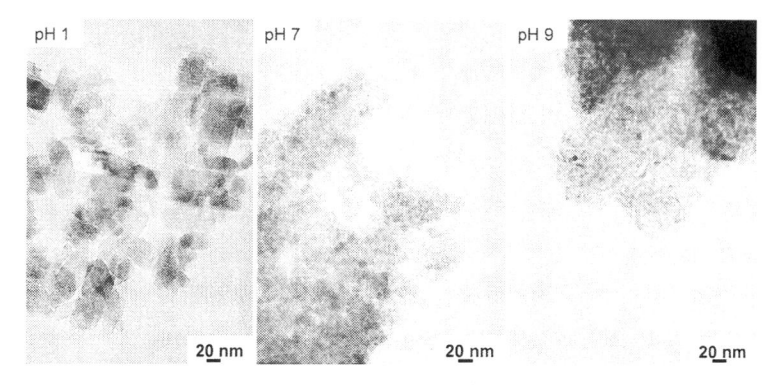

図6 $TiCl_3$-ヘキサメチレンテトラミン混合水溶液の熱処理による生成物のTEM写真（反応温度190℃，pH：1，7および9)[7)]

可視光応答型光触媒

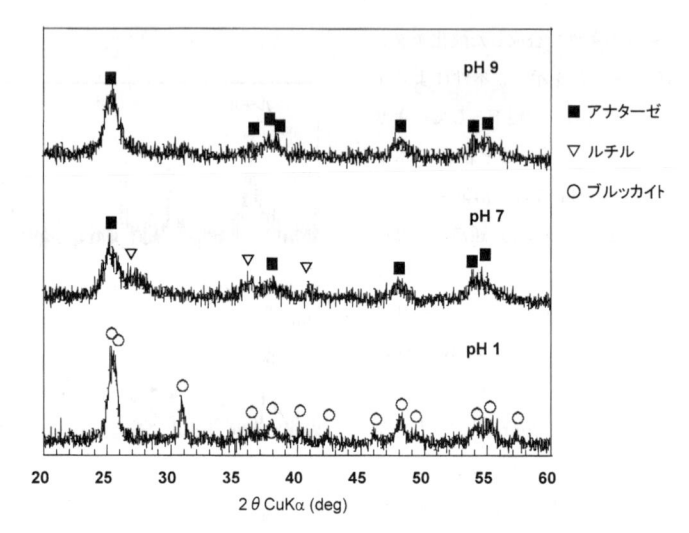

図7 TiCl$_3$-ヘキサメチレンテトラミン-メタノール混合水溶液の熱処理による生成物のXRDパターン（反応温度：90℃、pH：1、7および9）[7]

表1 種々の反応条件で合成した酸化チタンの窒素含有量、結晶相および比表面積[9,10]

溶媒	最終pH	HMT*(M)	N含有量(wt%)	結晶相	比表面積(m^2g^{-1})
水	1	0.29	0.06	ブルッカイト	41.8
水	7	0.86	0.14	ブルッカイト	168
水	9	1.43	0.14	ルチル	205
メタノール＋水	1	0.29	0.17	ブルッカイト	86.4
メタノール＋水	7	0.86	0.18	ブルッカイト＋アナターゼ	213
メタノール＋水	9	1.43	0.20	アナターゼ	201
エタノール＋水	9	0.86	0.18	ルチル	264
1-プロパノール＋水	9	0.86	0.17	ルチル	224
1-ブタノール＋水	9	0.86	0.12	ルチル	157

＊ ヘキサメチレンテトラミン添加濃度

組成とpHを変えることにより酸化チタンの代表的な3つの結晶相（アナターゼ、ルチル、ブルッカイト）の窒素固溶酸化チタンをそれぞれ単一相で合成できる。

種々の条件で生成した酸化チタンの窒素含有量、結晶相および比表面積を表1に示す。いずれの試料も黄色を呈し、0.06-0.2wt%の窒素を含有していることから、酸化チタンへの窒素固溶が示唆される。なお、アナターゼの単一相が生成したのはpH9のメタノール水溶液中でのみであり、本実験条件下ではアナターゼ相が生成しにくいことがわかる。いずれも大きな比表面積を

第4章 可視光応答型光触媒作製プロセス技術

有しているが,pH9のメタノール水溶液中で生成したアナターゼ,pH9の水溶液中で生成したルチルおよびpH7の水溶液中で生成したブルッカイトは約200cm^{2}g^{-1}のほぼ等しい比表面積を有している。

異なる結晶相の窒素固溶酸化チタンおよび市販酸化チタン(Degussa社 P-25)の拡散反射スペクトルを図8[7]に示す。市販酸化チタン(Degussa社 P-25)は約400nm付近にのみ吸収端を有するが,窒素固溶酸化チタンは400nm付近の吸収端の他に600nm付近にも吸収端を示し,広範囲の可視光を吸収できる。なお,2つの吸収端を示すのは,O2pの上部に形成されたN2pのバンドがO2pバンドと混成せず,独立に存在することを示唆しており,Irieら[11]の試料と同様である。

試料の比表面積およびNO酸化分解光触媒活性に及ぼすソルボサーマル反応温度の影響を図9[7]に示す。比表面積は反応温度190℃まではほぼ変化しないが,それ以上の高温では結晶成長が著しく進むため減少する。一方,光触媒活性は190℃付近まではわずかに向上し,それ以上では低下する。190℃までの光触媒活性の向上は試料の結晶化度の向上に基づく電子と正孔の再結合の抑制によるものであり,それ以上の高温での低下は比表面積の低下を反映している。

異なる結晶相の窒素固溶酸化チタンおよび市販酸化チタン(Degussa社 P-25)のNO酸化分解光触媒活性を図10[8]に示す。P-25は約3eVの比較的大きなバンドギャップエネルギーを有するため,可視光(λ>510nm)照射下ではほとんど光触媒活性を示さないが,窒素固溶酸化チタンはいずれも可視光照射下でも光触媒活性を示し,活性の序列は,アナターゼ>ブルッカイト>

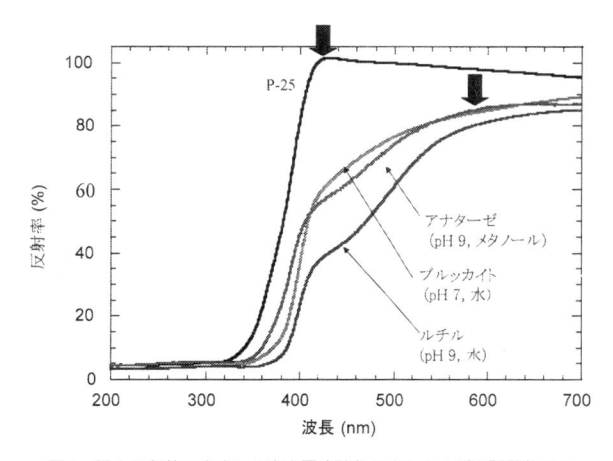

図8 種々の条件で合成した窒素固溶酸化チタンおよび市販酸化チタン(Degussa社 P-25)の拡散反射スペクトル[8]

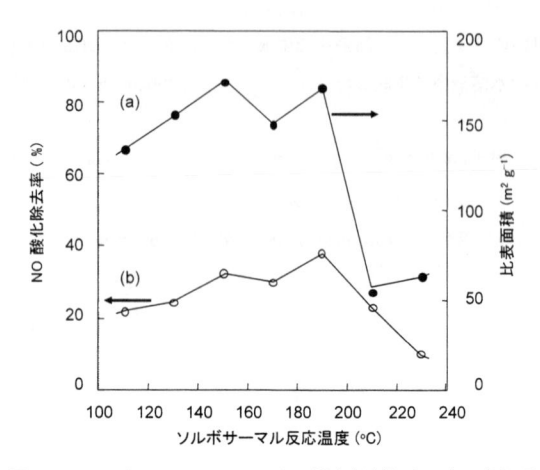

図9 TiCl$_3$-ヘキサメチレンテトラミン混合水溶液(pH9)の熱処理による生成物の比表面積およびNO酸化分解光触媒活性におよぼす熱処理温度の影響[7]

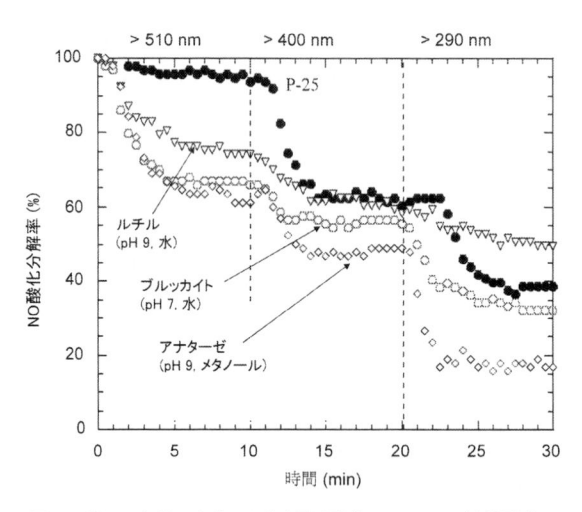

図10 種々の条件で合成した窒素固溶酸化チタンおよび市販酸化チタン(Degussa社 P-25)のNO酸化分解光触媒活性[7](NO初濃度:1ppm,光源:450W高圧水銀ランプ)

第4章　可視光応答型光触媒作製プロセス技術

ルチルの順である。なお，アナターゼおよびブルッカイト型窒素固溶酸化チタンは紫外線（λ＞290nm）照射下でP-25より優れた光触媒活性を示し，紫外線照射下での活性を損なうことなく可視光応答性が付与されていることは注目される。

アナターゼ型窒素固溶酸化チタンは400℃までは安定であり，500℃付近からルチル相への相転移が進行し，600℃では完全にルチルに相転移する（図11[7]）。また，ブルッカイト型窒素固溶酸化チタンも同様の温度域でルチルに相転移する[7]。

比表面積および光触媒活性は仮焼により減少するが，500℃でも70m^2g^{-1}程度の比較的大きな比表面積を保持しており，光触媒活性の低下も僅かである（図12[7]）ことからソルボサーマル反応により合成される窒素固溶酸化チタンは優れた耐熱性を有していることがわかる。

図13[10]に種々の条件で合成した窒素固溶酸化チタンの窒素固溶量および比表面積とNO酸化分解活性の関係を示す。各々の試料は結晶相や比表面積が異なることから定量的な関係を導くことは難しいが，光触媒活性は，比表面積および窒素固溶量の増加とともに向上する。なお，本条件下での窒素固溶量は少なく，0.2wt％程度である。また，反応溶媒としてアルコールを用いる方が，水より高比表面積で高活性な試料が得られ，特にメタノールを用いた場合に高活性が得られている。これは，メタノールを用いると高比表面積のアナターゼ型窒素固溶酸化チタンが生成

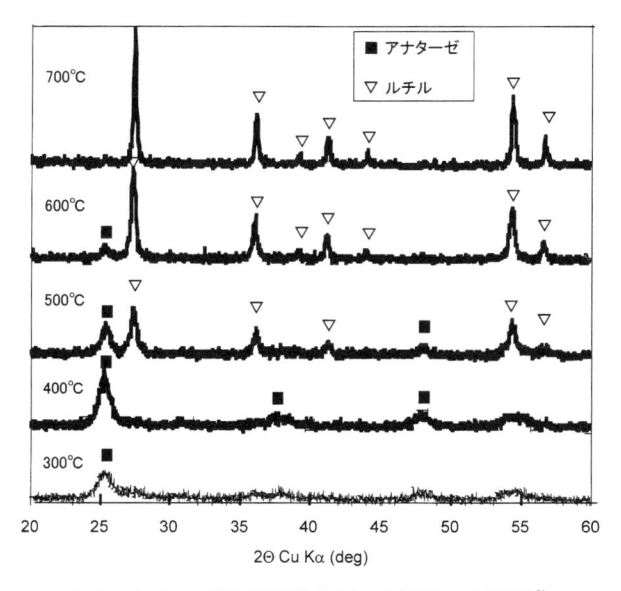

図11　アナターゼ型窒素固溶酸化チタンの仮焼による相転移[9]

可視光応答型光触媒

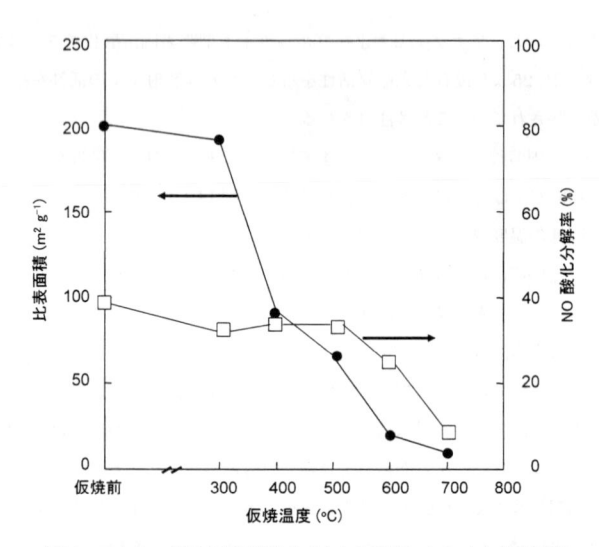

図12 アナターゼ型窒素固溶酸化チタンの仮焼による（a）比表面積および（b）光触媒活性の変化（NO初濃度：1ppm，光源：450W高圧水銀ランプ）[9]

されるためである。なお，窒素固溶では，可視光吸収能が増加し可視光応答性光触媒活性が向上する正の効果と，酸化チタンのO^{2-}をN^{3-}で置換することで電荷バランス保持のためにアニオン空孔が形成され，電子と正孔の再結合を促進し光触媒活性が損なわれる不の効果があると考えられる。これより，窒素固溶酸化チタンの光触媒活性の更なる向上のためには格子欠陥を解消する手法の開発が必要である。

1.4 おわりに

　可視光応答性を有する窒素固溶酸化チタンの開発がブレークスルーとなり，光触媒の探索研究が再び盛んになり，可視光で水を分解可能な酸化物光触媒も見出されている。窒素固溶酸化チタンは種々の方法で合成可能であるが，合成最適条件等の詳細は今後の研究課題である。21世紀は，石油や天然ガス資源の枯渇が懸念され，エネルギー・環境問題に配慮した持続可能な循環型社会システムの構築が必要とされており，クリーンで無尽蔵な太陽エネルギーを利用する可視光応答型光触媒は，太陽エネルギーの熱エネルギーや電気エネルギーへの変換素子とともに，循環型社会構築に重要な役割を果たすことが期待でき，さらなる研究の発展が期待される。

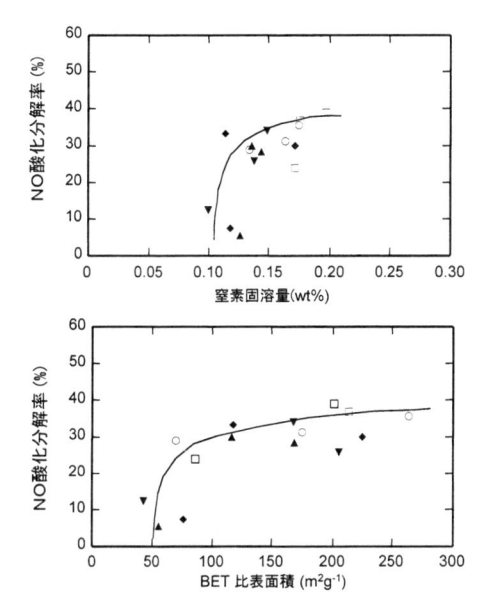

第4章 可視光応答型光触媒作製プロセス技術

図13 種々の溶媒およびpH条件で合成した窒素固溶酸化チタンの窒素固溶量および比表面積と可視光（λ＞510nm）照射下におけるNO酸化分解率との関係[10]
（合成反応温度：190℃，合成反応時間：2h，NO初濃度：1ppm，光源：450W高圧水銀ランプ），溶媒：（▼）水，（□）メタノール，（○）エタノール，（◆）1-プロパノール，（▲）1-ブタノール

文　献

1) R. Asahi et al., *Science*, **293**, 269 (2001)
2) 多賀康訓, 可視光応答型光触媒開発の最前線, エヌ・ティー・エス, p.345 (2002)
3) S. Sato, *Chem. Phys. Lett.*, **123**, 126 (1986)
4) 酒谷能彰ほか, 特開2001-72419
5) 井原辰彦, 可視光応答型光触媒開発の最前線, エヌ・ティー・エス, p.167 (2002)
6) S. Yin et al., *Bull. Mater. Res. Soc. Japan*, **28**, 309 (2003)
7) M. Komatsu et al., *J. Ceram. Soc. Japan*, **112**, S6 (2004)
8) Y. Aita et al., *J. Solid State Chem.*, **177**, 3230 (2004)
9) T. Sato et al., 功能材料, **35**, 1426 (2004)
10) S. Yin et al., *J. Mater. Chem.*, **15**, 674 (2005)
11) H. Irie et al., *J. Phys. Chem. B*, **107**, 5483 (2003)

2 乾式プロセス

森川健志*

2.1 はじめに

2000年代に入り,気相中における反応を積極的に利用する乾式プロセスによって作製された可視光応答型光触媒の報告が急増している。本節では,これら乾式プロセスの実例について述べる。本節をまとめるにあたり,製法別に整理することも興味深いと考えた。しかしながら乾式で製造された可視光応答型光触媒の全体を通してみると,可視光応答させる方法(可視光吸収の起源)に依存して,適した製法がおよそ決まってくる傾向が見られたため,可視光応答させる方法別にまとめる。また報告された製法のすべてについて詳説することは不可能であるため,TiO_2を基本とし,かつ可視光のみを照射したときの活性が明記されているものに重点をおき記述させていただく。本来,光触媒反応速度を比較するためにはアクションスペクトルをTiO_2のそれと比較するのがもっともよいのであるが,残念ながらそうなっていない報告も多い。そこで紫外可視吸収スペクトルを紹介させていただくこととするが,各波長において吸光度=光触媒反応速度ではないことを断っておきたい。またここで紹介する物質の可視光応答の起源に対する解釈は,あくまでも論文等の報告者の見解であり,異論があることも前もって断っておくこととし,これらについては今後のさらなる研究を期待したい。また現在,日本国内だけでも少なくとも8社が,可視光応答型の光触媒の販売あるいはサンプルの出荷を実施しているようであるが,具体的な製法については筆者が確実な情報を知り得ないため紹介できないこともお断りしておく。

2.2 酸素欠損型TiO_{2-x}

TiO_2内部に安定な酸素欠陥を形成したTiO_{2-x}とすることにより,可視光応答型光触媒が実現できるとの報告がされている。この場合,酸素欠陥準位はTiO_2の伝導帯の下端から0.75-1.18eVだけ低エネルギー位置に形成されると考えられる[1,2]。これらの吸光度スペクトルを図1に示した。

① H_2プラズマ処理

TiO_2をH_2プラズマ処理する方法である。市販のTiO_2(ST-01,石原産業㈱)を400℃付近に加熱しながらH_2プラズマ処理すると,ベージュ色の可視光応答型光触媒が形成される[3]。XPS (X-ray Photoelectron Spectroscopy)による分析の結果,O/Ti=1.68の酸素欠損型$TiO_{1.68}$となっており,プラズマ処理で導入された酸素欠損準位が可視光応答の起源である。波長600nm以

---

* Takeshi Morikawa ㈱豊田中央研究所 材料分野 無機材料研究室 推進責任者;主任研究員

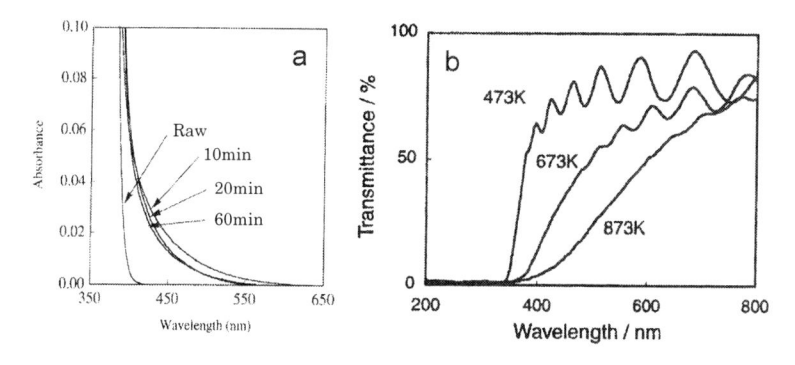

第4章 可視光応答型光触媒作製プロセス技術

図1 還元型 TiO_{2-x} の吸光度スペクトル
(a) H_2 プラズマ処理[3a]，(b) スパッタリング[4c]

上にまでおよぶ可視光を吸収し，また NO_x ガスの酸化が600nm付近まで確認されている[3]。

② スパッタリング

スパッタリング法による酸素欠損型 TiO_2 の報告である[4]。最近の報告では，基板温度を600℃付近に保ち，TiO_2 ターゲットをArスパッタリングすることにより，酸素欠損型rutile-TiO_2 薄膜が形成され，最表面でO/Ti＝2.00，内部ではO/Ti＝1.93の傾斜組成を有する酸素欠損型 $TiO_{1.93}$ となる。この膜は，800nm付近までの可視光を吸収し，450nm以上の可視光照射によりアセトアルデヒドガスをすべて CO_2 にまで酸化分解する。また膜上にPtを担持すれば，犠牲剤存在下のもと可視光照射下で H_2O を分解し H_2 と O_2 が生成される。

③ X線照射

市販の酸化チタンにX線を照射することにより，バンドギャップが2.84eVまで小さくなり，アセトアルデヒドの分解速度の最大波長が400nmから412nmに長波長化（可視光化）される[5]。

2.3 カチオン（陽イオン）ドープ TiO_2

TiO_2 に金属イオン（カチオン）をドーピングして，バンドギャップ内部に不純物準位を形成し可視光応答させる試みである。最初の研究は1970年代後半の酸化チタン光電極の可視光応答化の例だと思われる[6]。光触媒の可視光応答化としては，1980年代の前半から報告があるが，これらにおいては湿式法が採られているため説明は省略する[7]。一般にこの方法では，可視光応答化が実現できるものの，ドープされた不純物（ドーパント）が光励起キャリヤの再結合中心になるために，紫外線照射下での反応の量子収率が TiO_2 と比較して大きく低下するようであるが，乾式法では後述の通りこの問題が解決されるとの報告がある。

① イオン注入

イオン注入法を用いてTiO$_2$膜にCrなどをドープし，その後再焼成することによって，Crイオンが酸化チタン格子のTiサイトの一部を置換できるとの報告がある[8]。Tiサイトを置換していることは，EXAFS（Extended X-ray Absorption Fine Structure）により確認されている。この方法によれば，湿式法で問題であったCrの凝集や酸化物形成などによる光励起キャリヤの再結合中心形成の問題が解決され，従来よりも高い量子収率で可視光応答性が実現する。さらにその後イオン注入法によるFe, Vなど他元素のイオン注入ドーピングでも，同様の可視光応答性が得られている（図2）。

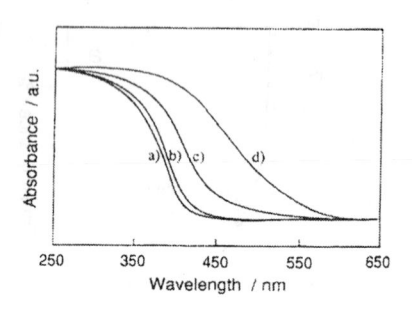

図2 金属イオン注入TiO$_2$の吸光度スペクトル（b-d）[8a]

② チオ尿素混合熱処理

湿式法では，チタンテトライソプロポキシドとチオ尿素を溶液混合し乾燥させた後，500℃前後で焼成する方法がある[9]。また，乾式法によってアナターゼTiO$_2$とチオ尿素を混合し400℃前後で加熱した場合にも，Sイオンが酸化チタン格子のTiサイトの一部を置換したカチオンSドープTiO$_2$が形成されるという報告がある[10]。

しかしこれらに対立する解釈もある。作製の結果，XPS計測ではチオ尿素を用いてもSが全く検出されず，後述するアニオンNドープTiO$_2$を形成しているという報告[11, 12]もあり，上述の結果と相反している。Sが存在する場合は，NドープTiO$_2$の表面に硫酸イオンSO$_4^{2-}$が残留した状態であると述べられている[11]。筆者らの分析においても同様な結果が得られており，少なくとも乾式法によってアナターゼTiO$_2$とチオ尿素を混合したものを400℃前後で加熱した粉末には，焼成条件に依存するがNドープTiO$_2$の表面にカチオンSが全く観察されないかあるいは硫酸イオンSO$_4^{2-}$が残留した状態となり，後者の場合には丁寧な洗浄によりSO$_4^{2-}$が消失してしまうことが確認されている[13]。またこの残留SO$_4^{2-}$は，触媒被毒となり有機物の酸化を妨げるため実用上好ましくないと考えられる[14, 15]。

2.4 アニオン（陰イオン）ドープTiO$_2$

2001年以降，乾式法によってTiO$_2$にN, S, Cなどのアニオン種をドープすることでそのバンドギャップ内部の価電子帯上端近傍に不純物準位，あるいは混成準位を形成することでその可視光応答させる試みは急増している。

第4章 可視光応答型光触媒作製プロセス技術

2.4.1 NドープTiO$_2$

NドープTiO$_2$は，本節で紹介された中で唯一，市場で商品化されている乾式法による可視光応答型光触媒である。これらの吸光度スペクトルを図3に示した。

① アンモニア含有雰囲気処理

結晶格子中のOサイトの一部をNで置換したNドープTiO$_2$は，市販のTiO$_2$（たとえばST-01，石原産業㈱）を，アンモニアを含む雰囲気中において600℃付近で3時間前後熱処理することにより，アナターゼ結晶を有する黄色の粉末が作製される[16~18]。またTiNを酸化雰囲気中において550℃付近で熱処理した場合にはルチル結晶を有する粉末が作製される[19]。これらの粉末では，それぞれ520nm，600nm以下の可視光の吸収と光触媒反応が確認されている。

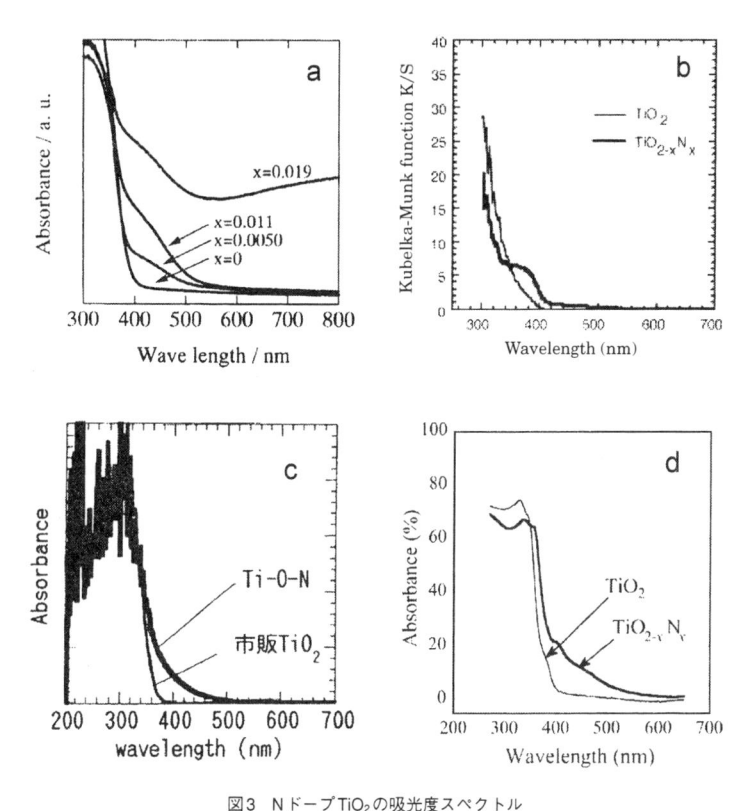

図3 NドープTiO$_2$の吸光度スペクトル
(a)アンモニア雰囲気処理法[17]，(b)TiN酸化法[19]，(c)尿素処理法[25a]，
(d)スパッタリング法[16]

可視光応答型光触媒

なお，この方法で作製された粉末が，湿式法で作製されたもの[20,21]と同一のものではないかという議論があった[22]．これについてはその後，乾式法と湿式法とで作製されたものは異なる可能性もあるとの報告が出されはじめている[23]．湿式法ではNOなど[23,24]，乾式法ではNやNHのドーピングという見解である[23,33]．今後も議論の余地は残る．

また，TiO_2 や酸化チタン前駆体に尿素やチオ尿素などを混合し焼成する（その後，条件によっては残留物除去のため洗浄する）ことによってもNドープTiO_2 が作製できる[25]．この場合には，溶融した尿素やチオ尿素が焼成時の結晶粒径の増大を抑制するため，比表面積の大きな粉末が作製できる．条件次第では$250m^2/g$クラスの粉末も作製可能である[26]．水酸化チタンと尿素を混合焼成した例[27]，硫酸チタンと尿素を混合焼成した例[28]，また尿素よりも分子量の大きなグアニジンを用いて混合焼成した報告[29]もある．これらの製造時に必要な注意点は，焼成時に尿素などが表面で重合しオレンジ色に着色することである．この可視光吸収率の高い表面残存物質は光触媒として機能しない場合が多いため，光吸収スペクトルと光触媒反応速度のアクションスペクトルの相関を見極めることが肝要である．

② メカノケミカル処理

TiO_2 と尿素を混合し，ボールミルで撹拌し続けることにより，常温で可視光応答性の光触媒が作製できる[30]．この方法では，後で熱処理することによりさらに触媒反応速度が向上するようである．

③ スパッタリング

N_2/Ar混合ガス中でTiO_2 ターゲットをスパッタし，ガラスなどの基板上に堆積させた膜をN_2ガス中において550℃で4時間熱処理することにより，アナターゼ+ルチルの結晶相を有する黄色の透明膜が得られる[16,31]．一方，N_2，O_2，Arの混合雰囲気中でTiターゲットを400℃に加熱した基板上にスパッタすることにより，その後の熱処理なしでもアナターゼ結晶相を有する黄色の透明膜が得られる[32]．

④ イオン注入

3keVの比較的弱いエネルギーでルチル型単結晶TiO_2 に，超高真空中で900K熱処理したものの吸光度スペクトルは，予想に反してブルーシフトする[33]．これは伝導帯の低エネルギー領域への電荷注入によるものと考えられている．

⑤ Ti板の焼結

この方法で作製された光電極の例がある．Ti板をたとえば$N_2/O_2=99/1$比の雰囲気下で1000～1700℃で焼成することにより，450nm以下の可視光で光起電力が生じることが確認されている[34]．上述の方法と比較すると，非常に高い温度における処理法であり，また光応答する波長域が異なることから，材料の可視光応答の起源が異なる可能性も考えられる．

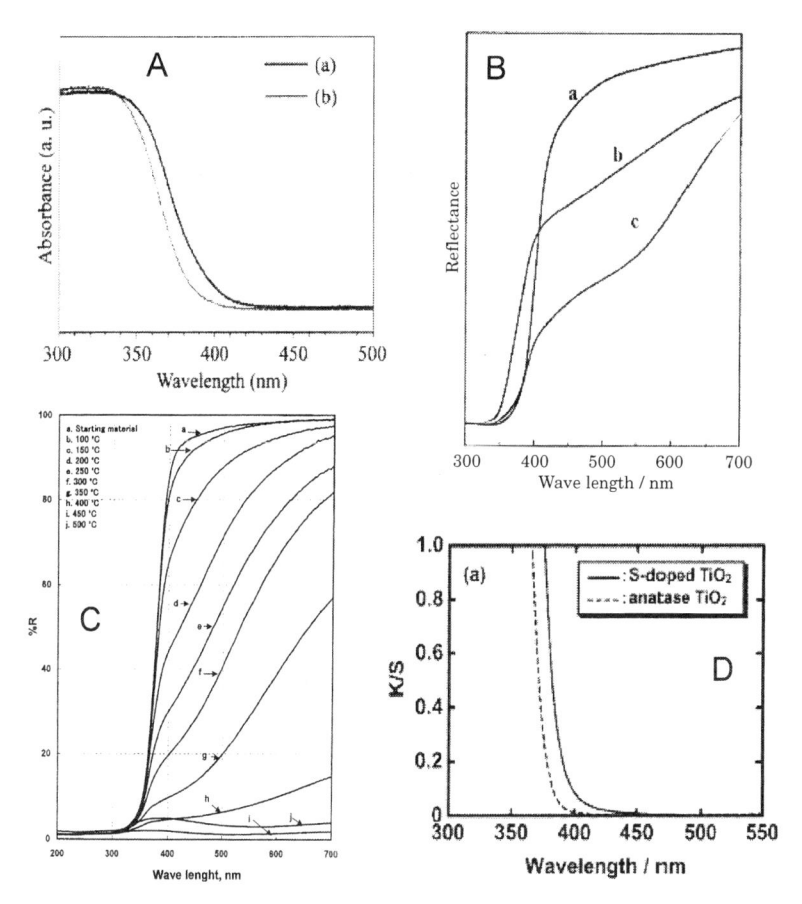

第4章 可視光応答型光触媒作製プロセス技術

図4 SドープTiO$_2$の吸光度スペクトル
(A)TiS$_2$酸化法((a)SドープTiO$_2$,(b)TiO$_2$)[35]. (B)メカノケミカル処理法(a TiO$_2$,b・c SドープTiO$_2$)[37]. (C)CS$_2$ガス処理法[26]. (D)チオゾルゲル法(湿式)[36]

2.4.2 SドープTiO$_2$

これらの吸光度スペクトルを図4に示した。

① TiS$_2$の酸化処理

TiS$_2$を空気中で600℃5時間処理することにより、アニオンSドープTiO$_2$粉末が作製される[35]。この粉末の吸収する可視光領域は450nm以下である。このスペクトルは下記の2種の乾式法のものよりも、チオゾルゲル法で作製したSドープTiO$_2$粉末のそれ[36]に近い。

49

可視光応答型光触媒

② メカノケミカル処理

SとTiO$_2$の粉末を混合して遊星ボールミルで120分間すりつぶし,その後Ar中で400℃60分間処理することにより,アニオンSドープTiO$_2$粉末が作製される[37]。700nm以上に及ぶ可視光を吸収する。

③ CS$_2$ガス処理

TiO$_2$をCS$_2$ガスで処理することにより,アニオンSドープTiO$_2$粉末が作製される[26]。100～500℃の範囲で反応させ,所定温度に到達後窒素雰囲気で室温まで徐冷し,その後付着している硫黄分を除去するためにトルエンによる洗浄処理が施された。250℃まで処理したサンプルが700nm以上に及ぶ可視光を吸収し,紫外,可視域の両方で最も高いガス分解速度を有する。700nm付近での,光触媒反応速度は非常に小さいようである。

2.4.3 CドープTiO$_2$

これらの吸光度スペクトルを図5に示した。

① TiCの酸化処理

TiCを大気中350℃で36時間処理し,引き続き酸素フロー中600℃で5時間処理することにより,アナターゼ結晶を有するアニオンCドープTiO$_2$粉末が作製される[38]。この粉末は600nm以下の可視光を吸収する。

② Ti板の焼結

Ti板を,大気中のCO$_2$と水蒸気を含む雰囲気下で酸素ガス流量を制御し850℃で火炎焼成することにより,535nm以下の可視光を吸収するCドープTiO$_2$が作製される[39]。0.3Vのバイアス印加でXeランプ照射により水を分解し酸素と水素が生成することが確認されている。上述の方法

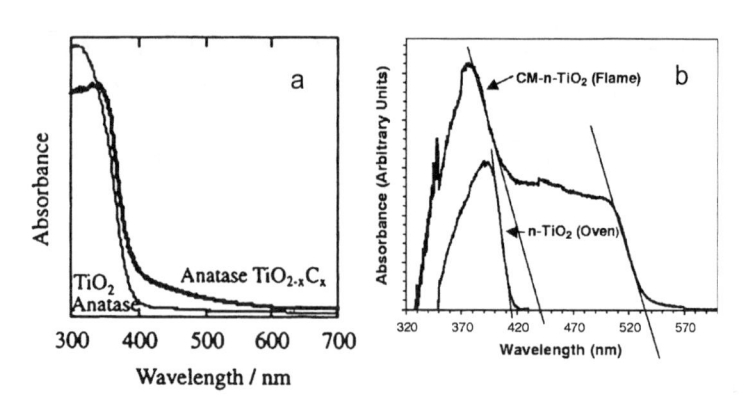

図5 CドープTiO$_2$の吸光度スペクトル
(a) TiC酸化法[38], (b) Ti板の火炎焼成処理[39]

第4章　可視光応答型光触媒作製プロセス技術

と比較すると，非常に高い温度における処理法であり，また光吸収波長域が異なることから，可視光応答の起源が異なる可能性も考えられる．

2.5　共ドープ TiO_2

第9章3節において紹介される，DLOS（Deep Level Optical Spectroscopy）法による TiO_2 バンドギャップ内部の不純物準位の検討結果から明らかなように，例えばアニオンNをド

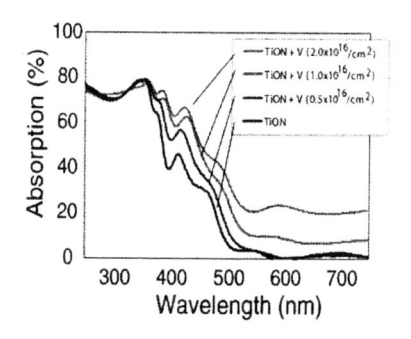

図6　V, N ドープ TiO_2 の吸光度スペクトル[41b]

ープした場合，ドープ量が多くなるにしたがい，電気的な中性を保つために酸素欠陥量が多くなる[40]．それに伴い電子・正孔の再結合確率が増加するため，ドーピングにより高い光触媒活性と可視光域での吸光度を両立するには限界があると考えられる．この問題を克服するために，価数の異なる2種イオンのドーピングも試みられている．

その一つが，アニオンとカチオンのVとNの共ドーピングである[41]．ここでは，スパッタリングにより作製された Ti-O-N 膜へのVイオン注入した2段階プロセスによるV+Nドープ TiO_2 や，共スパッタリングによるNと（V, Cr, or Fe）の同時ドーピングの結果が開示されている．現状は，より長波長の可視光域で活性が得られるメリットがあるものの，紫外光域での活性が大きく低下する場合が多いようである．

また乾式プロセスの観点からははずれるが，湿式プロセスで TiO_2 へCrとSbのカチオン2種をドーピングすることにより可視光応答化に成功した例や[42]，上と同様にアニオンとカチオンの共ドーピングを湿式法で実施した例も報告されている[43]．

2.6　おわりに

近年，TiO_2 を基本とした乾式法だけでも数多くの可視光応答型光触媒が報告されている．今後この可視光応答型光触媒の研究ならびに応用開発がさらなる発展をするためには，これらの方法で作製された可視光応答の起源とその動作機構を明確にした上で，その性能や生産性を向上させることが不可欠であると考えられる．

文　献

1) R. G. Breckenridge, W. R. Hosler, *Phys. Rev.*, **91**, 793 (1953)
2) D. C. Cronemeyer, *Phys. Rev.*, **113**, 1222 (1959)
3) a) I. Nakamura et al., *J. Mol. Catal.*, 161 (2000) 205; b) T. Ihara et al., *J. Mater. Sci.*, **36**, 4201 (2001) : c) 特許3252136
4) a) 竹内雅人ら, 日本化学会第76春季年会 4F4 32 (1999); b) M. Takeuchi et al., Abstract book of the 7th international conference on TiO_2 photocatalysis, p47 (2002) ; c) M. Kitano et al., *Chem. Lett.*, **34**, 616 (2005)
5) a) 中川玲ら, 第7回光触媒シンポジウム概要集, p43 (2000) ; b) 飯村修志, 茨城県工業技術センター研究報告 **28**, 73 (2000)
6) A. K. Ghosh, H. P. Maruska, *J. Electrochem. Soc.*, **124**, 1516 (1977)
7) E. Borgarello et al., *J. Am. Chem. Soc.*, **104**, 2996 (1982)
8) a) M. Anpo, *Catal. Surv. Jpn.*, **1**, 169 (1997) ; b) 安保正一, 竹内雅人, 工業材料, **48**, 52 (2000)
9) T. Ohno et al., *Chem. Lett.*, **32**, 364 (2003)
10) R. Bacsa et al., *J. Phys. Chem. B*, **109**, 5994 (2005)
11) S. Sakthivel et al., *J. Phys. Chem. B*, **108**, 19384 (2004)
12) S. Yang, L Gao, *J. Am. Ceram. Soc.*, **87**, 1803 (2004)
13) a) 特許3589177号 ; b) 森川健志ら, 投稿中
14) M. Abdullah et al., *J. Phys. Chem.*, **94**, 6820 (1990)
15) a) H. Irie et al., *Chem. Lett.*, **32**, 772 (2003) ; b) 橋本和仁ら,「室内対応型光触媒への挑戦」p64 (2004) 工業技術会
16) a) R. Asahi, T. Morikawa, T. Ohwaki, K. Aoki, Y. Taga, *Science*, **293**, 269 (2001) ; b) 特許第3498793号
17) H. Irie et al., *J. Phys. Chem. B*, **107**, 5483 (2003)
18) O. Diwald et al., *J. Phys. Chem. B*, **108**, 6004 (2004)
19) T. Morikawa et al., *Jpn. J. Appl. Phys.*, **40**, L561 (2001)
20) S. Sato, *Chem. Phys. Lett.*, **123**, 126 (1986)
21) 野田博行ら, 日本化学会誌, **8**, 1084 (1986)
22) a) S. Sato, *Science*, **295**, 626 (2002) ; b) R. Asahi et al., *Science*, **295**, 627 (2002)
23) 旭良司, 触媒討論会春期大会招待講演 (2002)
24) S. Sato et al., *Appl. Catal. A*, **284**, 131 (2005)
25) a) 森川健志ら, 日本化学会第82春季年会予稿集, 3C1-47 (2002) ; b) 特許第3589177号 ; c) 特許第3587178号
26) a) 青木恒勇ら, 化学装置, **45**, 50 (2003)
27) 小早川紘一ら, 2002年電気化学秋季大会講演予稿集, 1E32 (2002)
28) Y. Kinoshita and H. Imai, *J. Ceram. Soc. Jpn.*, **112**, S1419 (2004)
29) M. Matsushita et al., *J. Ceram. Soc. Jpn.*, **112**, S1411 (2004)
30) S. Yin et al., *Chem. Lett.*, **32**, 358 (2003)

31) T. Lindgren et al., J. Phys. Chem. B, **107**, 5709 (2003)
32) H. Irie et al., Chem. Com., **11**, 1298 (2003)
33) O. Diwald et al., J. Phys. Chem. B, **108**, 52 (2004)
34) 特許公報 昭57-6671
35) T. Umebayashi et al., Chem. Lett., **32**, 330 (2003)
36) T. Nakamura et al., J. Ceram. Soc. Jpn., **112**, S1422 (2004)
37) Q.W. Zhang et al., J. Am. Ceram. Soc., **87**, 1161 (2004)
38) H. Irie et al., Chem. Lett., **32**, 772 (2003)
39) S. Khan et al., Science, **297**, 2243 (2002)
40) Y. Nakano et al., Appl. Phys. Lett., **86**, 132104 (2005)
41) a) 森川健志ら, 特開2001-205104 ; b) 旭良司ら, 第20回光が関わる触媒化学シンポジウム (2001)
42) H. Kato and A. Kudo, J. Phys. Chem. B, **106**, 5032 (2002)
43) Y. Sakatani et al., Chem. Lett., **32**, 1156 (2003)

3 薄膜プロセス

村上裕彦*

3.1 はじめに

酸化チタン触媒は高い活性を示すが，約3.2eVという比較的大きなバンドギャップをもつため，光触媒として作用するには約380nmより短波長の紫外光の照射を必要とする。これは太陽光や室内照明全体からみれば，非常に限られた弱い光である。すなわち，酸化チタンを効率よく利用するには限界があり，生活空間の光は可視光がマジョリティであることから，可視光応答型酸化チタンへのニーズが強まるのは当然であり，その開発が主流になることは自然といえる。

歴史的には可視光応答型酸化チタンの開発は，遷移金属元素ドープ[1～3]，や還元型酸化チタン[4,5]など，種々の有効的な方法が提案されてきた。しかし実用的な観点から，遷移金属のドープに利用する高価なイオン注入装置の必要性や，還元型ではバルク中の電子が局在する結果，移動度が低くなる懸念や再酸化による光触媒機能の劣化といった問題がある。近年，酸化チタンへのアニオンドープを計算と実験の両面から検討した報告がなされた[6～8]。これらの報告では，酸化チタンの酸素原子を窒素原子で置換することにより，可視光応答型酸化チタンを作製している。

我々は，電子ビーム蒸着法により酸化チタン薄膜を作製し，その酸化チタンをアンモニアガス中での熱処理により窒化することで，可視光応答化させることに成功している。ここでは，一般的な酸化チタンの薄膜形成法を簡単に紹介し，アンモニアガスによる窒化方法について熱力学的な観点から説明し，可視光化による光触媒性能の向上について報告する。

3.2 酸化チタン薄膜の作製方法

酸化チタンの薄膜形成法には，工業的な量産を考えると，スパッタ法と電子ビーム蒸着法が考えられる。我々が作製した電子ビーム蒸着法の酸化チタン薄膜は，スパッタ法の膜に比べ，より高速成膜が可能であり，かつ，より高性能な触媒膜が得られている。

サンプル基板には，アンモニアによる窒化処理の耐熱性を考慮し，石英ガラスを用いた。蒸着用ターゲットには，蒸着速度が非常に遅い二酸化チタンのターゲットを利用せず，実用的な蒸着速度を取ることができる一酸化チタン（TiO）のショット（約2mm角）を利用した。この時，酸化チタンの酸素欠損をできるだけ抑えるため，酸化チタンの蒸着は酸素雰囲気下で行った。蒸着チャンバー内の初期圧力はターボ分子ポンプで十分に排気し（1.0×10^{-3}Pa以下），チャンバ

---

* Hirohiko Murakami ㈱アルバック 筑波超材料研究所 ナノスケール材料研究部
　　　　　　　　　　　部長

第4章 可視光応答型光触媒作製プロセス技術

ー内に酸素ガスを導入し,圧力を9.0×10^{-2}Paに調整した。これ以上の酸素圧力では,電子銃が酸化され電子銃の寿命が非常に短くなる。比較的安定した蒸着速度は0.2nm/s程度の領域で得られ,酸化チタンを所定の膜厚に制御して成膜することができる(電子ビームの成膜条件:電圧10kV,電流50mA)。酸化チタンの成膜後,結晶化度を向上させるために500℃,60分の大気中アニール処理を施した。このようにして作製した酸化チタンをX線回折で分析し,アナターゼ型であることを確認している。

3.3 可視光応答型酸化チタンの作製
3.3.1 可視光応答型酸化チタンとバンド構造

酸化チタンのエネルギーバンドギャップは,約3.0eVである。酸化チタンが光触媒能を発揮するためには,価電子帯の電子が伝導帯に励起される必要がある。酸化チタンのエネルギーバンドギャップは,光の波長でいうと,約380nmであり,紫外光領域の光に相当する。酸化チタンが可視光照射下で光触媒能を発揮するためには,価電子帯と伝導帯のエネルギー差であるエネルギーバンドギャップを狭めることができればよい。しかし,ここで注意すべき点は,可視光を吸収することができることと,光触媒能を発揮できるということは,別であるという点である。酸化チタンには,結晶構造が異なるルチル型とアナターゼ型が存在する。エネルギーバンドギャップはルチル型の方がアナターゼ型よりも狭いことから,ルチル型の方がより多くの光を吸収できるために,光触媒としては適しているように思える。しかし,実際には,光触媒としての活性は,アナターゼ型の方が高い。この理由を以下に述べる。

酸化チタンの価電子帯は酸素の2p軌道電子によって形成されており,伝導帯はチタンの3d軌道電子によって形成されている。光触媒能を発揮するためには,価電子帯の準位が水の酸化電位よりも正側にシフトしていなければならず,伝導帯の準位は酸素の還元電位よりも負側にシフトしていなければならない。酸化チタンの価電子帯の準位は,水の酸化電位よりも正側に十分に深くシフトしており,非常に強い酸化力を示すために,ここでの電位差は光触媒能にほとんど影響を与えない。しかし,伝導帯の準位は,酸素の還元電位よりもわずかに負側にシフトしているだけであり,この少しの差が還元力の大きな差となるために,アナターゼ型の方がより高い光触媒活性を示すのである。

酸化チタンの可視光化の手段としてエネルギーバンドギャップを狭める方法には,伝導帯の準位を下げる方法と価電子帯の準位を上げる方法があるが,上述した理由から,伝導帯の準位を下げることは,同時に光触媒活性を低下させることになる。つまり,エネルギーバンドギャップを狭める方法としては,水の酸化電位よりも正側に深くシフトしている価電子帯の準位を上げる方法が適している。

今回，我々が紹介するアンモニアガス雰囲気中における酸化チタンの加熱処理法では，酸化チタンの酸素サイトを窒素原子に置換することを可能にする。これにより，酸化チタンの価電子帯を形成する酸素の2p軌道電子に窒素の2p軌道電子を混成することで価電子帯の準位を上げて，酸化チタンのエネルギーバンドギャップを狭めることが可能になる。

3.3.2 アンモニアによる酸化チタンの窒化反応

本研究で利用したアンモニアガスによる酸化チタンの窒化方法は，通常の電気炉を用いた加熱方法に比較し，還元および窒化能力が非常に大きくなり，酸化チタンを窒化する温度を低温に，かつ，処理時間を短くすることができる。酸化物の窒化法としては，金属酸化物とアンモニア気流を反応させた窒化物を合成する方法が幾つかの金属で報告されている[9~12]。しかし，これらの報告では，どのような条件ならば窒化物が合成できるかについての考察がなく，また，アンモニアガスの窒化能力を十分に有効利用しているとは言いがたい。ここでは，酸化チタンとアンモニアガスの反応による窒化物合成の過程を熱力学的に検討し，今回実験で利用した赤外線加熱炉の有効性について紹介する。

アンモニアによる窒化・還元反応は，次の式(1)～(3)で記述されることが報告されている[13]。

$$NH_3(g) = 1/2N_2(g) + 3/2H_2(g) \tag{1}$$

$$NH_3(g) = N(\text{in nitride}) + 3/2H_2(g) \tag{2}$$

$$NH_3(g) = 3H(\text{in hydride}) + 1/2N_2(g) \tag{3}$$

反応(1)は，アンモニアガスの熱解離反応である。反応(2)と(3)は，それぞれアンモニアによる窒化物と水素化物の形成を示す。もし，アンモニアと反応する物質が無ければ，ある温度での窒素と水素の分圧は，式(1)の平衡反応で決定される。今，反応系内に酸化チタンが存在する場合，反応(1)と並行して反応(2)あるいは，反応(3)が生じることになる。酸化チタンの場合，アンモニアによる窒化物形成が知られており，反応(2)が支配的に働いていると考えられる。もし，アンモニアが通常の電気炉で十分に加熱される場合，式(2)で示されるアンモニアの窒素の活量は，平衡反応(1)で示される窒素ガスの活量に等しくなる。しかし，反応(1)を平衡状態に到達させない状況を作り出すことができる。例えば，アンモニアガスの温度を上げることなく酸化チタンの表面だけを加熱すればこの状況を作り出すことができる。実験装置の写真と模式図を図1に示す。この装置は，酸化チタンをアンモニアガスが流れる石英反応管内にセットし，外部から赤外線により酸化チタンを加熱する方式を採用している。赤外線加熱法では，赤外線を吸収する基板ホルダーが加熱され，その熱伝導でサンプルが加熱される。このとき，反応管内をフローしているアンモニアガス自身はほとんど加熱されない。このことは，導入されたアンモニアガスが，酸化チタンの加熱処理温度で，非平衡状態であることを意味する。もし，通常の電気炉を利用し

第4章 可視光応答型光触媒作製プロセス技術

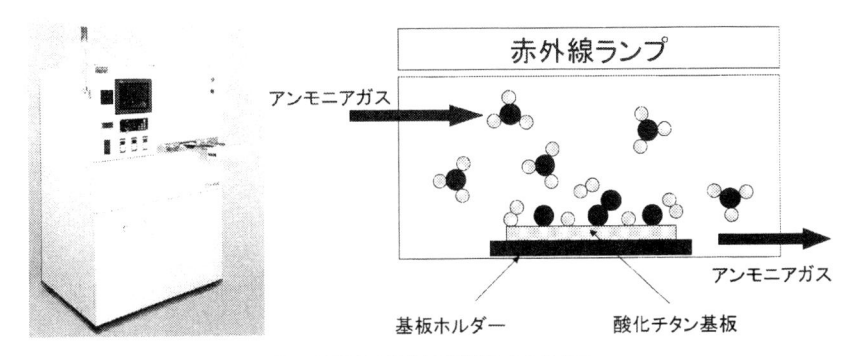

図1 可視光応答化処理装置とその模式図

た場合，アンモニアガス全体が加熱され，分解反応は平衡状態に近づくことになる．ここで，反応(1)と反応(2)が起こる場合を考えると，赤外線熱法では反応(1)は非平衡であるが，反応(2)は十分早く右辺に進行し，窒化物とガス相が部分平衡になる．反応(2)は，アンモニアガスと窒化物の部分平衡を表している．部分平衡状態では，次の関係式が成り立つ．

$$\mu(NH_3) = \mu(N \text{ in nitride}) + 3/2\, \mu(H_2) \tag{4}$$

$$\mu(NH_3) = \Delta G(NH_3) + RT \ln(P_{NH3}) \tag{5}$$

$$\mu(H_2) = RT \ln(P_{H2}) \tag{6}$$

ここでμは化学ポテンシャルを表し，$\Delta G(NH_3)$はアンモニアガスの生成自由エネルギーを表す．式(5)と式(6)を式(4)に代入すれば，式(7)が得られる．

$$\mu(N) = \Delta G(NH_3) + RT \ln(P_{NH3}/P_{H2}^{3/2}) \tag{7}$$

化学ポテンシャル $\mu(N)$ は，窒素活量a_Nを用いて式(8)で表される．

$$\mu(N) = RT \ln(a_N) \tag{8}$$

また，生成自由エネルギーは，平衡定数Kpを用いて式(9)で表される．

$$\Delta G(NH_3) = -RT \ln(Kp) \tag{9}$$

よって，窒素の活量は，式(10)で示される．

$$a_N = (1/Kp)(P_{NH3}/P_{H2}^{3/2}) \tag{10}$$

図2には，a_Nをアンモニアの解離度αと適当な温度での関数を示した。この結果は，ある所定の反応温度では，アンモニアの窒化力は，アンモニアの解離を抑制することにより大きくなることを意味している。同様の検討をすることで，水素の活量を求めることにより，アンモニアの還元力は，アンモニアの解離を抑制することにより大きくなることも示される（図3）。結果として，通常の雰囲気炉を用いた場合，アンモニアガスの温度が高くなり，水素ガスと窒素ガスに熱解離（（1）式の平衡反応）するため還元力と窒化力が低いが，赤外線ランプ炉を用いた場合は，平衡状態よりもはるかに高いアンモニア分圧を維持することができ，気相は高い水素化力と窒化力を持つことになる。特に，図2と図3の比較から，アンモニアの解離反応を抑えた場合の窒素活量の上昇は，水素活量の上昇に比較し，著しいことがわかる。

3.3.3 光吸収スペクトルとエネルギーバンドギャップ測定

3.2項で作製した酸化チタンを，アンモニアガス雰囲気中で，赤外線加熱炉により400〜600℃の温度で窒化処理を行った。処理前後のサンプルを蛍光分光光度計により吸収波長の測定を行った（図4）。未処理のアナターゼ型酸化チタンは200〜400nmの波長の光を吸収しており，アンモニアガス雰囲気中において500℃の加熱処理を行った酸化チタンは200〜520nmの波長の光を吸収することができ，さらに600℃の加熱処理を行った酸化チタンは200〜675nmの波長の光を吸収できるようになった。

400℃で加熱処理を行ったサンプルでは顕著な光吸収特性が見られなかったが，さらに精密なバンドギャップ測定を行った。測定方法は，硫酸ナトリウム中に可視光化処理をした二酸化チタンに波長可変のキセノンランプを照射して，対極には白金を用いた。TiO_2は，エネルギーバンドギャップ以上の波長の光が照射されることにより，価電子帯の電子が伝導帯に励起されて電流が流れることから，照射する光の波長を連続的に変化させ，光起電流を測定することでバンドギャ

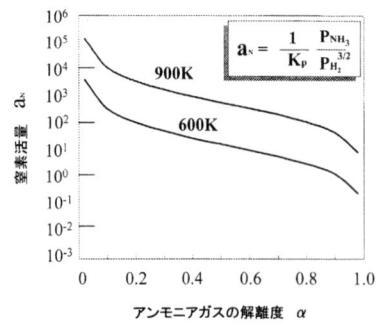

図2 アンモニアガスの解離度と窒素活量の関係

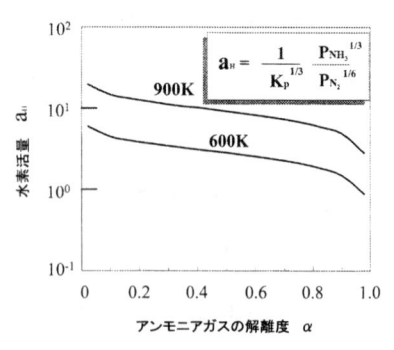

$$a_N = \frac{1}{K_p} \frac{P_{NH_3}}{P_{H_2}^{3/2}}$$

図3 アンモニアガスの解離度と水素活量の関係

$$a_H = \frac{1}{K_p^{1/3}} \frac{P_{NH_3}^{1/3}}{P_{N_2}^{1/6}}$$

第4章 可視光応答型光触媒作製プロセス技術

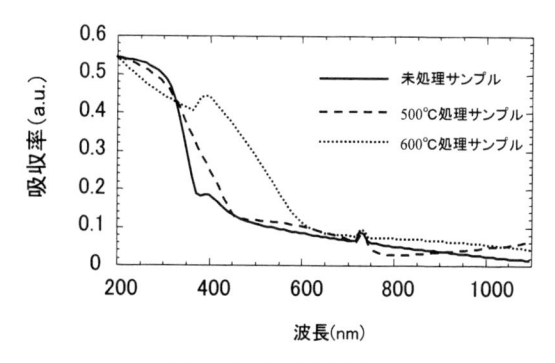

図4 酸化チタンの光吸収特性

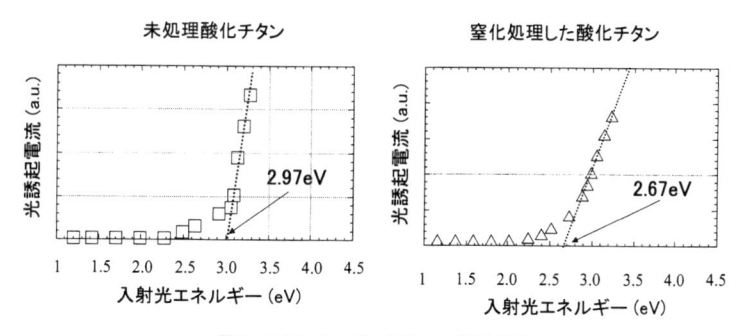

図5 エネルギーバンドギャップ測定結果

ップを測定した（図5）。図の横軸は酸化チタンのエネルギーバンドギャップ，縦軸は光励起起因の電流測定値から量子効率として光子の数に変換し，さらにその光子数にエネルギー（$h\nu$）を掛けることにより実測したエネルギーを変換したものを示した。これは，Butier equationのエネルギーバンドモデルから光励起電流と材料のバンドギャップの関係式（$\phi h\nu)^{2/n} = A(h\nu - Eg)$から導いた。

未処理の酸化チタンのエネルギーバンドギャップは2.97eVという結果であったが，アンモニアガス雰囲気中で窒化処理を行った酸化チタンは，2.67eVという結果が得られた。このことから，400℃という比較的低温でも可視光化処理ができ，酸化チタンのバンドギャップを狭めることが可能であることが分かった。

3.4 可視光応答型酸化チタンの性能評価

3.4.1 UV光下での触媒性能評価

最初に、本窒化処理により作製された可視光応答型酸化チタンがUV光下においても効率よく光を吸収し高性能化されたかどうかを調べた実験を紹介する。評価方法としては、光触媒付き石英基板にオレイン酸を塗布し、UV光を照射したときの水滴の接触角を測定し、濡角が10°以下になる時間（分解露光時間）を計測した。酸化チタン膜は、EB蒸着膜厚を10nm、50nm、100nm、200nmの4種類を準備し、窒化処理条件を400℃で10分とした。測定結果を表1に示す。酸化物チタンの膜厚が10nmでも十分に効果があることがわかる。また、酸化チタンの膜厚が50nm以上では濡角測定の最小時間とした5秒以内に接触角が10°以下になった。この実験方法での膜厚の依存を確認することはできなかったが、電子ビーム蒸着で形成した薄膜酸化チタンは、50nm以上の膜厚で十分に効果があることを意味している。

3.4.2 可視光下での触媒性能評価

次に、可視光応答型酸化チタンの可視光による抗菌テストについて紹介する。ここで使用したサンプル基板は、アンモニアガス雰囲気下において400℃で加熱処理を施したものを利用した。無処理酸化チタンと、加熱処理を行った酸化チタン基板に10万個程度の黄色ブドウ球菌を塗布し、1000lxの光を照射して、光照射時間と菌数の変化を測定した（図6）。なお、照射する光は、紫外線カットフィルターを使用することで紫外光は除かれている。未処理の酸化チタンに塗布された菌数は、8時間後に10分の1程度の減少に過ぎないが、400℃で窒化処理した酸化チタンサンプルでは、8時間後にはほぼ全ての菌が死滅することがわかる。窒化処理なしの酸化チタンが可視光照射で光触媒能を発揮することができる理由としては、電子

表1 オレイン酸の分解露光時間比較（秒）

膜厚	10nm	50nm	100nm	200nm
可視光化処理なし	60	20	20	20
可視光化処理済み	20	5	5	5

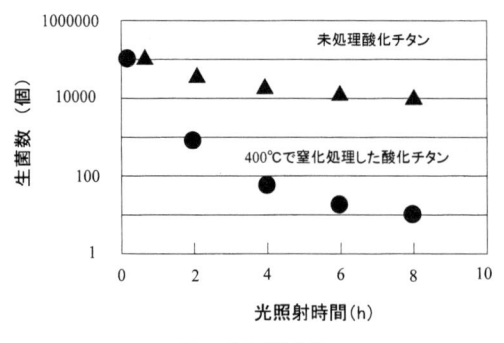

図6 抗菌試験結果

第4章 可視光応答型光触媒作製プロセス技術

ビーム蒸着で作製された酸化チタンは,TiO_{2-x}という酸素欠損になっている可能性がある。

3.5 おわりに

光触媒に利用されている酸化チタンは,比較的大きなエネルギーバンドギャップ(約3.0eV)を有しており,太陽光に数％程度しか含まれていない紫外光しか利用することができず,太陽光や室内灯の主成分である可視光を利用できる可視光応答型酸化チタンの開発が望まれていた。我々は,酸化チタン薄膜にアンモニアガスによる比較的低温(400℃)での熱処理で,かつ短時間での可視光化技術を開発した。本稿では,この可視光化技術の熱力学的な原理と実際に試作した可視光応答型酸化チタンの評価結果について述べてきた。ここで紹介した可視光応答型酸化チタン薄膜の活性持続性や,本可視光化技術の他の酸化チタン膜(厚膜)への応用といった,更なる検討が必要であるが,この可視光応答型酸化チタンの作製技術により,今後,より身近な生活環境での酸化チタンの応用範囲が広がること,また,高機能性可視光応答型酸化チタン薄膜の応用技術が展開されることを期待している。

文　　献

1) A. K. Ghosh, H. P. Maruska, *J. Electrochem. Soc.* **124**, 1516 (1997)
2) W. Choi, A. Termin, M. R. Hoffmann, *J. Phys. Chem.* **98**, 13669 (1994)
3) M.Anpo, *Catal. Surv.Jpn.* **1**, 169 (1997)
4) R. G. Breckenridge, W. R. Hosler, *Phys. Rev.* **91**, 793 (1953)
5) D. C. Cronemeyer, *Phys. Rev.* **113**, 1222 (1959)
6) R. Asahi, T. Morikawa, T. Ohwaki, K. Aoki, Y. Taga, *Science* **293**, 269 (2001)
7) T. Morikawa, R. Asahi, T. Ohwaki, K. Aoki, Y. Taga, *Jpn. J. Appl. Phys.* **40**, L561 (2001)
8) 森川健志,旭良司,大脇健史,青木恒勇,鈴木憲一,多賀康訓,第20回光がかかわる触媒化学シンポジウム講演予稿集,p14,平成13年6月5日
9) C. H. Shin, G. Bugli and G. Djega-Mariadassou, *J. Solid State Chem.* **95**, 145 (1991)
10) K. Kamiya, T. Yoko and M. Bessho, *J. Mater. Sci.* **22**, 937 (1987)
11) C. H. Jaggers, J. N. Mlchaels and A. M. Stacy, *Chem. Mater.* **2**, 150 (1990)
12) L. Volpe and M. Boudart, *J. Solid State Chem.* **59**, 332 (1985)
13) L. Darken and R. Gurry, Physical Chemistry of Metals, McGraw-Hill, New York, 1953, p.372

第5章　ゾル―ゲル溶液の化学：コーティングの基礎

作花済夫*

1 はじめに

ゾル―ゲル法[1~6]では，出発溶液は化学反応によって微粒子または高分子が液体中に分散しているゾルとなり，さらに反応が進んで固化してゲルとなる。これを乾燥して得られる材料がゲル製品である。つくられるゲルの微細構造[7]，成形性[8]，特性は化学組成が同じであっても作製条件によって影響を受ける。なかでも溶液中の化学反応が大きく影響することは当然である。

本章では，ゾル―ゲル法にとって重要な溶液中の化学反応について行われた研究をまとめて紹介する。溶液中の化学に影響する因子は極めて多数あり，目的とする材料によって効果が異なる。そこで，第2節でSiO_2をつくるために用いられるアルコキシシランの化学を解説し，第3節で非シリカ酸化物をつくるための出発物質の化学について述べる。SiO_2については，1980年代に集中的に議論されたので古い文献を引用することになるが，材料としての重要性およびゾル―ゲル反応の基礎としての重要性は今日でも変わりがないと考えてよい。ここで基本となる反応は，加水分解と縮重合である。

2 溶液中のシリコンアルコキシドの反応

2.1 均質溶液の調製

シリカゲルをゾル―ゲル法でつくる場合，溶液は普通シリカの原料のシリコンアルコキシド，溶媒のアルコール，加水分解のための水および触媒を含んでいるが，特殊な溶媒を加えることもある。成分の割合は，表1に示す例のように，つくろうとするシリカゲルの形状や微細構造によって異なる。

No.1とNo.2は$Si(OC_2H_5)_4$，C_2H_5OH，H_2O，HClからなる溶液である。$Si(OC_2H_5)_4$-H_2Oの2成分系では不混和であるので，C_2H_5OHを加えて均一溶液とする[12]。HClは酸性触媒としてSi$(OC_2H_5)_4$の加水分解を促進する。No.3はゲルの乾燥時に亀裂が生じるのを防ぐ溶媒$(CH_3)_3NCHO$と触媒のNH_3を含んでいる。

＊　Sumio Sakka　京都大学　名誉教授

第5章 ゾル−ゲル溶液の化学：コーティングの基礎

表1 シリカ調製のための出発溶液の組成の例（モル比）

	No.1	No.2	No.3
$Si(OC_2H_5)_4$	1	1	—
$Si(OCH_3)_4$	—	—	1
C_2H_5OH	7	1	—
CH_3OH	—	—	2
$(CH_3)_2NCHO$	—	—	1
H_2O	11	2	12
HCl	0.07	0.01	—
NH_3	—	—	5×10^{-4}
目的	コーティング	紡糸	バルク体作製
文献	9)	10)	11)

2.2 シリコンアルコキシドのゾル−ゲル反応の物質収支

シリコンアルコキシドのゾル−ゲル反応は，加水分解とその生成物の縮合とからなりたっている。加水分解が始まると，縮合も起こるので，両反応の経過を明確に区別することはできない。しかし，ここでは，区別して物質収支を考える。テトラエトキシシラン$Si(OC_2H_5)_4$の加水分解と加水分解生成物$Si(OH)_4$の縮合はそれぞれ次の式で表される。

$$加水分解：Si(OC_2H_5)_4 + 4H_2O \rightarrow Si(OH)_4 + 4C_2H_5OH \tag{1}$$

$$縮重合：Si(OH)_4 \rightarrow SiO_2 + 2H_2O \tag{2}$$

これをまとめると，次のネットの反応式が得られる。

$$ネットの反応：Si(OC_2H_5)_4 + 2H_2O \rightarrow SiO_2 + 4C_2H_5OH \tag{3}$$

すなわち，テトラエトキシシラン1モルが2モルの水と反応して1モルのシリカゲルができる計算になる。

表1のNo.1はコーティング膜をつくるための溶液であるが，水の量は7モルで，1モルの$Si(OC_2H_5)_4$との反応に必要な2モルよりはるかに多く，ゾル−ゲル反応は十分に進行する。コーティングに際してゲル化が急速におこるのは膜が厚さ$1\mu m$以下で薄く，水やアルコールの蒸発がおこる[13]ためである。No.2はゾル−ゲル反応が進んで粘度が10〜100ポアズに達したときに紡糸でき，ゲルファイバーとすることができる溶液である。1モルの$Si(OC_2H_5)_4$にたいして2モルの水が加えられているのでゾル−ゲル反応は進みゲル化がおこる。これにたいして，$Si(OC_2H_5)_4$にたいする水のモル比が1のときには時間が経ってもゲル化は起こらない[14]。

63

2.3 シリコンアルコキシドの加水分解と縮合

シリコンアルコキシドの加水分解はSiに結合しているアルコキシル基OR（Rはアルキル基）がヒドロキシル基で置換される反応で、一般的には次式で表される。

$$\text{加水分解}： \equiv \text{Si-OR} + \text{H}_2\text{O} \rightarrow \equiv \text{Si-OH} + \text{ROH} \tag{4}$$

$Si(OCH_3)_4$ や $Si(OC_2H_5)_4$ のようなアルコキシシラン1分子はアルコキシル基を4つ持っているので、加水分解反応は、(5)～(8)に示すように、アルコキシル基が1つずつ、ヒドロキシル基OHに変わることによって進行する。k_1、k_2、k_3、k_4は各段階の加水分解反応の速度定数である。

$$\text{第1段} \quad Si(OR)_4 + H_2O \rightarrow Si(OR)_3(OH) + ROH \qquad k_1 \tag{5}$$
$$\text{第2段} \quad Si(OR)_3(OH) + H_2O \rightarrow Si(OR)_2(OH)_2 + ROH \qquad k_2 \tag{6}$$
$$\text{第3段} \quad Si(OR)_2(OH)_2 + H_2O \rightarrow Si(OR)(OH)_3 + ROH \qquad k_3 \tag{7}$$
$$\text{第4段} \quad Si(OR)(OH)_3 + H_2O \rightarrow Si(OH)_4 + ROH \qquad k_4 \tag{8}$$

(5)～(8)式で表される加水分解がおこれば、OHを含む加水分解生成物がアルコキシシラン分子および他の加水分解生成物と反応する縮合反応が起こり、$\equiv$Si-O-Si$\equiv$と表されるシロキサン結合が次式に従って生成する。

$$\text{縮合}： \equiv Si(OH) + ROSi \equiv \rightarrow \equiv Si\text{-}O\text{-}Si \equiv + ROH \tag{9}$$
$$\text{縮合}： \equiv Si(OH) + (HO)Si \equiv \rightarrow \equiv Si\text{-}O\text{-}Si \equiv + H_2O \tag{10}$$

(9)、(10)式の反応が進めば、シロキサン結合が増加してオリゴマー、ポリマー、SiO_2粒子に成長し、遂にはゲルとなる。

アルコキシシラン分子からシリカゲルが生成するまでには、(5)～(10)の反応が起こり、多数の中間生成物が関わっている。そのため希望の微細構造や特性を有するゲルを得るためには多数のファクターについての知見が必要である[15]。

2.4 加水分解の機構：触媒の影響

2.4.1 シリコンアルコキシドの加水分解

アルコキシシランの加水分解はBrinker[16]を含む多数の研究者によって調べられている。アルコキシシランの加水分解では、触媒が酸のときにも塩基のときにも親核反応と5配位中間体の生成を含む過程を経て$\equiv$Si(OR)のアルコキシル基ORが水のOHによって置き換えられる。

第5章　ゾル−ゲル溶液の化学：コーティングの基礎

2.4.2 酸性触媒による加水分解のメカニズム

HClのような酸を触媒とする酸性条件下の加水分解は次の機構で進む[16]。

$$H_2O + \begin{array}{c}RO\\RO-Si-OR\\RO\end{array} \rightarrow \begin{array}{c}RO\ \ OR\\HO\cdots Si\cdots OR\\H^+\ \ H\ \ \ |\ \ \ H^*\\OR\end{array} \rightarrow HO-\begin{array}{c}OR\\Si\\OR\end{array}\!\!\!\!\!\!\!\!OR + ROH + H^+ \quad (11)$$

(I)　　　　　(II)　　　　　(III)

最初にアルコキシルにプロトンH^+が付加する。これによりSiから電子が引っ張られ，Siは親電子性が増して，水による攻撃を受けやすくなる。水分子はSiを逆方向から攻撃して，(II)の遷移状態となる。水分子は正電荷を獲得し，そのためプロトンが付加したアルコキシドの正電荷はその分だけ減少し，アルコールグループがSiから離れる。こうして1個のOHがSiに結合し，ROが離れることによって加水分解がおこる。

このメカニズムから，酸性触媒による加水分解は立体効果の影響を受けることがわかる。すなわち，Siに結合しているグループが大きいとSiを攻撃するグループがSiに達しにくい。誘起効果は，テトラエトキシシランについては次のようになる。

① 置換基がSiから電子を引き寄せる傾向（酸性）は次の順序で大きくなる。
　R＜OR＜OH＜OSi

② 置換基がSiに電子を供給する傾向（塩基性）は次の順序で大きくなる。
　SiO＜OH＜OR＜R

2.4.3 塩基性触媒による加水分解のメカニズム

NH_4OHのような塩基性触媒の下での加水分解の過程を次に示す。

$$OH^- + \begin{array}{c}RO\\RO-Si-OR\\RO\end{array} \rightarrow \begin{array}{c}RO\ \ OR\\HO\cdots Si\cdots OR\\OR\end{array} \rightarrow HO-\begin{array}{c}OR\\Si\\OR\end{array}\!\!\!\!\!\!\!\!OR + OR^- \quad (12)$$

(I)　　　　　(II)　　　　　(III)

塩基性条件では，親核性のOH^-がSiを攻撃して5配位のSiを持つ中間体が形成され，この中間体からOR^-が離れて$Si(OR)_3(OH)$が生成する。この場合でも加水分解は立体効果と誘起効果の影響を受けるが，立体効果のほうが影響が大きいと考えられている。

2.4.4 酸性,塩基性以外の触媒効果

酸性,塩基性の条件では,それぞれH^+の親電子反応,OH^-の親核反応によって加水分解が進むが,これがあてはまるのは,HClかNH$_3$の場合であり,触媒によっては酸性,塩基性以外の因子によってメカニズムが決まる[17]。

この代表的な例にHF触媒がある。HFを含むアルコキシド溶液は酸性であるが,加水分解はF^-の親核反応によって起こる。F^-が$Si(OR)_4$のSiに近づいて5配位の中間体をつくり,この中間体が分解して$Si(OR)_3F$が生成し,水と反応して5配位錯体の$Si(OR)_3F(H_2O)$となり,同時に$Si(OR)_3(OH)$とH_3O^+とF^-が再生する[17]。

2.4.5 ゲル化反応の起こり方:酸触媒と塩基触媒の比較

触媒が酸であるか,塩基であるかによって加水分解とそれに続く縮重合の起こり方が異なる。酸触媒(たとえば,HCl)では,H_3O^+のORにたいする親電子的攻撃によって加水分解が起こるので,一つの分子に結合しているOR基の数が減少するにつれて反応性は低下する。(5)〜(8)の速度定数を用いて表すと,

$$k_1 > k_2 > k_3 > k_4 \quad (酸触媒) \tag{13}$$

このことは,反応開始時にほとんどの$Si(OR)_4$分子が急速に$Si(OR)_3(OH)$に変わり,その後次第にOHの多い分子が生じることを示している。図1aに示す$Si(OCH_3)_4$-CH_3OH-H_2O-HCl溶液のラマンスペクトルにおいて,反応の開始直後にすでにTMOS分子のピークは見られない。このように,酸触媒では,最初のOR基のOHによる置換が急速に起こるので,OH基の少ない分子の間で縮合反応が始まることになる。

これにたいし,塩基性触媒(NH$_3$)では,加水分解はOH^-による親核的置換によって起こる。したがって,加水分解が進んでOR基の数が減少すると立体障害が少なくなるので,反応速度は増大する。

$$k_1 < k_2 < k_3 < k_4 \quad (塩基性触媒) \tag{14}$$

このことは,1つの$Si(OR)_4$分子について,加水分解が始まると次々に加水分解が進み,急速に$Si(OH)_4$となることを示している。ところが,最初の反応速度が相対的に小さいために,全く反応しない$Si(OR)_4$分子がいつまでも残存する。図1bに示すように,NH$_3$を触媒とする$Si(OCH_3)_4$出発溶液は調製時にゲル化が起こるにもかかわらず,調製後1.1hr経っても全く加水分解を受けていない分子が残存している。

このように,触媒によって加水分解の起こり方が異なるので,生成するゾル粒子の形も異なる。酸触媒では,少数のOHしか含んでいない分子が縮合するので,線状の重合体が生成すると思わ

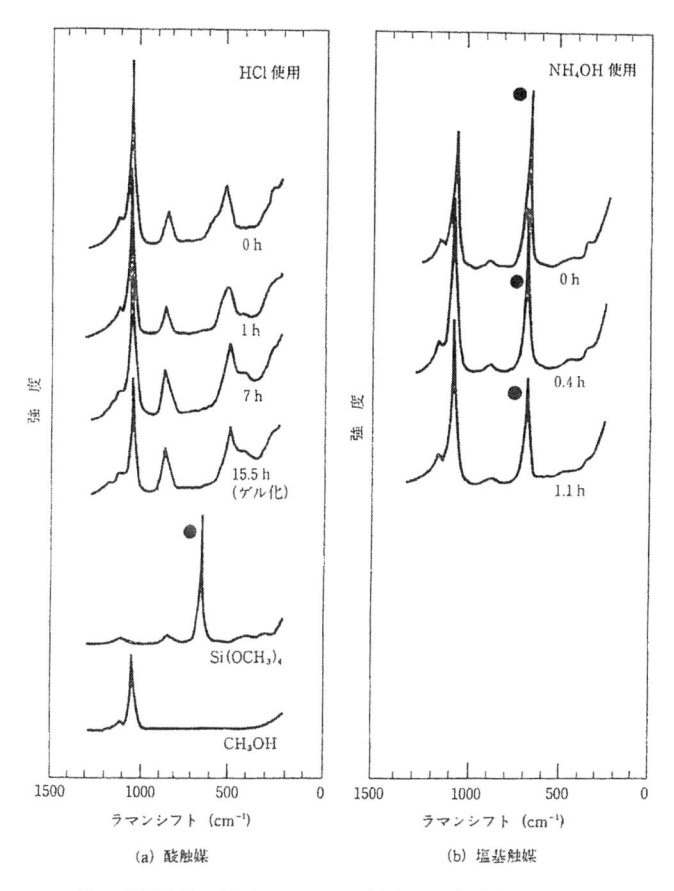

第5章 ゾル-ゲル溶液の化学:コーティングの基礎

図1 Si(OCH₃)₄-CH₃OH-H₂O-HCl(またはNH₃)溶液の調製時か
らゲル化までのラマンスペクトルの変化
塩基を触媒とするときには調製時にゲル化する[17]。

れる。そのため,ゾルは曳糸性を示し,ゲルファイバーをつくるのに使われる[18]。これにたい
し,塩基性触媒では,多くのOHを含むSi(OR)(OH)₃やSi(OCH₃)₄の分子が加水分解で作られ
てから縮重合が起こるので,3次元の成長が起こり,つぶ状の粒子が生じる。したがって,この
ゾルは曳糸性を示さない。また,粘度が高くなると,ニュートン粘性でなくなり,せん断速度で
粘度が変化する構造粘性やチクソトロピーを示す[19]。

2.5 ケイ素アルコキシドの加水分解・縮合に影響する各種ファクター
2.5.1 テトラアルコキシシランの加水分解にたいするアルキル基の種類の影響

$Si(OCH_3)_4$ の加水分解速度にたいするアルキル基Rの影響についてはAelionらの研究がある[15,20]。酸触媒では,立体的ファクターが加水分解にたいする安定性に大きな影響を示すことから,次の実験結果が得られている。

① アルキル基が複雑になるほど加水分解速度は小さい。

$$CH_3 > C_2H_5 > C_3H_7 > C_4H_9 > C_6H_{13} \tag{15}$$

② アルキル基に枝分れがある場合はない場合より加水分解速度は小さい。

$$n-C_4H_9 > sec-C_4H_9 \tag{16}$$

長谷川ら[21]は,R=CH_3, C_2H_5, C_3H_7, C_4H_9の4種のテトラアルコキシシランTAOSについて,モル比 TAOS:CH_3OH:H_2O:HCl が 1:7:2:0.01の溶液の加水分解生成物をGPCで調べたところ,調製直後の溶液中に残存しているモノマーは,TMOS 11.7%,TEOS 15.4%,TPOS 18.9%,TBOS 21.4%であった。このことは,式(15)と一致している。

2.5.2 アルキルアルコキシシランの加水分解

Siに直接結合したアルキル基を有するアルキルアルコキシシランで,Si-Rの結合は加水分解を受けることなく残存する。アルコキシル基の加水分解の速度にたいするSi-R結合の数の影響について,Schmidtらは,$(CH_3)_xSi(OC_2H_5)_{4-x}$を用いて次の実験結果を得ている[15]。

① HCl酸性条件では,CH_3基の数xが増すにつれて加水分解速度が増大する。

$$Si(OC_2H_5)_4 < CH_3Si(OC_2H_5)_3 < (CH_3)_2Si(OC_2H_5)_2 < (CH_3)_3Si(OC_2H_5) \tag{17}$$

② NH_3塩基性条件では,逆にCH_3が増すにつれて加水分解速度は低下する。

$$Si(OC_2H_5)_4 > CH_3Si(OC_2H_5)_3 > (CH_3)_2Si(OC_2H_5)_2 > (CH_3)_3Si(OC_2H_5) \tag{18}$$

これらの結果は,誘起効果によって説明されている。

2官能のアルキルアルコキシシランでは,4官能のアルコキシシランには見られない縮合反応が起こる[22]。HCl触媒を用いる溶液中の反応において,$CH_3Si(OC_2H_5)_3$ではゲル化が起こったが,$(CH_3)_2Si(OC_2H_5)_2$ではゲル化が起こらず,4つのSiを有するジメチルシロキサンリング

$$(CH_3)_2Si-O-Si(CH_3)_2-O-Si(CH_3)_2-O-Si(CH_3)_2-O$$

が生成した。

第5章 ゾル-ゲル溶液の化学：コーティングの基礎

次にメチル基を1個含む$CH_3Si(OC_2H_5)_3$のはたらきを示す例をあげる。牧田ら[23]は，$Si(OC_2H_5)_4$の重合物と$CH_3Si(OC_2H_5)_3$の重合物を混合した溶液からコーティング膜をつくり，650℃で加熱すると，表面のマイクロ構造が異なる膜が得られることを示している。村上ら[24]は，$CH_3Si(OC_2H_5)_3$溶液を用いて鉄板にコーティングすると，CH_3の1部が500℃まで残存して，膜に塑性変形がおこるので，鉄板を曲げても亀裂がおこらないことを示している。$HAuCl_4$を含む$Si(OC_2H_5)_4$溶液から低温でシリカコーティング膜中にAu粒子を析出させる場合$CH_3Si(OC_2H_5)_3$を添加すると金粒子が微粒子化することが知られている[25]。

2.6 ケイ素アルコキシドの反応に関連のあるその他の知見
2.6.1 水の割合と加水分解

ケイ素アルコキシドの加水分解の式(5)～(8)からわかるように[26]，Siに結合しているOR基は4段階で次々と加水分解をうける。従って，水含有量がケイ素アルコキシド1モルにたいして2～4モル（化学量論値）に近い場合には，水含有量が増すにつれて第2，第3，第4の加水分解の速度が増すと予想される。

2.6.2 溶媒と加水分解

溶媒が加水分解の速度に影響するのは当然である。しかし，ケイ素アルコキシドを原料としてシリカゲルをつくる場合，溶媒の選択はむしろ速度のコントロール以外の目的で行なわれる。たとえば，よく用いられるアルコールはケイ素アルコキシドを溶解して均質な溶液をつくるのに使われる。また，モノリスのシリカゲルを作るときに効果のあるジメチルフォルムアミドは乾燥時の亀裂の発生を防ぐために使われる[11]。

2.6.3 リエステリフィケーション

リエステリフィケーションとは(4)式の加水分解の逆反応

$$\equiv Si-OH + ROH \rightarrow \equiv Si-OR + H_2O \quad (リエステリフィケーション) \qquad (19)$$

である。この反応ではアルコールがシラノールと反応してアルコキシル基と水が生成する。加水分解が進んで水が少なくなったときにリエステリフィケーションが起こる可能性がある。

2.6.4 トランスエステリフィケーション

2種類のアルキル基をR^1およびR^2とするとき，次式で示すように，アルコキシド$\equiv Si(OR^1)$のOR^1がアルコールOR^2によって置き換えられる反応がトランスエステリフィケーションである。

$$\equiv Si(OR^1) + R^2OH \rightarrow \equiv Si(OR^2) + R^1OH \quad (トランスエステリフィケーション) \qquad (20)$$

たとえば，$Si(OC_2H_5)_4$ を含む溶液中の溶媒のアルコールがイソプロピルアルコール $i-C_3H_7OH$ で，トランスエステリフィケーションが起こると，アルコキシドの加水分解速度が低下することになる[26]。

長谷川ら[27]は，強力なプロトンドナーでシロキサン結合を開裂するはたらきのあるカチオン交換樹脂のアムバーリスト16を $Si(OEt)_4-Bu^nOH$ 溶液に混ぜて反応させた。その結果，トランスエステリフィケーションが起こり，図2に示すように，種々のアルコキシシラン化学種が生成した。

2.7 縮合反応およびゲル化に影響するファクター

縮合反応は(9)式および(10)式で表されるように，2つの型で進行する。メカニズムは，$\equiv SiOH$ のOの部分が求核反応でSiを攻撃して一時的に5配位となり，それからORまたはOHがとれて $\equiv Si-O-Si\equiv$ のシロキサン結合ができると考えられる[16]。加水分解のときと同様，立体効果が反応の起こり方と速度を考える上で重要となるはずである。従って，触媒の種類，溶媒の組成，溶液のpHなどが影響する[16, 17, 28]。これらのファクターは生成したゲルの微細構造にも影響する。

実際のゾル-ゲル反応では，反応容器に小さい孔をあけて溶媒や水の蒸発を可能にする場合がある。筆者ら[29, 30]は，TEOS：H_2O：CH_3OH：HCl＝1：2：1：0.01（モル比）の溶液を60℃で，孔をあけた容器と密閉容器の中で反応させ，粘度変化を測定し，曳糸性の有無を比較

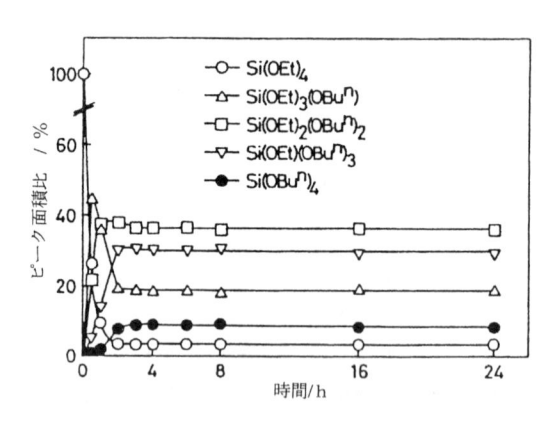

図2 トランスエステリフィケーションの例
$Bu^nOH/TEOS$ 比が4.0のTEOS-Bu^nOH 溶液を40℃でAmberlyst15で処理したときの溶液中のアルコキシシラン種の分布の変化[27]。

した。孔をあけた容器では，アルコールや水が蒸発するためにシリカ濃度が高くなってゲル化が速く進行し，約25時間で粘度は100ポイズに達し，その時点でゾルは良好な曳糸性を示した。これにたいし，密閉容器では粘度が100ポイズに達するのに190時間を要し，しかもゾルから紡糸することが不可能であった。この結果は，十分の水分が存在する条件では，溶液中で初めて生成したシロキサンオリゴマーが，時間が経つうちにデポリメリゼーションやアルコール分解と縮合が繰り返されて，粒子の形状が変化することを示している。

3 非シリカ酸化物のゾル－ゲル反応

ゾル－ゲル法が機能性のコーティング膜をつくるのに適していることは早くから認められていたが，その後光触媒を始め，非線形光学材料，伝導体，強誘電体，超伝導体などの機能材料が注目されるようになって，TiO_2，ZrO_2，Al_2O_3，ZnO，WO_3，Nb_2O_5その他SiO_2以外の単純および複合酸化物をゾル－ゲル法で作製する試みが盛んに行われている。

非シリカ系の酸化物をつくる場合もゾル－ゲル法ではアルコキシド[31〜38]を原料とすることが多い。しかし，シリコン以外の金属のアルコキシドの多くは不安定で，加水分解速度が大きく，沈殿しやすく，均一な多成分酸化物ができにくいなどの欠点をもっている。ここでは，金属アルコキシドの反応を調べ，上記の問題を解決するため行われている研究を紹介する。

機能性材料では遷移金属酸化物が重要である。この節では遷移金属アルコキシドに注目する。SiO_2-TiO_2系やSiO_2-ZrO_2系材料をアルコキシドの混合溶液からつくるときにはこの節で述べるような配慮を必要としないことが多いのでこの節に含めない。また，目的材料が無機酸化物の場合について考慮し，有機無機ハイブリッドには触れない。

3.1 遷移金属アルコキシドの加水分解・重合

Livage[31,32]によれば，ゾル－ゲル過程の基礎となっている加水分解ならびに縮合反応はヒドロキシル化物によるアルコキシリガンドの求核置換で，金属原子をMとすれば，次式で表わされる。

$$M(OR)_z + xXOH \rightarrow [M(OR)_{z-x}(OX)_x] + xROH \tag{21}$$

この式でXが水素であれば加水分解であり，金属原子であれば縮合である。この反応は次のS_N2機構でおこる。

可視光応答型光触媒

$$\begin{array}{c}H\\O^{\delta-}+M^{\delta+}-OR\\X\end{array} \rightarrow \begin{array}{c}H^{\delta+}\\O-M-O^{\delta-}R\\X\end{array} \rightarrow XO-M-O \rightarrow XO-M+ROH \quad (22)$$

この式からわかるように，金属原子の正電荷が大きく，配位数を増す力が大きいほど，金属アルコキシドは加水分解や縮合反応を受けやすい。シリコンアルコキシドは酸化数 z が4であり，酸化物となったときの配位数も4であるから，反応性が小さく，ゲル化に長時間かかる。これにたいして遷移金属アルコキシドでは，酸化物中の遷移金属イオンの配位数Nが6以上で酸化数 z はそれより小さいので親核性のリガンドを受け入れて配位数を増そうとする傾向が強く，加水分解や縮合反応を受けやすい。

単純な遷移金属アルコキシドは反応性に富むので，アルコキシドがいくつか集まってオリゴマー化することがある[31,33]。$[Ti(OEt)_4]_n$（n＝2または3）や $[Ti(OMe)_4]_n$ がその例である。アルコキシル基が2つのTiに共通の配位子となる。また，$Pb_4O(OEt)_6$ のようなオキソアルコキシド結晶の形成も見られる。

3.2 遷移金属アルコキシドの化学修飾による反応性の制御

遷移金属アルコキシドの加水分解・縮重合の速度を抑制して沈殿の生成を防ぐために，アルコキシル基を反応性の小さい有機，無機の配位子で置換したり，配位子を付加して錯体を形成する化学修飾法がある[34]。

加水分解の速度を遅くして遷移金属アルコキシドの安定化をはかるためによく使用されるアルコール性溶媒に2-メトキシエタノール $HOC_2H_4OCH_3$ やジエタノールアミン $(HOCH_2CH_2)_2NH$，トリエタノールアミン $(HOCH_2CH_2)N$ がある[33]。ジルコニウムイソプロポキシド $[Zr(O^iC_3H_7)_4(iC_3H_7OH)]_2$ は2-メトキシエタノールとの反応によって室温で $Zr(OC_2H_4OCH_3)_3(O^iC_3H_7)$ となり，加水分解が抑制される。加藤[35]は $Ti(O-iC_3H_7)_4$-エタノール-ジエタノールアミン溶液の赤外スペクトルからジエタノールがチタンイソプロポキシドにキレートしていることを確かめている。

化学修飾による沈殿防止は，金属アルコキシド以外の無機ゾル-ゲル原料にも適用できることが垣花[36]や大谷[37]によって紹介されている。水溶液を用いるゾル-ゲル法で TiO_2 膜を作製する場合，Ti^{4+} イオンは小さくて電荷密度が高いので，水と反応して水和 TiO_2 の沈殿をつくりやすい。これを防止するために，TiF_4 水溶液に界面活性剤の n-ヘキサデシルトリメチルアンモニウムブロマイド $C_{16}H_{33}N(CH_3)Br$ を加えたり[38]，$Ti(SO_4)_2$ 水溶液にポリビニルピロリドンを加えて[39]，チタンに配位させる試みがなされている。

第5章 ゾル-ゲル溶液の化学:コーティングの基礎

　金属アルコキシドの加水分解速度を小さくするためにカルボン酸によって金属の配位状態を調整する例は極めて多い。Livage[31]によれば、酢酸はチタンイソプロポキシドと反応してアルコキシドを修飾する。

$$Ti(O\text{-}^iC_3H_7)_4 + CH_3COOH \rightarrow Ti(O\text{-}^iC_3H_7)_3(OCOCH_3) + {}^iC_3H_7OH \tag{23}$$

　このとき、Tiは配位数6を取ろうとして2量体または3量体$Ti(O\text{-}iC_3H_7)_3(OCOCH_3)$となる。このようなカルボン酸の修飾作用は金属アルコキシド以外の原料化合物にもあてはまる。筆者ら[40]は、Bi-Sr-Ca-Cu-O系高温超伝導体を金属の酢酸塩からつくったが、この際溶液に酒石酸HOOCCH(OH)CH(OH)COOHを加えることによって沈殿を防ぎ、均一な溶液にすることができた。酒石酸のカルボキシル基とOHが金属に配位して金属酢酸塩の反応性を抑制すると考えられる。
　β-ジケトン、たとえば、アセチルアセトンやエチルアセトアセテートは反応性の高い金属アルコキシドの配位子を複合化して沈殿の析出を防止するのによく使われる[31,33,41]。ケト基の酸素が金属に配位すると考えられる。β-ジオールも金属アルコキシドの配位子を複合化するのに使われる。炭素原子1個離れた位置についている2つのOHがキレート化に役立つと推察できる。Milneら[42]は溶媒にジオールを使うことによって強誘電体の膜厚を1μm程度に厚くすることに成功している。
　金属アルコキシドの修飾のもう1つの効果は、アルコキシドをアルコール可溶性にすることである。たとえば、Cuのメトキシドやイソプロポキシドはアルコールに溶けないが、これをβ-ジケトンで修飾してCu(OR)(β-ジケトン)(ここで、R=Me, ^{i}Pr)とするとアルコールに溶解する。
　表2にTiO$_2$の原料として使用できる修飾したチタンアルコキシドの例を示す(Kesslerの論文[34]による)。

3.3 ヘテロ金属アルコキシドによる多成分機能性酸化物の合成

　ヘテロ金属アルコキシドとは1つの分子中に2種以上(普通は2種)の異種金属を含むアルコキシドである。多くの機能材料、たとえば、強誘電体は2種以上の金属イオンを含んでいるが、

表2 TiO$_2$の原料アルコキシド[34]

分子式	R, n
Ti(OR)$_4$	R = Me, Et, ^{n}Pr, ^{i}Pr, ^{n}Bu, ^{t}Bu
TiO$_n$(OR)$_{4\text{-}2n}$ (oxo-alkoxides)	R = Et, ^{i}Pr, ^{n}Bu
(RO$_3$)$_2$Ti$_4$(OR)$_{10}$	R = -(CH$_2$)$_3$CCH$_3$
Ti(OR)$_{4\text{-}n}$(acac)$_n$	n = 1, 2

表3 複合酸化物合成に使用されるヘテロ金属アルコキシドの例[34]

合成目標の複合酸化物	原料ヘテロ金属アルコキシド
$BaTiO_3$	$BaTiO(O^iPr)_4(ROH)x$
$BaZrO_3$	$BaZr(OH)(O^iPr)_5 \cdot 3ROH$
$MgAl_2O_4$	$MgAl(acac)(O^iPr)_2$
Na_xWO_3	$NaM(OR)_6 \quad R = Me. Et. ^iPr. ^iBu$
$PbMg_{1/3}Nb_{2/3}O_3$	$MgNb_2(OEt)_{12} \cdot 2EtOH$
	$PbNb_4O_4(OEt)_{24}$
$PbMg_{1/3}Ta_{2/3}O_3$	$MgTa_2(OEt)_{12} \cdot 2EtOH$
$(Pb, La)(Ti, Zr)O_3$ (PLZT)	$Pb_2Ti_2O(OR)_8(OAc)_2$
$SrBi_2Nb_2O_6$	$SrNb_2(O^iPr)_{12} \cdot 2ROH$
$SrBi_2Ta_2O_6$	$SrTa_2(O^iPr)_{12} \cdot 2ROH$

それぞれの金属のアルコキシドはあまり安定でなく，急速に加水分解し，重合するので，単一金属アルコキシドの混合物から均一な生成物を得るのは容易ではない。そこで，ヘテロ金属アルコキシドが注目され，これまでに多数のヘテロ金属アルコキシドが合成されてきた。ヘテロ金属アルコキシドでは，1分子中に複数の金属種を含むので，異種金属が分離することなく均質にゲル構造中に入ると期待される。

Kessler[34]やHubert-Phalzgraf[33]は多数のヘテロ金属アルコキシドを表にまとめている。その一部を表3に示す（Kesslerの論文[34]による）。

ヘテロ金属アルコキシドは，単独では，溶液に溶解しない金属アルコキシドを可溶性にするはたらきを有している。

4 おわりに

コーティング溶液中で起こるゾル-ゲル反応の基礎としてシリコンアルコキシドのゾル-ゲル反応について記した。また，シリコン以外の金属のアルコキシドについては，均質な材料をつくるための知見を記した。ゾル-ゲル法は生成物の微細構造や特性に影響するファクターが数多くあるので，ここに記したのはその極く一部と考えていただければ幸いである。

文　献

1) C. J. Brinker and G. W. Scherer, Sol-Gel Science, Academic Press, 1-908 (1990)

第5章 ゾル-ゲル溶液の化学:コーティングの基礎

2) 作花済夫, ゾル-ゲル法の科学, アグネ承風社, 1-221 (1987)
3) 作花済夫, ゾル-ゲル法の応用, アグネ承風社, 1-229 (1997)
4) 作花済夫, セラミックス, 37, 136-142(2002)
5) Sol-Gel Science and Technology, ed. S. Sakka, Volume 1 Sol-Gel Processing, volume editor, H. Kozuka, Kluwer Academic Publishers, Boston, Dordrecht, London (2004)
6) ゾル-ゲル法応用技術の新展開, 作花済夫監修, シーエムシー出版, 1-216 (2000)
7) G. A. Nicolan and S. J. Techener, *Bull. Soc. Chim. de France*, 1968, 1990-1996 (1968)
8) S. Sakka and H. Kozuka, *J. Non-Cryst. Solids*, 100, 142-153 (1988)
9) 山本雄二, 神谷寛一, 作花済夫, 窯業協会誌, 90, 328-333 (1982)
10) H. Kozuka, H. Kuroki and S. Sakka, *J. Non-Cryst. Solids*, 100, 226-230 (1988)
11) T. Adachi and S. Sakka, *J. Mater. Sci.*, 22, 4407-4410 (1987)
12) S. Sakka, *Mat. Res. Soc. Symp. Proc.* 32, 91-97 (1984)
13) 文献1)の Chapter 13, Fig. 8 (p.798)
14) S. Sakka, K. Kamiya and T. Kato, 窯業協会誌, 90, 555-556 (1982)
15) H. Schmidt, H. Scholze and A. Kaiser, *J. Non-Cryst. Solids*, 63, 1-11 (1984)
16) C. J. Brinker, *J. Non-Cryst Solids*, 100, 31-50 (1988)
17) E. J. A. Pope and J. D. Mackenzie, *J. Non-Cryst. Solids*, 87, 185-198 (1986)
18) S. Sakka and H. Kozuka, *J. Non-Cryst. Solids*, 100, 142-153 (1988)
19) S. Sakka and H. Kozuka, *Chimica Chronica, New Series*, 23, 137-146 (1994)
20) R. Aelion, A. Loebel and F. Eirich, *J. Amer. Chem. Soc.*, 72, 5705 (1950)
21) I. Hasegawa and S. Sakka, *J. Non-Cryst. Solids*, 100, 201-205 (1988)
22) S. Sakka, Y. Tanaka and T. Kokubo, *J. Non-Cryst. Solids*, 82, 24-30 (1986)
23) K. Makita, Y. Akamatsu, A. Takamatsu, S. Yamazaki and Y. Abe, *J. Sol-Gel Sci. Tech.*, 14, 175-186 (1999)
24) 村上めぐみ, 和泉圭二, 出口式典, 森田有彦, セラミック論文誌, 97, 91-94 (1989)
25) P. Innocenzi, H. Kozuka and S.Sakka, *J.Sol-Gel Sci.Tech.*, 1, 303-318 (1984)
26) C. J. Brinker, K. D. Keefer, D. W. Schaefer, R. A. Assink, B. D. Kay and C. S. Ashley, *J. Non-Cryst. Solids*, 63, 45-59 (1984)
27) I. Hasegawa and S. Sakka, *Bull. Chem. Soc. Jpn.*, 61, 4087-4092 (1988)
28) 山根正行, 安盛敦雄, 文献6)の24-35頁, 第3章 ゲル化と無機バルク体の形成
29) S. Sakka, H. Kozuka, S.-H. Kim, Ultrastructure Procssing of Advanced Ceramics ed.by J. D. Mackenzie and D. R. Urlich, John Wiley and Sons (1988), p.159-171
30) H. Kozuka, H. Kuroki and S. Sakka, *J. Non-Cryst.Solids*, 101, 120-122 (1988)
31) J. Livage, "1. Molecular Design of Transition Metal Alkoxide Precursors", Chemical Processing of Ceramics, ed by B. T. Lee and E. J. A. Pope, 3-21 (1994)
32) C. Sanchez, J. Livage, M. Henry and F. Babonneau, *J. Non-Cryst.Solids*, 100, 65-76 (1988)
33) L. G. Hubert-Pfalzgraph, 文献31)の23-57頁, "Metal Alkoxides for Electrooptical Ceramics",
34) V. G. Kessler, 文献5)の3-40頁, "Chapter 1 The Synthesis and Solution Stability of Alkoxide Precursor"

35) K. Kato, 文献5)の41-57頁, "Chapter 2 Reactiones of Alkoxide toward Nanostructued or Multi-Component Oxide Films"
36) V. Petrykin and M. Kakihana, 文献5)の77-103頁, "Chapter 4 Chemistry and Applications of Polymeric Gel Precursors"
37) Y. Ohya, 文献5)の105-125頁, "Chapter 5 Aqueous Precursors"
38) K. Shimizu, H. Imai, H. Hirashima, K. Tsukuma, *Thin Solid Films*, **351**, 220-224 (1989)
39) H. Kozuka and T. Kishimoto, *Chem. Lett.*, 1150-1151 (2001)
40) H. Zhuang, H. Kozuka and S. Sakka, *Jap. J. Applied Phys.*, **28**, L1805-L1808 (1989)
41) N. Tohge, K. Shimmou, T. Minami, *J. Sol-Gel Sci. Tech.*, **2**, 581-585 (1994)
42) Y. L. Tu, M. L. Calzada, N. J. Phillips and S. J. Milne, *J. Am. Ceram. Soc.*, **79**, 441-448 (1996)

第6章　可視光応答型光触媒の特性と物性

1 Ti-O-N系

大脇健史*

1.1 はじめに

現在，Ti-O-N系可視光応答型光触媒は，乾式方法と湿式方法によって製造されている（詳細は第4章に記載）[1~5]。筆者らは，乾式方法と湿式方法によって作製された材料が，熱的安定性などの観点から別の構造・状態と捉えている[6,7]。すなわち，乾式方法では酸素サイトの一部に窒素が置換した窒素ドープ酸化チタン（$TiO_{2-x}N_x$）であるのに対し，湿式方法ではNO_xがドープされた酸化チタンが作製されると考えている。そこで，この節では，$TiO_{2-x}N_x$の光触媒特性と物性を中心に述べ，あとで，NO_xドープ酸化チタンの特性と物性を示す。

ここで記載する窒素ドープ酸化チタンの乾式作製方法を最初に簡単に記載する[1]。粉末の場合，①市販の酸化チタン粉末（ST-01，石原産業㈱）をNH_3＋Ar雰囲気中において600℃で3時間処理することにより，また，②市販の酸化チタン粉末と尿素を混合し350～450℃で空気中1時間処理することにより，$TiO_{2-x}N_x$粉末を作製する。また，薄膜の場合，RFマグネトロンスパッタリング法を用い，N_2（40％）とAr（60％）の混合ガス中でTiO_2ターゲットをスパッタし，ガラス基板（Corning，＃7059）上に堆積させ，この膜をN_2ガス中において，550℃で2～4時間熱処理することにより結晶化させる。以下，このように作製された$TiO_{2-x}N_x$の光触媒特性と物性を示す。

1.2 $TiO_{2-x}N_x$の光触媒特性

ここでは，$TiO_{2-x}N_x$の光触媒特性について，1.2.1項「ガス分解特性」，1.2.2項「色素分解特性」，1.2.3項「抗菌性」，および1.2.4項「親水性」を述べる。

1.2.1 ガス分解特性

シックハウス対策など室内浄化の観点でVOCガス分解は重要な課題のひとつであり，可視光応答型光触媒は，そのVOCガス分解効果が大きく期待されている。そこで，代表的なVOCガスであるアセトアルデヒドガスに対する$TiO_{2-x}N_x$の分解性能の例を以下に述べる。

光触媒粉末0.1gを入れた容積1dm³のガラス容器にアセトアルデヒドガス485ppm相当を封入

---

*　Takeshi Ohwaki　㈱豊田中央研究所　材料分野　無機材料研究室　主席研究員

した閉鎖系によって，暗所で12時間以上放置した後に測定した．紫外光源に10Wブラックライト，可視光源に短波長カットフィルタ (SC42) で覆った10W白色蛍光管を用いた．アセトアルデヒドの酸化分解により生成するCO_2ガス濃度の時間変化を，メタナイザ付きガスクロマトグラフ (㈱島津製作所GC14B, MTN-1) で測定した．図1には，光触媒反応によるCO_2生成速度を示す．図1からもわかるように，$TiO_{2-x}N_x$粉末を用いた光触媒反応によるCO_2生成速度は，ブラックライト照射下でTiO_2と同等性能で，かつ$\lambda \geq 410nm$の可視光照射下で

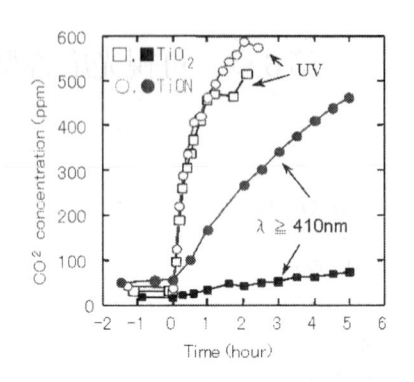

図1 光酸化分解によるCO_2生成濃度の時間依存性
アセトアルデヒド初期濃度：485ppm,
光強度：(UV) 5.4mW/cm^2, (vis) 1.8mW/cm^2

は約5倍の性能が得られた．さらに，$\lambda \geq 410nm$の可視光照射によってアセトアルデヒドはすべてCO_2に完全分解することが確認された．

$TiO_{2-x}N_x$粉末の耐久性については，室温でH_2SO_4, HCl, H_2O_2, $NaOH$のような酸やアルカリに対して安定であった．また，連続光照射による安定性も高く，粉末に10Wブラックライト (UV強度は約5mW/cm^2) を80日間連続照射した時点で光触媒性能の劣化はみられていない．さらに，550℃大気中の熱処理でも，特性はほとんど劣化しない事が確認されている．

上記のようなVOCガス分解以外に[8]，室内における悪臭の分解やその他の有害ガス分解に対して，可視光応答型光触媒が期待されており，これらの分解に関する性能も評価されつつある[9,10]．

1.2.2 色素分解特性

光触媒の汚れ分解のひとつの目安として，メチレンブルー (MB) 分解評価が一般的に行われている[11]．そこで，窒素ドープ酸化チタンに関しても，可視光照射下でのMB分解特性を以下に述べる．ガラス基板上に$TiO_{2-x}N_x$膜を形成し，その上に塗布したメチレンブルーの分解による$\lambda = 650nm$付近での吸光度変化によって評価した．短波長側をカットする光フィルタ (SCシリーズ，富士写真フイルム㈱) を用いた吸光度変化速度の照射光波長依存性を評価した結果を図2に示す[1]．図2(b)には，測定の概略図も示す．図2(a)に示す様に，$TiO_{2-x}N_x$膜は，紫外光照射下ではTiO_2膜と同等の活性を有し，かつ$400 \leq \lambda \leq 520nm$の可視光域でも高いMB分解活性を示した．このMB分解活性を示す波長域は光吸収スペクトルと一致している．一方，TiO_2膜では可視光活性はほとんどないことがわかる．同様な結果がGoleらによっても得られている[12]．

第6章 可視光応答型光触媒の特性と物性

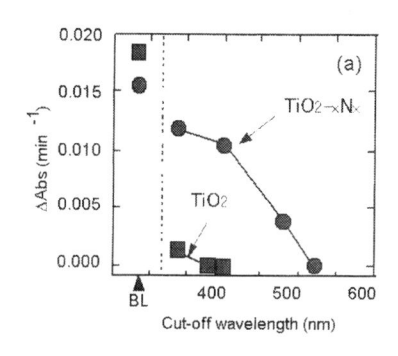

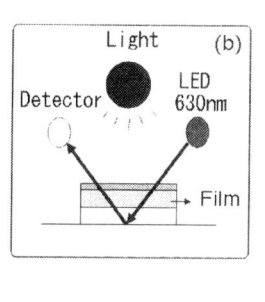

図2 MB分解速度のカットオフ波長依存性(a) および実験概略図(b)
光強度 2.5×10^{-9} einstein/sec cm^{-2}(波長：350〜520nm)，
3.5×10^{-9} einstein/sec cm^{-2}(BL)

1.2.3 抗菌性

酸化チタン光触媒は，紫外光照射下で抗菌性能を有している。抗菌性の評価に関しては，現在のところ，抗菌製品技術協議会が光触媒製品に対して試験法III（光照射フィルム密着法）として定めており，この試験方法を用いた結果を述べる。この試験方法では，光照射条件として3種類示してあり，①ブラックライト $20\mu W/cm^2$ 以上，②白色蛍光灯4000〜6000Lx，③（参考試験）白色蛍光灯1000〜2000Lxの条件であり，このうち②③が可視光（室内）の試験に対応する。

表1 $TiO_{2-x}N_x$ の抗菌性（MRSA生菌数）

	遮光	光照射後 (2000Lx, 24h, 25℃)
$TiO_{2-x}N_x$	3.9×10^5	<10
対照	2.5×10^5	9.9×10^5

窒素ドープ酸化チタン膜を作製し，上記③の光条件下で，MRSAに関し滴下法を用い，抗菌性を評価した例を表1に示す。表1からも明らかなように，蛍光灯下において2桁以上の菌数の減少が観察され，抗菌性を有することが分かる。そのほか，黄色ブドウ球菌，大腸菌，O157：H7などに対しても同様な効果が確認されている。

1.2.4 親水性

通常の酸化チタン薄膜に紫外線があたると，表面が親水化することはよく知られている[13]。窒素ドープ酸化チタン表面が，可視光照射下において，親水化することはいくつかの研究機関によって報告されている[14,15]。また，窒素濃度によって限界接触角が異なることが分かっている[14]。ちなみに，通常の酸化チタンは可視光照射下では親水化しない。

現在，保水性の材料と複合化（積層タイプ，混合タイプ）することによって，その親水性が維持するよう改良され，すでに市販されている。そこで，可視光応答型光触媒の親水性を調べる上

可視光応答型光触媒

でも，保水性材料と組み合わせることが有効である。図3には，保水材料としてSiO$_2$を用い，TiO$_{2-x}$N$_x$膜と組み合わせた場合の親水維持性を示す。厚さ160nmのTiO$_{2-x}$N$_x$膜上（アニールによる結晶化済み）に，5nm相当のSiO$_2$膜を成膜した試料を用いた。これに100W高圧水銀ランプを2時間照射し親水化した後，室内灯下に放置した。図3からも分かる様に，SiO$_2$/TiO$_2$膜表面における水の接触角は，放置時間とともに単調増加しているが，SiO$_2$/TiO$_{2-x}$N$_x$膜は，室内放置30日後においても水の接触角が10度以下の優れた親水性を維持していることがわかる[1]。

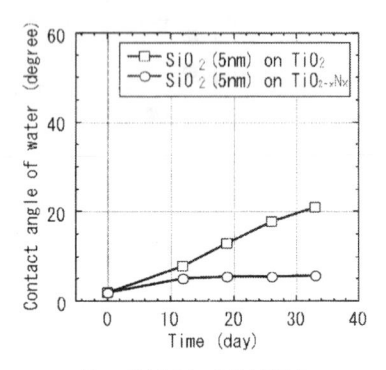

図3 蛍光灯下での親水維持性
光強度：UV（UD360）28.5μW/cm^2，可視光（UD400）159.4μW/cm^2

1.3 TiO$_{2-x}$N$_x$の物性

この項では，TiO$_{2-x}$N$_x$がどのような構造または状態であるかを明らかにするため，XRD，XPS等によって解析した結果を示す。

1.3.1 TiO$_{2-x}$N$_x$の結晶構造

窒素ドープ酸化チタン薄膜及び粉末の結晶構造をXRDによって調べ，そのスペクトル結果を図4に示す。薄膜の場合，膜厚の関係で明瞭ではないが，アナターゼ及びルチルの結晶ピークが観察される。また，粉末では，アナターゼ結晶であることがわかる。以上より，TiO$_{2-x}$N$_x$は，基本的には従来から知られている酸化チタン材料と変わらない結晶構造を有すると言える[1, 2]。

1.3.2 XPSによる状態および組成の解析

TiO$_{2-x}$N$_x$薄膜および粉末に関しXPSによるN$_{1s}$状態を図5に示す。比較としてTiO$_2$の薄膜および粉末も同時に示す。図5に示され

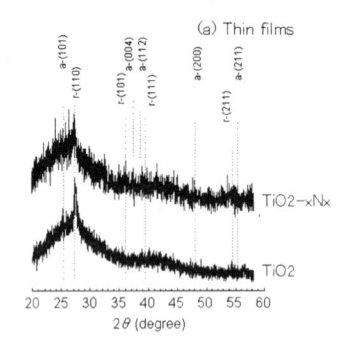

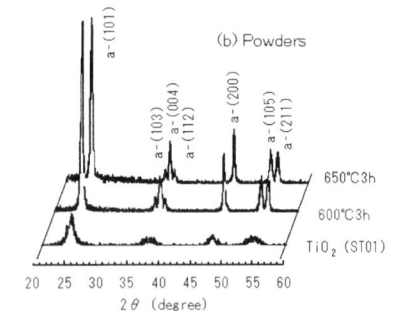

図4 窒素ドープ酸化チタン薄膜および粉末のXRDスペクトル

第6章 可視光応答型光触媒の特性と物性

るように，窒素ドープ酸化チタンのN_{1s}状態について，化学的結合エネルギーEb＝402，400，396eVの位置にピークが，薄膜・粉末ともに検出される。これらはそれぞれ，N-H（402eV），N-N，N-C，N-O（400eV），N-Ti（396eV）結合によるピークである[16,17]。一方，TiO_2膜及び粉末からは，Eb＝402，400eVのピークのみが検出されている。これらを比較すると，窒素ドープ酸化チタンには，Eb＝396eVの特有のピークを有し，つまり，チタン金属と結合したNが存在すると言える。一方，そのほかのピークは分子性の吸着物または不純物に起因すると考えられる。

また，Ti，O，Nのスペクトル強度比からO/Tiおよび（O＋N）/Tiの組成比が求められる。その例を表2に示す。ここで，Oに関しては530eV，Nに関しては396eVの金属（Ti）に結合しているピークのみを用いている。表2より，①薄膜及び粉末ともに，窒素ドープ酸化チタンと通常の酸化チタンのO/Ti比は変わらないこと，②窒素ドープ酸化チタンの結合に寄与する窒素量は，薄膜と粉末で若干異なるものの，2％以下の非常に少ない量であることがわかった。

XRDでは，アナターゼ，ルチルのみ観測され，TiN回折線は観測されていない。また，XPSから，Ti-N結合に由来する状態が検出されている。さらに，コアレベルシフトの計算結果からも酸素置換サイトにドープされたNであることが明らかにされており，この窒素の2p軌道が酸素の2p軌道の上部に位置し，さらにこれらが混成することによって，

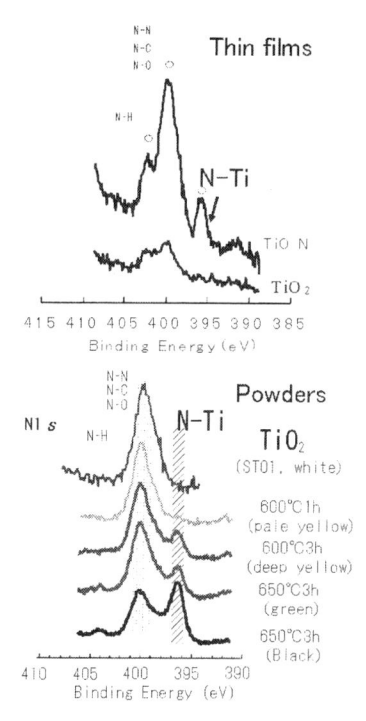

図5 窒素ドープ酸化チタン薄膜および粉末のXPS N_{1s}スペクトル

表2 $TiO_{2-x}N_x$膜および粉末の組成分析例

組成比	薄膜		粉末	
	$TiO_{2-x}N_x$（スパッタ法）	TiO_2（スパッタ法）	$TiO_{2-x}N_x$（アンモニア法）	TiO_2（市販品ST-01）
O(530)/Ti	1.89	1.92	1.90	1.87
(O(530)+N(396))/Ti	1.94	1.92	1.91	1.87

価電子帯を形成し，狭バンドギャップ化していると言える（電子状態解析については第9章3節に詳細記載）。以上より，$TiO_{2-x}N_x$ は，基本的に酸化チタン結晶の酸素サイトの一部が窒素に置換した構造を有していると考えられる。詳細は第3章1節を参照されたい。

1.4 NO_xドープ酸化チタンの特性と物性

塩化チタンや硫酸チタンのアンモニア加水分解など湿式方法によって作製された可視光応答型光触媒は，最初に佐藤によって見出されており，NO_xドープ酸化チタンとされている[3]。このNO_xドープ酸化チタンの光触媒特性は，主に可視光照射下でガス分解特性に関し，様々な研究機関で調べられている。例としてアセトアルデヒドの分解特性に関し，筆者らが調べたところ，窒素ドープ酸化チタンと同様な性能が得られた[7]。しかしながら，粉末を450℃空気中で熱処理すると，NO_xドープ酸化チタンでは分解性能が5分の1程度に劣化した。窒素ドープ酸化チタンではほとんど性能劣化はなかったことを考慮すると，NO_xの不安定性によると考えられる。

NO_xドープ酸化チタンの構造に関しても理論的な考察がなされており，窒素がNO_xという分子でドープする構造も成立する。詳細は第3章1節を参照されたい。

1.5 おわりに

この節では，$TiO_{2-x}N_x$を中心に窒素ドープ酸化チタンの光触媒特性と物性を示した。Ti-O-N系を含め可視光応答型光触媒は室内での応用展開が期待されており，製品化にあたっては，可視光下での光触媒性能を踏まえ，使用方法を考慮することによって，普及していくと考えられる。

文　　献

1) R. Asahi, T. Morikawa, T. Ohwaki, K. Aoki, and Y. Taga, *Science* **293**, 269 (2001)
2) T. Morikawa, R. Asahi, T. Ohwaki, K. Aoki, Y. Taga, *Jpn. J. Appl. Phys.* **40**, L561 (2001)
3) S. Sato, *Chem. Phys. Lett.* **123**, 126 (1986)
4) 酒谷能彰, 奥迫顕仙, 小池宏信, 安東博幸, 会報光触媒, **4**, 51 (2001)
5) 井原辰彦, 安藤正純, 杉原慎一, 会報光触媒, **4**, 19 (2001)
6) R. Asahi, T. Morikawa, T. Ohwaki, K. Aoki, and Y. Taga, *Science* **295**, 627 (2002)
7) 日本化学会第84季春季年会講演会予稿集I, p478(2004)
8) D. Li, H. Haneda, S. Hishita, N. Ohashi, *Mater. Sci. and Eng. B-Solid State Mater.* **117** (1): 67, 25 (2005)

9) S. Sakthivel, M. Janczarek, H. Kisch, *J. Phys. Chem.* B **108**, 19384 (2004)
10) M. Mrowetz, W. Balcerski, A.J. Colussi, M.R. Hoffman, *J. Phys. Chem.* B **108**, 17269 (2004)
11) A. Mills, J. Wang, *J. Photochem. Photobio. A* **127**, 123 (1999)
12) J.L. Gole, J.D. Stout, C. Burda, Y. Lou, X. Chen, *J. Phys. Chem.* B **108**, 1230 (2004)
13) R. Wang, K. Hashomoto, A. Fujishima, M. Chikuni, E. Kojima, A. Kitamura, M. Shimohigoshi and T. Watanabe, *Nature* **388**, 43 (1997)
14) H. Irie, S. Washizuka, N. Yoshino, K. Hashomoto, *Chem. Commun.* **11**, 1298 (2004)
15) M.C. Yang, T.S. Yang, and M.S. Wong, *Thin Solid Films* **18**, 469-470 (2005)
16) N.C.Saha and H.G.Tompkins: *J. Appl. Phys.* **72**, 3072 (1992)
17) National Institute of Standards and Technology (NIST) database.

2 硫黄ドープ可視光応答型二酸化チタン光触媒

横野照尚*

2.1 はじめに

　近年,二酸化チタン光触媒の高い酸化能力を利用して環境浄化に応用する製品開発が活発に進められている。なかでも,抗菌,脱臭,あるいは防汚技術への応用が急速に広まっている[1～4]。実際の適用例としては,建物の外壁等のよごれ防止,高速道路のトンネル内のランプカバーの防汚,防臭ネット,水質浄化などへの応用等が検討されている。また,二酸化チタン光触媒表面は紫外光照射によって超親水性(水をなじむ性質)の性質を発現することが知られている。この特性を利用して二酸化チタンコーティングすることで防曇処理を施したお風呂場の鏡や,車のドアミラーなどが開発されている。

　さらに,上述した二酸化チタン光触媒の様々な特性発現のために光源として無尽蔵に地球上にふりそそぐ太陽光を利用すれば,効率の高い,しかも環境負荷の全くない究極の環境浄化システムが作り出せる。ところが,太陽光には二酸化チタンが触媒活性を発現するために必要な紫外線が3%程度しか含まれておらず,50%程度が可視光線である。そこで,可視光を大量に含む太陽光を効率的に利用して光触媒的酸化反応や超親水性などの特性を発現させるという観点から,可視光照射下で高い触媒活性を発現する新規な可視光応答型二酸化チタン光触媒の開発を行った。

　可視光化処理をした実用化可能な光触媒の研究は,最も安定で安価,かつ高活性な二酸化チタンを原料にした可視光応答型の光触媒の研究が数多く報告されている[5～13]。二酸化チタン光触媒の可視光化処理に関する初期の研究は,遷移金属イオンを二酸化チタン結晶格子内にドープする方法が報告されている。しかし,この方法では可視光領域の吸収は発現するものの,ドープ処理により新たに生成する不純物準位が励起電子とホールの再結合中心となるために,紫外及び可視光をふくむ広い波長範囲の光照射下での触媒活性が著しく低下することが明らかになっている。

　近年,比較的簡便な方法で,窒素,炭素や硫黄を二酸化チタンのバルク中に酸素原子と置換して極微量ドープする方法が報告されている[11～15]。この様な手法で可視光化処理された二酸化チタン光触媒は,紫外光照射下での高い触媒活性を保ったまま,可視光下でも触媒活性を発現することが明らかになっている。しかしながら,これらの光触媒は可視光での光の吸収効率(吸光係数)が極めて小さく,従って,可視光のみの光のもとでは紫外光照射下の場合と比較して効率が非常に悪く,可視光が多い条件下の一般の用途に堪えうるような可視光応答型二酸化チタン光触媒とはいえない。我々は,この様な問題点を抜本的に解決するために,全光照射下での高い触媒

＊　Teruhisa Ohno　九州工業大学　工学部　物質工学科　教授

第6章　可視光応答型光触媒の特性と物性

活性の維持とともに，可視光の吸収効率の増大ならびに高い触媒活性の発現を達成するような究極の可視光応答型二酸化チタン光触媒の開発をめざした。

2.2　硫黄カチオンをドープした可視光応答型二酸化チタン粒子の調製[16, 17]

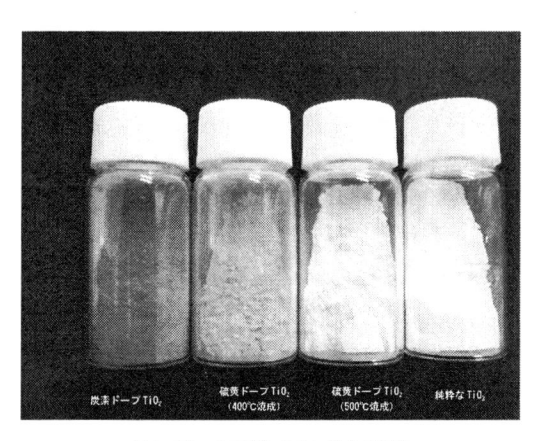

硫黄原子をアニオン状態で二酸化チタンの結晶格子の酸素原子と置換してドープすることで可視光領域に吸収が現れることは理論的には報告されていた[12, 14, 15]。ところが，実際は硫黄アニオンと二酸化チタン中の酸素アニオンはそのイオン半径が大きく違うために（S^{2-}：1.84Å，O^{2-}：1.24Å）置換することは非常に困難で，ごく少量しかドープすることができない。従って，可視光領域の吸収の増大もごくわずかである。厳しい調製条件下で硫黄アニオンを大量にドープすると二酸化チタンの結晶構造のひずみが大きくなり，最終的には光触媒活性がほとんどなくなる。そこで，硫黄をカチオン状態（S^{4+}：0.37Å，S^{6+}：0.12Å）でチタンイオンと置換し，二酸化チタン結晶格子内にドープすることで，可視光領域に大きな吸収を持った二酸化チタン光触媒の開発を行った。調製法は，チオウレアとチタンテトライソプロポキシドをエタノール中で混合してスラリー状にした後，室温で固化するまで風乾した。得られた粉末を400～600℃の温度で空気中焼成処理をすることで，黄色の粉末が得られた。また，別の方法として，二酸化チタン微粒子（ST-01：アナタース型，表面積335m^2g^{-1}，石原産業㈱製）とチオウレアを物理的に混合して（混合比はモル比で1：1），電気炉で400℃～600℃の温度で空気中焼成処理を行って，黄色粉末を得た。得られた硫黄カチオンドープ二酸化チタンと純粋な二酸化チタン，ならびに以前報告した炭素カチオンドープ二酸化チタン粉末の写真を図1に示す。

図1　種々の二酸化チタン粉末の写真

可視光応答型光触媒

2.3 硫黄カチオンをドープした可視光応答型二酸化チタン粒子の物性

　硫黄カチオンドープ二酸化チタンと純粋な二酸化チタン粉末の紫外可視吸収スペクトルを図2に示す。従来報告されていた窒素を酸素原子と置換することで二酸化チタン格子内にドープした可視光応答型二酸化チタン光触媒に比べて400nm以上の可視光の吸収効率（吸光係数）が大きく増大した。

　取り込まれた硫黄原子の酸化状態について，光電子分光装置（XPS）を用いて調べた（図3）。焼成後は，S^{2-}由来のピークは完全に消失し，S^{6+}とS^{4+}の由来のピークが167-8eV付近に現れた（図3）。これらのピークには，吸着物などを除くためイオン交換水で洗浄した結果，S^{4+}の由来のピークのみとなり，最終的なS^{4+}の含有量は1.6atom％となった。次に，二酸化チタンのバルク中にS^{4+}イオンが取り込まれているか確かめるために，アルゴンエッチングしながらXPSスペクトルを測定した。その結果，2分間アルゴンエッチングした後でもS^{4+}イオンのピークが観測され，S^{4+}イオンが二酸化チタンバルク中にドープされていることが明らかになった。さらに，硫黄カチオンドープによるバンドギャップエネルギーの変化について検討するために，アナターゼ結晶構造の二酸化チタンのユニットセル中のチタン原子を硫黄原子に一部置換したモデルを用いて（図4），密度汎関数理論（DFT）に基づいた第一原理バンド計算を行った（図5）。その結果，二酸化チタンバルク中のチタンカチオンの一部を硫黄カチオンで交換することで二酸化チタンの価電子帯の上部に電子占有準位が生成し，バンドギャップエネルギーが減少して可視光領域に吸収が現れることが確認された。また，硫黄をドープした二酸化チタンの粉末のX線測定をしたところ，粒径のほぼ同じ純粋な二酸化チタンのものに比べてピークの半値幅の増大が観測された（図6）。このことから硫黄カチオンをドープすることにより二酸化チタンの結晶格子がひず

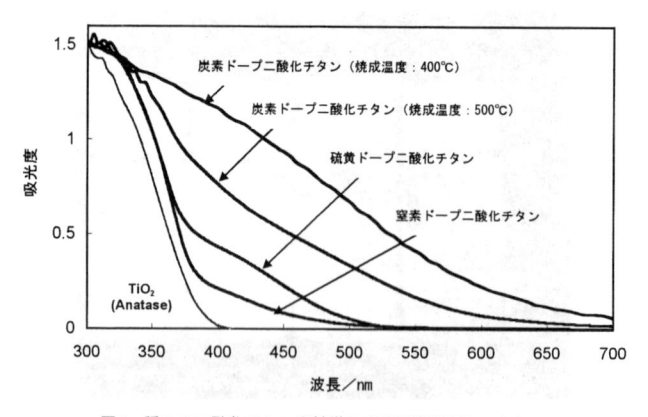

図2　種々の二酸化チタン光触媒の紫外可視吸収スペクトル

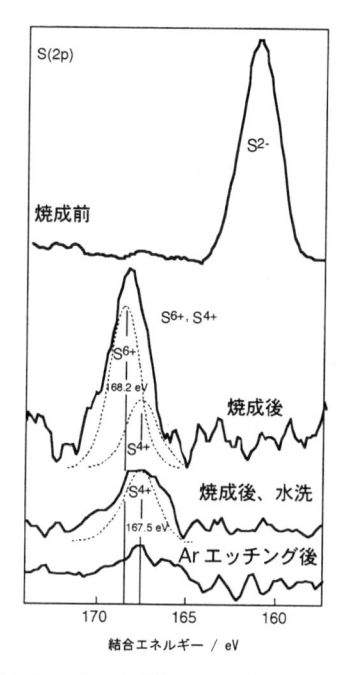

第6章 可視光応答型光触媒の特性と物性

図3 硫黄カチオンドープ二酸化チタン光触媒のXPSスペクトル

んでいることが示唆され，このことが可視光応答を示す要因の一つと考えられる．

2.4 硫黄カチオンドープ可視光応答型二酸化チタンの触媒活性

硫黄カチオンドープ可視光応答型二酸化チタン光触媒と純粋な二酸化チタン光触媒との触媒活性を種々の光照射条件下で比較した．触媒活性はメチレンブルー，2-プロパノールとアダマンタンの選択的部分酸化反応で評価した．光源は1kWのキセノンランプを用いて，励起波長の選択には各種短波長カットフィルターを用いた．

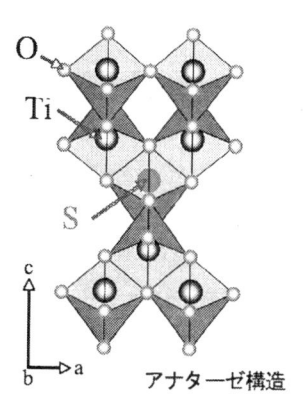

図4 硫黄カチオンドープ二酸化チタン（アナターゼ型）の結晶構造のモデル

87

可視光応答型光触媒

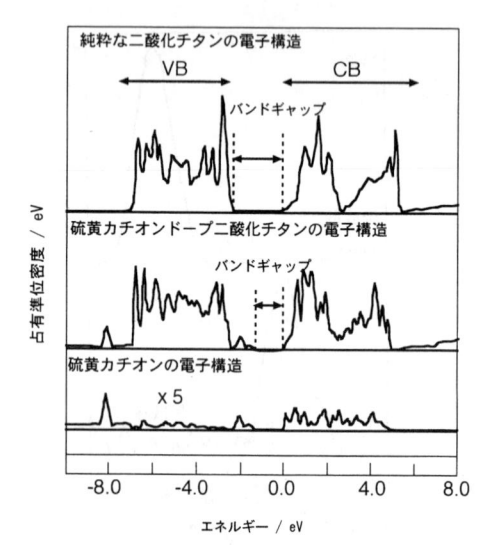

図5 硫黄カチオンドープ二酸化チタン光触媒の電子占有準位

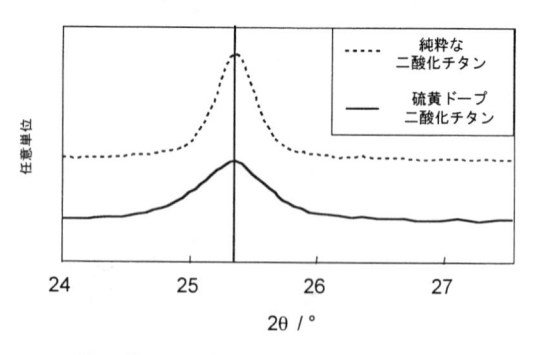

図6 種々の二酸化チタン粉末のX線回折パターン

2.4.1 硫黄カチオンドープ可視光応答型二酸化チタンを用いたメチレンブルーの光触媒的分解反応の波長依存性

メチレンブルーの溶液に光触媒を加えて種々の波長で光照射し，反応の触媒活性を電子スペクトルにより評価した。その結果を図7に示す。350nm以上の紫外光照射条件下では，硫黄ドープした二酸化チタン粉末は純粋な二酸化チタンより，僅かに低い活性を示した。しかし，純粋な二酸化チタンが活性を示さない440nm以上の光照射下でさえ紫外光照射下の約6割程度の触媒活

第6章 可視光応答型光触媒の特性と物性

性を保っていた。また，500nm以上の光照射下においても，なお高い触媒活性を示した。

2.4.2 硫黄カチオンドープ可視光応答型二酸化チタンを用いた2-プロパノールの光触媒的分解反応の波長依存性

2-プロパノールの酸化においてもほぼ同様の触媒活性を示した。つまり，紫外光照射下では純粋な二酸化チタンとほぼ同様な光触媒活性を示した。また，純粋な二酸化チタン光触媒が全く活性を発現しない440nm以上の可視光照射下では，硫黄をドープした二酸化チタンのみが，高い触媒活性を示した（図8）。

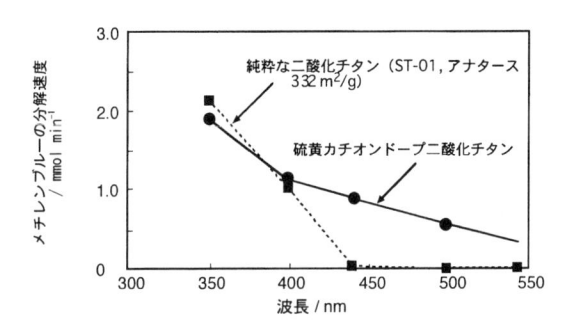

図7 種々の二酸化チタン光触媒によるメチレンブルーの分解反応に関する励起波長依存性

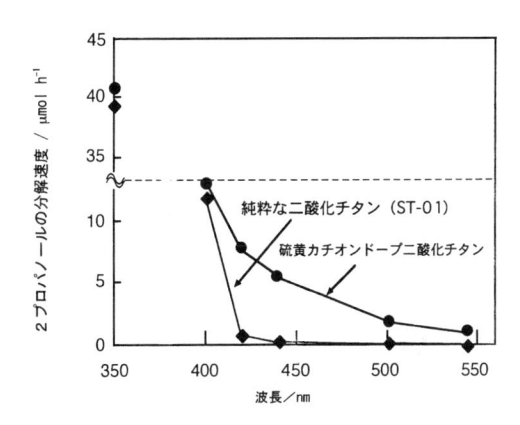

図8 種々の二酸化チタン光触媒による2-プロパノールの分解反応に関する励起波長依存性

可視光応答型光触媒

2.4.3 硫黄カチオンドープ可視光応答型二酸化チタンを用いたアダマンタンの光触媒的部分酸化反応の波長依存性

前述の有機物の光触媒的分解反応の他に可視光応答型二酸化チタン光触媒を用いて付加価値の高い化合物の合成に関しても検討を行っている。種々の検討のなかで現在までにアダマンタンの選択的水酸化反応について成功している。一般にアダマンタンの水酸化反応では，その高い安定性のために極めて強い酸化剤が必要であった。そのため，酸化反応においては副生成物が多く，また，アダマンタンの水酸化物の単離には触媒および酸化剤の分解物の除去，反応混合物からの目的生成物の精製などを行う必要があった。一方，二酸化チタン光触媒を用いてこの反応を行うと，化学的酸化剤の添加は不必要で，酸素と光のみでアダマンタンの水酸化物が比較的高い収率で得られることがわかった（図9）。いずれの光触媒を用いても，主生成物は1-アダマンタノールで，その選択性は極めて高く，副生成物もほとんど観測されないことがわかった。硫黄ドープ二酸化チタン光触媒を用いてこの反応を行うと，紫外光照射下でも非常に高い触媒活性を示した。このときの量子収率（光の利用率）は10％程度に達し，従来報告されている光触媒を用いた有機合成の場合の1％程度に比べて非常に高いことがわかる。また，500nm以上の可視光照射下では通常の二酸化チタンは全く触媒活性を示さないのに対して，可視光応答型の酸化チタン光触媒では比較的高い触媒活性を発現することがわかった（図10）。このような条件を最適化することにより，将来は有用な付加価値の高い化合物を光触媒と太陽光を用いて高い効率での合成が可能となることが期待される。

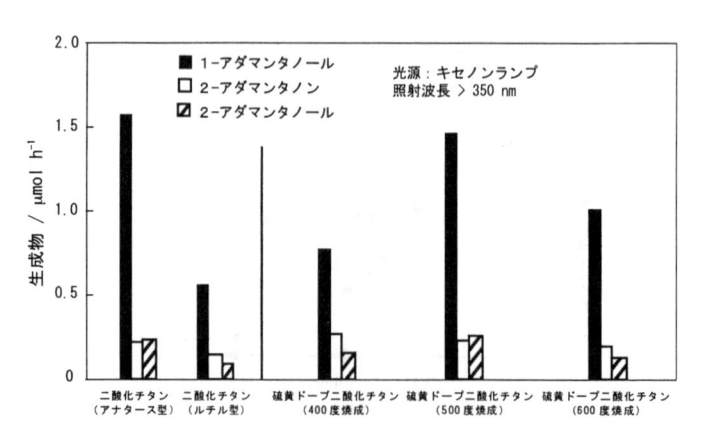

図9 種々の二酸化チタンによる紫外光照射下でのアダマンタンの選択的部分酸化反応

第6章 可視光応答型光触媒の特性と物性

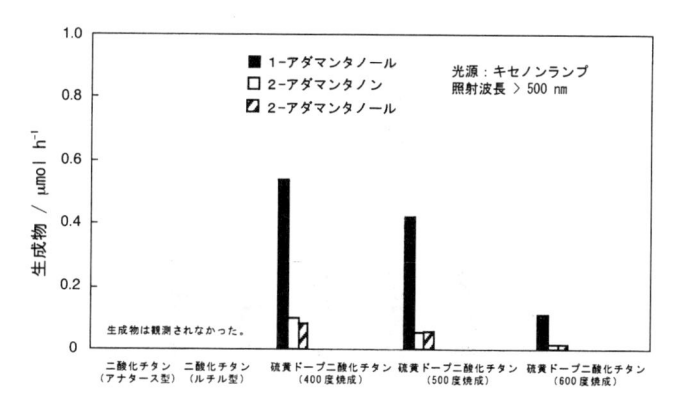

図10 種々の二酸化チタンによる可視光照射下でのアダマンタンの選択的部分酸化反応

2.4.4 硫黄ドープ可視光応答型二酸化チタン光触媒の高感度化

　硫黄カチオンを二酸化チタン格子内にドープした硫黄ドープ二酸化チタンは，従来から報告されている可視光応答型二酸化チタン光触媒にくらべて可視光領域の吸収が大きく増大し，かつ可視光照射下での光触媒活性も極めて高いことが明らかになった。しかし，光触媒反応や超親水化現象に伴う防汚や防曇の性能を利用した一般の製品への応用に関しては，その性能は充分とはいえない。そこで，さらなる高感度化の技術開発も進めている。硫黄カチオンドープ二酸化チタンに種々の濃度の遷移金属イオンを吸着させて電子アクセプターとし，電荷分離効率を上げることによる高感度化を検討した。まだ，調製法などの最適化が進んでいないので調製法の詳細はここでは述べないが，遷移金属イオンの吸着処理を行った粉末を用いた2-プロパノールの分解活性の結果を図11に示す。図11に示す結果から明らかなように，遷移金属イオンを最適量光触媒表面に吸着させることにより硫黄カチオンドープ可視光応答型二酸化チタン光触媒の触媒活性が2から3倍程度向上することが明らかになった。

2.5 可視光応答型二酸化チタン光触媒の展望と問題点

　可視光応答型光触媒は長所と短所を併せ持った触媒といえる。まず，長所として励起光源を選ばず，広範な波長の光に対して触媒活性を発現することである。究極的には従来の純粋な二酸化チタンに比べて太陽光で極めて高い触媒活性を発現することが予想される。そのため，戸外で利用される製品に関しては，可視光を多く含む太陽光の有効かつ効率的な利用により，光触媒活性や超親水化に基づく防汚や防曇の効果の増大が期待される。また，室内，車内における前述の光

91

可視光応答型光触媒

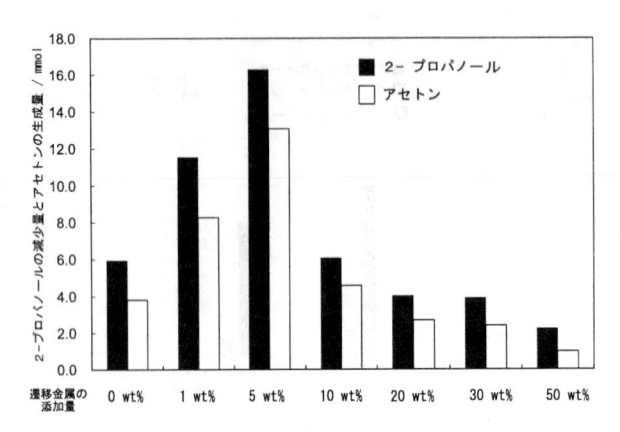

図11 遷移金属添加による硫黄カチオンドープ可視光応答型二酸化チタン光触媒の高感度化

　触媒特性の発現においては安価な可視光を含んだ光源の利用が可能となる．従って，光源に関する制約が少なくなりより広範な製品開発が可能となる．一方，短所としては，可視光領域に吸収を持つために着色するということが問題となる．たとえば，窒素や硫黄をドープした二酸化チタンは黄色に呈色する．そのため一般の製品化の用途のために薄膜にした場合も僅かであっても黄色味を帯びる．一方純粋な酸化チタン薄膜は無色である．従って，可視光応答型の光触媒は元の製品の色味（意匠性）を変えてしまうおそれがある．そのために，色味を変えても問題ないような用途を発掘する必要が出てくる．しかしながら，室内の利用で脱臭，殺菌用に製品化されている冷蔵庫，エアコン，空気清浄器などに組み込まれている二酸化チタンが可視光応答型のものに替わることによってその効果の増大が期待されるとともに，光源が可視光を含んだ安価なものに替わることからコスト削減が見込まれる．このように，総合的には活性の高い可視光応答型の二酸化チタン光触媒の開発により純粋な二酸化チタンにおいて様々な制約があった戸外での可視光を多く含む太陽光の有効利用や，室内での製品化における光源の問題などが解決へ向けて大きく前進するものと確信している．

　硫黄ドープの二酸化チタン光触媒に関する課題としては，触媒活性のさらなる向上が最重要課題である．そのためには助触媒の開発や，ドープされる硫黄の均一性やドープ後の二酸化チタンの結晶性の向上などが考えられる．また，焼成における雰囲気の最適化（酸素濃度やその他の雰囲気の検討）も触媒活性発現には重要な要素になると考えられる．

　いずれにしても，二酸化チタンの製品に関しては可視光応答型のものの活発な開発とともに，斬新なアイデアに基づく付加価値の高いより高機能な製品の創出へと進むことが期待される．

第6章 可視光応答型光触媒の特性と物性

文　　献

1) 渡辺敏也, 黒川徹也, 触媒, **37**, 247 (1995)
2) 佐伯義光, 工業材料, **45** (10), 71 (1997)
3) Y. Ohko, DA. Tryk, K. Hashimoto, and A. Fujishima, *J. Phys. Chem. B*, **102**, 2699 (1998)
4) T. Minabe, DA. Tryk, P. Sawunyama, Y. Kikuchi, K. Hashimoto, and A. Fujishima, *J. Photochem. Photobiol. A: Chem.*, **137**, 53 (2000)
5) T. Ohno, F. Tanigawa, K. Fujihara, S. Izumi, and M. Matsumura, *J. Photochem. Photobiol. A.*, **127**, 107 (1999)
6) M. Anpo, *Catal. Surv. Jpn.*, **1**, 169 (1997)
7) A. K. Ghsh and H. P. Maruska, *J. Electrochem. Soc.*, **98**, 13669 (1994)
8) W. Choi, A. Termin, and M. R. Hoffmann, *J. Phys. Chem.*, **98**, 13669 (1997)
9) R. G. Breckenridge and W. R. Hosler, *Phys. Rev.*, **91**, 793 (1953)
10) D. C. Cronemeyer, *Phys. Rev.*, **113**, 1222 (1957)
11) R. Asahi, T. Morikawa, T. Ohwaki, K. Aoki, and Y. Taga, *Science*, **293**, 269 (2001)
12) T. Umebayashi, T. Yamaki, H. Ito, and K. Asai, *Appl. Phys. Lett.*, **81**, 454 (2002)
13) S. U. M. Khan, M. Al-Shahry, and W. B. Ingler Jr., *Science*, **297**, 2243 (2002)
14) T. Umebayashi, T. Yamaki, S. Yamamoto, A. Miyashita, S. Tanaka, T. Sumita, and K. Asai, *J. Appl. Phys.*, **93**, 5156 (2003)
15) T. Umebayashi, T. Yamaki, H. Itoh, and K. Asai, *Appl. Phys. Lett.*, **81**, 454 (2002)
16) T. Ohno, T. Mitsui, and M. Matsumura, *Chem. Lett.*, **32**, 364 (2003)
17) T. Ohno, M. Akiyoshi, T. Umebayashi, K. Asai, T. Mitsui, and M. Matsumura, *Appl. Catal. A, General*, **265**, 115 (2004)

3 Ti-O-C系

古谷正裕[*1]，田中伸幸[*2]，常磐井守泰[*3]

3.1 はじめに

本節では，チタン表面を酸化と炭化を同時に進める表面改質で得られる，耐久性に優れたカーボンドープ酸化チタン皮膜の光触媒特性，機械的特性，並びに化学的特性について述べる。

光触媒の開発に際して，量子効率を向上させることや，可視光に応答させる[1,2]ための研究が精力的に行われてきた。しかしながら実用上は，光触媒活性を長期に持続させることや，アプリケーションで必要とされる大きな酸化分解速度を発揮させることが重要になる。

前者の「光触媒活性を長期に持続させる」ためには，被毒対策や光触媒皮膜の剥離対策が有効である。光触媒皮膜は一般的に図1左側に示すように，酸化チタン粉末をバインダー溶液中に分散させたゾルをディッピングやスプレーコーティングにより，基材に固定することになる。よって，皮膜硬度や剥離強度，耐食性はバインダーの性能に依存することになる。バインダーを使用しない場合には，チタンを加熱して表面に酸化チタンを形成させることができるが，基材の密着性が悪く，剥離が生じる。

本節で紹介するカーボンドープ酸化チタンは，図1右側に示すとおり，チタン表面で酸化と炭化を同時に進行させる表面改質法である。この製法で得られる皮膜は「フレッシュグリーン」と

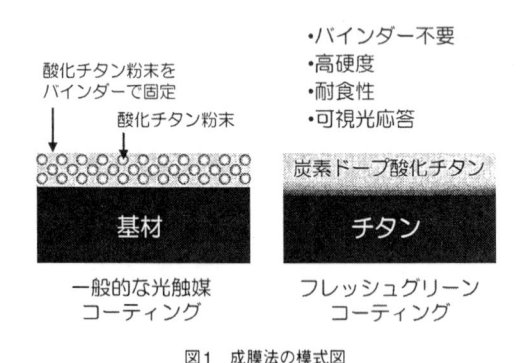

図1　成膜法の模式図

[*1] Masahiro Furuya　㈶電力中央研究所　原子力技術研究所　主任研究員
[*2] Nobuyuki Tanaka　㈶電力中央研究所　CS推進本部　主任
[*3] Moriyasu Tokiwai　㈶電力中央研究所　原子力技術研究所　研究参事

第6章 可視光応答型光触媒の特性と物性

名付けられている。カーボンがドープされていることで,基材の密着性が良く,後述するように良好な耐久性が得られる。

前述の後者の要件,すなわち「アプリケーションで必要とされる大きな酸化分解速度を発揮させる」ことは,容易ではない。拡散現象が律速ではない場合には,照射光強度を増大させることにより表面の分解速度を増大させることができる。しかしながら,従来の光触媒では,基材に紙やプラスチックなどの有機物が用いられることが多い。これらの皮膜でもそれらの耐久性能から照射できる光強度が制限されることになる。フレッシュグリーン皮膜はチタン材の表面改質であるため,光強度を増大させることによりアプリケーションで必要とされる大きな酸化分解速度が期待できる。ここにもバインダーが不要という特長が活かされるものと期待している。

以降,フレッシュグリーン皮膜の機械特性と光触媒特性について述べる。

3.2 構造特性

フレッシュグリーンは,チタンの表面で酸化と炭化を同時に進行させることにより得られるカーボンドープ酸化チタン皮膜である。この皮膜構造を同定するため,SSI社 S‐Probe ESCAを用いて,カーボンドープ酸化チタン皮膜のX線光電子分光分析(XPS)を実施した。加速電圧は10kVでターゲットにはAlを使用した。2700s間Arイオンスパッタリングを行い,分析を開始した。このスパッタ速度がSiO_2熱酸化膜相当0.64Å/sとすると,深度は約173nmとなる。

図2にフレッシュグリーンのX線光電子分光分析(XPS)によるC 1s結合状態を示す。結合エネルギーが284.6eVに最も高いピークが見られる。これはC 1s分析に一般的に見られるC-H(C)結合であると考えられる。次に高いピークが結合エネルギー281.7eVに見られる。Ti-C結合の

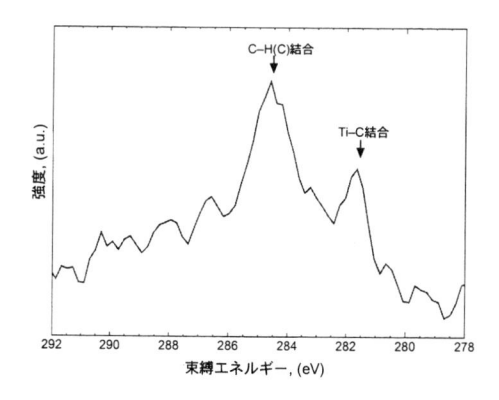

図2 皮膜のX線光電子分光分析(XPS)によるC1s結合状態

結合エネルギーが281.6eVであるので，フレッシュグリーンの皮膜にはCがTi-C結合としてドープされているものと推察される。皮膜深さ方向にXPS分析を11点行った結果，281.6eV近傍に同様なピークが得られ，Ti-C結合は皮膜界面まで存在することが判明した。

またフレッシュグリーン皮膜のX線回折を行った。その結果，結晶構造はルチル構造をしていることから，カーボンは酸素を置換する位置にドープされていると考えられる。

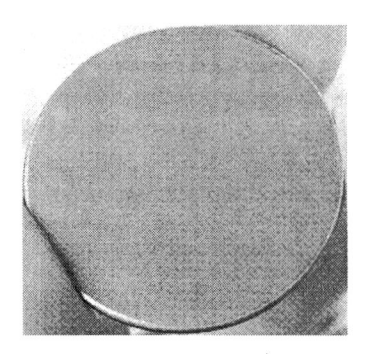

フレッシュグリーンの外観を図3に示す。同図は，直径32mmの円盤状の純チタンを表面改質し，カーボンドープ酸化チタンとしたものである。チタン以外にもTi-6Al-4Vなどのチタン合金についても同様な表面改質が実施でき，皮膜硬度や耐摩耗性が顕著に向上することが確認された。また図3のようなチタン材以外にも，図4に示すようにチタン薄膜をガラス面上などに蒸着し，そのチタンを出発材料として表面改質を施すこともできる。この場合には，カーボンドープ量が増大すると無色透明な皮膜が薄い黄色を呈すようになる。

3.3 被膜耐久性

図5にフレッシュグリーンの被膜硬度を市販品と比較した結果を示す。図5は，市販品やめっきとフレッシュグリーンの硬度をナノハードネステスターで測定したものである。市販品の硬度は約160Hvであった。フレッシュグリーンの硬度は1600Hvであり，市販品の10倍程度の硬度を有している。また光触媒ではないが硬度が要求される場合の表面改質として用いられるニッケルめっきが500Hv程度[3]，硬質クロムめっきが1000Hv程度[3]であるが，フレッシュグリーンの被膜硬度はそれらを上回る。また表面改質によりカーボンドープ酸化チタンとすることで，剥離耐性や耐摩耗性が向上することなどが判明した。一方，被膜厚さが薄いため，表面改質により引張強度などが劣化しないことなどを確認している。

図3　フレッシュグリーンの外観

図4　ガラス面上にフレッシュグリーンを成膜した試料片の外観

第6章 可視光応答型光触媒の特性と物性

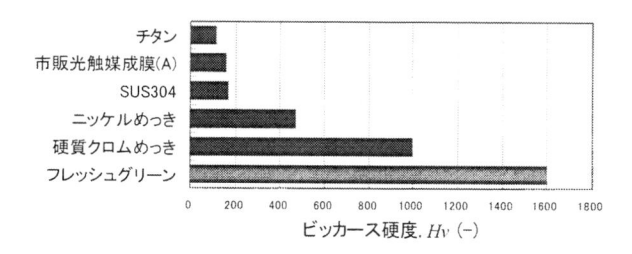

図5 皮膜および金属材料の硬度

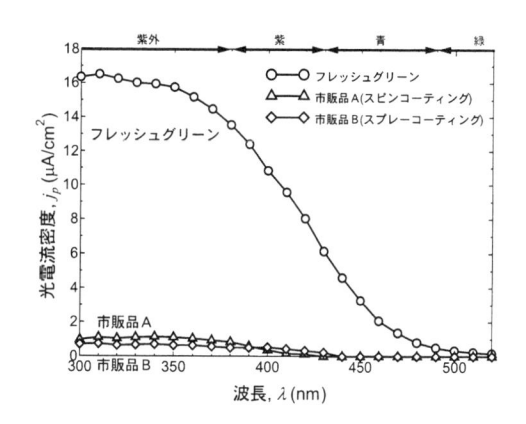

図6 水分解性能における波長応答特性

3.4 光触媒特性

図6に，フレッシュグリーンの波長応答性を市販品と比較して示す．同図は，0.05M硫酸ナトリウム水溶液中に浸漬した電極の光電流密度を，照射波長の関数として示したものである．市販品は波長吸収端が410nm程度であるが，フレッシュグリーンは波長吸収端が約490nmまで長波長側に移行している．また，フレッシュグリーンは市販品よりも15倍以上高い光電流密度が得られる．

耐熱性について，表面改質のままと，高温焼鈍（470℃の大気中で2時間）したフレッシュグリーンについて，光電流密度を測定した．光電流密度の試験結果は，高温焼鈍の有無で有意な差は見られなかった．また，耐食性についても，フレッシュグリーンを酸（1M硫酸）およびアルカリ（1M水酸化ナトリウム）水溶液中に1週間浸漬した後，硬度，耐摩耗性および光電流密度を測定し，その性能劣化がないことを確認した．

97

可視光応答型光触媒

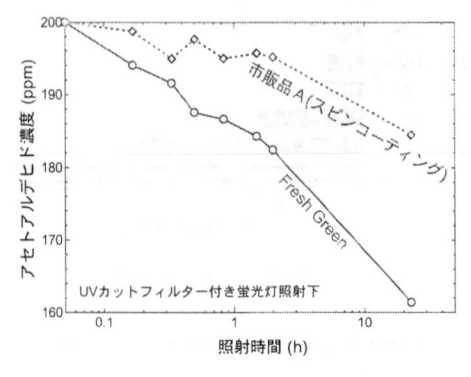

図7 フレッシュグリーンの消臭性能

フレッシュグリーンの光触媒としての酸化分解力を，消臭試験，防汚試験により確認した。消臭性能に関しては，フレッシュグリーンの可視光照射下におけるアセトアルデヒドの分解能力を市販品と比較した。図7に，アセトアルデヒド濃度の時間変化を示す。フレッシュグリーンは市販品と比較して3～5倍のアセトアルデヒドの分解能力を有していることが確認される。

防汚性能として，喫煙室内にフレッシュグリーンと市販品を145日間設置した。本試験では，光触媒表面には太陽光が直接入射することがなく，蛍光灯の光のみが照射される。図8に，これらの試料片の外観変化を示す。同図より，市販品では脂が付着して変色しているが，フレッシュグリーンは変化がなく清浄に維持されている。フレッシュグリーンは可視光照射下において，脂を分解したためと考えられる。フレッシュグリーンは市販品と比較して高い酸化能力，すなわち高い防汚能力を有していることが確認される。

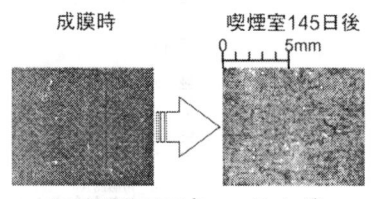

(a) 市販品A(スピンコーティング)

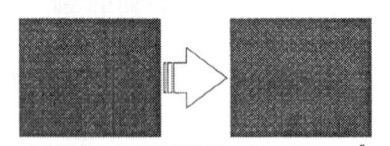

(b) 開発した光触媒『フレッシュグリーン』

図8 フレッシュグリーンの防汚性能

3.5 おわりに

本節で紹介した光触媒フレッシュグリーンは，カーボンドープ酸化チタンであり，可視光応答性を示し，優れた機械的特性や耐熱性，耐食性を有している。基材がチタンである特長は，フレッシュグリーンのコストがチタンの価格で支配されることでもある。フレッシュグリーンの一層

第6章　可視光応答型光触媒の特性と物性

の高性能化に向けて，大型化や多機能化を進めているところである。

文　　献

1) 杉原慎一ほか, 工業材料, **50**, No.7, 33-35 (2002)
2) 多賀康訓, 表面技術, **55**, No.5, 324-327 (2004)
3) 友野,「実用めっきマニュアル」, 6章, オーム社 (1971)

4 層間化合物光触媒

佐藤次雄[*1], 殷 澍[*2]

4.1 はじめに

地球温暖化を抑えるための京都議定書が2005年2月16日に発効され、クリーンで無尽蔵な太陽エネルギーを利用する低環境負荷型の光触媒反応に関する関心が高まっている。光触媒反応は、既に、滅菌、防汚、消臭などの分野で利用され、さらに大気中の窒素酸化物や揮発性有機化合物の分解、廃水浄化等への利用が期待されている。現在光触媒として実用化されているのは二酸化チタンのみであるが、二酸化チタンは3.0〜3.2eVの比較的大きなバンドギャップエネルギー (E_g) を有しており、波長400nm以下の紫外光しか利用できない。太陽光中の紫外光は3〜5%程度であり、室内照明の下で利用可能な光の割合はさらに低下する。したがって、太陽光や室内灯の主成分である可視光を利用できる可視光応答型光触媒の開発が望まれている。ここでは、無機層状化合物の二次元ナノ空間へ可視光励起型半導体を包接した可視光応答型層間化合物光触媒の調製とその特性について紹介する。

4.2 層間化合物光触媒の設計指針

光触媒反応の進行のためには、半導体の光励起により生成される電子と正孔が表面に拡散し、化学反応を行わなければならないが、電子と正孔は10〜100ns程度の短時間で再結合し失活する[1]。したがって、光触媒活性の向上のためには、電子と正孔の再結合を抑制する必要がある。電子と正孔の再結合の抑制にはバンド構造の異なる半導体の接合が有効である[2,3]。例えば、CdSとTiO_2の接合界面では、図1[3]に示されるようにCdSの光励起により生成された電子が、CdSの伝導帯からTiO_2の伝導帯へ移動し、CdS上での電子と正孔の再結合が抑制される[3]。このような接合半導体の空気雰囲気におけるフェノールの分解の1次反応速度定数を表1に示す[2]。CdSへのTiO_2、Fe_2O_3およびWO_3の接合やZnOへのSnO_2やTiO_2の接合により光触媒活性が向上することが示されている。このような接合半導体では、半導体ナノ粒子間の電子移動を効果的に進行させるため、異種の半導体を良好な接触状態を保ちながら均一に分散させることが必要である。

層状化合物のインターカレーション反応を利用すると、層状化合物の二次元ナノ空間に半導体を包接することができ、ホストの層状半導体とゲストの半導体ナノ粒子が原子レベルで積層した層状化合物/半導体ナノ複合体（層間化合物）（図2）が得られる。層状化合物/半導体ナノ複

[*1] Tsugio Sato 東北大学 多元物質科学研究所 教授
[*2] Shu Yin 東北大学 多元物質科学研究所 助教授

第6章 可視光応答型光触媒の特性と物性

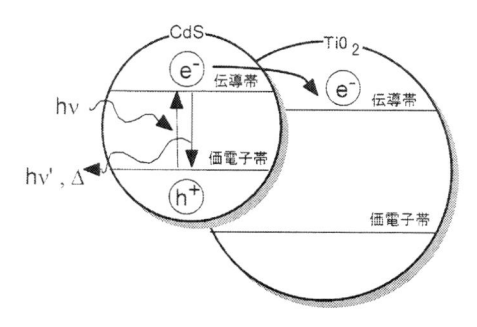

図1 CdS-TiO$_2$接合半導体における電子移動[3]

表1 接合半導体による空気雰囲気でのフェノール分解の一次反応速度定数[2]

半導体1	半導体2	フェノール初濃度 (μmol dm^{-3})	pH	照射波長 (μm)	k (10^{-3}min^{-1})
CdS	—	215	12.2	>406	3.1±0.3
—	TiO$_2$	215	12.2	>406	NR
CdS	TiO$_2$	215	12.2	>406	5.3±0.4
—	WS$_2$	215	12.2	>406	NR
CdS	WS$_2$	215	12.2	>406	5.9±0.3
—	Fe$_2$O$_3$	215	12.2	>406	4.6±0.8
CdS	Fe$_2$O$_3$	215	12.2	>406	4.0±0.6
CdS	SnO$_2$	215	12.2	>406	3.1±0.4
CdS	WO$_3$	215	12.2	>406	7.4±0.7
ZnO	—	200	6.7	>355	61±4
—	SnO$_2$	200	6.7	>355	NR
—	WO$_3$	200	6.7	>355	3.3±0.4
—	TiO$_2$	200	6.7	>355	19±1
ZnO	SnO$_2$	200	6.7	>355	84±5
ZnO	WO$_3$	200	6.7	>355	50±0.6
ZnO	TiO$_2$	200	6.7	>355	71±0.3
WO$_3$	SnO$_2$	200	6.7	>355	0.8±0.2

合体では，半導体の微粒化（比表面積の増大），ゲスト半導体からホスト層状半導体への電子移動反応による電子と正孔の再結合の抑制，量子サイズ効果等による光触媒活性の向上が期待できる。

4.3 層間化合物光触媒の調製

ホストの層状半導体として陽イオン交換能を有するH$_2$Ti$_4$O$_9$，H$_4$Nb$_6$O$_{17}$，HTaWO$_6$等が用いられる。CdSナノ粒子を包接する場合は，イオン交換により層間にCd^{2+}をインターカレートし

可視光応答型光触媒

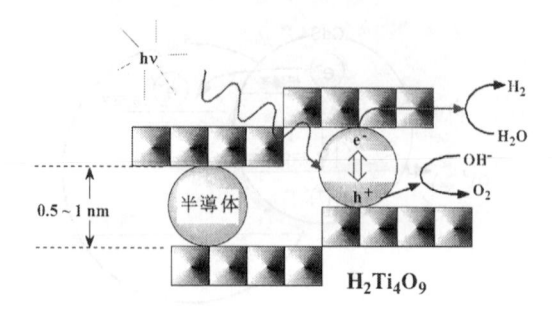

図2 層状半導体／半導体ナノ複合体で想定される光触媒反応機構

た後，H_2S ガスと反応させる[4〜7]。ここで，Cd^{2+}の代わりに，Fe^{3+}やTi^{4+}の多核錯体を層間に取込んだ後，層間の錯体を光分解または熱分解すると，酸化鉄や酸化チタンを包接することができる[8〜11]。また，層状化合物をアルキルアミンと反応させ，層間隙を広げた後，酸化チタンの透明コロイド溶液と反応させ，さらにUV光照射等により残存するアルキルアミンを分解しても酸化チタン包接層間ナノ複合体が得られる[12,13]。

図3[7]に (a) $H_2Ti_4O_9$, (b) $(C_3H_7NH_3)_2Ti_4O_9$, (c) $H_2Ti_4O_9 / Cd_{0.8}Zn_{0.2}S$ ナノ複合体, (d) $H_2Ti_4O_9 + Cd_{0.8}Zn_{0.2}S$ 混合物および (e) バルク $Cd_{0.8}Zn_{0.2}S$ のX線回折パターンを示す。(a)〜(d)はいずれも $H_2Ti_4O_7$ の(200)回折ピークが強く現れており，層構造が保持されていることが示されている。

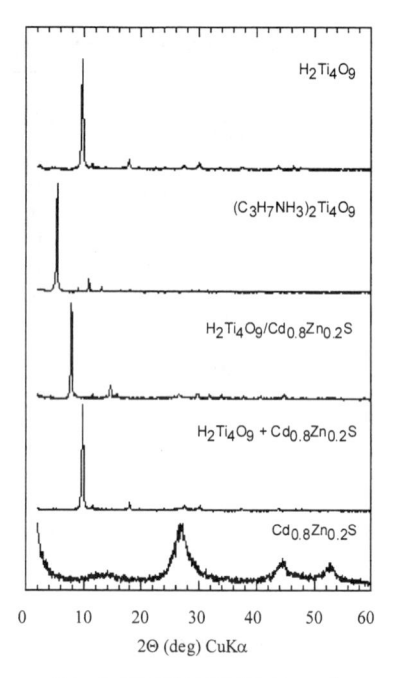

図3 生成物の粉末X線回折パターン[7]

(c)と(d)はいずれも約20wt％の $Cd_{0.8}Zn_{0.2}S$ が含まれているが，XRD回折パターンが異なる。すなわち，(d)のピーク位置は(a)とほぼ等しいが，(c)のピークは低角側にシフトしており，層間隙の拡大が示唆される。

表2[5〜12]に種々の層状半導体／半導体ナノ複合体の化学組成，層間隙およびバンドギャップ

第6章 可視光応答型光触媒の特性と物性

表2 試料のバンドギャップエネルギー（E_g），層間隙，比表面積およびの金属イオン含有量[5〜12]

試料	E_g (eV)	層間隙 (nm)	比表面積 (m^2g^{-1})	含有量 (wt%)				
				Cd	Zn	Fe	Ti	Pt
$H_4Nb_6O_{17}$	3.84	0.40	16.1	—	—	—	—	—
$H_4Nb_6O_{17}$ / CdS	3.84, 2.56	0.76	98.0	31.4	—	—	—	—
$H_4Nb_6O_{17}$ / $Cd_{0.8}Zn_{0.2}S$	3.84, 2.90	0.80	96.0	9.50	2.09	—	—	—
$H_4Nb_6O_{17}$ / Fe_2O_3	3.84, 2.25	0.68	102	—	—	30.1	—	—
$H_4Nb_6O_{17}$ / (Pt, TiO_2)	3.84, >3.3	0.48	38.6	—	—	—	4.38	0.32
$H_2Ti_4O_9$	3.54	0.40	20.7	—	—	—	—	—
$H_2Ti_4O_9$ / CdS	3.54, 2.64	0.62	95.0	11.8	—	—	—	—
$H_2Ti_4O_9$ / $Cd_{0.8}Zn_{0.2}S$	3.54, 2.75	0.62	93.5	14.5	1.75	—	—	—
$H_2Ti_4O_9$ / Fe_2O_3	3.54, 2.44	0.55	100	—	—	40.2	—	—
$H_2Ti_4O_9$ /(Pt, TiO_2)	3.54	0.51	36.8	—	—	—	—	0.30
モンモリロナイト	—	0.22	10.5	—	—	—	—	—
モンモリロナイト / CdS	2.64	0.96	35.5	6.21	—	—	—	—
モンモリロナイト / $Cd_{0.8}Zn_{0.2}S$	2.88	0.96	36.0	2.79	0.56	—	—	—
ヘクトライト / Fe_2O_3	2.44	0.66	—	—	—	36.0	—	—
ヘクトライト /(Pt, TiO_2)	3.30	0.65	—	—	—	—	4.62	0.28
CdS	2.40	—	—	77.8	—	—	—	—
$Cd_{0.8}Zn_{0.2}S$	2.65	—	—	62.3	13.4	—	—	—
Fe_2O_3	2.24	—	285	—	—	63.0	—	—
TiO_2(Pt)	3.20	—	110	—	—	—	43.5	0.30

CdS, $Cd_{0.8}Zn_{0.2}S$：0.1M CdSまたは0.08M CdS-0.02M ZnS混合水溶液に0.1M Na_2S水溶液を滴下して調製。Fe_2O_3：5M NH_3水溶液に1M $Fe(NO_3)_3$水溶液を滴下して調製、室温の水中にチタンテトライソプロポキシドを滴下して調製、—：測定無

を示す。また、比較のため絶縁体のスメクタイトや層状複水酸化物の層間に半導体を包接したナノ複合体の値も示す。いずれのナノ複合体も層間隙は1.5nm以下であり、層間に包接された半導体は厚み0.3〜1.5nmのナノ粒子である。一般に、半導体は結晶子径が5nm以下のナノ粒子になると、量子サイズ効果によりバンドギャップエネルギーが増加する。表2のナノ複合体のバンドギャップはバルク半導体のものよりは大きいが、量子サイズ効果から予測される値より著しく小さい。包接したモンモリロナイトのTEM観察[14]およびメスバウワースペクトルの測定[15]より、層間の酸化鉄の厚みは0.3nm程度であるが、直径は10nm程度であることが示され、層間包接半導体はパンケーキ型の構造を有し、厚みは1nm以下であるが、直径が比較的大きいため大きな量子サイズ効果を示さないと考察されている。また、マトリックス中に分散している微粒子中の電子と正孔の電気的相互作用は粒子径が小さくなるにつれマトリックスの影響を強く受けることから[16]，ホスト層状化合物との相互作用も考慮する必要がある。このように、層状化合物光触媒の量子サイズ効果については不明な点が多いが、バンドギャップエネルギーの増加が少ないことは、光触媒として利用する際には太陽光（可視光）の利用効率の低下が少なく好都合である。

種々のアルキルアミンで層間隙を広げ，チタン前駆体として$[Ti(OH)_x(CH_3COO)_y]^{z+}$を用い調製した酸化チタン包接$H_2Ti_4O_9$の層間隙および比表面積を表3[10)]に示す．層間隙の拡大に用いるアルキルアミンの鎖長を増すと層間隙も増加する．一方，比表面積は，プロピルアミン（$C_3H_7NH_3$）〜オクチルアミン（$C_8H_{17}NH_3$）では分子鎖長の増加とともに増大するが，それ以上分子鎖長の長いものではむしろ減少する．これは，層間隙が広すぎると酸化チタンピラーが不安定となり，凝集が起こるためと考えられる．

表3　種々のアルキルアミン（$C_nH_{2n+1}NH_2$）を用いて調製した四チタン酸／酸化チタン層間化合物の層間隙と比表面積[10)]

n	層間隙 (nm)	比表面積 (cm^2g^{-1})
3	0.52	72.8
8	1.50	101.5
12	2.10	25.0
18	2.80	9.0

4.4　層間化合物光触媒の特性

可視光照射によるNa_2S水溶液からの水素発生速度を測定すると，バルク$Cd_{0.8}Zn_{0.2}S$の触媒活性は時間とともに低下するが，$Cd_{0.8}Zn_{0.2}S$包接ナノ複合体ではそのような経時劣化が認められない（図4）[6)]．これは，バルク$Cd_{0.8}Zn_{0.2}S$では時間とともに粒子の凝集が進行するが，層間に包接された$Cd_{0.8}Zn_{0.2}S$は凝集が進行しにくいためと考えられる．また，光触媒活性はホストの層状化合物の電気的性質に依存し，ホスト層が絶縁体である層状複水酸化物やモンモリロナイトに包接したものより，層状半導体である$H_2Ti_4O_9$および$H_4Nb_6O_{17}$の層間に包接したものがより優れた光触媒活性を示す．これは，ゲストの$Cd_{0.8}Zn_{0.2}S$からホストの層状化合物半導体への電子移動反応により，電子と正孔の再結合が抑制されるためである．

図5[17)]にCdS包接ナノ複合体による可視光照射下での硝酸イオンの光還元分解の結果を示す．CdSの伝導帯の位置は，硝酸イオンの還元電位より卑であり，熱力学的にはCdSによる硝酸イオンの光還元は進行可能であるが，CdS単独では全く硝酸イオンの光還元活性を示さず，CdSを層間に包接したナノ複合体のみが硝酸イオンの光還元活性を示す．Korgelら[18)]は，CdSによる硝酸イオンの光触媒還元に対するCdSの粒径の影響について詳細に検討し，CdSの硝酸イオン還元光触媒活性は結晶サイズに依存し，2nm以下のナノサイズCdSのみが硝酸イオンの光還元触媒能を有することを報告している．これより，バルクCdSで全く硝酸イオンの還元反応が進行しないのは，図6[17)]のように，硝酸イオンの還元の過電圧が大きいためであり，CdS包接ナノ複合体で反応が進行するのは，層間のCdSがナノ粒子であり，量子サイズ効果により，CdSの伝導帯の位置が上方にシフトし，硝酸イオンの還元に対する大きな過電圧を克服できるためと考えられる．なお，硝酸イオンの光還元でも，ホストとして半導体を用いると絶縁体のときより活性が向上し，ゲストーホスト間の電子移動反応が重要な役割を示すことが示唆されている（図5）．

第6章 可視光応答型光触媒の特性と物性

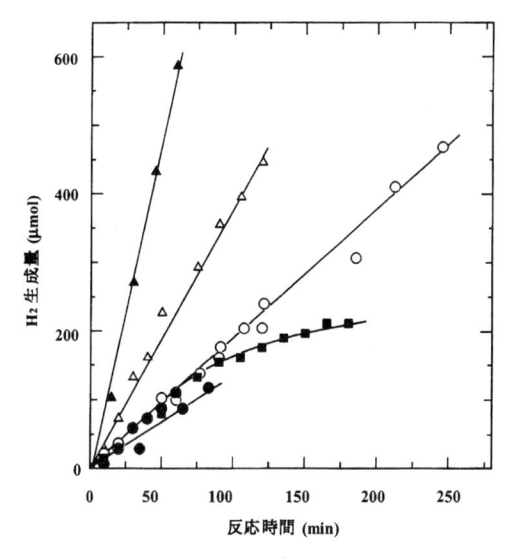

図4 0.1MNa$_2$S水溶液中における可視光（λ＞400nm）照射による水素生成量[6]
（液量：400cm^3，光源：100W高圧水銀ランプ，試料：1g，温度：60℃），▲：H$_2$Ti$_4$O$_9$ / Cd$_{0.84}$Zn$_{0.16}$S，△：H$_4$Nb$_6$O$_{17}$ / Cd$_{0.73}$Zn$_{0.27}$S，○：モンモリロナイト / Cd$_{0.75}$Zn$_{0.25}$S，●：層状複水酸化物／Cd$_{0.69}$Zn$_{0.31}$S，■：バルクCd$_{0.8}$Zn$_{0.2}$S

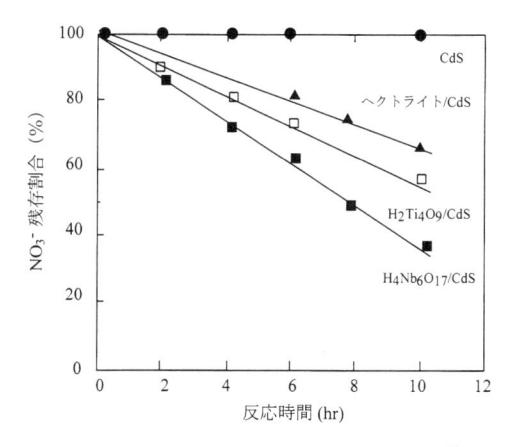

図5 可視光（λ＞400nm）照射による硝酸イオンの光分解[17]
（反応溶液：0.2mMNaNO$_3$-10vol％メタノール水溶液（60℃，pH7，500cm^3），試料：0.5g，光源：100W高圧水銀ランプ）

可視光応答型光触媒

　TiO_2 / Pt系光触媒は水を水素と酸素に光分解可能である[19]が，通常TiO_2 / Pt複合粉末を水中に懸濁して光照射してもPtが水素と酸素からの水生成の触媒となるため水の光分解は見かけ上ほとんど進行しない。しかし，$H_2Ti_4O_9$や$H_4Nb_6O_{17}$等の層状半導体に酸化チタンとPtを包接したものは水中懸濁状態においても水を水素と酸素に完全光分解可能である（図7）[12]。なお，$H_2Ti_4O_9$や$H_4Nb_6O_{17}$にTiO_2とPtを単に混合しても水の完全光分解は進行しないことから，Ptが層内に存在することにより，層外の水素と酸素の再結合が抑制されるものと思われる。

　近年，$HTaWO_6$ /(TiO_2, Pt) ナノ複合体が可視光照射下で水素生成（図8）[20]やNO酸化反応（図9）[21]に対して優れた光触媒活性を示すことが報告されている。$HTaWO_6$ /(TiO_2, Pt) 層間ナノ複合体の調製に用いられた酸化チタン透明コロイド溶液をエージングするとルチル微結晶が析出することから，$HTaWO_6$ /(TiO_2, Pt) ナノ複合体では，層間にルチルタイプの酸化チタンナノ粒子とPtが包接され，可視光応答型光触媒活性の発現に重要な役割を示していると考えられている。

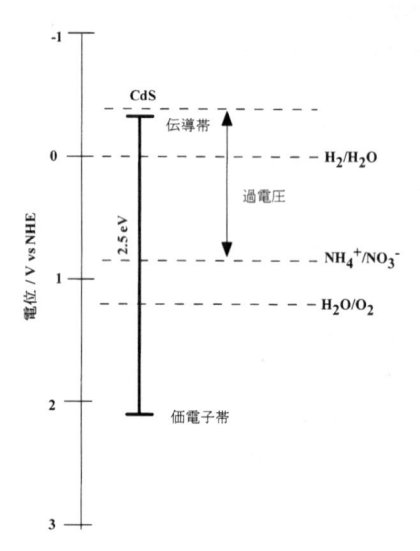

図6　硝酸イオンの還元に関するポテンシャル図[16]

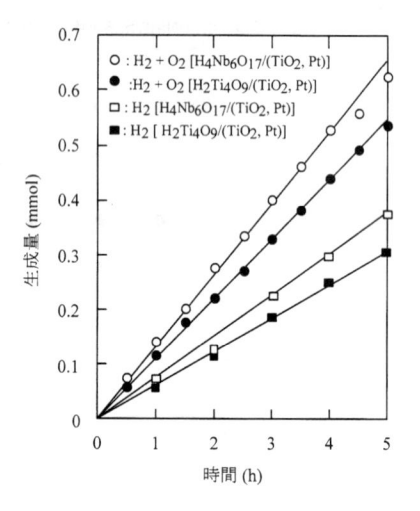

図7　$H_2Ti_4O_9$ /（Pt, TiO_2）および$H_4Nb_6O_{17}$ /（Pt, TiO_2）ナノ複合体による水の光分解による水素と酸素の生成[12]
（水量：1250cm^3，試料：1g，温度：60℃，光源：450W水銀ランプ（$\lambda > 290$nm））

第6章 可視光応答型光触媒の特性と物性

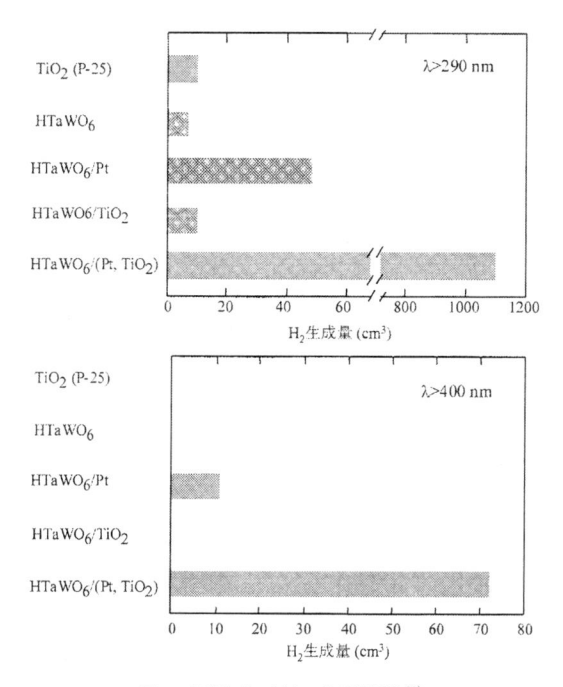

図8 水素生成に対する光触媒活性[20]
(溶液：10vol％メタノール水溶液（1250cm^3，60℃），試料：1g，光源：450W高圧水銀ランプ，反応時間：5h)

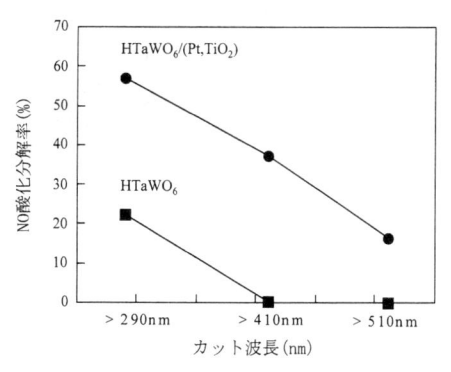

図9 （a）HTaWO$_6$／（Pt，TiO$_2$）および（b）HTaWO$_6$のNO酸化分解に対する光触媒活性[21]
(NO濃度：1ppm，空気濃度：50vol％，ガス流量：200cm^3 min^{-1}，反応器内容積：373cm^3，光源：450W高圧水銀ランプ)

4.5 ゲスト-ホスト電子移動

半導体の光励起で生成した電子と正孔の再結合による光（輻射過程）および熱（非輻射過程）エネルギーを放出する（(1a),(1b)式）過程の速度定数をk_rおよびk_{nr}，接合半導体への電子移動速度定数（(2)式）をk_{et}とすると，励起蛍光収率Φおよび蛍光寿命τは(3)および(4)式で示される[3]。

$$CdS \xrightarrow{h\nu} CdS(e^- \cdots h^+) \begin{array}{c} \xrightarrow{k_r} CdS + h\nu' \\ \xrightarrow{k_{nr}} CdS + heat \end{array} \quad (1a)(1b)$$

$$CdS(e^- \cdots h^+) + A \xrightarrow{k_{et}} CdS(h^+) + A(e^-) \quad (2)$$

$$\Phi = k_r/(k_r + k_{nr} + k_{et}) \quad (3)$$

$$\tau = 1/(k_r + k_{nr} + k_{et}) \quad (4)$$

これより，接合半導体への電子移動速度が速いほど蛍光収率および蛍光寿命が減少することがわかる。

図10[22]と図11[22]にバルクCdS，モンモリロナイト／CdS，$H_2Ti_4O_9$／CdSおよび$H_4Nb_6O_{17}$／CdSナノ複合体の励起蛍光スペクトルと蛍光減衰曲線を示す。いずれも波長550〜750nmの領域にブロードな蛍光スペクトルを示すが，$H_2Ti_4O_9$／CdSおよび$H_4Nb_6O_{17}$／CdSの

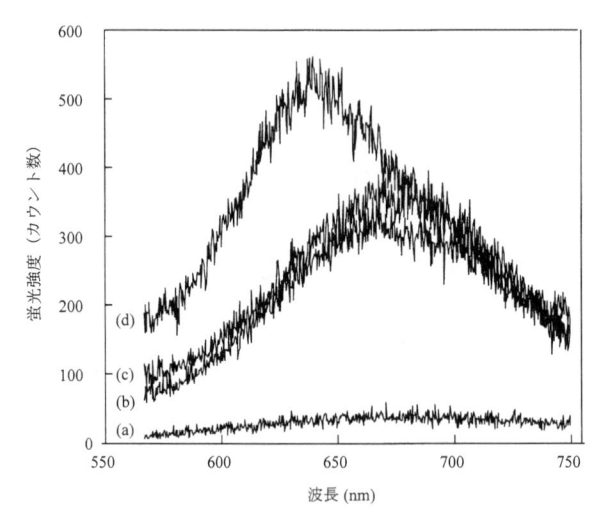

図10 (a) バルクCdS, (b) $H_2Ti_4O_9$ / CdS, (c) $H_4Nb_6O_{17}$ / CdSおよび (d) モンモリロナイト / CdSの励起蛍光スペクトル（励起光パルス波長375nm）[22]

第6章 可視光応答型光触媒の特性と物性

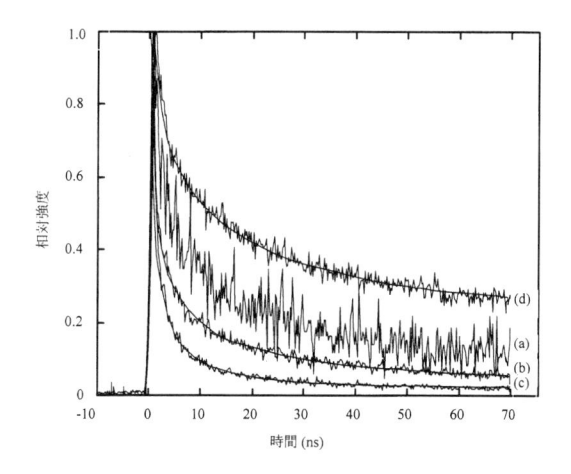

図11 (a) バルクCdS, (b) $H_2Ti_4O_9$ / CdS, (c) $H_4Nb_6O_{17}$ / CdS および (d) モンモリロナイト / CdS の蛍光減衰曲線 (励起光パルス波長375nm)[22]

蛍光はモンモリロナイト／CdSの蛍光より強度および寿命が減少している。モンモリロナイトは絶縁体, $H_2Ti_4O_9$ および $H_4Nb_6O_{17}$ は半導体であることより, $H_2Ti_4O_9$ および $H_4Nb_6O_{17}$ による消光は層間のCdSからホスト層の半導体への電子移動に基づくものと考えられる。蛍光減衰曲線のフィッティングより求めた蛍光寿命とゲスト→ホスト電子移動速度定数を表4[12,22]に示す。

表4 試料の蛍光寿命 $\langle \tau \rangle$ およびゲスト—ホスト電子移動速度定数 (k_{et})[12,22]

試料	τ / ns	k_{et} / s^{-1}
CdS	19.9	—
モンモリロナイト / CdS	29.1	0
$H_2Ti_4O_9$ / CdS	16.4	2.67×10^7
$H_4Nb_6O_{17}$ / CdS	9.01	7.66×10^7
TiO_2	1.97	—
ヘクトライト / TiO_2	2.79	0
$H_2Ti_4O_9$ / TiO_2	2.15	1.07×10^8
$H_4Nb_6O_{17}$ / TiO_2	2.05	1.24×10^8

$H_2Ti_4O_9$ と $H_4Nb_6O_{17}$ の層間のCdSおよびTiO_2からホスト層の半導体への電子移動速度定数は, 10^7 および 10^8 s^{-1} オーダーと見積もられ, 高速の電子移動反応が進行していることが示唆される。すなわち, このような高速電子移動反応が層状半導体／半導体ナノ複合体の優れた光触媒活性発現に重要な役割を果していると考えられる。

4.6 おわりに

太陽エネルギーや室内光を効率的に利用できる可視光応答型光触媒は次世代の光触媒として盛んに研究されている。近年, イオン注入酸化チタン, 窒素固溶酸化チタン, 酸素欠損酸化チタンなど, 種々の可視光応答型光触媒が開発されているが, 実用化のためにはさらなる光触媒活性の

向上が期待されている。層状化合物とのナノ複合化によるパノスコピック（階層的）な構造制御は，これらの可視光応答型光触媒の活性向上にも利用可能と考えられる。なお，層間化合物光触媒では，層間距離の制御により，モレキュラーシーブ機能や調湿機能等の付与も期待でき，反応系に適した微細構造設計がますます重要となってくるであろう。

文　献

1) A. Mills et al., J. Photochem. Photobiol. A Chem., **108**, 1 (1997)
2) N. Serpone et al., J. Photochem. Photobiol. A Chem., **85**, 247 (1995)
3) K. R. Gopidas et al., J. Phys. Chem., **94**, 6435 (1990)
4) O. Enea et al., J. Phys. Chem., **90**, 301 (1986)
5) T. Sato et al., Rect. Solids, **8**, 63 (1990)
6) T. Sato et al., J. Chem. Tech. Biotechnol., **58**, 315 (1993)
7) T. Sato et al., J. Chem. Tech. Biotechnol., **67**, 339 (1996)
8) T. Sato et al., J. Chem. Soc. Faraday Trans., **92**, 5089 (1996)
9) M. Yanagisawa et al., J. Mater. Chem., **8**, 2835-2838 (1998)
10) M. Yanagisawa et al., Chem. Mater., **13**, 174-178 (2001)
11) H. Miyoshi et al., J. Chem. Soc., Faraday Trans. I, **85**, 1873 (1991)
12) S. Uchida et al., J. Chem. Soc. Faraday Trans., **93**, 3229 (1997)
13) H. Yoneyama et al., J. Phys. Chem., **93**, 4833 (1989)
14) M. Mori et al., J. Mater. Sci., **27**, 3197 (1992)
15) T. Bakas et al., Clays Clay Mineral., **42**, 634 (1994)
16) Y. Kayanuma, Phys. Rev., **B38**, 9797 (1988)
17) J. Wu et al., Int. J. Soc. Mater. Eng. Resources, **9**, 1 (2001)
18) B. A. Korgel et al., J. Phys. Chem. B, **101**, 5010 (1997)
19) A. Fujishima et al., Nature, **238**, 37 (1972)
20) J. Wu et al., Int. J. Inorg. Mater., **1**, 253 (1999)
21) S. Yin et al., Composite Interfaces, **11**, 195 (2004)
22) Y. Fujishiro et al., Int. J. Inorg. Mater., **1**, 67 (1999)

5 Ba, Sr(Ti, Zr)O₃

村松淳司[*1], 高橋英志[*2]

5.1 はじめに

チタン酸バリウム ($BaTiO_3$), チタン酸ストロンチウム ($SrTiO_3$), ジルコン酸バリウム ($BaZrO_3$), ジルコン酸ストロンチウム ($SrZrO_3$) はペロブスカイトと呼ばれる構造を有している。ペロブスカイト構造は図1にその概略図を示すように化学式でABO_3と表される物質で, 異なる二つの原子の酸化物からなる構造である。図の様に, 化学式ABO_3においてのA(図中ではBa)原子はB(図中ではZr)原子よりも原子半径が大きい。ペロブスカイト構造を有する物質は一般的に高い誘電性を示し, サーミスタ, セラミックコンデンサ, 電気光学素子, ガスセンサーなど, 工業的に様々な分野で応用化されている[1]。さらに, ペロブスカイト構造を持つ物質はその熱力学的安定性や高い触媒活性からも工業的に非常に有益な物質である。工業触媒としても, 炭化水素の酸化反応, 排気ガスや燃料中からの酸化窒素の除去, 炭化水素の水素化反応など, さまざまな分野で用いられている[2]。

ペロブスカイト構造が持つ利点として, 構造中に含まれる原子A及びBを他の物質に置換することが可能な点が挙げられる。Penaらは, 構造中の原子を他の物質と部分的に置換したペロブスカイト構造物質を合成し, 触媒活性が向上したことを報告している[2]。

5.2 新規合成法＝ゲル-ゾル法

本研究で用いているゲル-ゾル法(いわゆるゾル-ゲル法とは根本的に違う手法である)は杉本らがα-Fe_2O_3(酸化鉄, ヘマタイト)単分散粒子を合成する新手法として開発したものである[3]。それまでの単分散粒子合成は, 成長する粒子の激しい凝集を防止するため, 希薄溶液(~ 0.01 mol dm^{-3}程度)でのみ可能であった。杉本らは水酸化物ゲルの濃厚懸濁液を用いることで, 粒子自身をゲル網の中に閉じ込め,

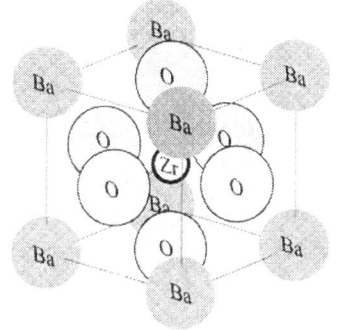

図1 ペロブスカイト構造物質 ($BaZrO_3$) の構造概略図

[*1] Atsushi Muramatsu　東北大学　多元物質科学研究所　多元ナノ材料研究センター　ハイブリッドナノ粒子研究部　教授
[*2] Hideyuki Takahashi　東北大学　多元物質科学研究所　多元ナノ材料研究センター　ハイブリッドナノ粒子研究部　助手

互いに凝集しないようにし，またゲル自身が溶液相のモノマー濃度を低く抑え，粒子成長中の核生成を防止している．すなわち，核生成と成長の明確な分離を実現し，あわせて凝集防止機構を講じた単分散粒子多量合成法である．杉本らはこの考え方をチタニアやジルコニア合成に拡大した[4]．これら酸化物粒子生成系では出発物質として金属アルコキシドを用いたが，この無制御状態の加水分解を防止するため，安定度定数の大きな錯体を形成するトリエタノールアミンを錯化剤として最初に作用させ，アルコキシドを完全にトリエタノールアミン錯体に変換して水への安定性を増した上で，密閉容器中で100℃以上で加水分解反応を起こさせることとした．錯体は反応初期に完全に金属水酸化物に転化する（アルカリ性条件で制御する場合が多い）．その後，核生成，成長を経て単分散粒子となるが，この場合も成長する粒子は水酸化物ゲル中に胞埋され，互いに凝集することを防止できる設計となっている．チタン酸バリウム，チタン酸ストロンチウム，ジルコン酸バリウムの合成はこの安定なチタン錯体，ジルコニア錯体生成に加えて，水酸化バリウムあるいは水酸化ストロンチウムを共存させ，より粘性の高い懸濁液として経時させることにより行う．

5.3　ゲルーゾル法によるペロブスカイト酸化物合成法

ゲルーゾル法によるペロブスカイト酸化物合成法の一例として，ジルコン酸バリウム粒子の合成手順を図2に示す[5]．その他の粒子はそれぞれ水酸化ストロンチウムとチタンイソプロポキシドに読み替えればよい．ジルコニウム源としてジルコニウム n-プロポキシド（Zr[OCH(CH$_3$)$_2$]$_4$），バリウム源として水酸化バリウム8水和物（Ba(OH)$_2$・8H$_2$O）を使用した．ジルコニウム n-プロポキシドをグローブボックス中アルゴン雰囲気下において，2倍モルのトリエタノールアミン（N(CH$_2$CH$_2$OH)$_3$，以下TEA）と混合し，撹拌しながら室温で一晩放置することにより錯体生成を行った．錯体の安定化後にグローブボックスより取り出し，蒸留水を加え，ジルコニウムのストックソリューションとした．一方，既定濃度の水酸化バリウム水溶液を作成した．その後，水酸化バリウ

Zr[OCH(CH$_3$)$_2$]$_4$
N(CH$_2$CH$_2$OH)$_3$
(solution-A)

Ba(OH)$_2$・8H$_2$O

←— de-carbonated water —→

Stock solution
(solution-B)

(solution-C)

↓

gel formation
stirring:10 min
aging: 1h
(solution-D)

↓

Aging (150-250 ℃ for 1-3 hours)

↓

BaZrO$_3$ fine particles

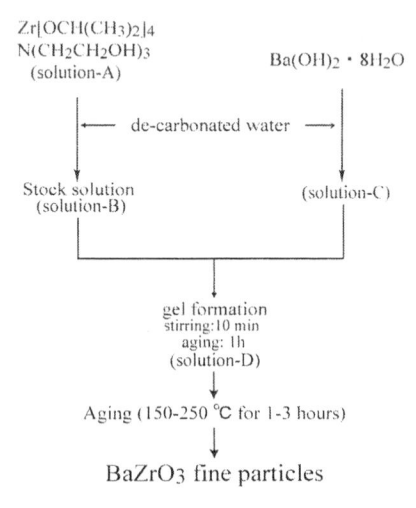

図2　ゲルーゾル法によるジルコン酸バリウムの合成手順

第6章 可視光応答型光触媒の特性と物性

ム水溶液に水酸化ナトリウムを混合し、一時間撹拌することによりゲルを生成させる。その後、ゲル溶液をテフロン製容器に移し、オートクレーブ中で150～250℃、3時間の条件で加熱した。3時間の加熱処理後、十分に冷却し、容器から試料を取り出し遠心分離機にて生成した粉体と溶液を分離し、得られた粉体を蒸留水にて超音波洗浄した。この遠心分離と超音波洗浄を三回繰り返した後に真空中にて乾燥し、目的の試料とした。

5.4 光触媒への応用

　光触媒は素材によって吸収できる波長はバンドギャップにより定まる。通常の酸化物半導体ではエネルギーの強い（波長の短い）紫外光領域の光照射下においてのみ活性を示す。太陽光に含まれている波長スペクトルで最も多くの割合を占めているのが可視光であり、紫外光は極微量しか含まれていない。従って、太陽光照射下で光触媒を使用する場合は、全太陽エネルギー中のわずか数パーセントしか利用できないことになる。産業的に光触媒材料を使用するためにはより高効率で紫外光を利用した上で、さらに可視光領域の波長まで利用可能な光触媒材料を開発する必要がある。そのためには光触媒材料が吸収可能な波長領域を広げること、即ち材料のバンドギャップを狭くすることが重要となる。バンドギャップは材料の組成に依存するため、材料の組成中に別の物質を部分的に導入することでその大きさを変化させることが可能である。酸化物半導体のバンドギャップを変更するためには、以下の二種類の方法が考えられる。

　① 伝導帯下端のエネルギーを増加させる（金属元素の変更）
　② 荷電子帯上端のエネルギーを減少させる（酸化物中の酸素を他の物質と置換）

　水から水素を生成するために必要な電位H_2/H_2Oは、伝導帯の位置がこの電位以上である場合に水素の発生が可能となるが、一般的な酸化物半導体の伝導帯の位置はH_2/H_2Oの電位と極めて近いため、前述の①を行うことは容易ではない。そこで現在、バンドギャップを狭くして可視光応答性を示す光触媒を作成するために②の方法が研究されている。すなわち、材料の伝導帯と荷電子帯の間に不純物による新しいエネルギー順位を形成することによりバンドギャップを狭くし、可視光応答化を試みる方法である。Satoらは、酸化物系光触媒材料中の酸素の一部を硫黄に置換する部分硫化の手法を開発し、部分硫化処理による光触媒活性向上と可視光照射下においてアセトアルデヒドの光酸化反応が効率的に進行することを報告している[6]。また、ペロブスカイト構造中の原子を他の物質に置換した例として、チタン酸ストロンチウムに部分的に窒素を導入することで窒素酸化物除去の触媒活性が向上することも報告されている[7]。Cuyaらは、ペロブスカイト材料（ABO_3、A＝Ba、Sr、B＝Ti、Zr）の部分硫化挙動を詳細に検討し、その結果光触媒反応（エタノール水溶液からのアセトアルデヒド生成）活性が向上する可能性を示唆している[8]。

5.5 硫化挙動

Cuyaらは各ペロブスカイトのCS$_2$による硫化挙動について，オール石英製熱天秤装置を用いて調べた[7]。CS$_2$等特殊なガスを用いるため，ばねなど全てのパーツがそれらガスに対して耐性の高い石英製の特殊な装置を用いている。熱重量分析では酸化物中のOがSに替わるとそれだけ重くなることから硫化の進行を見ることができる。

まず，用いたペロブスカイトのキャラクタリゼーション結果から述べる。図3はいずれもチタン酸ストロンチウムであり，いずれもJCPDS35-734のcubic相を示した。写真から容易に判断できるように，ゲルーゾル法合成粒子は30nmほどの比較的そろった粒子であり，市販品はいずれもサイズ，形状ともにそろっていない粉である。一般にチタン酸ストロンチウムは固相反応で合成するが，図4のAr中の熱重量分析結果を見てもほとんど変化がないことから，水分等の不純物を含まない粉体であることがわかる。一方，ゲルーゾル法で合成された粒子は4％程度の吸着水と2.7％程度の構造水の脱離と思われる減少が観察され，粒子内に吸着水や水酸化物が混在するものと考えられる。TiO$_2$ナノ粒子の部分硫化においてその表面に存在するTi-OHとCS$_2$の反応が，より容易に進行されることが報告されており[9]，同様な表面水酸化物の存在がCS$_2$による硫化開始温度を低くする効果が期待できる。

図5はCS$_2$によるチタン酸ストロンチウムの硫化挙動の熱重量分析結果である。a）の小さな粒子の硫化開始温度が驚くべきほど低く，図5の結果を考慮すると，300℃以下から硫化が始まっているものと推察できる。一方，市販品はいずれも530℃程度であり，その差は200℃以上であった。これは別途，a）の粒子の表面水酸基を取り除いた場合，硫化開始温度が400℃以上に上がる実験事実があることから，この硫化開始温度降下の原因は水熱合成に由来する表面水酸基の存在によるものと考えられる。ところが，図6を見ると，500℃までは硫化物に由来するX線回折ピークは明確ではなく，500℃まではペロブスカイト構造を保持しながら，OがSと置換し

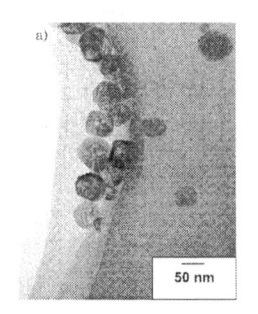

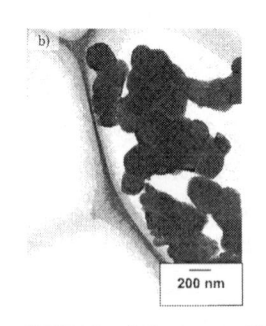

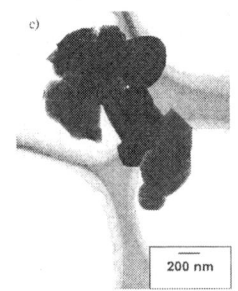

図3　熱重量分析に使用したSrTiO$_3$粒子
a）ゲルーゾル法合成，b）市販品1，c）市販品2

第6章 可視光応答型光触媒の特性と物性

ているものと推察される。550℃以上になると硫化物に帰属できるピークが出現し，もはや結晶構造を維持できず硫化物構造をとりながら硫化が進んでいることがわかる。

その他のペロブスカイトも温度に若干の上下があるものの同様の傾向を示した。そこで，硫化物が合成される温度を上限として，100℃単位で硫化温度を変えて，ペロブスカイトを硫化し，

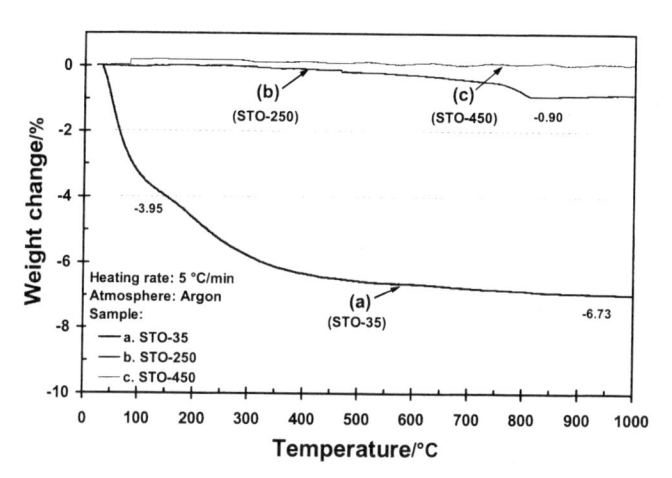

図4 Ar雰囲気中の熱重量変化
a), b), c) は図3と同じ

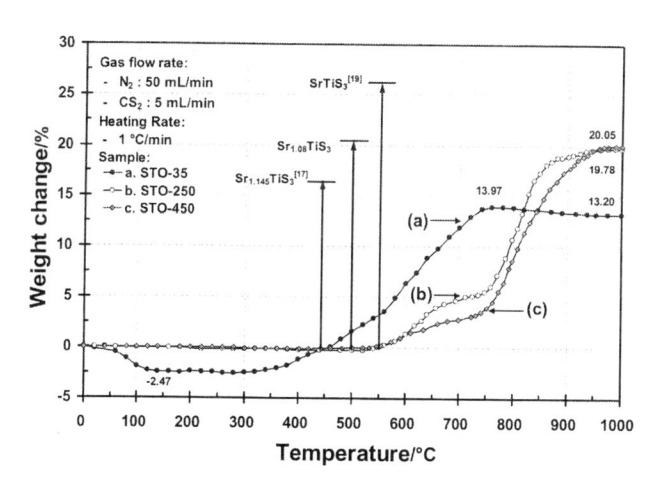

図5 CS_2雰囲気下での熱重量変化
a), b), c) は図3と同じ

そのキャラクタリゼーションや光触媒能を測定した。

5.6 部分硫化ペロブスカイトの光触媒特性

図7に試料の部分硫化処理にCuyaらが用いた管状炉の模式図を示す[7]。110℃乾燥機で乾燥した試料0.5gを石英ボートに乗せて入れ、石英製反応管内に設置した。真空ポンプを用いて脱気する。部分硫化するための硫黄源として二硫化炭素ガスを用いた。30分間の脱気後、二硫化炭素と窒素の混合ガスを5ml/minの流量で導入した。二硫化炭素と窒素ガスの流量割合は5/50 (ml/min) とした。混合ガス気流下にて、昇温レート3℃/minで所定温度まで加熱した。目標温

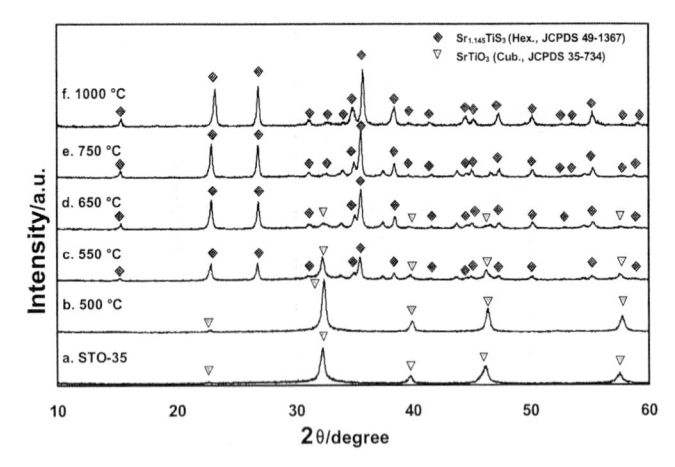

図6 各種温度でCS_2処理したゲル-ゾル法合成粒子のX線回折結果

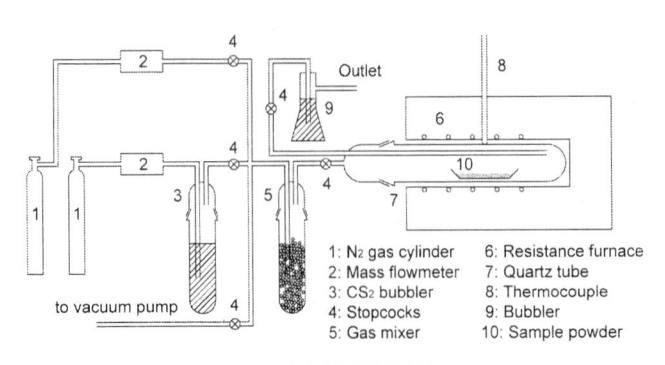

図7 部分硫化装置概略図

第6章 可視光応答型光触媒の特性と物性

度到達後,その温度を維持したまま5分間加熱を続行し,その後に二硫化炭素ガスの流入を止め,窒素ガス雰囲気下で室温まで冷却した。試料表面に残存した二硫化炭素に由来する硫黄を除去する目的でトルエンを用いて30分間の超音波洗浄を3回行った。洗浄後の試料を再び管に入れ,真空ポンプにて脱気した後,昇温レート3℃/minで100℃まで加熱し,1時間乾燥を行うことにより,試料表面に付着したトルエンを除去した。

図8はチタン酸バリウム($BaTiO_3$)を部分硫化処理したときの,XRD,UV-Vis吸収,TEM観察結果である[10]。XRDの結果をみてわかるように,400℃以上で硫化物のピークが混じるようになり,硫化物構造をとる物質が混じってくる。逆に400℃未満ではチタン酸バリウムの回折ピークだけで,格子中の酸素は,ペロブスカイト構造を維持しながら,硫黄と交換していることがうかがえる。同時にTEM観察結果から硫化物が生成すると元の形状は維持できず,かつ凝集凝結して粒子成長していることがわかる。逆に,それ以下の温度では,粒子サイズが若干大きくなるものの形状はほとんど変化しなかった。

図8のUV-Vis吸収スペクトルをみると,硫化物が生成する400℃以上では測定した全波長範囲で吸収を示す硫化物特有の挙動を示しているが,300℃以下では非常に特徴的なスペクトルを示している。すなわち,未処理の380nm付近のバンドギャップに起因する吸収変化が,処理温度の上昇とともに,高波長側にシフトしている。これはバンドギャップが高波長側,つまり可視

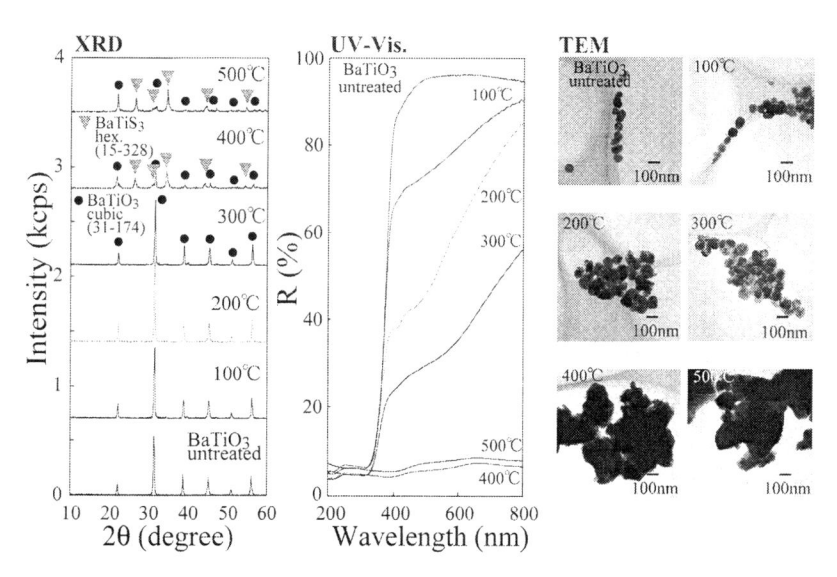

図8 種々の温度で部分硫化処理した$BaTiO_3$粒子のXRD,UV-Vis,TEM分析結果

光側へシフトしたことを示しており、可視光応答型光触媒材料の合成に成功した。

同様に、$SrTiO_3$、$BaZrO_3$、$SrZrO_3$の部分硫化におよぼす反応温度の影響を調べている[9]が、その傾向は上述した$BaTiO_3$と同等であった。ただし、$BaZrO_3$、$SrZrO_3$においては500℃において処理した試料についても、$BaZrS_3$や$SrZrS_3$に相当するピークは見られず、硫化物相は同定されなかった。TiO_2や$SrTiO_3$の場合に、500℃において同様の処理をすると一部硫化物が生成しているが、$BaZrO_3$や$SrZrO_3$では硫化物を生成することはなく硫化されにくい。

一方、各処理温度において得られた$BaZrO_3$試料についてS2p電子の結合エネルギーのXPSを用いたSの状態分析の結果を図9に示した。チタン酸化合物の場合と異なり、低い処理温度においても、161eV付近の硫化物の硫黄のピークが明瞭にみられるとともに、そのピーク強度は処理温度の上昇とともに大きく成長している。XRDの結果からは、500℃までは硫化物相の生成は見られなかったが、低温から$BaZrO_3$の中に、Ba、Zrの金属元素と硫黄が結合した構造が成長していることがわかる。また、164eV付近の固体硫黄のピークは硫化物のピークに隠れ、明確ではない。168eV付近の硫酸塩に相当するピークは、いずれの試料においても、わずかに見られる程度であった。

部分硫化$SrZrO_3$のUV-Vis吸収スペクトルを図10に示した。未処理のものでは220nm程度の紫外領域にバンドギャップが見られるが、硫化温度が高くなると、明確にバンドギャップは高波長側＝低エネルギー側へシフトしている（レッドシフト）。これは硫化温度が高くなるにつれて試料中の硫黄量が増加し、金属と硫黄との結合が増えることによりバンドギャップの下端が上

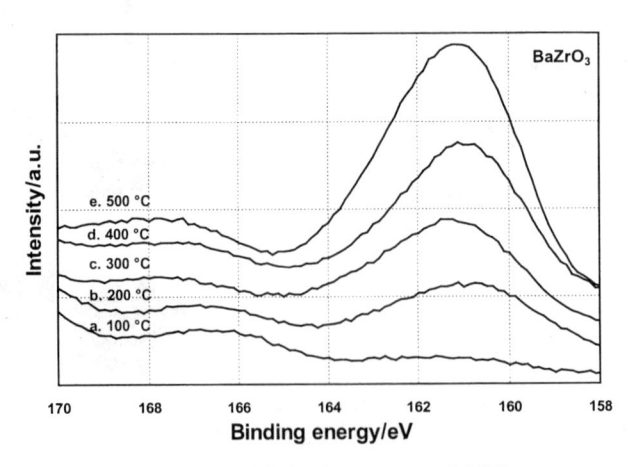

図9　$BaZrO_3$の硫黄（S2p）のXPSによる状態分析

第6章 可視光応答型光触媒の特性と物性

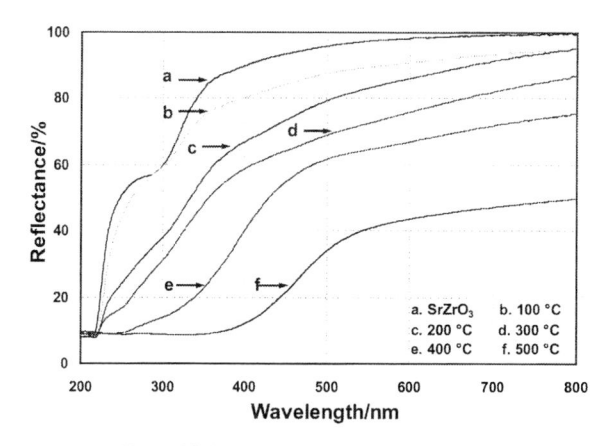

図10 硫化処理したSrZrO$_3$のUV-Visスペクトル

a. SrZrO$_3$ b. 100 °C
c. 200 °C d. 300 °C
e. 400 °C f. 500 °C

昇して,バンドギャップが狭くなったものと考えられる。500℃までの処理においてもバンドギャップが不明瞭とならず,良好な光特性が見られた。これはチタン酸化合物の場合以上に大きな変化となって現れている。BaZrO$_3$の場合にも,SrZrO$_3$の場合と同様に,硫化処理温度の増加とともに,バンドギャップがレッドシフトするものの,SrZrO$_3$の場合よりもより可視光側へシフトしていた。これらのことからAZrO$_3$がCS$_2$による硫化処理により,可視光領域における光機能を効果的に発現するものと考えられる。さらに,硫化処理前後のAZrO$_3$試料の重量変化が硫化による硫黄置換量に相当するものとして,各処理温度における硫黄量を求めたところ,処理温度の増加とともに,硫黄量も増加することが分かった。また,AZrO$_3$の場合には,TiO$_2$,ZrO$_2$さらにATiO$_3$よりも部分硫化処理により硫黄量をより多く含有しており,硫黄の含有量が多くなるほど,バンドギャップがレッドシフトし,光機能性が増加することが期待される。

5.7 光触媒活性

図11は,部分硫化したBaTiO$_3$触媒のエタノール光酸化活性をアセトアルデヒド生成量で比較したものである。光源には高圧水銀灯を用いており,紫外光領域から可視光までの広い波長範囲で光触媒活性を比較している。部分硫化した粉体試料を超音波でよく水溶媒に分散し,そこにエタノールを添加して溶液相の光触媒反応を行った結果である。CO$_2$は検出されず,すべてC$_2$H$_5$OH＋1/2O$_2$→CH$_3$CHO＋H$_2$Oの反応によってアセトアルデヒドのみ生成した。

活性変化を見ていると,時間に対して直線的に推移しており,傾きが反応速度である。これから表面反応律速の系となっており,活性の比較はそのまま触媒性能の比較と考えてよい。300℃

119

可視光応答型光触媒

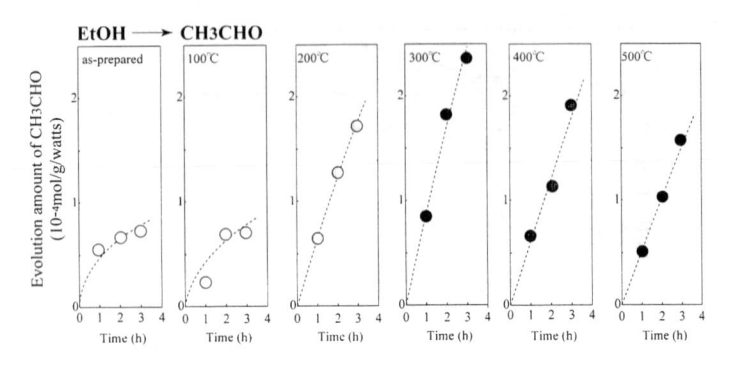

図11 ゲル−ゾル法合成BaTiO₃ナノ粒子の部分硫化処理効果
　　　−エタノール光酸化活性の比較−

で部分硫化したものの活性が最も高く，無処理のものに比べて極めて高くなった。一方，処理温度を高くするとかえって活性は低くなり，500℃処理の場合，反応後の溶液を遠心分離して調べてみると，硫黄が酸化されて溶けていることがわかった。つまり，光溶解してしまったのである。これに対して300℃処理の部分硫化BaTiO₃粉体の活性は安定しており，光溶解もほとんどおこっていなかった。ただし，実用化を考えるともっと安定性を追及することが必要である。

5.8 結 論

本節では，CS₂による硫化処理により，部分硫化ATiO₃（A=Sr，Ba）あるいは部分硫化AZrO₃（A=Sr，Ba）の合成を試みた研究を概括した。前者は300℃以下，後者は500℃以下の低温において部分硫化ABO₃が得られることと，反応温度の増加とともに硫黄量が増加し，バンドギャップが可視光側へシフトすることが分かった。

文　　献

1) N. Yamazoe, N.Miura, IEEE Trans. Compon. Packag. Manuf. Technol. Part A 18 (1995)
2) M.A.Pena, J.L.Fierro, *Chem. Rev.*, 101 (2001)
3) T. Sugimoto, M. M. Khan, A. Muramatsu, and H. Itoh, *Collods Surf. A*, **79**, 233 (1993)
4) T. Sugimoto, M. Okada, H. Itoh, *J. Colloid Interface Sci.*, **193**, 140 (1997); T. Sugimoto, M. Okada, H. Itoh, *J. Disp. Sci. Tech.*, **19**, 143 (1998); T. Sugimoto, "Monodispersed

第6章 可視光応答型光触媒の特性と物性

Particles," Elsevier, 278 (2001) ; A. Muramatsu, in "Morphology Control of Materials and Nanoparticles," (Y. Waseda and A. Muramatsu Eds.) Springer, 25 (2004)
5) 村松淳司, Bambar, Davaasuren, 高橋英志, 日本化学会第85春季年会要旨集 (2005), 2 B 4-32, "部分硫化した$BaTiO_3$及び$SrTiO_3$の光触媒特性評価"; 酒井洋, 高橋英志, 佐藤修彰, Cuya, Jhon, 村松淳司, 日本化学会第85春季年会要旨集 (2005), 3 B 4-26, "ジルコン酸バリウムナノ粒子の粒径制御と光触媒特性評価"
6) N.Sato, A.Muramatsu, K.Aoki, Y.Taga, Jpn. Pat. No 2003-074909
7) J.Wang, S.Yin, M.Komatsu, Q.Zhang, F.Saito, T.Sato, *J.Photochem. Photobiol.* A, 165 (2004)
8) J. Cuya, N. Sato, and A. Muramatsu, *High Temp. Mater. Process.*, **22**, 197 (2003) ; J. Cuya, N. Sato, and A. Muramatsu, *Thermochim. Acta*, **419**, 215 (2004)
9) J. Cuya, N. Sato, and A. Muramatsu, *Thermochim. Acta*, **410**, 27 (2003)
10) 特許出願中 (2005)

6 水素および酸素生成のための可視光応答性酸化物および硫化物系光触媒

加藤英樹[*1], 辻 一誠[*2], 工藤昭彦[*3]

6.1 はじめに

光触媒による水の水素と酸素への分解反応は,光エネルギーを化学エネルギーへと変換する興味深い反応であるとともに,化石燃料の枯渇問題や地球温暖化などの環境問題を一挙に解決できる可能性を秘めている魅力的な反応である。今までに紫外光照射下において高効率で水を分解できる光触媒がいくつか報告されてきた。しかしながら,太陽光に豊富に含まれる可視光照射下で水を水素と酸素に分解できる光触媒系は,現時点においてわずかの限られた成功例しかない。また,水分解の半反応である水素または酸素の生成に活性な可視光応答性光触媒材料においても,その数はそれほど多くはない。このような背景のもと,筆者らは可視光応答性を有する酸化物および硫化物系の光触媒をいくつか開発してきた。そして最近,水素生成光触媒と酸素生成光触媒を組み合わせた二段階励起型の光触媒系による可視光照射下での水の完全分解反応に成功した。ここでは,これらの酸化物および硫化物系の可視光応答性光触媒について紹介する。

6.2 可視光応答性光触媒の設計[1)]

水を分解できる光触媒では,伝導帯の下端が水素生成電位 (0V) よりも負側であり,かつ価電子帯の上端が酸素生成電位 (1.23V) よりも正側になっていなければならない。水の完全分解反応に活性な酸化物系光触媒は数多く報告されてきた[1~3)]。しかしながら,これらの酸化物光触媒は,いずれも可視光応答性を持たない。これは,一般的な酸化物では,O2p軌道により形成されている価電子帯の上端が約3Vと深いため,水素生成能を持つ酸化物のバンドギャップが必然的に3eVよりも大きくなってしまうためである。従って,水素生成能を有する可視光応答性光触媒では,価電子帯などの電子供与性の準位がO2p軌道よりも浅いところにある必要性がある。このような光触媒材料を設計する際には以下のようなバンドエンジニアリングが不可欠である(図1)。

①異種元素のドーピングによるドナーレベルの形成,②浅い価電子帯の形成,③固溶体の形成による詳細なバンド構造の制御。これらはいずれも,電子供与性の準位をより浅い位置にすることを目的としている。固溶体の形成ではさらに,伝導帯の位置制御も可能になっている。以下に,これらの設計指針により筆者らによって開発された可視光応答性光触媒について述べる。

[*1] Hideki Kato 東京理科大学 理学部 応用化学科 助手
[*2] Issei Tsuji 東京理科大学 大学院理学研究科
[*3] Akihiko Kudo 東京理科大学 理学部 応用化学科 教授

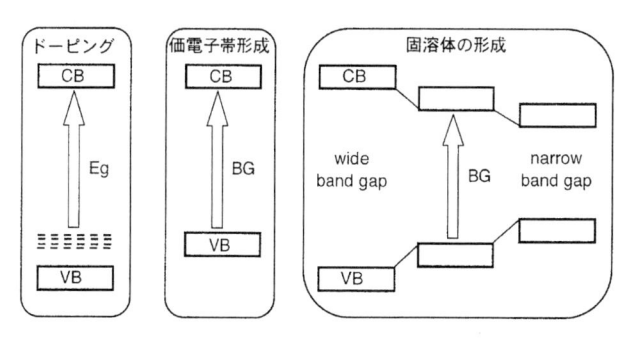

第6章 可視光応答型光触媒の特性と物性

図1 可視光応答性光触媒の設計

6.3 ワイドバンドギャップ光触媒のドーピングによる可視光応答化[4~10]

TiO_2、$SrTiO_3$ およびZnSなどは、古くから知られている光触媒材料である。TiO_2 および $SrTiO_3$ は、適当な助触媒を担持することによって、水の完全分解反応に活性を示す[11~14]。一方、ZnSは、伝導帯のポテンシャルが高く助触媒の担持がなくても犠牲試薬存在下で水素生成反応に活性を示す[15]。これらのワイドバンドギャップ光触媒に異種元素をドーピングすることは、最も手っ取り早い可視光応答化の手法であるといえる。実際、TiO_2 および $SrTiO_3$ をホスト材料とした Cr^{3+} などの遷移金属イオンのドーピングは、古くから行われてきた。しかしながら、このようなドーピングでは、確かに可視光領域に吸収帯が現れるものの、光触媒活性はほとんど無くなってしまうというのが一般的であった。これらに対して、筆者らは、特徴的な手法を用いることでドーピング系であっても比較的高い活性を有する可視光応答性光触媒の開発に成功した（表1）。

筆者らは、遷移金属イオンドーピングの際の電荷補償に着目し、チタン系ホストの Ti^{4+} サイトを Cr^{3+}、Ni^{2+} などで置換する際に高酸化数をとる Sb^{5+} や Ta^{5+} などを共ドーピングすることで電荷を釣合わせた。このような共ドーピングによる電荷補償を行うことによって、今までほとんど活性が得られなかったドーピング系でもリーズナブルな活性を得ることに成功した[6,8,10]。単独のドーピングでは電荷の釣合いが崩れるために、光生成した電子・正孔の再結合中心として働く酸素欠陥や Cr^{6+} や Ni^{3+} などの高酸化種の形成を必ず伴ってしまう。これに対して、共ドーピング系では、共ドーパントによって電荷の釣合いが補償されるので、そのような再結合中心の形成が抑制される。このことが、共ドーピングによる顕著な活性の向上の要因である。図2にSbとCrを様々な比で共ドーピングした TiO_2 による硝酸銀水溶液からの酸素生成反応に対する可視光照射下での光触媒活性を示す。共ドーピングするSb/Cr比が1より大きいときに光触媒活性が発現するという顕著な共ドーピング効果が見られた。Sb/Cr比が1よりも小さいときには、

123

可視光応答型光触媒

表1 ドーピング系光触媒の可視光照射下における犠牲試薬存在下での水素または酸素生成反応

光触媒	EG /eV	犠牲試薬	活性 /µmol h^{-1}		文献
			H$_2$	O$_2$	
TiO$_2$: Cr. Sb	2.2	AgNO$_3$^{a}		65	6)
TiO$_2$: Ni. Nb	2.6	AgNO$_3$^{a}	—	7.6	10)
Pt / SrTiO$_3$: Cr. Sb	2.4	CH$_3$OH^b	78	—	6)
Pt / SrTiO$_3$: Cr. Ta	2.3	CH$_3$OH^b	70	—	8)
Pt / SrTiO$_3$: Ni. Ta	2.8	CH$_3$OH^b	2.4	—	10)
Pt / SrTiO$_3$: Rh	2.3	CH$_3$OH^b	117	—	9)
ZnS : Cu	2.5	K$_2$SO$_3$^{c}	450	—	4)
ZnS : Ni	2.3	Na$_2$S^d + K$_2$SO$_3$^{c}	280	—	5)
ZnS : Pb. Cl	2.3	K$_2$SO$_3$^{c}	40	—	7)

触媒：0.3 − 1g. 反応溶液：150 − 320mL. 光源：300W キセノンランプ
(λ＞420nm もしくは λ＞440nm)
^{a} 0.05mol / L. ^{b} 10vol％. ^{c} 0.5mol / L. ^{d} 0.05mol / L

Cr^{6+}が生成しているのに対してSb / Crが1よりも大きいときにはCr^{6+}が存在していないことがXPS測定により確認された$^{6)}$。

これまで，ドーパントとしてはCr^{3+}やMn^{4+}など主に第一列遷移金属イオンが用いられてきた。これに対して，Ru. Rh. Irなどの貴金属イオンが，可視光応答化のためのドーパントとして有望であることを最近報告した$^{9)}$。中でも，Rhをドーピングした SrTiO$_3$は，メタノール水溶液からの水素生成反応に対して，酸化物系では最も高い活性を示す可視光応答性光触媒である。さらにこのRhドーピングSrTiO$_3$光触媒は，後で述べる水分解用Zスキーム型光触媒系において水素生成を担う重要な材料である。

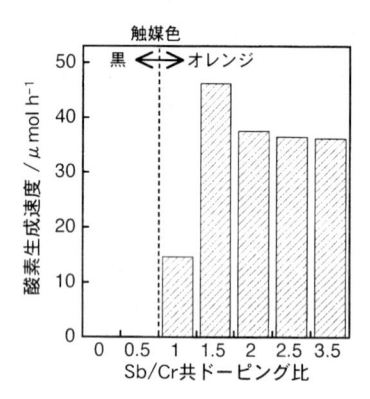

図2 TiO$_2$: Cr, Sbの光触媒活性のSb / Cr共ドーピング比依存性
触媒：0.5g. 反応溶液：0.05mol/ L AgNO$_3$水溶液 320mL. 光源：300W キセノンランプ（λ＞420nm）

前述したように，ZnSはポテンシャルの高い伝導帯を有しており，Ptなどの助触媒を担持しなくても水素生成反応に対して高活性なワイドバンドギャップ硫化物光触媒（BG：3.6eV）である。この高い水素生成能を維持したまま可視光応答化ができれば非常に興味深い。酸化物系光触媒ではドーピングによる可視光応答化が古くから行われてきた。その一方，硫化物系光触媒に対してのドーピングによる可視光応答化は行われていなかった。筆者らは，水素生成に高活性な

第6章 可視光応答型光触媒の特性と物性

硫化物光触媒の開発を期待してZnSへの種々の金属イオンドーピングを行った[4,5,7]。それらの中でも特に，Ni^{2+}およびCu^{2+}をドーピングしたものが高い活性を示した。そして，これらの金属ドーピングZnSは，Pt助触媒を担持しなくても水素生成に活性を示した。このことは，金属ドーピングによってZnSが持つ高い水素生成能を維持したまま可視光応答性が発現したことを示している。

図3にドーピング系可視光応答性光触媒の拡散反射スペクトルを示す。いずれの場合でも，ドーピングによってホスト材料の基礎吸収に加えて可視領域になだらかな吸収帯が現れている。これらの吸収はいずれもホスト材料の禁制帯内に形成されたドナー準位から伝導帯への遷移である。ドーピング系の場合では，一般的にドーパントの濃度が薄いため可視部の吸収がそれほど強くならないという短所を持っている。

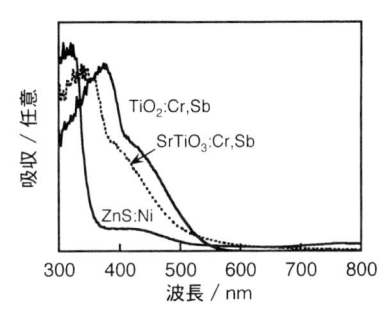

図3 ドーピング系可視光応答性光触媒活性の拡散反射スペクトル

6.4 浅い価電子帯形成による可視光応答化[16〜20]

前で述べたように，ドーピングによっても比較的高活性な可視光応答性光触媒を開発することができる。しかしながら，ドーピング系光触媒では，ドーパントの濃度が薄いため，ドーパントによる吸収がそれほど強くないことおよびドーパントにより形成された電子供与性の準位は不連続であるという短所を持っている。これに対して，新しい価電子帯が浅い位置に形成されるものでは，この欠点が解決されることでさらに高活性な可視光応答性光触媒の開発が期待される。表2に筆者らが開発した価電子帯形成型の可視光応答性光触媒を示す。これらの光触媒では，Bi6s，Ag4d，Sn5s軌道がO2p軌道よりも浅い位置に価電子帯を形成することで可視光応答性が発現している。これらの可視光吸収は，バンドギャップ遷移によるものなので，ドーピング系光触媒に比べると吸収の立ち上がりが急峻であるという特徴を持っている（図4）。$BiVO_4$，Bi_2WO_6，$AgNbO_3$，Ag_3VO_4は，硝酸銀水溶液からの酸素生成反応に活性な光触媒である。このことは，Bi^{3+}およびAg^+により形成されている価電子帯が酸化に対して安定で，ここに光生成する正孔が水を酸化できることを示している。このことは，水分解を目指した光触媒設計の上で非常に重要である。しかしながらこれらの光触媒は，伝導帯の位置が0Vよりも低いために水素を生成することができない。一方，最近見出された$SnNb_2O_6$は，メタノール水溶液からの水素生成反応に活性な光触媒である。これまでに水素生成反応に活性な非ドーピング系酸化物の可視光応答性

可視光応答型光触媒

表2 価電子帯制御型可視光応答性光触媒の犠牲試薬存在下における水素または酸素生成反応

光触媒	BG /eV	犠牲試薬	活性 / μmolh^{-1}		文献
			H$_2$	O$_2$	
BiVO$_4$	2.4	AgNO$_3$ [a]	—	421	16)
Bi$_2$WO$_6$	2.8	AgNO$_3$ [a]	—	3	17)
AgNbO$_3$	2.86	AgNO$_3$ [a]	—	37	18)
Ag$_3$VO$_4$	2.0	AgNO$_3$ [a]	—	17	19)
Pt / SnNb$_2$O$_6$	2.3	CH$_3$OH [b]	20	—	20)

触媒:0.3－1g, 反応溶液:150－300mL,
光源:300Wキセノンランプ(λ＞420nm)
[a] 0.05mol/L, [b] 10vol％

光触媒は,Pt / HPb$_2$Nb$_3$O$_{10}$しか報告されていない[21]。したがって,SnNb$_2$O$_6$は大変興味深い新しい光触媒材料であるといえる。また,いくつかの酸化物系光触媒では,吸収が可視領域に延びないものの,Bi^{3+},Ag$^+$およびSn^{2+}がバンドギャップを小さくしていることが明らかになっている[18,20,22]。

6.5 固溶体形成による可視光応答化[23〜26]

AgInS$_2$は,バンドギャップが1.8eVの硫化物光触媒である。しかしながら,AgInS$_2$の水素生成活性はそれほど高くない。これは,AgInS$_2$の伝導帯の位置が低く,水素生成に対して大きなドライビングフォースが得られないためであると考えられる。一方,同じ結晶構造を有するZnSは,前でも述べたように高い水素生成能を持った伝導帯を有している。これらのZnS-AgInS$_2$固溶体を形成させることで,価電子帯および伝導帯の両方をより高度に制御することによって,水素生成反応に高活性な可視光応答性光触媒の開発に成功した[23,24]。図5にZnS-AgInS$_2$系固溶体のバンドギャップおよび光触媒活性を示す。AgInS$_2$の割合が大きくなるに従ってZnS-AgInS$_2$系固溶体のバンドギャップは連続的に小さくなった。これは,ZnS-AgInS$_2$系固溶体の価電子帯および伝導帯の位置がAgInS$_2$の割合によって連続的にシフトしているためである。実際,この固溶体系のバンド構造を密度汎関数法により計算してみると,(AgIn)$_{0.22}$Zn$_{1.56}$S$_2$では,価電子帯上端に相当するHOMOはAg4dとS3pの混成軌道により構成され,伝導帯下端に相当するLUMOは主にIn5s5p軌道で構成されていることが明らかになった。これらの軌道のバンドへの寄与が組成により変化するために,この固溶体系ではバンドギャップが連続的に変化している。

ZnS-AgInS$_2$系固溶体の可視光照射下での光触媒活性には顕著な組成依存性が見られた。AgInS$_2$の割合が大きくなるにつれて活性が高くなるのは,可視光領域の吸収が増えることによ

第6章　可視光応答型光触媒の特性と物性

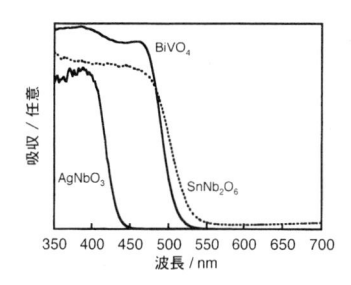

図4　価電子帯制御型可視光応答性光触媒活性の拡散反射スペクトル

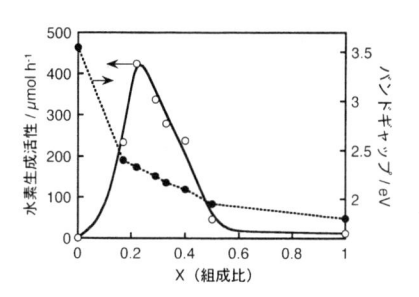

図5　(AgIn)$_{2X}$Zn$_{2(1-X)}$S$_2$固溶体光触媒の水素生成活性およびバンドギャップ
触媒：0.3g，0.5mol／L K$_2$SO$_3$：300mL，光源：300Wキセノンランプ（λ＞420nm）

る。一方，AgInS$_2$の割合が大きくなりすぎると伝導帯の位置が低くなることでドライビングフォースが小さくなるために活性が低くなる。光触媒活性の組成依存性は，これらの要因のかねあいによる。最も高活性な(AgIn)$_{0.22}$Zn$_{1.56}$S$_2$では，420nmにおける見かけの量子収率が20％に達した。また，同様にZnS‐CuInS$_2$系固溶体も水素生成反応に高活性な可視光応答性光触媒であることを見出した[25]。このように，固溶体形成による高度なバンド構造制御によって高活性な可視光応答性光触媒が開発できることを見出した。さらに，これらの固溶体の複合系であるZnS‐AgInS$_2$‐CuInS$_2$系固溶体が高活性な光触媒であることを最近報告した[26]。Ru助触媒を担持した(CuAg)$_{0.15}$In$_{0.3}$Zn$_{1.4}$S$_2$複合体は，疑似太陽光（AM1.5）照射下で8.2Lh^{-1}m^{-2}という高い活性で水素を生成した（図6）。この光触媒は，高活性な水素生成光触媒であるとよく知られているPt助触媒を担持したCdSよりも高い活性を示した。

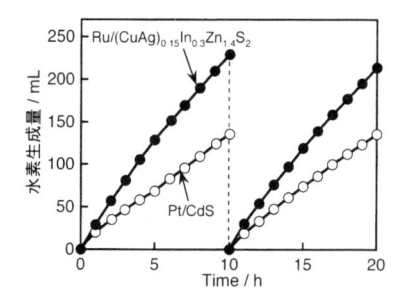

図6　(CuAg)$_{0.15}$In$_{0.3}$Zn$_{1.4}$S$_2$固溶体光触媒による疑似太陽光照射下における水素生成反応
触媒：0.3g，0.25mol／L K$_2$SO$_3$0.35mol／L Na$_2$S：150mL，光源：疑似太陽光（AM1.5），照射面積：33cm^2

6.6　二段階励起型光触媒系による可視光照射下での水の完全分解[27]

これまで述べてきたように，筆者らは多くの新規可視光応答性光触媒を見出してきた。しかし

127

可視光応答型光触媒

ながら,これらの光触媒は,犠牲試薬存在下で水素もしくは酸素しか生成することができない。可視光照射下での光触媒による水分解実現の手法の一つとして水素生成光触媒と酸素生成光触媒を組み合わせた二段階励起型光触媒系(Zスキーム系)の構築が挙げられる。実際,佐山らは筆者らが開発した$SrTiO_3$:Cr/TaおよびWO_3をヨウ素系電子伝達系と組み合わせた系による可視光照射下での水の全分解を報告している[28]。そして筆者らは,独自に開発した可視光応答性光触媒を組み合わせたZスキーム系での水の全分解に成功した。鉄イオン酸化還元対を電子伝達系として用いて,様々な可視光応答性光触媒の組み合わせについて試した。水素生成には,Ptを担持した$SrTiO_3$:Rhが活性を示すことが分かった。一方,酸素生成には,$BiVO_4$およびBi_2MoO_6が活性であることを見出した。そしてこれらを組み合わせた系では,水素と酸素が量論比で定常的に生成した(図7)。(Pt/$SrTiO_3$:Rh)−($BiVO_4$)系では,120時間の光照射によって水素と酸素がそれぞれ1800および860μmol生成した。このように,生成物の量が光触媒($SrTiO_3$:Rh:540μmol,$BiVO_4$:310μmol)および鉄イオン(240μmol)の量を大きく超えたことから,この反応がZスキーム(図8)で光触媒的に進行していることが明確に示された。これまでのZスキーム系では,酸素生成光触媒にWO_3を用いているため利用可能な波長が約450nmまでに制限されていたのに対して,(Pt/$SrTiO_3$:Rh)−($BiVO_4$)系では,520nmまでの光が利用できる点が特徴となっている。しかしながら,これらの系の現時点における420nmにおける見かけの量子収率は,0.4〜0.5%とまだまだ低い。このZスキーム系では,鉄イオンが電子伝達系としてのみならずPt助触媒上での逆反応の抑制剤としても働いていることが明らかになっている。

Zスキーム系では,単一の光触媒系に比べて系が複雑になるというデメリットを持っている。しかし,Zスキーム系では,水素生成もしくは酸素生成のいずれか一方にしか活性のない光触媒でも組み合わせによっては水が分解できるという大きなメリットを持っている。

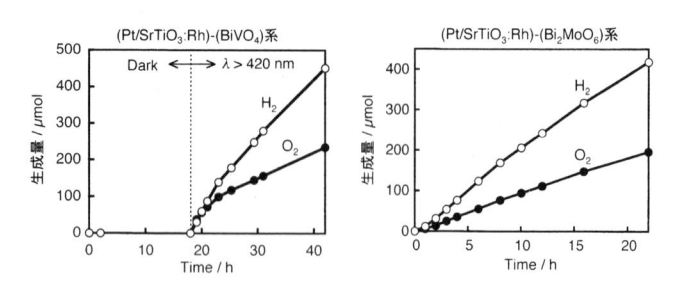

図7 二段階励起型光触媒系による可視光照射下での水の完全分解反応
触媒:各0.1g,2mmol/L $FeCl_3$水溶液:120mL,pH2.4,
光源:300Wキセノンランプ(λ>420nm)

第6章 可視光応答型光触媒の特性と物性

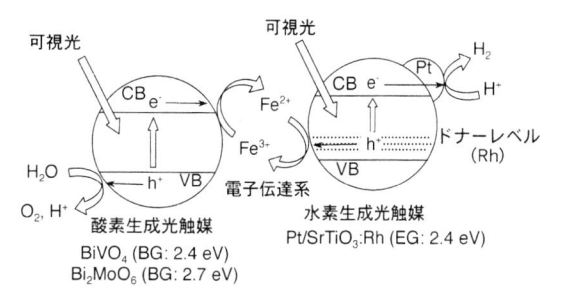

図8 二段階励起型光触媒系による可視光照射下での水の完全分解反応スキーム

BiVO$_4$ (BG: 2.4 eV)
Bi$_2$MoO$_6$ (BG: 2.7 eV)
Pt/SrTiO$_3$:Rh (EG: 2.4 eV)

6.7 おわりに

　酸化物系で水素生成に高活性な可視光応答性光触媒を開発することは困難であるといわれているなかで，RhドーピングSrTiO$_3$のような520nmまでの光を利用できる酸化物系光触媒が開発できた。また，CdS光触媒では，Pt助触媒の担持が不可欠であるのに対して，高い水素生成能を有するZnSに遷移金属イオンをドーピングすることによってPt助触媒なしでも高効率で水素を生成できる可視光応答性光触媒が開発できた。このように，これまで，異種元素のドーピングによる可視光応答化は高効率な光触媒設計の上であまり得策でないとされてきたが，少し工夫することで高活性な光触媒を開発できることがわかった。また，可視光応答化の手段として窒化が大きく注目されるようになっている中，純酸化物系でも価電子帯制御によって活性な可視光応答性光触媒が開発できることがわかった。
　固溶体形成による高度なバンド構造制御により非常に高活性な可視光応答性硫化物が開発できた。硫化物光触媒は水を酸化できないため水分解には不向きであるとされてきた。しかし，水素生成反応に対しては，非常に高活性なものが開発された。今後，これらの硫化物光触媒を用いたZスキーム系の構築による水の完全分解が期待される。
　筆者らのグループでは，犠牲試薬存在下で水素もしくは酸素の生成に高活性な可視光応答性光触媒を数多く開発してきたが，現時点において水を完全分解できる単一の可視光応答性光触媒の開発には成功していない。しかしながら，水素もしくは酸素の一方にしか活性のない光触媒でも，組み合わせることによって可視光照射下での水の完全分解に成功した。Zスキーム系では，組み合わせる光触媒を変えることによって様々な系の構築が可能である。これから開発される新規可視光応答性光触媒を用いた新しい組み合わせによる高効率な水の分解反応の実現が期待される。

可視光応答型光触媒

文　献

1) A. Kudo, H. Kato and I. Tsuji, *Chem. Lett.*, **33**, 1534 (2004)
2) K. Domen, J. N. Kondo, M. Hara and T. Takata, *Bull. Chem. Soc. Jpn.*, **73**, 1307 (2000)
3) J. Sato, N. Saito, H. Nishiyama and Y. Inoue, *J. Phys. Chem. B*, **107**, 7965 (2003)
4) A. Kudo and M. Sekizawa, *Catal. Lett.*, **58**, 241 (1999)
5) A. Kudo and M. Sekizawa, *Chem. Commun.*, 1371 (2000)
6) H. Kato and A. Kudo, *J. Phys. Chem. B*, **106**, 5029 (2002)
7) I. Tsuji and A. Kudo, *J. Photochem. Photobiol. A*, **159**, 249 (2003)
8) T. Ishii, H. Kato and A. Kudo, *J. Photochem. Photobiol. A*, **163**, 181 (2004)
9) R. Konta, T. Ishii, H. Kato and A. Kudo, *J. Phys. Chem. B*, **108**, 8992 (2004)
10) R. Niishiro, H. Kato and A. Kudo, *Phys. Chem. Chem. Phys.*, **7**, 2241 (2005)
11) K. Yamaguchi and S. Sato, *J. Chem. Soc., Faraday Trans. 1*, **81**, 1237 (1985)
12) A. Kudo, K. Domen, K. Maruya and T. Onishi, *Chem. Phys. Lett.*, **133**, 517 (1987)
13) J.-M. Lehn, J.-P. Sauvage and R. Ziessel, *Nouv. J. Chim.*, **4**, 623 (1980)
14) K. Domen, S. Naito, M. Soma, T. Onishi and T. Tamaru, *Chem. Commun.*, 543 (1980)
15) J. F. Reber and K. Meiyer, *J. Phys. Chem.*, **88**, 5903 (1984)
16) A. Kudo, K. Omori and H. Kato, *J. Am. Chem. Soc.*, **121**, 11459 (1999)
17) A. Kudo and S. Hijii, *Chem. Lett.*, 1103 (1999)
18) H. Kato, H. Kobayashi and A. Kudo, *J. Phys. Chem. B*, **106**, 12441 (2002)
19) R. Konta, H. Kato, H. Kobayashi and A. Kudo, *Phys. Chem. Chem. Phys*, **5**, 3061 (2003)
20) Y. Hosogi, K. Tanabe, H. Kato, H. Kobayashi and A. Kudo, *Chem. Lett.*, **33**, 28 (2004)
21) J. Yoshimura, Y. Ebina, J. Kondo, K. Domen and A. Tanaka, *J. Phys. Chem.*, **97**, 1970 (1993)
22) H. Kato, N. Matsudo and A. Kudo, *Chem. Lett.*, **33**, 1216 (2004)
23) A. Kudo, I. Tsuji and H. Kato, *Chem. Commun.*, 1958 (2002)
24) I. Tsuji, H. Kato, H. Kobayashi and A. Kudo, *J. Am. Chem. Soc.*, **126**, 13406 (2004)
25) I. Tsuji, H. Kato, H. Kobayashi and A. Kudo, *J. Phys. Chem. B*, **109**, 7323 (2005)
26) I. Tsuji, H. Kato and A. Kudo, *Angew. Chem. Int. Ed.*, **44**, 3565 (2005)
27) H. Kato, M. Hori, R. Konta, Y. Shimodaira and A. Kudo, *Chem. Lett.*, **33**, 1348 (2004)
28) K. Sayama, K. Mukasa, R. Abe, Y. Abe and H. Arakawa, *Chem. Commun.*, 2416 (2001)

7 (オキシ)ナイトライド型光触媒

堂免一成[*1],前田和彦[*2]

7.1 緒言

　光触媒による水の分解は,太陽光で水を水素と酸素に分解することによって,太陽エネルギーを効率良く水素エネルギーに変換することを究極のゴールとしている。水素は貯蔵,輸送が容易であり,燃焼によって膨大なエネルギーを放出する。このエネルギーは,燃料電池などを通して電力に変換することが可能である。また,燃焼の際に生じる水は,環境に全く影響を与えない。したがって,水素は今我々が必要としている理想的なエネルギーといえるが,現状ではほとんどの水素が化石燃料から製造されているため,有限かつ貴重なものとなっている。しかし,光触媒による太陽エネルギーの水素エネルギーへの変換を大規模に行うことができれば,無尽蔵の水素をエネルギー源として利用し,我々が直面する危機を打開することができる。

　地表に到達する太陽光の大部分は可視光であり,波長500～600nm付近で最大の強度を示す。したがって,光触媒による水の分解によって太陽エネルギーを効率的に水素エネルギーに変換するためには,この波長よりも長波長の光で作動する光触媒が必要となる。これまでに,かなりの努力が水分解光触媒の研究に向けられてきたが,未だに満足な光触媒は開発されていない。本節では,水の可視光全分解のための光触媒,特に(オキシ)ナイトライド型光触媒について解説する。

7.2 金属酸化物と(オキシ)ナイトライド

　これまでに,Ti^{4+}やTa^{5+}などのd軌道が空の状態の,いわゆるd^0電子状態の遷移金属カチオン,あるいはGa^{3+},Sb^{5+}などのd軌道が完全に満たされた状態の,いわゆるd^{10}電子状態の典型金属カチオンを基礎とする酸化物を用いれば,紫外光照射下で水を水素と酸素に完全分解できることが,多くの研究者によって報告されている[1～4]。しかし,これらの酸化物はバンドギャップが大きく紫外光しか利用できないため,太陽光の効率的な利用は望めない。これらの金属酸化物光触媒が紫外光を必要とするのは,そのバンド構造に起因する。金属酸化物の価電子帯は酸素の2p軌道,伝導帯は金属の空のd軌道,またはs,p混成軌道から構成されている。いずれの酸化物でも,価電子帯の上端はNHE(標準水素電極 Normal Hydrogen Electrode)に対して3eV付近に位置する[5]。水を分解するためには,光触媒の価電子帯の上端が水の酸化電位よりも貴な位置に,そして伝導帯の下端が水の還元電位よりも卑な位置になくてはならない。したがって,

---

　*1　Kazunari Domen　東京大学　大学院工学系研究科　化学システム工学専攻　教授
　*2　Kazuhiko Maeda　東京大学　大学院工学系研究科　化学システム工学専攻

可視光応答型光触媒

これらの酸化物で水素生成が可能な位置に伝導帯の下端がある場合，バンドギャップは必然的に3eV以上となり，水を分解するためには紫外光が必要となる．硫化カドミウム（CdS）やセレン化カドミウム（CdSe）などのカルコゲナイドは，水素と酸素の生成がそれぞれ可能なバンド構造を備えており，さらに可視光を吸収することができるが，光照射下で触媒自身が分解するため，水の分解を行うことはできない[6, 7]．以上のように，水を分解するための光触媒には，①水分解に適したバンド構造，②可視光を吸収できる小さなバンドギャップ，③安定性が要求されるが，この3条件を同時に満たす材料は極めて少ない．

上記のことを踏まえると，可視光で水を分解するための光触媒の開発の第一の指針は，酸化物の伝導帯のレベルを保ったまま，価電子帯の上端を卑な方向にシフトさせることである．このことは，酸素の2p軌道よりも高いポテンシャルエネルギーをもった窒素の2p軌道や硫黄の3p軌道を組み込み，酸素の2p軌道から構成される価電子帯の上端に新たなエネルギー準位を形成すれば可能になると考えられる．その基本的な概念を，$BaTaO_2N$ を例にして図1に示す．酸素の2p軌道より高いポテンシャルエネルギーをもつ窒素の2p軌道を導入すると，価電子帯の上端が押し上げられるが，伝導帯を構成するタンタルの5d軌道の位置はほとんど変化しないと想定される．実際に，密度汎関数法によるバンド計算を行うと，このような考えがほぼ支持されることがわかった．

このような考えの下，実際に様々な（オキシ）ナイトライドを合成した．（オキシ）ナイトライドは，前駆体の酸化物を高温のアンモニア気流下で焼成することで容易に合成することができる．それらの一例として，タンタル系（オキシ）ナイトライドの紫外可視拡散反射スペクトルを図2に示す．前駆体の酸化物は紫外光領域にしか吸収を示さないが，（オキシ）ナイトライドは可視光領域に十分な吸収をもっていることがわかる．次に，このような材料が可視光照射下で水を還元，酸化することができるかどうかを調べるためのテスト反応として，メタノール水溶液か

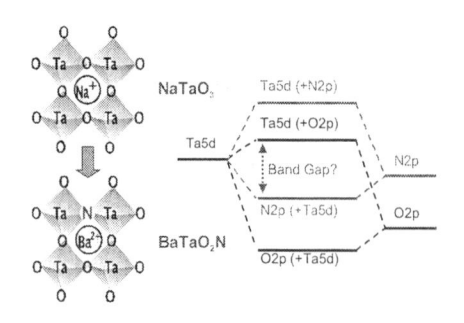

図1　$BaTaO_2N$ の予想されるバンド構造

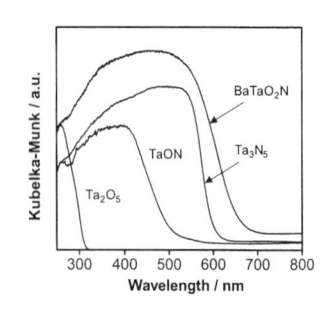

図2　タンタル系（オキシ）ナイトライドの紫外可視拡散反射スペクトル

第6章 可視光応答型光触媒の特性と物性

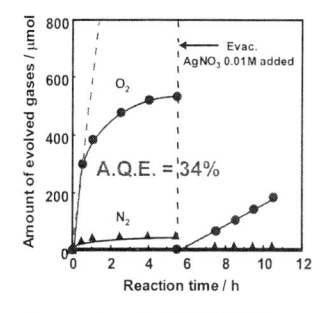

図3 TaONによる硝酸銀水溶液からの酸素生成反応
触媒：0.4g，光源：300Wキセノンランプ（λ＞420nm）

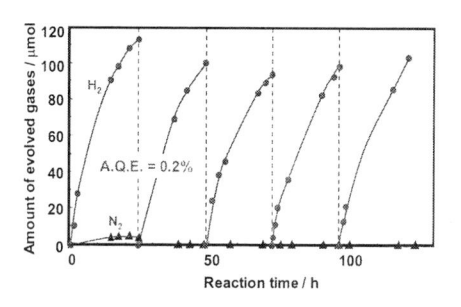

図4 Pt/TaONによるメタノール水溶液からの水素生成反応
触媒：0.4g，光源：300Wキセノンランプ（λ＞420nm）

らの水素生成反応と硝酸銀水溶液からの酸素生成反応を行った。これらの反応は水の完全分解反応ではないが，ある光触媒が水を分解するための熱力学的条件を備えているかを判断する簡便な方法として知られている。図3と図4に，TaON[8]による硝酸銀水溶液からの酸素生成，及びメタノール水溶液からの水素生成反応の経時変化をそれぞれ示す。いずれの反応も，420nm以上の可視光を照射して行った。酸素生成活性に関しては，30％を超える高い量子収率を達成することができた。酸素生成速度が時間とともに低下しているのは，還元された銀が触媒表面に析出して光吸収を妨げるためである。一方，水素生成に関しては，酸素生成に比べると活性は低いものの，長時間にわたって定常的な気体生成が確認できた。酸素生成，水素生成いずれの反応においても，初期に若干の窒素生成が認められたが，反応の進行とともに生成は停止した。窒素の生成量はTaON表面一層あたりに存在する窒素量よりも少ないことから，表面に存在する配位不飽和な窒素種は正孔によって酸化されるが，TaON本体は本質的に光触媒反応に対して安定であると結論できる。同様に，Ta_3N_5[9]，$LaTiO_2N$[10]なども，可視光照射下で水を分解するポテンシャルを備えた安定な光触媒材料であることが確認されている。しかしながら，このようなd^0電子状態の遷移金属カチオンを含む（オキシ）ナイトライドを用いて，いくつかの修飾法で水の完全分解を試みたが，これまでのところ成功していない。その原因は，触媒バルク及び表面に多くの欠陥が存在すること，さらには適切な水素及び酸素生成サイトが導入されていないことなどによると考えられる。

7.3　窒化ゲルマニウム（Ge_3N_4）による水の完全分解[11]

d^0電子状態の遷移金属カチオンから構成される酸化物の価電子帯は酸素の2p軌道からなり，

伝導帯は遷移金属の空のd軌道から構成されている。一方，d^{10}電子状態の典型金属酸化物では，価電子帯はd^0型と同じ酸素の2p軌道から構成されているが，伝導帯は典型金属の空のs, p混成軌道から構成されている。このs, p混成軌道は幅広く分散しており，光吸収によって伝導帯にたたき上げられた励起電子は，大きな移動度をもつと考えられる。したがって，酸化物と同様，励起電子の移動が容易な幅広い伝導帯をもったd^{10}電子状態の典型金属カチオンから構成される(オキシ)ナイトライドの光触媒としての利用に興味がもたれる。

窒化ゲルマニウム(Ge_3N_4)は，酸化ゲルマニウム(GeO_2)を850〜900℃のアンモニア気流下で焼成することによって得られる。このGe_3N_4をRuO_2のナノ粒子で修飾すると，水を水素と酸素に完全分解できる光触媒となることがわかった。図5にRuO_2/Ge_3N_4による水の分解の経時変化を示す。これは，非酸化物系の材料で水を分解したはじめての例である。Ge_3N_4はいくつかの多形をもつが，現在のところβ型が水の分解による水素と酸素の同時生成に活性を示すことがわかっている。

図6に，Ge_3N_4の紫外可視拡散反射スペクトルを示す。Ge_3N_4は350nm付近の鋭い吸収と紫外から可視領域にかけての幅広い吸収をもつが，バンドギャップ遷移に由来する吸収は前者で，後者はバルク中に含まれる欠陥構造に由来することが確かめられている。したがって，Ge_3N_4は紫外光照射下でのみ水の分解に活性を示し，可視光照射下では機能しない。

7.4 ($Ga_{1-x}Zn_x$)($N_{1-x}O_x$)固溶体による水の可視光完全分解[12]

前述したように，Ge_3N_4は非酸化物系材料としてはじめて水の分解を達成した光触媒であるが，バンドギャップが3eVよりも大きいため紫外光照射下でしか機能しない。そこで次に，Ge_3N_4と同様なd^{10}電子状態の典型金属カチオンから構成される新規な(オキシ)ナイトライドの探索を

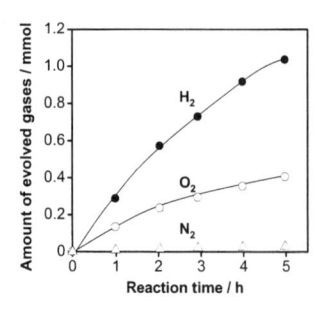

図5 RuO_2/Ge_3N_4による水の分解反応
触媒：0.5g，光源：450W 高圧水銀灯(λ＞200nm)

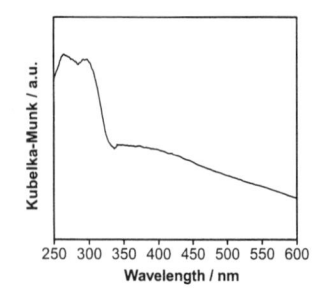

図6 Ge_3N_4の紫外可視拡散反射スペクトル

第6章　可視光応答型光触媒の特性と物性

行った．その結果，窒化ガリウム（GaN）と酸化亜鉛（ZnO）からなる固溶体が500nmまでの可視光を吸収し，可視光照射下で水を分解できる新規光触媒であることを見出した．

GaNとZnOは，発光ダイオードに代表される光学デバイスとしての応用が期待される材料であり，ともにウルツ鉱型の結晶構造をもつ．GaNとZnOの固溶体（以下（$Ga_{1-x}Zn_x$）（$N_{1-x}O_x$）と表記する）は，Ga_2O_3とZnOの混合粉末を高温のアンモニア気流中で焼成することによって得られる．図7に，（$Ga_{1-x}Zn_x$）（$N_{1-x}O_x$）のX線回折パターンを示す．全ての試料は，GaN，ZnOに類似した単一相のウルツ鉱型の回折パターンを示した．また，（110）面に由来する回折ピーク位置は，ZnとOの濃度の上昇に伴って低角度側にシフトしていった．このシフトは，GaNのGa^{3+}サイトにより大きなイオン半径をもったZn^{2+}が置換した結果であり，得られた生成物がGaNとZnOの固溶体であることを示している．

GaNもZnOもバンドギャップが大きいために紫外光しか吸収できない．しかしながら，この両者が固溶体を形成すると，500nm程度までの可視光を吸収できるようになる．図8に，（$Ga_{1-x}Zn_x$）（$N_{1-x}O_x$）の紫外可視拡散反射スペクトルを示す．（$Ga_{1-x}Zn_x$）（$N_{1-x}O_x$）のスペクトルの吸収端位置は，全てGaNやZnOよりも長波長側にあり，ZnとOの濃度（x）の上昇に伴って長波長側にシフトした．密度汎関数法によるバンド計算の結果から，（$Ga_{1-x}Zn_x$）（$N_{1-x}O_x$）の伝導帯は主にガリウムの4s，4p混成軌道から構成されており，価電子帯は窒素の2p軌道と亜鉛の3d軌道の混成軌道から構成されていることが示された．（$Ga_{1-x}Zn_x$）（$N_{1-x}O_x$）がGaNに比べて小さなバンドギャップをもつ理由は，亜鉛の3d軌道が窒素の2p軌道との間に反発を起こし，HOMOの位置をより卑な方向へ押し上げるためと考えられる．

このようにして得られた（$Ga_{1-x}Zn_x$）（$N_{1-x}O_x$）をRuO_2ナノ粒子で修飾し，純水中に懸濁させて400nm以上の可視光を照射すると，水の完全分解が進行することがわかった．光照射を行わ

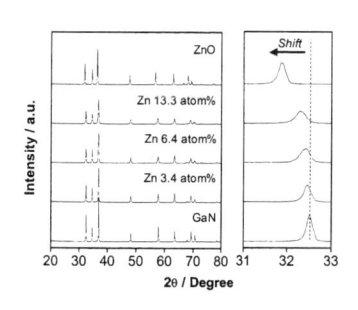

図7　（$Ga_{1-x}Zn_x$）（$N_{1-x}O_x$）のXRDパターン

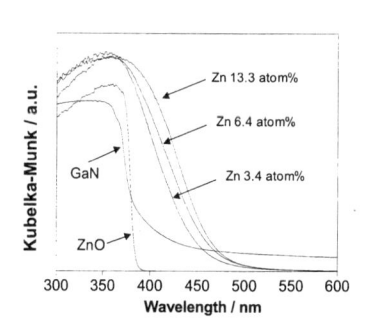

図8　（$Ga_{1-x}Zn_x$）（$N_{1-x}O_x$）の紫外可視拡散反射スペクトル

ない場合，気体生成は観測されなかった。一方，同じウルツ鉱型構造のGaNやZnOは，紫外光を照射しても水の分解に対して全く活性を示さなかった。一般に光触媒による水の分解の活性は，反応溶液のpHに大きく依存することが知られている。そこで，$RuO_2/$ $(Ga_{1-x}Zn_x)(N_{1-x}O_x)$ による水の分解反応に対するpH依存性を調べたところ，pH＝3のときに最も効率良く反応が進行することがわかった。これは，$NiO/NaTaO_3$:Laなどの酸化物光触媒が，中性，ないしアルカリ性の反応溶液中で高い活性を示すことと正反対の挙動である[3]。一般に，(オキシ)ナイトライドはアルカリ性溶液中で加水分解を起こしやすく，このことが特異なpH依存性の発現に関係していると考えられる。pH＝3の硫酸水溶液中に$RuO_2/(Ga_{1-x}Zn_x)(N_{1-x}O_x)$ を懸濁させ，400nm以上の可視光を照射したときの気体生成の経時変化を図9に示す。反応時間の経過と共に水素と酸素が化学量論的に生成し，繰り返しの反応に対しても安定な気体生成挙動を示した。このときに生成してくる気体は，同位体でラベリングをした水の分解実験によって，水の分解に由来するものであることが確認された。また，反応の前後において，触媒のXRDパターンに変化は認められなかった。以上の結果から，$(Ga_{1-x}Zn_x)$ $(N_{1-x}O_x)$ が可視光で水を分解できる安定な光触媒材料であることが示された。

$(Ga_{1-x}Zn_x)(N_{1-x}O_x)$ による水の分解に対する量子収率は，現時点でまだ高くはないが，触媒調製法の最適化など，改良の余地はまだ数多く残されており，今後更なる高性能化が期待できる。

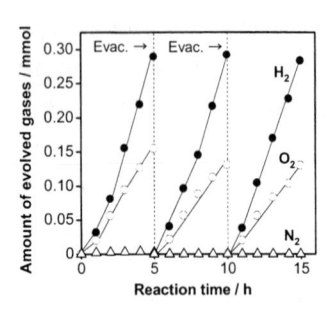

図9 $RuO_2/(Ga_{1-x}Zn_x)(N_{1-x}O_x)$ による水の可視光完全分解反応
触媒：0.3g，光源：450W 高圧水銀灯（λ＞400nm）

文　献

1) K. Domen *et al.*, *J. Chem. Soc., Chem. Commun.*, 543 (1980)
2) K. Domen *et al.*, *J. Chem. Soc., Chem. Commun.*, 356 (1986)
3) H. Kato *et al.*, *J. Am. Chem. Soc.*, **125**, 3082 (2003)
4) J. Sato *et al.*, *J. Phys. Chem. B*, **105**, 6061 (2001)
5) D. E. Scaife *et al.*, *Solar Energy*, **25**, 41 (1980)

6) R. Williams et al., *J. Chem. Phys.*, **32**, 1505 (1960)
7) A. B. Ellis et al., *J. Am. Chem. Soc.*, **99**, 2839 (1977)
8) G. Hitoki et al., *Chem. Commun.*, 1698 (2002)
9) G. Hitoki et al., *Chem. Lett.*, 736 (2002)
10) A. Kasahara et al., *J. Phys. Chem. A*, **106**, 6750 (2002)
11) J. Sato et al., *J. Am. Chem. Soc.*, **127**, 4150 (2005)
12) K. Maeda et al., *J. Am. Chem. Soc.*, **127**, 8286 (2005)

第7章 可視光応答型光触媒の性能・安全性

1 特性評価法

森川健志*

1.1 はじめに

　紫外線応答型のTiO_2光触媒を使用した応用製品はこれまでに数多く開発されており，その光触媒性能の評価方法についても，各メーカにおいて製品の特徴にあわせた最適な方法で実施されている。また複数の団体において光触媒の標準試験法が定められている[1,2]。現在では，これら一連の光触媒製品の評価法を統一しようという動きがあり，将来のJIS化，ISO化を目指して産学から多くの研究者が集結し精力的に実験・検討が繰り返されている[3]。窒素酸化物除去性能の評価法については，関係者の多大な努力の結果，すでにJIS化されている[4]。

　その一方で，可視光応答型光触媒を使用した応用製品の評価方法については，最近になってようやくいくつかの製品が市場に登場したばかりであり，実部材の評価法の統一についてはまだようやくその検討が端緒についたところである[5]。可視光応答型光触媒の利用が期待される領域は主に屋内であることから，商品開発のコンセプトやそれに伴い製品に必要とされるスペックが紫外線型の場合と異なるケースも多く，その結果，評価法が紫外線型のそれと異なる場合もあるようである。現在，可視光応答型光触媒を用いた消臭やガス分解効果をねらった商品が出始めている。この節では特に，可視光応答型光触媒の評価方法について，紫外線型を評価する場合とは異なる部分に重点をおき，報告例および筆者らの経験をもとにして説明する。

1.2 光源

　可視光応答型光触媒の反応速度などを計測するためには，可視光源を使用する必要がある。可視光線を照射できる光源としては，キセノンランプ，水銀ランプ，ハロゲンランプ，蛍光灯，発光ダイオードなどが挙げられる。これらの光源を選択する前に，まず実験の目的を明確にしておく必要がある。

　Ⅰ）可視光応答型触媒としての性能を計測したいのか（研究レベル）
　Ⅱ）屋内など実際の光環境レベルでの性能を計測したいのか（実用レベル）

---

*　Takeshi Morikawa　㈱豊田中央研究所　材料分野　無機材料研究室　推進責任者；主任研究員

第7章 可視光応答型光触媒の性能・安全性

　Ⅰの研究レベルでは，上に述べたいずれの光源を用いても計測は可能である。Ⅰでは，TiO_2 が吸収できない純粋な可視光における照射が必要であるため，光源の紫外線をカットしてやる必要がある。例えば，42フィルタ[6]，45フィルタ[7]を用いてカットした例が報告されている。これらはそれぞれおよそ，波長410nm，440nmの光の透過率がおよそ1%以下となっている。また実験中におけるサンプルの温度上昇を極力抑えるため，熱線カットフィルタを通す場合がほとんどである。図1に，キセノンランプに紫外線カット用の42フィルタと熱線カットフィルタを通した場合，ならびにハロゲンランプに熱線カットフィルタを通した場合の光放射スペクトルを示す。この場合には，いずれも波長380nm以下の波長成分がカットされており，紫外線強度計による測定の結果，$0.0\mu W/cm^2$ であった。可視光応答型光触媒では，吸収波長をTiO_2のもつ紫外域から可視光域に広げるために，TiO_2に内部不純物や表面被覆物が添加されていることが考えられる。その結果，紫外線照射下における反応速度がTiO_2のそれよりも大きく低下している場合もある。したがって別途，紫外線照射下における反応速度をTiO_2と比較しておくことが重要である。測定例については1.4項で述べる。

　一方，Ⅱの実環境レベルの評価をする場合には，蛍光灯やハロゲンランプを使用するのが現実的と考えられる。発光ダイオードも用途によっては対象となりうる。また，たとえば屋内の窓際での使用を考えた場合，蛍光灯と太陽光の双方が混在した状況も対象となる。自動車室内の空気質の浄化性能を検討する場合には，自動車に使用されるUVカットガラスを通した太陽光（あるいは類似スペクトルのキセノンランプ）による検討が必要な場合もある。このように様々なケースが考えられるが図2にはその一例として市販の代表的な蛍光灯の放射スペクトルを示す。蛍光管も，蛍光体の種類によって白色，昼白色，昼光色などがあり[5]，それぞれ図2(a)に示したよ

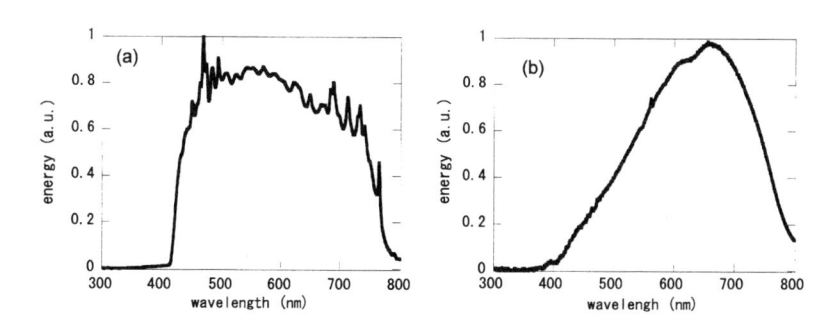

図1　光源の放射スペクトル
(a) Xeランプ。SC42フィルタと熱線除去フィルタ使用，(b) ハロゲンランプ。熱線除去フィルタ使用。いずれも，紫外線強度は $0.0\mu W/cm^2$（測定器 TOPCON社 UVR-2，UD36検知器）

可視光応答型光触媒

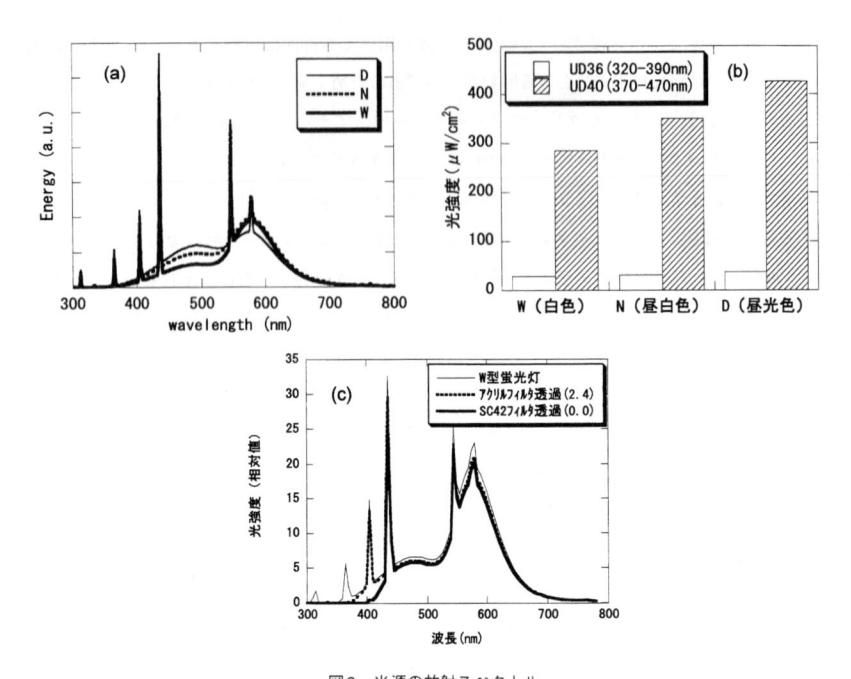

図2　光源の放射スペクトル
(a) 各種蛍光管の例, (b) 照度4500lxにおける光強度 (測定器 TOPCON社UVR-2, UD36およびUD40検知器), (c) 各種フィルタを通したときのスペクトル,括弧内はUV強度

うにスペクトルが異なるので注意が必要である。一般に光照射された面の明るさを照度(単位はルクス)で表すが,この表示の場合,550nm付近で最大値を持つ人間の視感度にあわせた検出器が使用されるため,同じ照度であっても,現在の可視光応答型光触媒の使用波長域(550nm以下)では光エネルギー強度が異なる。図2(a),(b)の例では,同じ照度4500 lxであっても可視域での光強度が異なり,高い方から順にD型(昼光色)＞N型(昼白色)＞W型(白色)となっていることがわかる。またこの図からわかるように,いずれの蛍光管の放射光も紫外線を含むことから,これをカットするか否かの選択も重要である。図2(c)に,W型蛍光管に各種の光吸収フィルタを取り付けた時のスペクトルを示す。透明アクリル板(住友化学㈱スミペックス000),SC42(富士写真フイルム㈱UV Guard)フィルタを通した場合,フィルタ無しの場合に観察される365nm,405nmの輝線がそれぞれカットされる。市販の蛍光灯によく見られる白色カバーを取り付けた場合のスペクトルは,365nmの輝線がカットされる透明アクリル板装着時のそれ

第7章　可視光応答型光触媒の性能・安全性

に近いことから，室内の実環境レベルの使用を模擬した計測には，この方法が最も現実的と考えられる。またフィルタ無しの場合では，蛍光管からの距離が大きくなるにしたがい，可視光線よりも紫外線の強度が著しく低下して両者のバランスが変わることもわかっていることから[8]，実際の使用条件に近い照度での実験を実施しておくのがより好ましいと考えられる。

1.3　ガス測定方法

ガスの測定装置としては，ガスクロマトグラフ，光音響ガスモニタがよく使用されている。アルデヒド系ガスの計測では，DNPHカートリッジで捕集し高速液体クロマトグラフィー－HPLCで計測する方法も採られる。また目視となるため検出精度は低いが導入費用が低く抑えられる方法として，ガス検知管も使用される。検出精度について述べると，対象ガスにもよるがガスクロマトグラフの場合FID検出器を用いた理想的な状態で0.1ppmレベル，光音響ガスモニタでは0.5ppmレベルといわれる。またDNPHはガスの捕集時間に依存するので規定が困難だが，0.1ppmレベルは確保できる。

反応容器については，次項で述べるガラス製容器や第7章3節で紹介される透明石英製の容器が用いられるほか，簡易な方法としてテドラーバッグが用いられる[2]。またJIS化された前出のTR試験器[4]がある。これらの測定時のガス流の扱いとして，閉鎖静置式，循環式やワンススルー式がある。

1.4　ガス分解性能の計測

1.4.1　CO_2計測の例

図3に，光触媒に可視光のみを照射してアセトアルデヒドガスを酸化分解した報告例を示す。反応容器，測定条件，測定結果を明示した報告例はこのようにまだ少ない。(a)はガラス製の閉鎖式反応容器を用いて可視光（＞410nm）を蛍光管により照射しガスクロマトグラフで測定した例，(c)はガラス製の循環式反応容器を用いて可視光（＞450nm）をキセノンランプにより照射し，光音響ガスモニタで測定した例である。これらにそれぞれ対応する(b)と(d)の結果を見る。可視光のみの照射においてアセトアルデヒドガスが減少するが，ここでは酸化によって生じるCO_2ガスを計測している。CO_2ガスの生成速度は，TiO_2のそれと比較して非常に高いことが確認される。また(b)において紫外線（ブラックライト）を照射した場合の生成速度は，TiO_2のそれと同等であることも確認される。筆者らのこれまでの経験から述べると，(a)の場合においては，カットオフ波長が高いほど反応速度が低くなること，また反応速度が高い触媒ほど，内部気体の撹拌をすることによって大きな反応速度が得られることが確認されている。また1.2項で述べた蛍光管の種類によっても反応速度は異なり，D型（昼光色）＞N型（昼白色）＞W型（白色）の

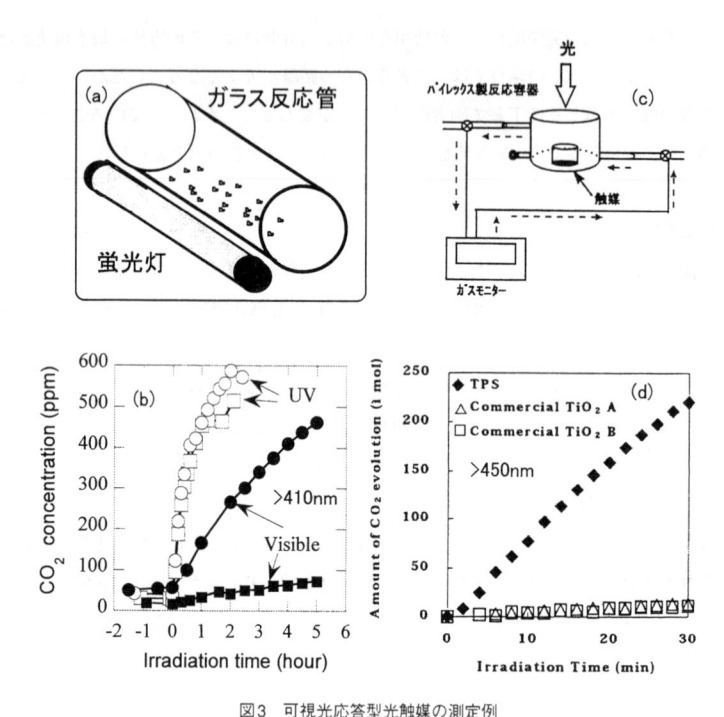

図3 可視光応答型光触媒の測定例
(a) 閉鎖系での測定系[4], (b) 閉鎖系での測定結果 (丸がTi-O-N, 四角がTiO_2)[4], (c) 循環系での測定系[5], (d) 循環系での測定結果[5]

順に高いCO_2生成速度が得られている。

　前述のとおり,分解対象のガス濃度の減少だけでなく分解生成ガスを計測することも重要である。それを示唆する例を述べる。図4には,図3(a)の系で光強度を低くした場合のアセトアルデヒド分解の測定結果を示す。(a)で,TiO_2と可視光応答型光触媒のアセトアルデヒド減少速度を比較する。一次反応系と仮定して反応速度定数を比較すると,可視光応答型光触媒／TiO_2比で約3である。これに対し,CO_2生成量でみるとTiO_2の場合には生成されにくく,その比は10以上と非常に大きくなっている。この原因としては以下が考えられる。第7章3節でも述べられるように,TiO_2への可視光照射(>410nm)では,アセトアルデヒドの酸化における反応中間体の酢酸が酸化されにくいためである。その詳細な機構は,フォトン数に依存するのか,フォトンエネルギーに依存するのか,定かではない。いずれにせよ,この照射条件ではTiO_2の場合反応が止まってしまう可能性がある。

第7章 可視光応答型光触媒の性能・安全性

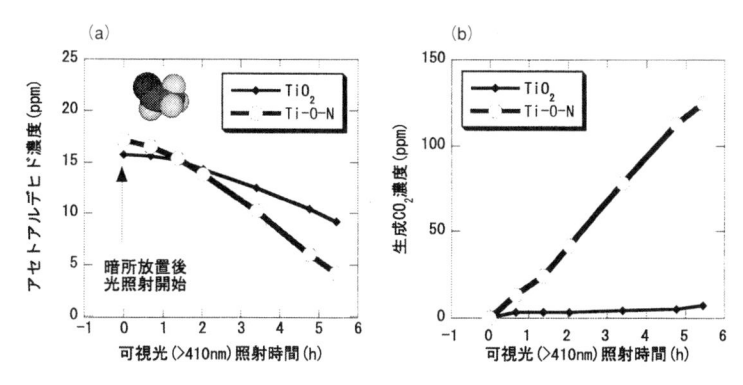

図4 可視光応答型光触媒によるアセトアルデヒド分解の測定例
反応容器：1Lガラス製密閉容器，粉末0.1g，光源（10W-N型蛍光管＋SC42フィルタ），ガス封入して暗所で放置した後に光照射開始

しかしこの評価法にも注意は必要である．光触媒と吸着剤の混合体や，光触媒加工が施された機能部材を計測する場合には，CO_2 が気相に放出できない場合もあるからである．その場合には，以下に述べる2つの方法で繰り返し（あるいは連続）性能を測定することが好ましい．

1.4.2 ガスの間欠注入測定

この方法は，面積の大きな光触媒部材でも測定できるため，後述するワンススルー法と比較すると測定精度は低いものの，安価でかつ同時に多サンプル計測が可能な，部材開発に適した測定手法である．

図5に，テドラーバッグ法でトルエンガスを分解したときのトルエン濃度の経時変化を示す．これは，光触媒粉末を $7×7cm^2$ ガラス上に塗布したものを容量5Lのテドラーバッグに入れ，濃度150ppm相当のトルエンガスを封入し1時間後に光照射を開始した場合の実験結果である．光源にはW型蛍光管を使用し，図2(c)に記載の透明アクリルフィルタを通して，照度1000lx（＞370nm）で照射した．また，適当なところで150ppm相当のトルエンガスを計2回にわたり追加注入した．50時間後までの減少の傾向を見ると，TiO_2 と可視光応答型光触媒（Ti-O-N）によるトルエンガス減少速度は同等であり，また光触媒のないバッグとは減少量に優位な差が見られる．しかしながら計測を続けていくと，TiO_2 によるガス減少速度は低下していき，光触媒なしのバッグの傾きに近づくとともに，可視光応答型光触媒との差が顕著になってくる．100時間以降の反応速度は，TiO_2 と可視光応答型光触媒では明らかに異なる．この原因としては先ほどと同様に，第7章3節で述べられるトルエン分解の中間生成物が表面に蓄積されるが，それが TiO_2 への可視光照射（＞370nm）では酸化されにくいためと考えられる．なおアセトアルデヒドガ

可視光応答型光触媒

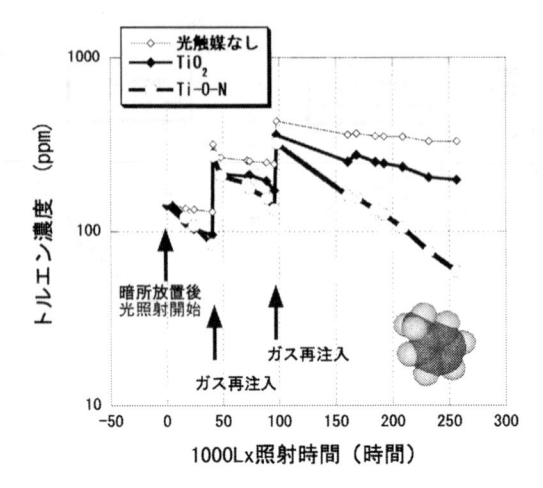

図5 可視光応答型光触媒によるトルエン分解の測定例
5Lテドラーバッグ中へ粉末0.1gを7×7cm^{2}ガラス上に塗布したものを設置，トルエンガス150ppm相当封入1hr後に光照射開始（W型蛍光管照度1000lx，透明アクリル板により370nm以下カット）

スでも同様な結果が得られている。

1.4.3 ワンススルー測定

この方法は，前述したガス間欠注入測定の測定精度を向上させたものと位置づけることができる。しかし実際にはこの方法の歴史は長く，たとえば古くから自動車用の排ガス触媒の分野でも，反応計測にも最もよく使用されている方法である。光触媒分野では，1.1項で述べたように，JIS化されたTR試験法[4]はこの方法に属する。また本書の第7章3節においてもワンススルー法による計測が採用されている。この方法では，対象ガスを反応容器へ連続注入し，そのときの出口濃度／入口濃度の比から，反応速度が見積もられる。ここでは詳細を述べないが，上述のように対象となる有機ガスをCO_2にまで分解できずに時間とともに反応速度が低下するサンプルの場合には，長時間の測定で出口濃度が上昇し始める傾向が観察される。

1.5 部材の消臭官能試験

可視光応答型光触媒を利用した製品には，繊維や板材そのものに付着するにおいの消臭効果をねらったものがある。この評価法としては，以下のように6段階臭気強度表示法が採られる場合が多い。この方法は悪臭防止法の「敷地境界線における規制基準」の設定において，悪臭の強さと悪臭原因物質の濃度（または臭気指数）の関係を示す尺度として用いられており，また比較的

144

第7章　可視光応答型光触媒の性能・安全性

低濃度の臭気の測定にも適していることから，環境における測定には広く使われている。統計学的検討に基づいて6人以上の試験者による評価が通常採用されるようである。部材自身の消臭製品では，計測上の数値ではなく体感的なにおいが商品価値として重要であるので，濃度を測るだけでなくこのような評価が好ましいようである。実験手順は例えば以下の通りである。

① 光触媒処理サンプルと，処理されていないブランクサンプルを用意する。

表1　布製品の嗅覚評価結果
イソ吉草酸暴露，蛍光灯8時間（紫外線$0.08\mu W/cm^2$）照射後の臭気強度レベル

	未加工品	可視光触媒加工品	紫外光触媒加工品
生地臭	5.0	2.2	3.0

6段階臭気強度表示法
　0：無臭
　1：やっと感知できるにおい（検知閾値）
　2：何のにおいであるかがわかる弱いにおい（認知閾値）
　3：楽に感知できるにおい
　4：強いにおい
　5：強烈なにおい

② これらをそれぞれ閉鎖系容器の中に入れる。
③ 容器の中に，イソ吉草酸などの分解対象となるガスを入れる。
④ 一定時間，光を照射する
⑤ 複数の試験者によるサンプル臭の官能試験を実施する。

表1に，光触媒を担持した繊維を使用してイソ吉草酸で試験した例を示す。6段階臭気強度表示法の判断基準についても表中に示した。ここでは，20ワット白色蛍光灯を40cmの距離（紫外線強度$0.08\mu W/cm^2$）から8時間照射したときの結果を示す。

1.6　その他の光触媒効果の評価

光触媒のその他の効果として，防汚，抗菌，防曇が挙げられる。抗菌，防曇の評価系については，1.2項で述べた光源の選択に注意する以外は，基本的には紫外線型のTiO_2を評価する際と同様な方法で測定できる[9]。ただし，防汚特性の評価には注意が必要である。TiO_2で実施してきたようにメチレンブルーの分解脱色を測定すると，その結果を誤って解釈する可能性がある。メチレンブルーは，可視光のうち特に赤色付近の波長の光を照射することにより，光触媒がない場合でも高い速度で脱色するからである。我々の経験を述べると，メチレンブルー水溶液にTiO_2粉末を入れて撹拌した場合に，可視（>410nm）の照射時間とともに溶液の脱色が進むことが観察された。しかしメチレンブルー水溶液のみに光照射した場合でも，脱色速度（660nm付近の吸光度の減少速度）はTiO_2粉末ありの場合とほぼ同じであった[10]。このように可視光域での光触媒反応速度の遅い系では，メチレンブルーの自己分解速度と光触媒反応速度が近くなるので，解釈には注意が必要である。他の有機色素でも同様の傾向が見られるが，色素により自己分解の程度は異なるようである。またその他にも，色素が可視光を吸収して光触媒に電子を渡すこ

可視光応答型光触媒

とにより，色素増感的に分解するケースもある[11]ことも念頭に置く必要がある。

1.7 おわりに

本節では，紙面の都合により，防汚，抗菌，親水化特性についての評価法は割愛させて頂いた。これらについては，紫外線応答型光触媒の事例[1,2]を参考にして頂きたい。

本節の内容の一部（図2．5）は，㈱新エネルギー・産業技術総合開発機構（NEDO）の助成事業である「光触媒利用高機能住宅用部材プロジェクト」として実施したものである。

文　献

1) 光触媒製品フォーラム,「光触媒製品における湿式分解性能試験方法」
2) 光触媒製品技術協議会,「光触媒性能評価試験法」
3) (a) 例えば, *FC Report*, **20**, 10, 231 (2002); (b) 日本ファインセラミックス協会, 平成15年度経済産業省委託事業成果：基準認証研究開発事業「光触媒試験方法の標準化」(2004)
4) 日本規格協会,「窒素酸化物の除去性能試験」, JIS R 1701-1
5) 経済産業省・NEDO,「可視光応答型光触媒利用室内環境浄化部材共通評価方法の検討委員会（共通評価WG）」
6) R. Asahi *et al., Science*, **293**, 269 (2001)
7) a) 橋本和仁編, 最新光触媒技術と実用化戦略, ビーケイシー, p33 (2002)；b) Y. Sakatani *et al.*, abstract book of SP-1 conference, 69 (2001)
8) 多賀康訓, *FC Report*, **23**, 2, 71 (2005)
9) 例えば, 抗菌製品技術協議会,「光照射フィルム密着法」
10) 森川健志ら, 日本化学会第82春季年会, 3C1-47 (2002)
11) 例えば, K. Vinodgopal *et al., Environ. Sci. Technol.*, **30**, 1660 (1996)

2 性能評価法の標準化

駒木秀明*

2.1 はじめに

光触媒は,光のエネルギーにより,強力な分解力と超親水性の優れた特性を発揮することができる21世紀の期待される環境技術の一つである。その応用範囲は,防汚,抗菌,防曇,脱臭,大気浄化,水質浄化等多方面に及び,SARS菌や環境ホルモン物質の分解に対しても有効である。

光触媒は,一部の作用を除いてその効果の程度を目で見て確認することが難しく,このため,効果の疑わしい製品が市場に出ても,それを消費者が認識することが難しいという面がある。このため,このような商品によって健全な市場育成が阻害されないように,標準化を急いで進める必要がある。

光触媒の標準化は,経済産業省の基準認証事業として,光触媒標準化委員会において紫外光下での光触媒性能評価試験方法のJIS化およびISO化が精力的に進められているが,開発途上にある可視光応答型光触媒についても,その性能を評価するための試験方法の検討がNEDOにより進められている。

ここでは,紫外光下での光触媒性能評価試験方法のJIS化およびISO化の状況と,海外の標準化の状況,および可視光応答型光触媒の性能評価方法の状況について紹介する。

2.2 これまで日本で提案された光触媒性能評価方法

これまでに日本で提案された光触媒の性能評価試験方法には以下のようなものがある。

(1) 光触媒材料-大気浄化性能試験方法(標準情報TR Z0018)[1]

㈱産業技術総合研究所・環境管理研究部門より標準情報として作成された。大気汚染物質であるNOxの除去性能試験方法を規定したものであり,結果に再現性,普遍性のある方法である。光触媒標準化委員会で追加試験等を実施して内容の一部見直しを行い,JIS原案としてJISCに提出し,2004年1月に,JIS R1701-1「ファインセラミックス-光触媒材料の空気浄化性能試験方法-第1部:窒素酸化物の除去性能」として制定された。

(2) 光触媒性能評価試験方法Ⅰ(液相フィルム密着法)[2]

光触媒製品技術協議会により提案された方法。光触媒製品に付着させた染料の脱色の程度を肉眼観察することにより,分解力を試験する方法で,短時間で性能確認できる簡便な試験方法である。

(3) 光触媒性能評価試験方法Ⅱa,Ⅱb(ガスバックA法,B法)[3]

光触媒製品技術協議会により提案された方法。粉末状や多孔質の光触媒製品について,アセト

---

* Hideaki Komaki ㈳日本ファインセラミックス協会 標準部長

可視光応答型光触媒

アルデヒドガスの濃度変化を測定することにより分解力を試験する方法で、短時間で性能確認できる簡便な試験方法である。

(4) 光触媒製品における湿式分解性能試験方法[4]

光触媒製品フォーラムにより提案された方法。光触媒製品に付着させた染料の分解について吸光スペクトルを測定することにより、分解力を試験する方法である。

(5) 光触媒製品における親水性性能試験方法[5]

光触媒製品フォーラムにより提案された方法。光触媒製品上の水滴に紫外線を照射し、水滴の形状変化を計測することにより、表面における親水性を評価する方法である。

これらの標準は、(1)を除いていずれも団体規格である。

2.3 紫外光下での光触媒性能評価試験方法

光触媒の標準化は、2000年1月に設立された光触媒製品技術協議会と同年10月に設立された光触媒製品フォーラムが中心となって、前項に述べた団体規格を制定するなどの活動が行われてきたが、一層の市場拡大と需要創出を図るためには、団体規格にとどまらずJIS、ISOなどの公的な規格の制定が必要との共通認識から、ファインセラミックスの標準化活動で実績のある㈳日本ファインセラミックス協会（JFCA）が事務局となって、2002年9月30日に光触媒標準化委員会第一回本委員会（委員長：藤嶋　昭・㈶神奈川科学技術アカデミー理事長、東大名誉教授）が開催され、オール日本の体制のもとに、JISおよびISO標準の検討がスタートすることとなった。

図1は、光触媒標準化委員会の構成を示している。本委員会の下に「セルフクリーニング性能分科会」「空気浄化性能分科会」「水質浄化性能分科会」「抗菌・防かび性能分科会」の4つの分科会と、これらの分科会の調整を行う「分科会連絡会」および試験を行う際の標準光源について検討する「励起用標準光源WG」で構成されており、ユーザ、メーカ、学会および研究機関などから約60人の委員が標準化委員会に参加している。標準化委員会では「光触媒材料の性能評価試験方法の開発および規格化」を目的としており、製品規格については本委員会とは別に検討されることになる。

光触媒標準化委員会による性能評価試験方法の検討は平成15年度から17年度まで実施されることになっており、表1に示すスケジュールでJISおよびISOの原案を作成する予定になっている。

各分科会でのこれまでの状況を以下に簡単に紹介する。

(1) セルフクリーニング性能評価試験方法

屋外曝露試験と各試験方法の結果を比較し、相関性を評価して、試験方法を検討した。親水性試験方法についてJIS原案、ISO原案を作成し、ISO原案をISO/TC206（ファインセラミックス

第7章 可視光応答型光触媒の性能・安全性

```
                事務局:社団法人 日本ファインセラミックス協会
┌──────────┬──────────┬──────────────────────────┐
│   本委員会  │ 分科会連絡会 │    セルフクリーニング性能分科会    │
└──────────┴──────────┴──────────────────────────┘
委員長:藤嶋昭(KAST)  分科会長:指宿堯嗣    分科会長:橋本和仁(東大)
                  (産業環境管理協会)
                              ┌──────────────┐
                              │  空気浄化性能分科会  │
                              └──────────────┘
                              分科会長:竹内浩士(AIST)

  委員会委員                   ┌──────────────┐
メーカ、ユーザ、国立研究機関等約60人で構成  │  水質浄化性能分科会  │
                              └──────────────┘
                              分科会長:埣田博史(AIST)

KAST:(財)神奈川科学技術アカデミー    ┌──────────────┐
AIST:(独)産業技術総合研究所         │ 抗菌・防かび性能分科会 │
                              └──────────────┘
                              分科会長:窪田吉信(横浜市立大学)

                              ┌──────────────┐
                              │  励起用標準光源WG  │
                              └──────────────┘
                              WG会長:指宿堯嗣(産業環境管理協会)
```

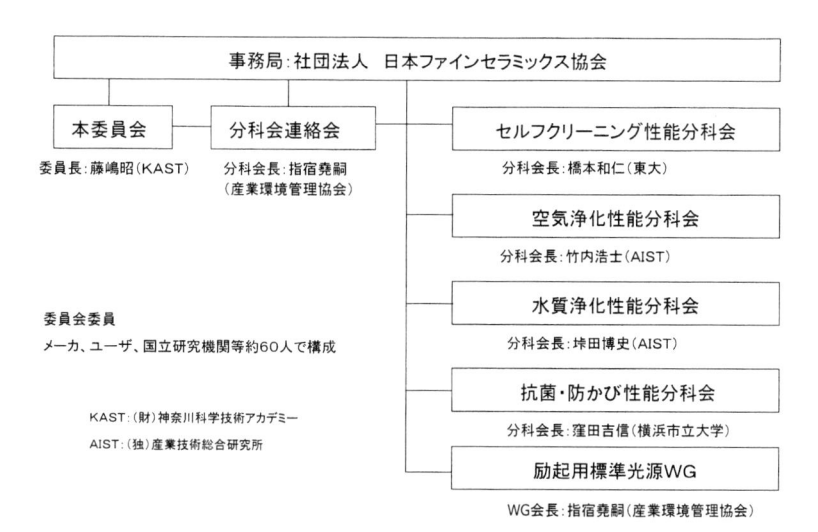

図1　光触媒標準化委員会の構成

表1　JISおよびISO原案作成予定

分科会		JIS原案	ISO原案	進捗状況
空気浄化	NOx	2003	2004	TC206/WG33　進行中
	VOC	2005	2005	追加テスト
	悪臭物質	2005	2006	調査・評価テスト
セルフクリーニング		2005	2005	追加テスト
抗菌 防かび	抗菌	2005	2005	追加テスト
	抗かび	2005	2006	調査・評価テスト
水質浄化		2005	2005	評価テスト
共通項目	標準サンプル UV照射強度測定器 UV光源および可視光源			

に関する技術委員会）に提出した。2005年のISO/TC206総会（2005年9月）で国際標準化のためのWGを設立するかどうかの審議が行われる予定である。分解性試験についてはJIS原案を反映したものをドイツからISOに提案する予定になっている。

(2) 空気浄化性能評価試験方法

空気中の窒素酸化物の除去性能については，前述のようにJIS R1701-1が制定され，またISO/TC206にも新業務項目「Test method for air purification performance of photocatalytic materials : Part 1 removal of nitric oxide」の提案を行い，現在WG33が設立されて日本主導の

もとにISO案が検討されている。

VOCとしては，アセトアルデヒドおよびトルエンのラウンドロビンテストを実施し，JIS案，ISO案を作成中である。

試験装置については，図2（A）（B）に示すように，平板状およびハニカム状の光触媒材料の性能が評価できるものを開発した。

(3) 水質浄化性能評価方法

水中での光触媒分解反応は空気中に比べて拡散速度が遅いなど，性能評価上のむずかしさがあるため，図3に示すような反応率の高い新反応器を開発し，ラウンドロビンテストを実施中であ

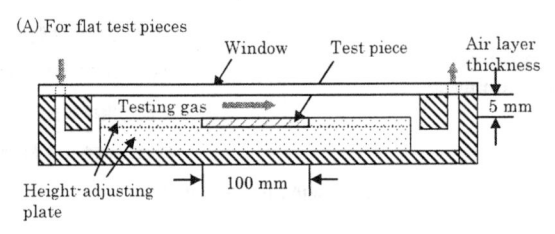

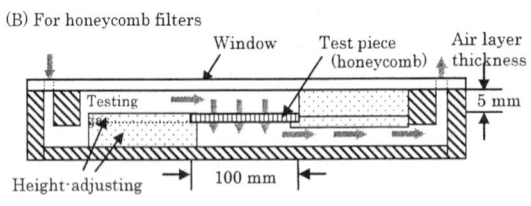

(A) For flat test pieces

(B) For honeycomb filters

図2　空気浄化性能評価試験装置

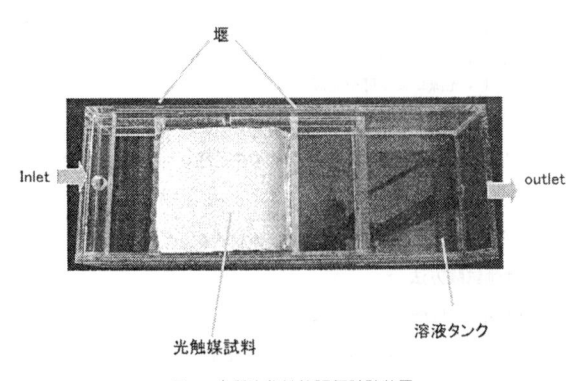

図3　水質浄化性能評価試験装置

第7章 可視光応答型光触媒の性能・安全性

る。指標物質としてDMSO（ジメチルスルホキシド）を選定し，実際の水質汚染物質との相関をとって，性能評価試験方法を決めていく予定である。

(4) 抗菌・防かび性能評価試験方法

抗菌は「フィルム密着法」「ガラス密着法」を用いてラウンドロビンテストを実施し，また光触媒と銀などの抗菌材とのハイブリッド材料の性能評価方法について検討を実施している。防かびは，平成17年度にラウンドロビンテストを実施する予定である。

(5) 励起用標準光源

標準光源候補ランプの評価を各分科会のラウンドロビンテストを通じて実施し，推奨標準ランプとして351nmのBL，BLBが選定された。また，室内での使用が多いと考えられる光触媒抗菌材の性能評価のためには，波長依存性がなく低照度まで測定可能なUVメータが必要であるため，世界で初めて$1\mu W/cm^2$まで測定可能なUVメータを開発し，代表的室内の近紫外光の強度分布を測定した。

2.4 国際標準化の状況

光触媒は日本発の技術であり，JIS化とともにISO化が非常に重要な事項として位置付けられている。以下にこの点について述べることとする。

2.4.1 光触媒の国際標準化がなぜ必要か

国際標準化の取り組みが重要な分野としては，

① 重要な基盤的技術に係る分野
② 産業の将来の発展に資する分野
③ 技術の差別化分野
④ 環境・安全性に係る分野
⑤ 国際規格の適正化を図るべき分野

などがあげられるが，光触媒では特に②，③，④の観点から，国際標準としての取り組みが必要である。すなわち②については，高付加価値製品として多くの分野で商品化が進んでおり，また韓国，中国，台湾，米国，ドイツなどでも市場が形成されつつあり，今後，急速な成長が期待される。このような点から，今後の国際標準の帰趨が日本の産業にとって重要な影響を及ぼす可能性があり，製品開発当初から国際標準化に積極的に取り組む必要がある。③については，市場の成長に伴ってまがいもの等が出始めており，市場が混沌とする前に品質および性能評価試験方法を標準化し，日本の製品の性能の優秀さが正しく受け入れられる市場を形成していく必要がある。また，④については，酸化チタンを主成分とする光触媒製品が安全で，空気浄化，水浄化，抗菌，防汚などの環境浄化に大いに資する点を良く理解してもらう必要がある。

可視光応答型光触媒

　一方，貿易障壁といえば，従来は関税・輸入数量制限が代表的なものとされ，GATT（関税と貿易に関する一般協定）において，日本など加盟国は，国際貿易の円滑化措置として関税の引き下げ，輸入数量制限の撤廃に精力的に取り組んできた。しかしながら，関税や輸入数量制限がゼロになっても，各国の規制制度や適合性評価手法が不透明であったり差別的であったりすると「非関税障壁」となり，製品を輸出する上での障害となるため，GATTのスタンダード協定が1995年にWTO/TBT協定（世界貿易機関／貿易の技術的障害に関する協定）へと発展した。

　WTO/TBT協定では，加盟国に対して国際規格を国家規格策定の基礎として用いることを要求しており，例えばJISではISOやIECとの整合性が強く求められている。さらに，冷戦後の総市場経済化の中で，世界の市場が単一化に向かっており，その単一化市場が単一の標準を求めるという現実がある。

　このような中で，標準に対する考え方も大きく変化しつつあると言える。例えば従来EUでは「標準はマーケットを守るための武器」であったが，現在では「標準化は市場を拡大するための手段（ツール）である」との考えに大きく変わっており，戦略的な標準化を強力に推し進めつつある。一方，米国は市場規模が大きく，デジュール標準策定への対応は欧州に比べて出遅れていたが，近年欧州の国際標準化戦略に対応して国家技術移転促進法の制定や，ISOでの幹事国引受数の増大など，国際標準化活動を積極化する傾向にある。

　さらに，アジア諸国ではWTO/TBT協定の発効を受けて，自国の国家規格にISO/IEC等の国際規格を翻訳して導入する動きが見られ，これまで国家規格をJISに準拠していた国も，今後は国際規格を原則として採用することとしているため，アジア市場においてわが国が円滑な活動を行っていく上で，国際規格策定の動向に対して今後無関心でいることはできない状況となっている。

　国際標準化では，日本がこれまでに国際標準を獲得できなかった例として第2世代移動体通信（デジタル携帯電話）や高品位アナログテレビなどがよくあげられるが，これらをみても分かるように，いかに技術が優秀であっても必ずしも国際標準になるとは限らず，また国際標準にならなければ世界市場の確固たる形成が難しいことが理解できる。

　このように，国際規格のもつ重要性は従来とは比べものにならないほど大きなものとなっており，特に欧州のように，同盟国が多く，戦略的な標準化を進めるのが得意な国々に伍していくためには，国際標準のための十分なPRと仲間づくりが必要である。

2.4.2　海外の標準化の状況

　前述のように，2003年には，世界で初めて日本から光触媒の標準化案がISOに提出され，WGの設立が合意されるに到った。しかし，光触媒市場はポテンシャルサイズとしては大きいものの，ほとんどの国ではまだ市場規模としては小さく産業も十分育っていないのが現状である。

第7章　可視光応答型光触媒の性能・安全性

このような状況のもとで，日本発の技術である光触媒の国際標準化を日本の産業競争力強化にプラスになるように進めるためには，海外諸国に光触媒技術と日本の考えについて良く理解してもらうことが必要である。このため，これまでに欧州およびアジアのISO/TC206のP-メンバ国（議決権のある国）に対して延べ10回以上にわたってPRを実施してきた。

表2にP-メンバ国の反応をまとめて示す。

欧州での標準化は，主としてセルフクリーニング機能を有するガラスやコンクリートおよび空気中のNOx浄化などが対象となっており，特にセルフクリーニングガラスの規格については，関心が大きい。表3に示すECプロジェクトFP6では，都市の汚染空気中における，通常ガラスおよびセルフクリーニングガラスの科学的知見の提供を目的に，フランスのサンゴバンとイギリスのピルキントンを中心に2004年から2006年にかけてプロジェクトを推進しており，疎水性の

表2　ISO/TC206のP-メンバ国の反応

地域	P-メンバ国	
欧州	英国	セルフクリーニングガラスの国際標準はECプロジェクトFP6で検討し，CEN/TC129（グラスビルディング）からISO/TC160に提案する予定。セルフクリーニングガラスとしては撥水性のもの，疎水性のものすべてについて汚れ防止機能の試験方法を検討する。
	ドイツ	DINに国内委員会が編成され，ハノーバ大学のDr. Bahnemannが委員長になって国際標準化を検討。日本とともにISO/TC206で規格化する方向にあるが，一部には独自提案の動きもある。
	イタリア	ItalcementiではPICADAプロジェクトに参加し建物や住宅の外壁に応用しているが，標準化については企業・大学での研究レベル。TC206で光触媒の標準化を扱う理由，TiO_2のナノ粉末の安全性について質問があった。
	ベルギー	光触媒については研究レベル。触媒のTCで扱うべきではないかとのコメント。
アジア	中国	2004年3月「中国光触媒製品の標準化制定委員会」が発足し，標準化の検討を開始。国際標準化に対して，「3S＋1Y (Smile/Silence/Sleep/Yes)」から「新3S＋1A (Speech/Strategy/Speed/Active)」に姿勢を変更。
	韓国	光触媒標準技術研究会を発足。日本の標準化の内容を参考に，急速にKS（韓国標準）化をはかりつつある。日韓光触媒標準化会議の定例化や共同研究の提案があった。
	マレーシア	光触媒については研究レベル。河川の汚れが問題になっており，水処理への応用を期待。標準化については，これからであるが，TC206のWG33（NOx除去）にはExpertを派遣。
	インドネシア	光触媒については研究レベル。インドネシアではセルフクリーニングやNOx除去が期待できる。標準化については，これからであるが，TC206のWG33（NOx除去）にはExpertを派遣。
その他	カナダ	光触媒の国際標準化には賛成。日本を全面的にサポートする意向を表明。Expertに予定されていた研究者の都合によりTC206/WG33（NOx除去）には不参加。
	アメリカ	光触媒の国際標準化には賛成であるが，Expert派遣については未定。
	ベネズエラ	大学研究レベルで興味をもっている程度。
	ロシア	未回答。

可視光応答型光触媒

表3 FP6プロジェクトの概要

(目的) 都市の汚染空気中における，通常ガラスおよびセルフクリーニングガラスの科学的知見の提供 ●セルフクリーニングガラスの機能のメカニズムおよびモデル化の基本的な知見の提供 ●セルフクリーニングガラスの新標準化を確立するために必要な，汚れ測定方法，要素技術とデータの提供 ●セルフクリーニングガラスの欧州標準の確立 ●他の基材（substrate）ないし応用からガラス製品に課せられる不適切な標準の排除 ●将来のセルフクリーニング製品の開発に対する基本的な知見の獲得
(研究開発期間と予算) 2004年3月1日から3年間　　2293000ユーロ（約3.2億円）
(WGの構成) WG1：ガラス表面の汚染の解析とモデリング WG2：セルフクリーニング特性に関する製造プロセスと機械的耐久性の影響 WG3：セルフクリーニング反応機構の解析（ノンスケールレベル） WG4：セルフクリーニング性能の試験方法の開発 WG5：プロジェクトマネジメントとコーディネーション WG6：コスト解析，宣伝，説明
(参加企業) EU国数：5, パートナー：11（国別参加企業数：フランス5, ドイツ2, ベルギー2, イタリア1, 英国1） プロジェクトコーディネータ：サンゴバン（フランス）Dr. Philippe Espiard サンゴバン研究所（フランス，コーティングガラスメーカ），サンゴバンドイツ（ドイツ，コーティングガラスメーカ），ピルキントン（英国，コーティングガラスメーカ），Claude Bernard Lyon大学（フランス：光触媒，光化学材料の合成），Liege大学（ベルギー：無機化学），Stazione Sperimentale del Vetro（イタリア：ガラスに関する研究），Universite de Namur（ベルギー：先進無機材料），Paris XII大学（フランス：大気の物理化学），LSCE-CNRS/CEA（フランス：炭素系アエロゾルの測定），DWI an der RWTH Aachen e.V.（ドイツ：機能性ポリマー），ALMA Consulting Group（フランス：管理および財務）

みだけでなく撥水性を含むセルフクリーニングガラスの国際標準をCEN/TC129（欧州標準化機構のグラスビルディングに関する技術委員会）からISO/TC160（建築用ガラスの技術委員会）に提案しようとしている。

アジアでは，韓国で2003年1月に技術標準院（産業資源部）のもと，大学，メーカ，研究機関等の委員から構成される光触媒標準化推進委員会が開催された。現在，名称を光触媒標準技術研究会に変更して，月1〜2回程度会議を開催し，セルフクリーニング，抗菌の標準を中心に検討を行っている。一方中国では，2004年3月に第一回抗菌業標準化発展討論会が開催され，その中で光触媒標準制定研究討論会が行われ，正式に光触媒標準制定のための委員会が発足した。中国では90年代初期に国が自然科学基金を設けて光触媒の研究開発がスタートし，現在国内の研究開発拠点は30〜40ヶ所になっているが，市場的にはまだ非常に小さく，基礎的な技術開発も不十分である。しかし，2008年のオリンピックにむけて，セルフクリーニングガラスを採用した建物や，NOx浄化を兼ねたコンクリートを採用した建物などが計画されるなど，産業として急速に拡大する可能性がある。

表4には海外の光触媒の標準を検討している団体をまとめて示した。

第7章 可視光応答型光触媒の性能・安全性

表4 海外の光触媒の標準を検討している団体

団体名	主要な関係者	参加国	概　要
EJIPAC	Schmidt（ドイツ，INM）渡部俊也（日本，東大）	日本，EU	日本と欧州各国の会社による光触媒技術および情報の交換ならびに相互協力のための団体。
PICADA	コンソーシアム	EU	建物のセルフクリーニングおよびNOx浄化への適用を検討するプロジェクト。
ICG-TC24	Karel Spee（オランダ，TNO Inst of Appl Phys）	世界主要国	ICG（ガラスに関する国際委員会）のコーティングに関する委員会。
RILEM 194-TPD	大濱嘉彦（日本，日大）	世界主要国	建築材料に関する非営利団体 194-TPDは建築材料への光触媒の適用について検討している。
EFPAS	Peterka（チェコ，ATG）Bahnemann（ドイツ，ハノーバ大学）Minero（イタリア，トリノ大学）	チェコ，ドイツ，イタリア	3人の光触媒科学者によって設立された光触媒とその標準化を検討する仲間。
FP6	Philippe Espiard（フランス，サンゴバン）	フランス，ドイツ，ベルギー，イタリア，英国	「都市の汚染空気中における，通常ガラスおよびセルフクリーニングガラスの科学的知見の提供」を目的とするEUプロジェクト。
光触媒標準技術研究会	趙　徳稿（韓国技術標準院）	韓国	光触媒の標準化を目的とした政府機関，大学，メーカ，研究機関の委員から構成される委員会。セルフ，抗菌などの標準化を実施中。
光触媒標準起草作業部会	江雷（中国科学院ナノテクセンタ）只金芳（中国科学院理化技術研究所）	中国	光触媒の標準化を目的とした政府機関，大学，メーカ，研究機関の委員から構成される委員会。中国抗菌材料及び製品業協会の中に設けられている。

2.5 可視光応答型光触媒の性能評価試験方法

NEDOでは，平成15年度から実施されている「光触媒利用高機能住宅用部材プロジェクト」の中の「室内環境浄化部材の開発」において，シックハウス原因物質のVOCなどの分解・浄化をはかるための可視光応答型光触媒の開発が行われている。

開発された可視光応答型光触媒利用部材の性能評価を行うための試験方法については，共通の「ものさし」がまだないため，平成15年度下期より上記プロジェクトメンバーに有識者委員を加えた「可視光応答型光触媒利用室内環境浄化部材共通評価方法の検討」委員会（共通評価WG）（委員長：竹内浩士・㈱産業技術総合研究所総括研究員）が組織され，㈳日本ファインセラミックス協会を事務局として，平成17年度上期までに可視光応答型光触媒の性能評価試験方法のプロトコルを作成すべく検討が進められている。

これまでに，テドラーバックによるバッチ式アセトアルデヒド簡易評価方法，流通式によるアセトアルデヒド，トルエン除去性能評価方法，チャンバー法によるホルムアルデヒド，トルエン除去性能評価方法について試験を実施し，可視光応答型光触媒によるVOC分解・除去試験にお

可視光応答型光触媒

ける問題点について検討してきた。最終年度である平成17年度は，流通式および小形チャンバー法によるホルムアルデヒド分解・除去試験方法をプロトコルとしてまとめ，「室内環境浄化部材の開発」で開発された可視光応答型光触媒の評価に使用される予定である。

現時点での検討結果の一部を以下に紹介する。

- 光源として白色蛍光ランプを用いる。W型，D型，N型などがあるが，現時点では型を限定することはせず，試験結果に光源を明記する方向で検討している。
- 「可視光」の定義を波長380nm以上の光とし，「可視光」のみを照射するためフィルターとしてアクリル板を使用することが可能である。
- テドラーバック試験方法は，一般に数〜数百ppmレベルのガス濃度にして試験を行うため，部材開発過程におけるスクリーニングには適しているが，実環境から大きく剥離しており，実環境での性能の評価は困難である。
- 可視光応答型光触媒によるVOC除去評価装置として，光触媒標準化委員会で評価された流通式試験装置（図2）が使用可能であることが確認された。流通式試験方法は光触媒材料・部材のより正確かつ簡易な試験方法であり，VOCについて室内濃度指針レベルに厳密にこだわらなければ，試験用ガスの調整や分析が容易である。
- 小型チャンバー法は，作成中のホルムアルデヒド低減部材（吸着・分解建材）のJISにも採用されており，実際の室内空間の状況をほぼ再現した形での試験が可能である（図4）[6]。しかし，流通式に比べると試験に要する時間が長く，また装置が高価になる。
- 流通式によるアセトアルデヒドの試験例では，生成されたCO_2は化学量論比の2より小さく，アセトアルデヒドの分解過程で中間体が生成している可能性がある（図5）[7]。
- 流通式と小型チャンバー法によるホルムアルデヒドの試験結果は，排気濃度$100\mu g/m^2 h$に

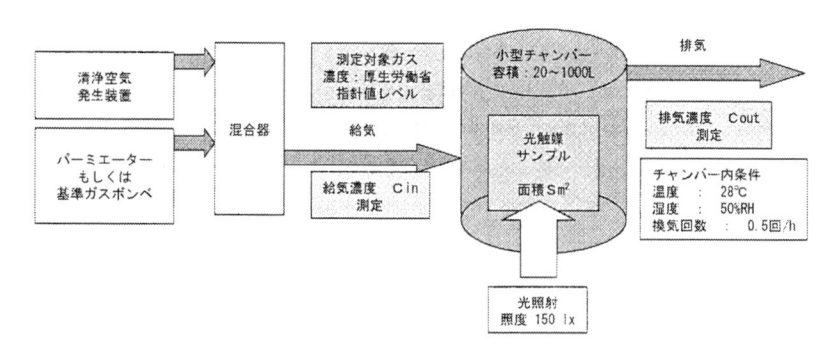

図4　小型チャンバー法によるVOC分解能力評価システムの模式図

第7章　可視光応答型光触媒の性能・安全性

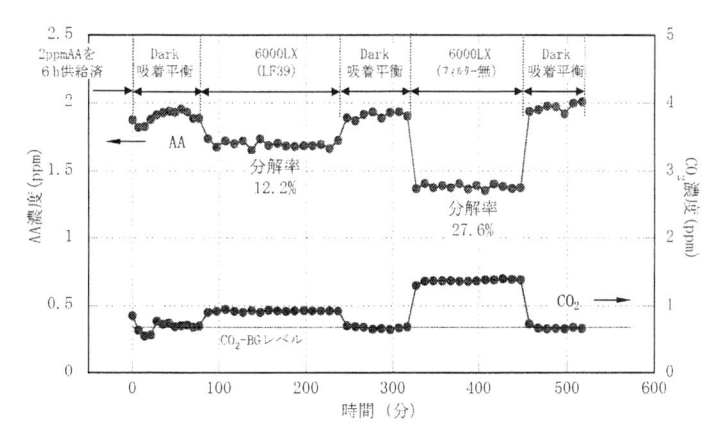

図5　流通式によるアセトアルデヒド分解試験例
（住友金属工業㈱－住友チタニウム㈱，流量500ml/min.，照度6000Lx，アセトアルデヒド濃度～2ppm）

おける除去速度に換算すると近い値が得られる。
● これまでの結果から，可視光応答型光触媒はまだ従来の酸化チタン光触媒と比べて能力が低いため，照度を実際の使用環境に近い条件である150Lx程度まで下げて試験するためには，試料の性能，寸法や試験条件等の検討が必要である。
なお，作成されたプロトコルは，光触媒標準化委員会にフィードバックされることになっている。

2.6　おわりに

光触媒の性能が今後さらに向上するのに伴い，使用される場面も飛躍的にひろがってゆくものと期待される。現在検討中の性能評価試験方法は，VOC分解・除去性能評価試験方法を除いて，紫外光下での光触媒の性能評価を対象としたものであるが，今後，適用範囲が広がっていくにしたがって，悪臭物質，抗菌性能，抗かび性能等の他の応用分野の可視光応答型光触媒試験方法も検討していく必要がある。また，材料規格から製品規格への拡大も，消費者の信頼性確保と健全な市場育成のために必要である。

文　　献

1) 日本工業標準調査会　標準部会，標準情報(TR)光触媒材料－大気浄化性能試験方法(平成14

可視光応答型光触媒

年1月1日)
2) 光触媒製品技術協議会,光触媒性能評価試験方法Ⅰ(液相フィルム密着法)(2003.06)
3) 光触媒製品技術協議会,光触媒性能評価試験方法Ⅱa,Ⅱb(ガスバックA法,B法)(2003.06)
4) 光触媒製品フォーラム 技術部会 規格化委員会. 光触媒製品における湿式分解性能試験方法(2002.05)
5) 光触媒製品フォーラム 技術部会 規格化委員会. 光触媒製品における親水性性能試験方法(2002.05)
6) ㈳日本ファインセラミックス協会,「可視光応答型光触媒利用室内環境浄化部材共通評価方法の検討」平成16年度報告書－松下電工㈱報告(2005.03)
7) ㈳日本ファインセラミックス協会,「可視光応答型光触媒利用室内環境浄化部材共通評価方法の検討」平成16年度報告書－住友金属工業㈱・住友チタニウム㈱報告(2005.03)

3 光触媒分解速度と中間生成物

青木恒勇*

3.1 はじめに

近年,建築材料に含まれる揮発性有機化合物(volatile organic compounds, VOCs)によって引き起こされるシックハウス症候群が大きな問題となっている。厚生労働省のシックハウス問題検討会は,ホルムアルデヒド,アセトアルデヒド,トルエンなど13種類の化学物質をシックハウス原因物質として特定し,室内における指針値濃度を発表した[1]。これを受け2003年には建築基準法が改正され,ホルムアルデヒドを発散する建材の使用が規制されるようになった[2]。このように,室内空気中のVOC類を低減する必要性が高まっている。

しかしながら,省エネルギーの観点からは,VOC類の濃度低減のために新たにエネルギーを消費する装置(強制換気装置,空気清浄機等)を用いることは好ましくない。可視光応答型光触媒を利用した内装材は,室内光を利用してVOC類を低減できるので,有望なVOC低減方法である。

ところで,このような可視光応答型光触媒利用内装材の実用化にあたっては,以下の2点を測定し,その実効性と安全性を確認する必要がある。

① 可視光応答型光触媒が室内の微弱な光環境(平均照度150Lx程度)でVOC類を分解する速度は,室内のVOC類の濃度を指針値以下に保つのに十分な速さであるか?(分解速度)

② VOC類は光触媒により,最終的には無害な二酸化炭素や水などに分解されるが,分解反応の途中で毒性の高い反応中間体が生成し,空気中に放出されることがないか?(中間生成物)

①の分解速度に関しては,TiO_2光触媒によるホルムアルデヒドガスの分解について,Peralら[4],Obeeら[5],Noguchiら[6]などにより,多数の報告がなされている。しかしながら,これらの報告での実験条件は,強力な紫外線や高濃度(10~1000ppm程度)のガスを用いたものであり,現実の室内環境とは大きく異なるものである。そこで我々は,指針値(0.08ppm)程度の濃度のホルムアルデヒドガスを,6章1節で紹介したTi-O-N系可視光応答型光触媒[3]を用いて,室内照度(150Lx)の微弱な可視光照射下で分解する際のホルムアルデヒド濃度減少速度を測定した。また,アセトアルデヒド,トルエンの減少速度も測定した。

②の中間生成物に関しても,アセトアルデヒド(Muggliら[7],Sauerら[8],Sopyanら[9]など)やトルエン(Augugliaroら[10],Sitkitwitzら[11],d'Hennezelら[12],Ibusukiら[13]など)が紫外線照射下でTiO_2光触媒により分解される場合について,多数の報告がある。しかし,可視光照

---

* Koyu Aoki ㈱豊田中央研究所 材料分野 無機材料研究室 副研究員

可視光応答型光触媒

射下でTi-O-N光触媒を用いた場合には，これらの報告とは異なるメカニズムで分解反応が進む可能性がある。そこで我々は，可視光照射下でTi-O-N光触媒を用いてアセトアルデヒド，トルエンを分解した際に空気中に放出される中間生成物を測定した。

3.2 測定方法

測定は，図1のように両端をステンレスフランジで封止した石英反応管（容積3.7L）を用い，室温（25±2℃）で行なった。VOC類を含む空気は一定流量（100mL/min）で反応管に供給され，反応管内の光触媒試料により分解される。反応管に供給されるガス（供給ガス）と反応管から出てくるガス（出口ガス）をサンプリングポンプ（ジーエルサイエンス㈱製SP-208）を用いて捕集し，測定した。

Ti-O-N可視光応答型光触媒は，アナターゼ型TiO_2粉末と尿素とを混合し空気中でアニールしたものを水洗して作製した[14]。このTi-O-N光触媒（0.1g）の水懸濁液をガラス板（7×7cm^2）に塗布し乾燥したものを試料とした（目付量20g/m^2）。また比較のため，TiO_2光触媒（Degussa製，P25）も同様に測定した。

本測定では，ホルムアルデヒド，アセトアルデヒド，トルエンについて測定した。供給ガス濃度は，0.1～10ppmとした。アルデヒドガスは，標準ガス（高千穂化学工業㈱製TERRA series）を合成空気ガス（JFP製G1級）で希釈して供給した。トルエンガスは，トルエン（和光純薬工㈱製）蒸気をパーミエーター（㈱ガステック製PD-1B）を用いて合成空気ガスで希釈して供給した。供給ガスの湿度は，50±5％に調節した。

光源としては，白色蛍光灯（㈱東芝製FL20SW）を用いた。この蛍光灯は，ISOに規定されている標準的な室内の光源である[15]。図2（a）に示すように，この白色蛍光灯（フィルタなしの蛍光灯を以下"bare FL"と略記する）は微量の紫外線を含む。この紫外線をカットするため，2種類のフィルタを用いた。ランプシェードなどによく用いられるアクリル板でフィルタした蛍

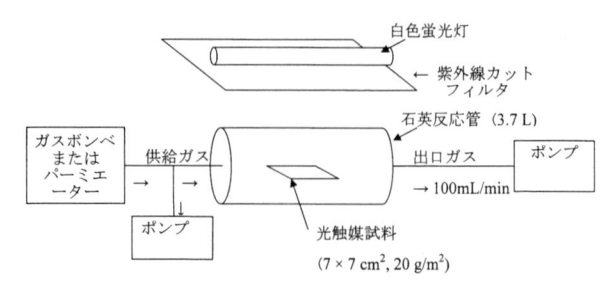

図1 実験装置の模式図

第7章 可視光応答型光触媒の性能・安全性

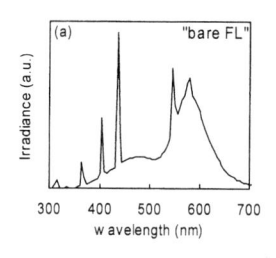

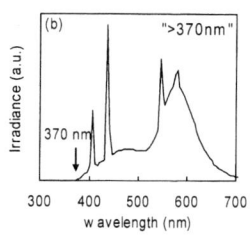

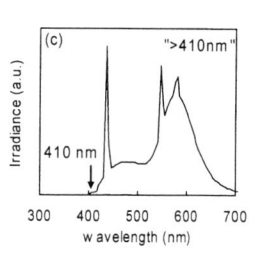

図2 各光源の放射スペクトル
(a) 蛍光灯（フィルタなし），(b) アクリル板でフィルタした蛍光灯，(c) 光学フィルタ（SC42）でフィルタした蛍光灯

光灯（"＞370nm"と略記）では，波長370nm以下の紫外線はカットされている（図2(b)）。また，光学フィルタ（富士写真フイルム㈱製SC42）では，波長410nm以下の紫外線はカットされている（"＞410nm"と略記，図2(c)）。

ガス測定には2種類の方法を用いた。アルデヒド類（ホルムアルデヒド，アセトアルデヒド，アセトン）はDNPHカートリッジ（Waters製Sep-Pak）で捕集し液体クロマトグラフで測定した。検出下限は約1ppbである。VOC類（トルエン，ベンズアルデヒド，ベンゼン）は，サーマルデソープション装置で捕集しガスクロマトグラフ質量分析計（GC-MS）で測定した（㈱島津製作所製 VMS-2）。検出下限は約0.1ppbである。

濃度減少速度Rは，供給ガス・出口ガス中の被分解ガス濃度（C_{in}，C_{out}）から，

$$R = (C_{in} - C_{out}) \times F \div S,$$

と求めた。ここで，Fは流量，Sは試料面積である。

3.3 分解速度の測定結果（ホルムアルデヒド）

低濃度（0.1ppm）のホルムアルデヒドガスを，Ti-O-N光触媒を用いて，微弱な（150Lx，1000Lx）可視光（＞370nm）の照射下で分解する際のホルムアルデヒド濃度変化の測定結果を図3に示す。この条件は，指針値濃度（0.08ppm）や現実の室内照度（150Lx）に準拠した条件であり，光触媒利用内装材の現実の使用条件を再現したものである。

光照射開始前に暗黒下でガスを供給し，供給ガス濃度と出口ガス濃度が同等となり，吸着平衡に達したことを確認した。光を照射すると出口ガス濃度は減少したが，直ちにある濃度で平衡に達した。この濃度変化は明らかに光触媒分解によるものである。この結果から，Ti-O-N光触媒は，150Lxという微弱な可視光で0.1ppmのホルムアルデヒドを指針値濃度（0.08ppm）以下に

161

可視光応答型光触媒

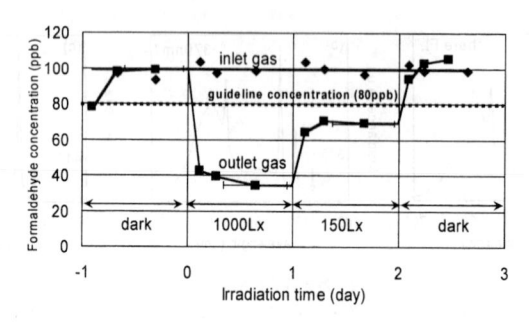

図3 ホルムアルデヒド濃度変化の測定結果

表1 ホルムアルデヒドガスの減少速度 ($\mu g/m^2 \cdot h$)

光触媒の種類			Ti-O-N	TiO$_2$
供給ガス濃度（ppm）		0.1	1	1
光照射条件	150 Lx, >370nm	45μg/m^2·h	—	—
	1000Lx, >370nm	110μg/m^2·h	690μg/m^2·h	—
	6000Lx, >370nm	—	1300μg/m^2·h	1300μg/m^2·h
	6000Lx, >410nm	—	920μg/m^2·h	650μg/m^2·h

—：データなし

分解する能力を有することが確認できる。

　この結果から求めたホルムアルデヒドガスの減少速度を表1に示す。この減少速度は，内装材からのホルムアルデヒド放散速度と比較できる。改正建築基準法[2]では，使用が制限されない内装材として，ホルムアルデヒドの放散速度が5μg/m^2·h以下のものが規定されている。この放散速度との比較から，Ti-O-N光触媒による減少速度（150Lxで45μg/m^2·h）は，十分なものであるといえる。

　表1には，供給ガス濃度と光照射条件を変えた場合の減少速度も示した。濃度・照度を増すと，減少速度は大きくなる。比較のため，TiO$_2$光触媒による減少速度も示した。可視光（>410nm）照射下では，可視光応答型光触媒であるTi-O-Nの減少速度はTiO$_2$より大きい。しかし，可視光（>370nm）照射下では，両者の減少速度は同等である。">370nm"の光に含まれるわずかな紫外線がTiO$_2$によるホルムアルデヒド分解を可能にしているものと思われる。

3.4　分解速度の測定結果（アセトアルデヒド，トルエン）

　アセトアルデヒドとトルエンの減少速度を表2，表3にそれぞれ示した。全ての測定条件で，Ti-O-Nの減少速度はTiO$_2$より大きい。例えば，">370nm"の光照射下でのトルエンの減少速度は，Ti-O-NではTiO$_2$の約4倍である。Muggliら[7]は，紫外線照射下のTiO$_2$光触媒による

第7章 可視光応答型光触媒の性能・安全性

分解では,アセトアルデヒドの分解速度はホルムアルデヒドに比べて遅いと報告している。今回の実験結果からも,">370nm"の光にわずかに含まれる紫外線では,TiO$_2$光触媒によりアセトアルデヒドやトルエンなどの大きい分子を,あまり分解することができないことが確認された。

表2 アセトアルデヒドガスの減少速度 (μg/m^2・h)

光触媒の種類		Ti-O-N	TiO$_2$
供給ガス濃度 (ppm)		10	10
光照射条件	6000Lx. ＞370nm	6700μg/m^2・h	*5500μg/m^2・h
	6000Lx. ＞410nm	3300μg/m^2・h	1100μg/m^2・h

＊:高濃度の中間生成物(酢酸)を検出

表3 トルエンガスの減少速度 (μg/m^2・h)

光触媒の種類		Ti-O-N	TiO$_2$
供給ガス濃度 (ppm)		1	1
光照射条件	6000Lx. ＞370nm	1000μg/m^2・h	250μg/m^2・h
	6000Lx. ＞410nm	490μg/m^2・h	10μg/m^2・h

すなわち,ホルムアルデヒドの場合と異なり,このような大きい分子を可視光で分解するためには,TiO$_2$光触媒は適切でなく,Ti-O-N光触媒を用いる必要があるといえる。

なお,">370nm"の光照射下でTiO$_2$光触媒によりアセトアルデヒドを分解した際,出口ガスから高濃度の酢酸が検出された。このような中間生成物については,次項で詳細に述べる。

3.5 中間生成物(アセトアルデヒドの光触媒分解時)

">370nm"の光照射下でアセトアルデヒド(10ppm)を光触媒分解した際に出口ガスから検出された中間生成物を表4に示す。Ti-O-N光触媒では,低濃度のアセトン(1.5ppb)と酢酸(22ppb)が検出された。これらの中間生成物のシックハウス指針値濃度[1]や許容濃度[16]

表4 ">370nm"の光照射下でのアセトアルデヒド(10ppm)の光触媒分解による中間生成物

光触媒の種類	Ti-O-N	TiO$_2$
アセトン＊	1.5ppb	—
酢酸＊	22ppb	930ppb

＊:GC-MS法による

および生成量を考慮すると,光触媒反応により生成したガスの毒性の合計は,光触媒反応により減少したガス(アセトアルデヒド)の毒性よりも低いものであり,中間生成物の毒性は実用上無視できる程度のものであった。

これに対し,TiO$_2$光触媒では,高濃度(930ppb)の酢酸が検出された。この場合,中間生成物である酢酸のにおい・毒性は無視できない程度のものである。ところで,紫外線照射下でのTiO$_2$光触媒によるアセトアルデヒド分解に関する従来の報告[7〜9]では,光触媒表面に吸着した状態で酢酸が検出されたとの例はあるが,このような高濃度の酢酸ガスの検出の例はない。このことから,このような高濃度の酢酸ガスの生成には,光源の違い(紫外線と">370nm"の可視光)が大きな影響を与えているものと考えられる。

そこで,3.2項に示した3種類の光源を用いてTiO$_2$光触媒によるアセトアルデヒド分解を行い,酢酸ガスの生成と光源との関係を調べた。

可視光応答型光触媒

図4に示すように，"bare FL"，">410nm"の光の照射下では，酢酸ガスの生成はほとんど見られなかった。図4 (a) に示すように，"bare FL"の光照射を開始すると，出口ガスのアセトアルデヒド濃度は速やかに一定の値に落ち着いた。これに対し">370nm"の光では，出口ガスのアセトアルデヒド濃度は，光照射開始直後約5ppmまで減少し，その後増加して約8ppmで落ち着いた (図4 (b))。">410nm"の光では，濃度減少はほとんどなかった (図4 (c))。

Muggliら[7]は，紫外線照射下ではTiO$_2$光触媒により，アセトアルデヒド→酢酸→ホルムアルデヒド→ギ酸→CO$_2$の経路で分解されると報告している。また，これらの反応のうち，ホルムアルデヒドやギ酸の酸化は反応が速いが，酢酸の分解反応は遅いとのことである。

この報告は，図4に示した実験結果と整合する。今回の実験結果では，ギ酸は検出されなかった。これは，ギ酸が速やかに酸化されるためと考えられる。反応経路のうち，律速過程となるのは，"アセトアルデヒド→酢酸"の過程か，酢酸の酸化過程であると考えられる。

今回の実験結果から，"アセトアルデヒド→酢酸"の過程は，"bare FL"と">370nm"の光では速く，">410nm"の光では遅くなるといえる。これに対し，酢酸の酸化過程は，"bare FL"の光では速いが，">370nm"の光では遅くな

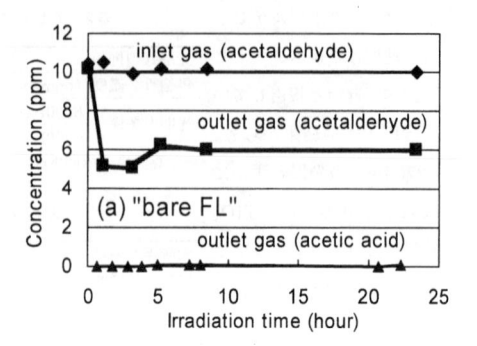

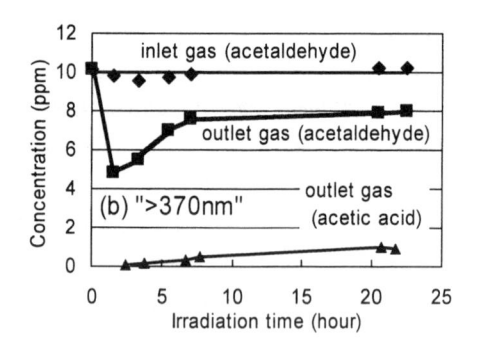

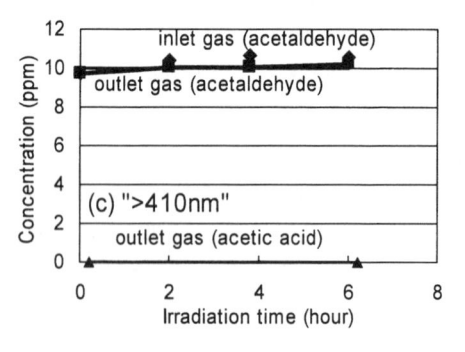

図4　各種光源照射下，TiO$_2$光触媒によるアセトアルデヒド分解

第7章 可視光応答型光触媒の性能・安全性

る。このため、"＞370nm"の光では大量に生成した酢酸が光触媒表面に蓄積したものと考えられる。このようにして蓄積した酢酸が気化するとともに、"アセトアルデヒド→酢酸"の過程を遅くしたと考えると、図4（b）の濃度変化が説明できる。

アセトンが、Ti-O-N光触媒分解の出口ガスから検出されたが、これは、Barteauら[17]が報告している、酢酸の"bimolecular ketonization"により生成したものと理解できる。

3.6 中間生成物（トルエンの光触媒分解時）

"＞370nm"の光照射下でトルエン（1ppm）を光触媒分解した際に出口ガスから検出された中間生成物を表5に示す。TiO_2、Ti-O-Nのいずれの光触媒でも、低濃度のホルムアルデヒド、アセトアルデヒド、ア

表5 "＞370nm"の光照射下でのトルエン（1ppm）の光触媒分解による中間生成物

光触媒の種類	Ti-O-N	TiO_2
ホルムアルデヒド[*2]	検出限界程度[*]	検出限界程度[*]
アセトアルデヒド[*2]	検出限界程度[*]	—
アセトン[*2]	3.2ppb	4.1ppb
アセトン[*1]	0.7ppb	2.0ppb
ベンズアルデヒド[*1]	0.2ppb	0.2ppb

[*1]：GC-MS法による。[*2]：DNPH-LC法による。
[*]検出限界：約1ppb

セトン、ベンズアルデヒドが検出された。これらの中間生成物の毒性は実用上無視できる程度のものである。

Augugliaroら[10]は、紫外線照射下でTiO_2光触媒により、トルエンからベンズアルデヒドやベンゼンが中間生成物として検出されると報告している。また、Sitkitwitz[11]らは、TiO_2光触媒によりベンゼンからアセトンが生成すると報告している。よって、アセトンはトルエンの中間生成物として生成されうるといえる。d'Hennezelら[12]は、TiO_2光触媒により、ギ酸、酢酸などもトルエンの中間生成物として検出されると報告している。この報告の実験では、ホルムアルデヒドやアセトアルデヒドは検出されていないが、これはアルデヒドに感度のあるDNPH誘導体化法を用いていないため検出されなかっただけであるとも考えられる。この報告の実験ではギ酸、酢酸が生成していることから、これらのアルデヒドも生成している可能性が高い。

以上の議論から、今回の結果は従来の報告に一致するものであり、紫外線照射下でTiO_2光触媒を用いた場合と、可視光照射下でTi-O-N光触媒を用いた場合とで、トルエンから生成する中間生成物に大きな差はないことが分かった。

3.7 おわりに

本節では、現実の室内の条件を考慮し、Ti-O-N可視光応答型光触媒を用い、微弱な可視光の下、希薄なホルムアルデヒドを分解する際の減少速度を測定した。その結果、150Lxの可視光であっても、0.1ppm濃度のホルムアルデヒドを、シックハウス問題検討会の指針値（0.08ppm）

可視光応答型光触媒

以下にするのに十分であることが確認された。

また本節では,アセトアルデヒドを可視光照射下でTi-O-N光触媒により分解すると,アセトン,酢酸が気相中の中間生成物として生成することを確認した。トルエンの光触媒分解では,ホルムアルデヒド,アセトアルデヒド,アセトン,ベンズアルデヒドが検出された。もっとも,これらの中間生成物の毒性は実用上無視できる程度のものであることが確認された。

本節の内容は,㈱新エネルギー・産業技術総合開発機構(NEDO)の助成事業である「光触媒利用高機能住宅用部材プロジェクト」の一部として実施したものである。

文　献

1) 厚生労働省, シックハウス問題検討会中間報告書
2) 国土交通省, http://www.mlit.go.jp/jutakukentiku/build/sick.html
3) R. Asahi, T. Morikawa, T. Ohwaki, K. Aoki, Y. Taga, *Science*, **293**, 269-271 (2001)
4) J. Peral, D. F. Ollis, *J. Catal.*, **136**, 554-565 (1992)
5) T. N. Obee, R. T. Brown, *Environ. Sci. Technol.*, **29**, 5, 1223-1231 (1995)
6) T. Noguchi, A. Fujishima, P. Sawunyama, K. Hashimoto, *Environ. Sci. Technol.*, **32**, 23, 3831-3833 (1998)
7) D. S. Muggli, J. T. McCue, J. L. Falconer, *J. Catal.*, **173**, 470-483 (1998)
8) M. L. Sauer, D. F. Ollis, *J. Catal.*, **158**, 570-582 (1996)
9) I. Sopyan, M. Watanabe, S. Murasawa, K. Hashimoto, A. Fujushima, *J. Photochem. Photobiology A*, **98**, 79-86 (1996)
10) V. Augugliaro, S. Coluccia, V. Loddo, L. Marchese, G. Martra, L. Palmisano, M. Schiavello, *Appl. Catal. B*, **20**, 15-27 (1999)
11) S. Sitkitwitz, A. Heller, *New J. Chem.*, **20**, 233-241 (1996)
12) O. d'Hennezel, P. Pichat, D. F. Ollis, *J. Photochem. Photobiology A*, **118**, 197-204 (1998)
13) T. Ibusuki, K. Takeuchi, *Atmospheric Environment*, **20**, 9, 1711-1715 (1986)
14) K. Aoki, T. Morikawa, K. Suzuki, T. Ohwaki, R. Asahi, Y. Taga, Presented at the 14th Int'l Conference on Photochemical Conversion and Strage of Solar Energy, Sapporo, Japan, Aug. 2002, Abstr., No. W2-P-66
15) International Organization of Standardization, ISO 10977
16) ACGIH, TLVs (Threshold Limit Values)
17) K. S. Kim, M. A. Barteau, *Langmuir*, **4**, 945-953 (1988)

4 生体安全性

小池宏信[*1], 小田原恭子[*2], 河合里美[*3], 中村洋介[*4],
北本幸子[*5], 森本隆史[*6], 須安祐子[*7]

4.1 はじめに

光触媒反応の原理および反応機構が解明される一方, その強い触媒反応がヒトに及ぼす影響を明らかにし, 生体安全性を科学的に裏付けることが重要視されている[1〜4]。

この節では, 光触媒に限らず化学物質に光を照射した場面での毒性評価の状況について概観したうえで, 光触媒の生体安全性評価の状況を具体的に述べ, さらに, 可視光応答型光触媒の生体安全性評価に対する筆者らの取り組みを紹介する。

4.2 現在確立されている光毒性評価法

光照射により発現しうる毒性（光毒性）については, 活性酸素生成などを経る発現機構が図1のとおり示されており, そのエンドポイントとして, 光変異原性, 光感作性, 光刺激性および光細胞毒性が提案されている[5]。

光刺激性：光照射で短期に引き起こされる皮膚反応を調べる。実験動物（ウサギ）を用いた試験およびその代替法として培養細胞を用いた *in vitro* 試験が提案されている。

光感作性（光アレルギー性）：光照射による生成物が引き起こすアレルギー反応（免疫系への影響）を調べる。実験動物（モルモット）を用いるのが一般的とされている。

光変異原性（光遺伝毒性）：光照射に伴うDNAおよび染色体への影響を *in vitro* 試験で調べる。この結果, 必要な場合は光照射に伴う発がん性（光発がん性）も調べる。

光細胞毒性：光照射に伴う細胞への直接影響を調べる。

具体的な光毒性試験法については, 主に化粧品および皮膚外用剤を対象とし, 紫外線照射を想定した光毒性試験法および評価ガイダンスが公表されている。

[*1] Hironobu Koike　住友化学㈱　基礎化学品研究所　主席研究員
[*2] Kyoko Odawara　住友化学㈱　生物環境科学研究所　主席研究員
[*3] Satomi Kawai　住友化学㈱　生物環境科学研究所　主任研究員
[*4] Yosuke Nakamura　住友化学㈱　生物環境科学研究所　主任研究員
[*5] Sachiko Kitamoto　住友化学㈱　生物環境科学研究所　主任研究員
[*6] Takashi Morimoto　住友化学㈱　生物環境科学研究所
[*7] Yuko Suyasu　住友化学㈱　基礎化学品研究所

可視光応答型光触媒

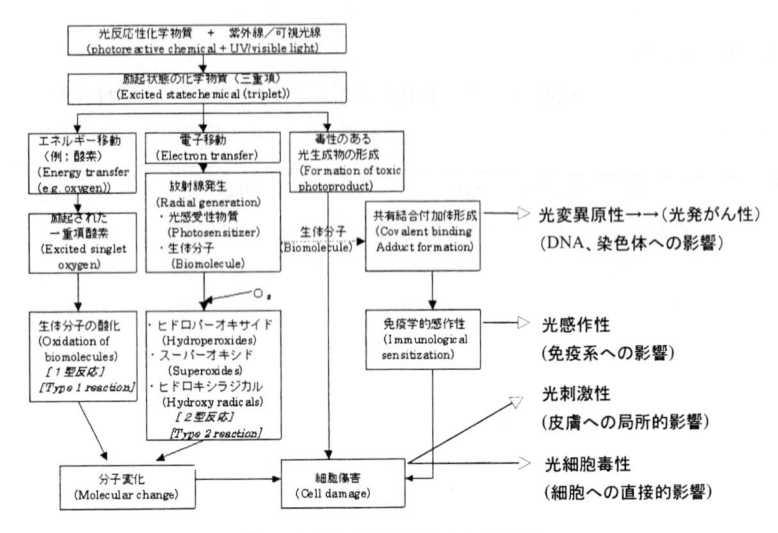

図1 光毒性の発現機構[5]と光毒性試験

4.2.1 日本の評価基準および試験法

日本では,皮膚外用医薬品について,皮膚光刺激性および感作性試験法が確立している。皮膚光刺激性試験では,実験動物の皮膚に被験物質を適用し,紫外線照射部位と遮光部位の刺激性を比較する(森川法)[6]。光皮膚感作性試験法は,医薬品非臨床試験ガイドラインで試験法が示されている。被験物質を複数回皮膚適用および紫外線照射(光感作)後,1~3週間後に再度皮膚適用および紫外線照射し(光惹起),光非照射群と皮膚反応を比較する[7]。

なお,光変異原性については,日本製薬工業協会が現状調査した報告があるが,試験法としてはまだ確立したものがない[8]。

4.2.2 海外の評価基準および試験法

海外では,OECD[11,12],欧州EU[10],米国FDA[9]など欧米の規制当局で活発に議論されており,構造活性相関(光毒性既知の物質と化学構造を比較する)などの予備評価および光吸収スペクトル測定から光毒性が懸念される場合に,光毒性試験を実施するといった,段階的な毒性評価が提案されている。ただし,これらはいずれも化粧品および皮膚外用医薬品を対象としており,主に紫外線照射を想定したものと思われる。

最も議論が進んでいるOECDでは,光刺激性試験代替法の in vitro 3T3 NRU 光毒性試験を実施し,特に問題がない場合に in vitro 光変異原性,さらに実験動物を用いた光アレルギー性試験を進めることとしている(図2)[11,12]。

第7章 可視光応答型光触媒の性能・安全性

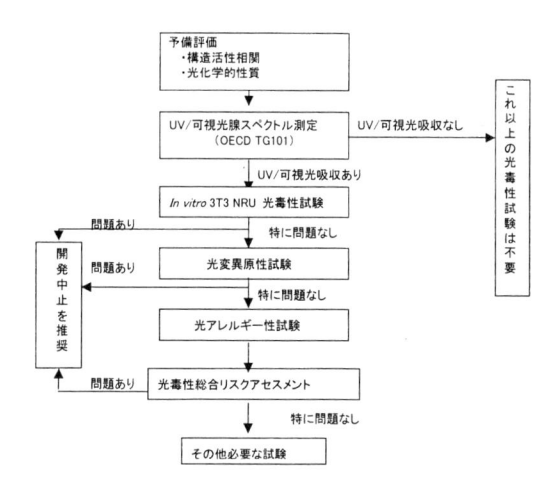

図2 OECDの光毒性評価スキーム[12, 13]

In vitro 3T3 NRU 光毒性試験は，マウス由来の培養細胞（Balb/c 3T3株）を用い，細胞毒性をニュートラルレッド（NRU）の取り込みで評価し，紫外線照射および非照射下の影響を比較する。本法はOECDガイドラインとして確立されているが[11, 12]，その他の光毒性試験法は確立されていない。

4.2.3 まとめ

以上のように，日本および海外ともに光照射の生体安全性評価法は発展途上である。いずれも化粧品および皮膚外用医薬品を対象としたものであり，主に紫外線照射下の光毒性試験が考案されている。可視光照射下での具体的な光毒性試験法については全く知見が得られていないのが現状である。

4.3 光触媒に求められる生体安全性評価法

光触媒製品技術協議会では，光触媒製品について安全性基準を策定して公表している。

基本事項として，光触媒，バインダー，分散剤など光触媒製品の構成成分には「化学物質の審査および製造等の規制に関する法律」（化審法）の第1種特定化学物質など，法規制されている化学物質を含まないこととされている。また，光触媒製品に使用する光触媒の構成成分については，急性経口毒性（動物に経口摂取させた時の致死量），皮膚刺激および感作性，変異原性について定めた安全性基準にすべて適合することが求められている。

このような製品そのものを評価するための化学物質一般的な安全性基準はあるものの[13]，光

可視光応答型光触媒

毒性を考慮した基準は定められていない。

また、光触媒の場合、製品そのものとしての安全性はもちろんのこと、光触媒反応によって生じる分解中間体についても安全性を評価する必要があると考えられる。

ここでは、これまでに得られている知見に基づいて、光を照射しない場合と照射する場合の光触媒そのものの生体安全性を、光触媒酸化チタンを例として評価する。また、光触媒反応中間体の生体安全性について考察する。

4.3.1 光触媒そのものの生体安全性－酸化チタンの例

酸化チタンは光非照射下で不活性であり、体内にも吸収されにくく、無毒とされている[14]。皮膚および眼に対して刺激性を示さず[15,16]、皮膚アレルギー性も示さない[16]。変異原性（遺伝毒性）については、バクテリアを用いたDNA損傷およびエームズ（突然変異性）試験、培養細胞を用いた染色体異常試験など多くの試験で陰性を示す[17~21]。極端に高濃度の粉塵に長期間吸入曝露した場合、肺に大量の粒子が沈着して肺線維症を起こす可能性があるが、可視光応答型光触媒の使用状況ではあり得ないと考えられる。経口投与では発がん性がない[17]。IARC（国際癌研究機関）では、ヒト発がんの可能性について分類できない（グループ3）と評価している[17]。

紫外線照射下では、変異原性試験において細胞毒性が顕著となり[30,31]、培養細胞を用いた光DNA損傷[31,32]および染色体異常試験で陽性であった[30]。光エームズ試験および光刺激性試験では陰性であった[30,31,34]。光アレルギー性試験の結果は得られなかった。

以上のとおり、酸化チタンは光非照射条件下では本質的に不活性な物質であるが、紫外線照射によりDNAおよび染色体への影響が認められる。エームズ試験および刺激性試験では、紫外線照射の有無にかかわらず陰性の結果が得られている。光アレルギー性の情報は得られなかった。

4.3.2 光触媒反応中間体の生体安全性

光触媒反応に関する光触媒そのもの以外の生体安全性を評価するためには、触媒表面に生じる活性酸素および分解対象物質由来の中間体について考えなければならない。

活性酸素

酸化チタンが光を吸収すると、触媒表面で空気中の酸素および水と反応し、スーパーオキシドイオン（O_2^-）、ヒドロキシラジカル（・OH）、過酸化水素（H_2O_2）、一重項酸素（$^1O_2$）の4種の活性酸素が生ずる。下記に示すとおり、反応性が高いものもあるが、不安定であり、触媒表面から数mmも離れるとほとんど観測できないなど[4]、寿命、拡散距離ともに極めて小さい。実際に使用する条件下では、生体安全性に悪影響を及ぼす可能性は極めて低いと考えられる。

O_2^-：反応性は低いが、・OHおよびH_2O_2の前駆体となる[22]。

・OH：最も反応性が高く、あらゆる物質と連鎖反応する[22]。DNA損傷の報告もある[32]。

第7章　可視光応答型光触媒の性能・安全性

H_2O_2：反応性は低いが，細胞膜を通過し，·OHとなる[22)]。
$^1O_2$：反応性は高いが，ラジカルではないので連鎖反応しない[22)]。

分解対象物質の中間体

　トルエンおよびアセトアルデヒドについて，紫外線照射下での分解過程が広く調べられている。分解中間体として検出されたそれぞれの物質について毒性情報を調査した。
　トルエンの分解過程は図3の通りである[23)]。トルエンには中枢神経系への影響があり[25)]，毒物および劇物取締法（毒劇法）で劇物指定されているが，主な生成物として生じるベンズアルデヒドにはそのような指定がない[25)]。ただし，一過的に生じるベンゼンはIARCでヒト発がん物質（グループ1）に分類されている[26)]。
　アセトアルデヒドの分解過程を図4に示した[27)]。アセトアルデヒドに毒劇物の指定はないが[25)]，IARCではヒト発がんの可能性あり（グループ2B）としている[28)]。分解中間体としては，ヒトが日常的に摂取している酢酸の他，劇物指定されている蟻酸およびホルムアルデヒド[25)]が生じる。ホルムアルデヒドについては，IARCでヒト発がん物質（グループ1）に分類されている[29)]。
　以上のように，活性酸素については，不安定で極めて速く消失することから生体安全性に悪影響を及ぼす可能性は極めて低い。トルエンおよびアセトアルデヒドなどの分解対象物質の分解中間体には，紫外線照射後，出発物質よりも毒性の強い物質が検出されるケースがある。ただし，分解中間体の生成およびその分解過程についての報告はあるものの，実際の使用状況を考慮して定量的な解析をした報告はない。従って，これら分解中間体が全体としてリスクを高めるのか減

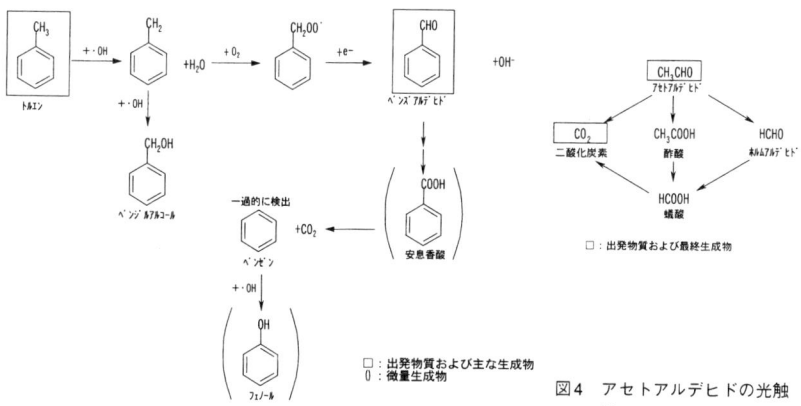

図3　トルエンの光触媒による分解過程（紫外線照射）[23)]

図4　アセトアルデヒドの光触媒による分解過程（紫外線照射）[29)]

可視光応答型光触媒

じるのかについても詳細に評価する（リスクアセスメント）必要がある。

4.4 可視光応答型光触媒の生体安全性評価法

4.2項に述べたように，可視光照射下での生体安全性を評価する方法は確立されていない。したがって，可視光応答型光触媒の生体安全性を評価するためには，まずこれを確立し，光触媒そのものについて可視光照射下での生体安全性を確認することが必要である。

また，トルエン，アセトアルデヒドなどの分解対象物質を可視光応答型光触媒で処理した際に生じる中間体を明らかにして，その定量的解析からリスクアセスメントする必要がある。

筆者らは，平成15年度から平成17年度までの予定で，㈱新エネルギー・産業技術総合開発機構（NEDO）の助成事業である光触媒利用高機能住宅用部材プロジェクトの中で，これらの課題に取り組んでおり，ここではその内容を紹介する。

4.4.1 可視光応答型光触媒そのものの安全性評価法

4.2項に述べたとおり，紫外線照射下での安全性評価が光変異原性，光感作性，光刺激性，光細胞毒性について提案されていることを勘案し，可視光照射下においても同様の試験を確立し，標準化に向けて提案する計画で，現在，検討を進めている。

試験が確立できれば，次いで，可視光応答型光触媒についてこれらの試験を実施し，その安全性を確認することになる。

4.4.2 可視光応答型光触媒反応中間体の生体安全性

可視光応答型光触媒においても，触媒表面に生じる活性酸素および分解対象物質由来の中間体が生じると考えられる。活性酸素の特性および安全性評価については，4.3.2項で述べたとおりである。

以降，筆者らが可視光応答型光触媒によるトルエンの気相光触媒分解で生成する中間体について分析検討した結果を報告する。

4.4.3 可視光応答型光触媒を用いたトルエンの光触媒分解（高濃度系）

トルエンの光触媒分解によって生成する中間体として，4.3.2項の図3の例が報告されているが，実際に可視光応答型酸化チタン光触媒を用いたトルエン分解中間体についての報告はない。筆者らは中間体を把握しやすい実験系として，図5に示す平板型の流通系反応装置を試作した。

光触媒を塗布したガラス板（80mm×80mm）を2枚反応容器にセットし，分解対象物であるトルエン50ppmvを含有，相対湿度50％に調湿した合成空気を反応ガスとして流通させた。光源には白色蛍光灯（20W）を使用し，光源と反応容器までの距離を調整，あるいはSUSのメッシュを挿入することによって，光触媒面での光強度を調節した。また白色蛍光灯からの光には365nmの紫外線が含まれるため，UVカットフィルム（富士写真フイルム㈱製：UVガード）を

第7章 可視光応答型光触媒の性能・安全性

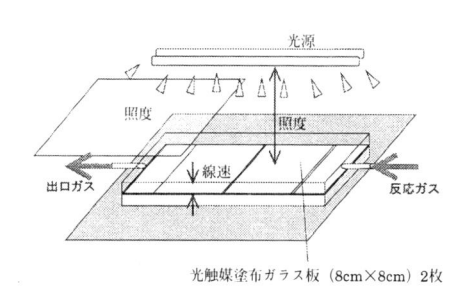

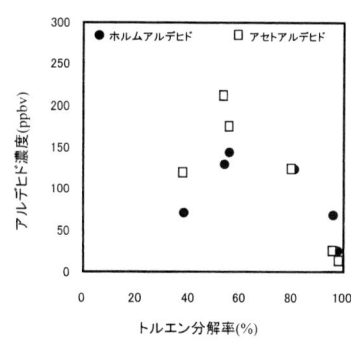

図5 平板型流通系反応装置モデル図

図6 平板型流通系反応装置における、トルエン（50ppmv）光触媒分解時に生成するアルデヒド濃度

装着することによって、紫外線をカットした白色蛍光灯での評価も実施した。

光触媒として当社の可視光応答型光触媒酸化チタン「TP-S201」を用い、適量の水で分散させ、バーコーターによってガラス板へ塗布し乾燥させたものを使用した。塗布量は$40g/m^2$である。

反応器入口ガスおよび出口ガスを採取し、ガスクロ法によってトルエン濃度の定量を行ないトルエンの分解率を求めた。また、出口ガスを所定時間DNPHカートリッジに通過させ、アセトニトリルで抽出し液クロ（HPLC）によってアルデヒド類の定量を実施した[33]。

反応ガスの流速あるいは光強度および光源（紫外線の有無）の種類によってトルエン分解率を種々変更させる実験において、以下のことが明らかとなった。

(1) トルエンを完全分解しない場合、ホルムアルデヒド、アセトアルデヒドのアルデヒド類が中間体として生成する。
(2) トルエン分解率が50％程度の時に副生するアルデヒド濃度が最も高く、その生成量は入り口トルエン濃度に対して0.5％程度である。
(3) 反応ガス流速や光強度、紫外線の有無を変更させても、トルエン分解率が同じ場合、同程度のアルデヒド類が副生する。

図6にトルエン入口濃度50ppmvの場合に生成するアルデヒド（ホルムアルデヒド、アセトアルデヒド）の生成挙動を示す。

4.4.4 可視光応答型光触媒を用いたトルエンの光触媒分解（20Lチャンバー法）

前項では平板型流通系反応装置による気相トルエン（高濃度）の光触媒分解で副生する中間体について述べた。本項では、より実用空間に近い評価系とするために、図7に示す「20Lチャンバー」でのトルエンの光触媒分解反応を実施した。図7に示す装置は、JIS A 1901「建築材料の

可視光応答型光触媒

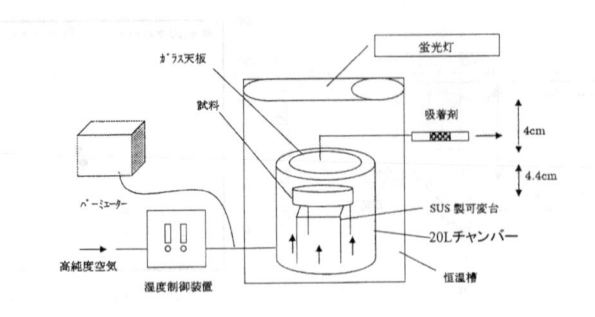

図7 20Lチャンバー（流通系）でのトルエンの光触媒分解反応装置

表1 20Lチャンバーにおけるトルエン光触媒分解で副生する中間体

反応ガス（トルエン）			中間体濃度 [ppbv]			分解トルエンに対する割合 [%]		
入口濃度 [ppmv]	出口濃度 [ppmv]	分解率 [%]	ホルムアルデヒド	アセトアルデヒド	ベンズアルデヒド	ホルムアルデヒド	アセトアルデヒド	ベンズアルデヒド
2.0	1.0	50	5.2	11.5	0.4	0.53	1.23	0.05
6.4	4.4	32	9.0	21.8	3.1	0.44	0.88	0.15

気積比：0.88，白色蛍光灯下430lx，換気回数0.5回/hr

揮発性有機化合物（VOC），ホルムアルデヒド及び他のカルボニル化合物放散測定方法 —小形チャンバー法」の装置において，天板にガラス板をはめこみ，光触媒分解反応ができるように改造したものである。

光触媒試料は前項で用いたものと同様であり，気積比（容積（m^3）に対する照射面積（m^2）の比）は0.88とした。

分解対象物であるトルエンを2.0ppmvおよび6.4ppmv含有し，相対湿度50％に調湿した合成空気を反応ガスとして流通させた。換気回数を0.5回/hrとして，反応ガス流量は168mL/minとした。光源には白色蛍光灯（20W）を使用し，430ルクス（紫外線強度：$3\mu W/cm^2$）の条件とした。アルデヒド類の定量は前項同様，DNPH-HPLC法とし，さらにTenax-GC/MS法により微量VOCの定量を実施した。

結果を表1に示す。トルエン分解率が50％の時，分解したトルエンに対する副生アルデヒドの生成割合は，ホルムアルデヒドで約0.5％，アセトアルデヒドで約1.2％となったが，この結果は前節の50ppmvトルエンを用いた平板型流通系反応実験の結果と一致していた。このことから，トルエンの分解が完全でない場合，中間生成物としてアルデヒド類が微量ではあるが気相に放散されることがわかる。

トルエンの分解中間体としてベンゼンの生成が懸念されたが，本実験においては検出されなか

第7章 可視光応答型光触媒の性能・安全性

表2 トルエン光触媒分解におけるリスクアセスメントの考え方

	指針値 $\mu g/m^3$	最大生成量(分解率50%)分解トルエンに対する生成割合%	分解前 $\mu g/m^3$	50%分解後 $\mu g/m^3$	濃度／指針値濃度 分解前	分解後
トルエン	260*	—	260	130	1	0.5
ホルムアルデヒド	100*	0.53	0	0.69	0	0.007
アセトアルデヒド	48*	1.23	0	1.60	0	0.033
ベンズアルデヒド	330**	0.05	0	0.07	0	0.0002
合計					1.00	0.54

*：厚生労働省指針値
**：米国EPA安全基準値に基づき算出

った（＜0.1$\mu g/m^3$）。

4.4.5 可視光応答型光触媒を用いたトルエンの光触媒分解のリスクアセスメント

トルエンの光触媒分解反応で，微量ではあるがアルデヒド類の副生が認められたが，この場合のリスクアセスメントを以下のように実施した。

トルエン，ホルムアルデヒド，アセトアルデヒドについては，厚生労働省により室内化学物質の指針値が策定されている。ここで，トルエン濃度として指針値である260$\mu g/m^3$を初期値とし，50%分解の時に副生アルデヒド量が最大となり，その副生量は前項の実験で得られた値を用いると，ホルムアルデヒドで0.69$\mu g/m^3$，アセトアルデヒドで1.60$\mu g/m^3$となる。これらの値を指針値で割り込み，その総和を比較する。表2に示すように，トルエン分解でのリスク軽減が0.5，一方，副生アルデヒド類生成によるリスク増加は0.04となり，分解中間体が生じてはいるものの，総じて1.0から0.54へとリスクは軽減されることになると考えられる。

4.5 まとめと今後の課題

光触媒の生体安全性に関して，現在確立されている光毒性評価方法を概観し，光触媒酸化チタン自身の安全性，光触媒反応で生じる中間化合物について調査した。NEDOプロジェクトの中での可視光応答型光触媒の安全性評価方法について，その進捗状況について報告した。本稿では可視光応答型光触媒そのものの安全性評価手法およびその結果を具体的に報告できなかったが，プロジェクト終了後は報告書として完成させる予定である。光触媒反応中間体についても本稿ではトルエンの例を報告したが，他の分解対象物についても実施中であり，今後合わせて報告する予定である。

可視光応答型光触媒

文　　献

1) 藤嶋昭; JETI, **47**, 65-67 (1999)
2) 藤嶋昭; 工業材料, **47**, 17-20 (1999)
3) 駒木秀明; 工業材料, **47**, 22-25 (2003)
4) 立間徹; 産業と環境, **32**, 21-23 (2003)
5) H. Spielmann; *Environ. Mutagen. Res.*, **23**, 53-64 (2001)
6) 秋元健ら編; "毒性試験講座 15 医薬品", 20. 外用剤, 309-330, 地人書館 (1990)
7) 厚生省薬務局審査課監修; "医薬品非臨床試験ガイドライン解説 1997", 第9章 皮膚光感作試験, 77-81, 薬事日報社 (1997)
8) 森田健, 若田昭裕; *Environ. Mutagen. Res.*, **23**, 119-136 (2001)
9) FDA; "Guidance for Industry; Photosafety Testing (DRAFT)", http://www.fda.gov/cder/guidance/3281dft.htm (2000)
10) EMEA; "Note For Guidance On Photosafety Testing", CPMP/SWP/398/01, http://www.emea.eu.int/pdfs/human/swp/039801en.pdf (2002)
11) OECD; "Guideline For Testing Of Chemicals; Draft Proposal For A New Guideline: 432, *In Vitro* 3T3 NRU Phototoxicity Test", DRAFT TG432, http://www.oecd.org/pdf/M00027000/M00027707.pdf (2002)
12) OECD; "New and Revised Test Guidelines Published", 15th Addendum (2004) http://www.oecd.org/document/40/0, 2340, en_2649_34365_33906280_1_1_1_1, 00.html
13) 垰田博史; "トコトンやさしい光触媒の本", 150-151, 日刊工業新聞社 (2002)
14) ACGIH; "Documentation of the Threshold Limit Values and Biological Exposure Indices", 7th ed. and amendments (2003)
15) D. Roy and J. Saha ; *East. Pharm.*, **24**, 125-156 (1981)
16) 有吉敏彦, 有薗幸司; フレグランスジャーナル, **80**, 40-44 (1986)
17) IARC; "IARC Monographs on the Evaluation of Carcinogenic Risks to Humans", **47**, 307-326 (1989)
18) V.C. Dunkel *et al.*; *Environ. Mutagen.*, **7** (Suppl.5), 1-248 (1985)
19) E. Zeiger *et al.*; *Environ. Mol. Mutagen.*, **11** (Suppl.12), 1-158 (1988)
20) J.L. Ivett *et al.*; *Environ. Mol. Mutagen.*, **14**, 165-187 (1989)
21) M.D. Shelby & K.L. Witt; *Environ. Mol. Mutagen.*, **25**, 302-313 (1995)
22) 高柳輝夫ら編; "活性酸素", 1-40, 日本化学会監修, 丸善 (1999)
23) V. Augugliaro *et al.*; *Appl. Cat. B: Environ.*, **20**, 15-27 (1999)
24) 後藤稠ら編; "産業中毒便覧", 医歯薬出版 (1982)
25) 厚生省医薬安全局毒物劇物研究会編; "改訂新版 毒物劇物取扱の手引", 時事通信社 (1999)
26) IARC; "IARC Monographs on the Evaluation of the Carcinogenic Risks to Humans", Suppl. 7 (1987)
27) M.L. Sauer & D.F. Ollis; *J. Cat.*, **158**, 570-582 (1996)
28) IARC; "IARC Monographs on the Evaluation of the Carcinogenic Risks to Humans", **36**, 101-132 (1985)
29) IARC; "IARC Monographs on the Evaluation of the Carcinogenic Risks to Humans", **88**

第7章 可視光応答型光触媒の性能・安全性

  (2004); Recently Evaluated, http://www-cie.iarc.fr/htdocs/announcements/vol88.htm
30) Y. Nakagawa *et al.*; *Mutat. Res.*, **394**, 125-132 (1997)
31) E. Gocke & A.-A. Chetelat; *Environ. Mutagen. Res.*, **23**, 47-51 (2001)
32) R. Dunford *et al.*; *FEBS Lett.*, **418**, 87-90 (1997)
33) 吉田弥明監修; "シックハウス対策の最新動向", 213-230, エヌ・ティー・エス (2005)
34) 村上知之; ファインケミカル, **30**, 21-30 (2001)

5 室内設計と効果

正木康浩[*1], 福田 匡[*2], 田坂誠均[*3]

5.1 はじめに

光触媒は多用途に製品化され,防汚,防曇や抗菌,水質・空気浄化等の機能製品が市場に提供されている。最近は室内の可視光でも光触媒機能を有する可視光型光触媒ならびに応用製品の開発が進められ,室内のVOC濃度低減に貢献する住宅部材の開発が進められている。

室内のVOC濃度低減に関して建築材料等から放散されるVOC量測定方法のJIS規格が制定された。また光触媒利用部材の窒素酸化物除去性能試験もJISに規定された。これらを受けて光触媒部材のVOC分解能評価方法も種々検討されており,室内で使用された場合の部材相互の特性比較等に活用できると考えられる。さらに実用的な評価を進め,室内でのVOC浄化性能を予測したり,効果的な光触媒部材の適用法を提案できるようにするため,シミュレーションモデルの作成を進めているので以下に概要を述べる。

室内VOCの浄化に関して,加藤らは吸着建材の効果ならびに室内汚染性状に関する数値解析あるいは居住者の吸気空気質の特性について報告している[1]。いっぽう光触媒による室内VOC低減を目的とした住宅部材の浄化効果に関する検討例は公表されていない。このような検討には可視光型光触媒のVOC分解能を評価する方法を定めること,室内空気の流動ならびに反応基質の拡散・対流および光触媒反応による分解消失を組み合わせた計算を行うこと,実大規模でのVOC濃度の分布・推移を実測してモデル計算を検証することが必要である。そして光触媒部材近傍の物質移動挙動ならびにVOC分解速度の見積りが必要であるが,室内のVOC濃度は低く測定には細心の注意が求められる。

本研究では壁面に可視光型光触媒が一様に塗布されている部材を想定し,ホルムアルデヒド(FA)濃度減衰に関する測定および種々の環境条件下でのアセトアルデヒド(AA)分解速度測定結果を用いて分解反応速度を推定するとともに,境膜モデルにて壁面近傍の物質移動速度を推定した。また実大実験により室内のFA濃度の推移・空間分布を測定して,シミュレーション計算と比較・検証した。

5.2 VOC拡散・分解挙動のモデル化

検討対象とした室内の環境条件は後述するが,居住者,家具がなく,UVカット型ガラス窓か

[*1] Yasuhiro Masaki 住友金属工業㈱ 総合技術研究所 商品基盤技術研究部 主任研究員
[*2] Tadashi Fukuda 住友金属工業㈱ 総合技術研究所 商品基盤技術研究部 部長研究員
[*3] Masahito Tasaka 住友金属工業㈱ 総合技術研究所 解析基盤技術研究部 主任研究員

第7章　可視光応答型光触媒の性能・安全性

らの採光，機械換気のみが施された気密・断熱度の高い約6畳の試験室とした。内壁全面にVOC類の吸着が無視できるステンレス板を貼り，その上に可視光型光触媒を塗布したパネルを懸架した。
(1) 実現象のモデル化
　反応基質をFAとして，その空気中濃度が室内の対流による混合・境膜内の拡散・触媒表面での分解によって変化するとした。なお，室内空気の対流は機械換気による外気の流入，室内空気の排気に伴う空気流れに促されて発生する。
(2) 境膜内の物質移動
　光触媒塗布パネルに接する空気層を境膜とし，この境膜における物質伝達係数を適正に設定することで室内の反応基質が触媒上に移動する速度過程をモデル化した。
(3) 光触媒表面での反応挙動
　光触媒によるアルデヒド類の分解については，触媒上に生じたカルボン酸等の中間生成物を経由して二酸化炭素と水を生成する[2]事が知られているが，全反応経路の解明ならびに速度式の特定はなされていない。本試験で用いた可視光型光触媒でも同様であり，AAの分解から反応中間体として蟻酸や酢酸の生成を確認している。ここではAAやFAの吸着過程ならびに分解反応過程を一括して一次反応と見なし，反応速度定数を求めた。濃度範囲など限定された条件下で適用できる実験式を作成してFAの室内濃度計算に適用した。
(4) 計算手法
　非定常数値流体解析（HSMAC法）による流動・伝熱の連成解析に濃度解析を組み込んで計算した。出力結果として濃度ならびに気流の分布・時間変化を得た。

5.3　反応速度に対する環境因子の影響
5.3.1　ラボ試験装置の仕様概要
　可視光型光触媒によるVOC分解について基礎的知見を得るとともに，反応速度に対する環境因子（照度，濃度など）の影響を把握するため，チャンバー型のラボ試験装置を製作した（図1）。
　装置は室内空間を想定し直方体とし，VOCを吸着しにくいとされるSUS304製とした。チャンバーの中には，撹拌用のファンを設けている。チャンバーの外には蛍光灯を設置しており，ガラス製の窓を介してチャンバー中心部に設置した試料に対し光照射を行う。照度は，蛍光灯の高さ，点灯本数，さらにステンレス製の網を減光用に組み合わせる事で，数十ルクスから12000ルクス程度まで調整できる。
5.3.2　ラボ試験条件
　ラボ試験装置を用いたVOCの分解試験は閉鎖系で行った。VOC分解について主に一次反応速

可視光応答型光触媒

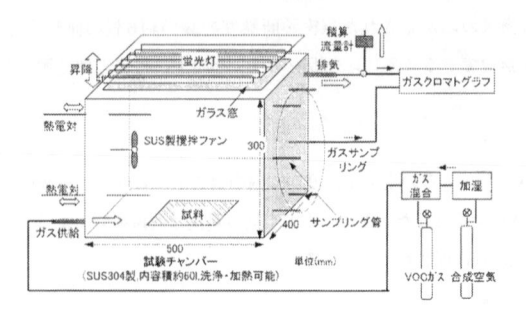

図1 ラボ試験装置

表1 ラボ試験条件

触媒	可視光型酸化チタン光触媒。試験にはブラックライトで3日以上プレ照射して使用。
試験片	上記光触媒を10cm角のガラス基材に塗布したもの。チャンバー底部に寄せて6枚使用（600cm²）。
反応体積	60リットル
気積率	$1.0m^2/m^3$
ガス組成	アセトアルデヒド（0.2～20ppm）－合成空気
湿度	50％±5％RH
温度	28±2℃
光源	白色蛍光灯（FL20SS/W）
照度	150～6000ルクス
UVカットフィルター	紫外線吸収剤入り市販アクリル板3mm^t。10000ルクスで約$0.5\mu W/cm^2$の漏れ。
ガス分析	GC-FID（アセトアルデヒド） GC-FID＋メタンコンバータ（CO_2）

度定数（k_1）のデータの収集を行った。具体的な試験条件を表1に示す。

　室内空間に含有される反応基質は空気の対流によって移動し，触媒表面まで拡散して吸着され，光触媒反応によって分解・費消される。触媒表面への拡散挙動は境膜モデルで考究することが多い。空気の対流や境膜内の物質移動は各室の環境条件で変化し，数値計算で反応基質の移動即ち室内の濃度分布を精度よく算定することができるようになってきた。したがって，ラボ試験では室内空気の対流状態に伴う反応基質の移動の難易の影響を極力排除して，触媒固有のVOC分解に対する一次反応速度定数を算出することが目的となる。反応基質の移動に関しては，チャンバー内のファン回転数をある一定以上とすると反応速度がほぼ一定となることを確認している。これはファンからの空気流によって触媒表面上の物質移動の抵抗がほぼ無くなったためである。そこでファンは常にその条件で回転させ試験を行う事にした。

　試験の反応基質にはAAを用いた。AAを選んだのはAAがFAと並び代表的な室内汚染原因物

第7章 可視光応答型光触媒の性能・安全性

質の一つであり，またガスクロマトグラフで高感度かつ安定に分析できるためである。DNPH分析が中心のFAの場合，濃度にもよるが1回の分析ガス採取量は少なくとも数リットルは必要となるが，AAを用いる本試験では5ミリリットル程度である。そのため閉鎖系内（約60リットル）への影響は非常に小さく，また分析間隔も短くできるので，速度の早い反応も精度良く追跡できる。

光触媒反応については光照射前に反応ガスを光触媒に十分に接触させ，吸着平衡を確認した後，光照射を開始した。

5.3.3 可視光型光触媒によるアセトアルデヒドの分解挙動

図2にAAの分解試験の一例を示す。AA濃度は光照射とともに速やかに減衰した。初期の減衰は，濃度とは無関係な0次反応に近く，系内濃度が低くなってくると濃度の影響を受けはじめ，実際の室内空間で問題となる0.1ppm前後の極低濃度領域ではほぼ一次反応となった。一次反応速度定数は図内に示す対数グラフにおける直線部分から算出できる。なお，二酸化炭素の生成については，酢酸等の反応中間体を経由するため，初期に誘導期間が見られ，全体としてAAの減衰に対しかなりの遅れが認められた。

5.3.4 各環境因子の影響度

AAの分解について照度，初期濃度をおのおの変えて反応速度定数を測定した。

k_1に対する照度の影響を図3に示す。1500ルクス以下の比較的低い照度範囲では，いずれの初期濃度でもk_1は照度に対して比例関係に近かった。さらに照度が高くなると照度増加に対するk_1の増加が徐々に小さくなる傾向を示した。

初期濃度の影響については，約2ppmを下回る範囲ではk_1はほぼ一定であった（図4）。しかし2ppmを超えるとk_1は小さくなった。これは初期濃度が高くなるほど触媒表面上に生成する反応中間体の量が増え，その表面で並行して進む極低濃度のAAの吸着，分解が阻害されるためと見られる。

筆者らは実際の家屋での照度についてモニター調査を行っている。その結果によると，居間では日中500ルクスを超える場合があるが，夜間は100ルクス程度，また玄関，寝室等は高くとも50ルクス程度であった。一方，実住宅で問題となっているVOCの超過平均濃度は高くとも数百ppbレベルと考えられる。これらの事から，室内空間のVOC濃度

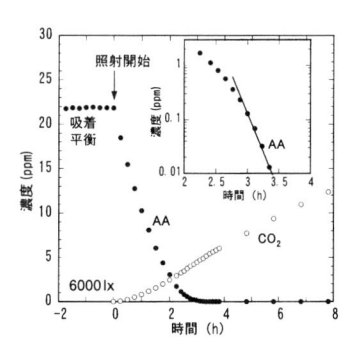

図2 アセトアルデヒド（AA）の分解挙動

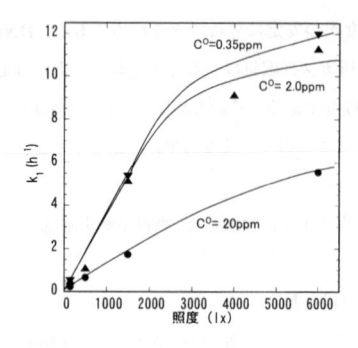

図3 アセトアルデヒド分解の一次反応速度定数（k_1）に対する照度の影響 C^0は初期濃度

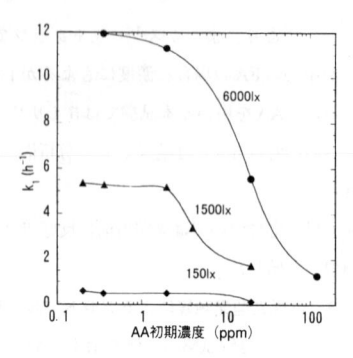

図4 アセトアルデヒド分解の一次反応速度定数（k_1）に対する初期濃度の影響

に対して数値解析を行う上ではVOCの分解は一次反応で，その速度は照度に比例するとして扱ってよいと判断できる。

5.4 室内VOCシミュレーション

5.4.1 VOC拡散・分解シミュレーションの基礎式

シミュレーションに用いる基礎式を (1)～(6)式に示す。

連続の式

$$\frac{\partial(\rho u)}{\partial x} + \frac{\partial(\rho v)}{\partial y} + \frac{\partial(\rho w)}{\partial z} = 0 \tag{1}$$

運動量の輸送方程式

$$\frac{\partial(\rho u)}{\partial t} + \frac{\partial(u\cdot\rho u)}{\partial x} + \frac{\partial(v\cdot\rho u)}{\partial y} + \frac{\partial(w\cdot\rho u)}{\partial z} = -\frac{\partial p}{\partial x} + \frac{\partial}{\partial x}\left(\mu\frac{\partial u}{\partial x}\right) + \frac{\partial}{\partial y}\left(\mu\frac{\partial u}{\partial y}\right) + \frac{\partial}{\partial z}\left(\mu\frac{\partial u}{\partial z}\right) + F_x \tag{2}$$

$$\frac{\partial(\rho v)}{\partial t} + \frac{\partial(u\cdot\rho v)}{\partial x} + \frac{\partial(v\cdot\rho v)}{\partial y} + \frac{\partial(w\cdot\rho v)}{\partial z} = -\frac{\partial p}{\partial y} + \frac{\partial}{\partial x}\left(\mu\frac{\partial v}{\partial x}\right) + \frac{\partial}{\partial y}\left(\mu\frac{\partial v}{\partial y}\right) + \frac{\partial}{\partial z}\left(\mu\frac{\partial v}{\partial z}\right) + F_y \tag{3}$$

$$\frac{\partial(\rho w)}{\partial t} + \frac{\partial(u\cdot\rho w)}{\partial x} + \frac{\partial(v\cdot\rho w)}{\partial y} + \frac{\partial(w\cdot\rho w)}{\partial z} = -\frac{\partial p}{\partial z} + \frac{\partial}{\partial x}\left(\mu\frac{\partial w}{\partial x}\right) + \frac{\partial}{\partial y}\left(\mu\frac{\partial w}{\partial y}\right) + \frac{\partial}{\partial z}\left(\mu\frac{\partial w}{\partial z}\right) + F_z \tag{4}$$

第7章 可視光応答型光触媒の性能・安全性

物質（HCHO）の輸送方程式

$$\frac{\partial(\rho C)}{\partial t}+\frac{\partial(u\cdot\rho C)}{\partial x}+\frac{\partial(v\cdot\rho C)}{\partial y}+\frac{\partial(w\cdot\rho C)}{\partial z}=\frac{\partial}{\partial x}\left(D_x\frac{\partial(\rho C)}{\partial x}\right)+\frac{\partial}{\partial y}\left(D_y\frac{\partial(\rho C)}{\partial y}\right)+\frac{\partial}{\partial z}\left(D_z\frac{\partial(\rho C)}{\partial z}\right)+M_{vol} \quad (5)$$

エネルギーの輸送方程式

$$\frac{\partial(\rho C_pT)}{\partial t}+\frac{\partial(u\cdot\rho C_pT)}{\partial x}+\frac{\partial(v\cdot\rho C_pT)}{\partial y}+\frac{\partial(w\cdot\rho C_pT)}{\partial z}=\frac{\partial}{\partial x}\left(\lambda_x\frac{\partial T}{\partial x}\right)+\frac{\partial}{\partial y}\left(\lambda_y\frac{\partial T}{\partial y}\right)+\frac{\partial}{\partial z}\left(\lambda_z\frac{\partial T}{\partial z}\right)+Q_{vol} \quad (6)$$

記号 C：ホルムアルデヒド濃度［kg-HCHO/kg-air］ u,v,w：空気速度［m/s］ p：圧力［Pa］ T：温度［K］ ρ：空気密度［kg/m^3］ μ：粘性係数［Pa·s］ D：拡散係数［m^2/s］ λ：熱伝導率［W/(m·K)］ C_p：定圧比熱［J/(K·kg)］ F_x：外力項［N/m^3］ M_{vol}：物質生成項［kg/(m^3·s)］ Q_{vol}：熱生成項［W/m^3］

前項までで述べたように，光触媒を塗布した壁面ではホルムアルデヒドが (7)式に示すM_{vol}だけ気相側セルから触媒壁面に消滅すると仮定し，これを (5)式のM_{vol}として用いた．

$$M_{vol}=\rho\cdot A_w\cdot k_1\cdot C_w/V_{cell} \quad (7)$$

ここでV_{cell}は界面の気相側セルの体積，A_wはセルの触媒壁面積，触媒壁面でのホルムアルデヒド濃度C_wは，

$$C_w=(h/(h+k_1))\cdot C \quad (8)$$

とした。ここでCは触媒壁面に接する気相側セルのホルムアルデヒド濃度を表している．

5.4.2 解析条件

解析領域（図5）は住宅試験で用いたモデルハウスの試験室と同一寸法とした。解析条件を表2に示す。光触媒壁面の反応速度定数k_1は前述の通りFAの低濃度範囲（約2ppm以下）では照度に比例するとして差し支えない。このためk_1は図6に示す実測照度に基づき設定した時間と照度の関係により算出した。

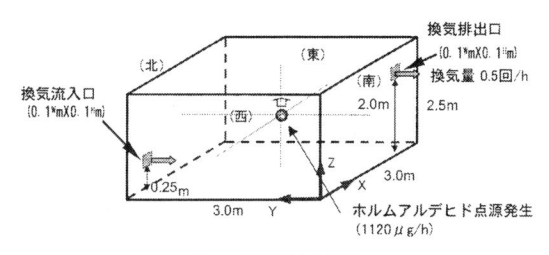

図5 解析領域の概要

可視光応答型光触媒

表2 VOC分解シミュレーションでの解析条件

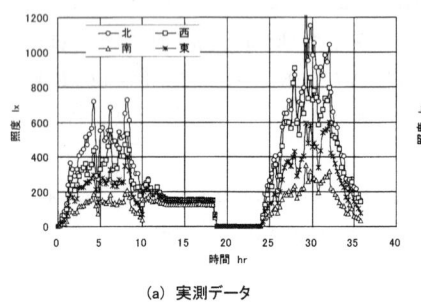

解析手法	差分法，非定常，三次元，HSMAC法
室内外温度	27℃
換気量	0.5回/h（排出口風速は0.31m/s）
ホルムアルデヒド拡散係数	1.537×10^{-5} [m²/s]
初期濃度	実測値に基づき分布
壁面物質伝達係数 h	5.9×10^{-3} [m/s]（$=21.2$ [m/h]） （熱伝達係数7 [W/(mK)] とルイスの関係より算出）
反応速度定数 k_1	照度測定値（図6）より算定。住宅試験のような低濃度域では照度に比例。
ホルムアルデヒド発生量	1120 [μg/h]（部屋中心部の点源より発生）

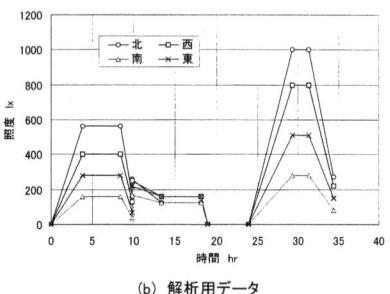

(a) 実測データ

(b) 解析用データ

図6 反応速度定数（k_1）設定用の照度データ

5.4.3 物質伝達係数の影響

住宅室内の壁等の固体表面では物質伝達係数h_dを9～18m/hとしている[3]。一方，室内対流熱伝達係数は2～7W/(m²K) 程度[4]とされ，熱伝達/物質移動の相似則よりh_dは6～21m/hとなる。本研究では物質伝達係数を5.9×10^{-3}m/s（21m/h）に固定した。本研究と同じ約6畳の室内空間に光触媒を設置し，物質伝達係数のみを変化させた場合のFA室内平衡濃度の解析結果を図7に示す。この図より上記範囲において物質伝達係数が濃度解析結果に及ぼす影響は小さい。

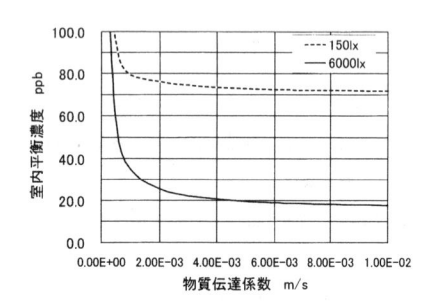

図7 室内平衡濃度に及ぼす物質伝達係数の影響

5.4.4 住宅における実測値とシミュレーションの比較

住宅試験および濃度シミュレーションにより得られた室内FA平均濃度の経時変化を図8に示

第7章 可視光応答型光触媒の性能・安全性

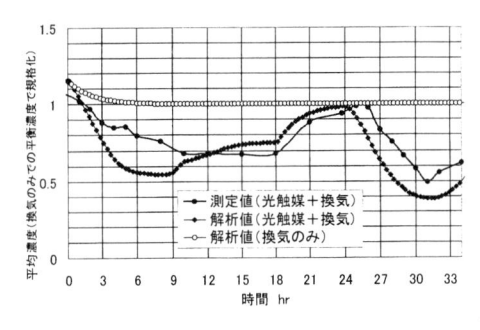

図8 実測値と解析値との比較

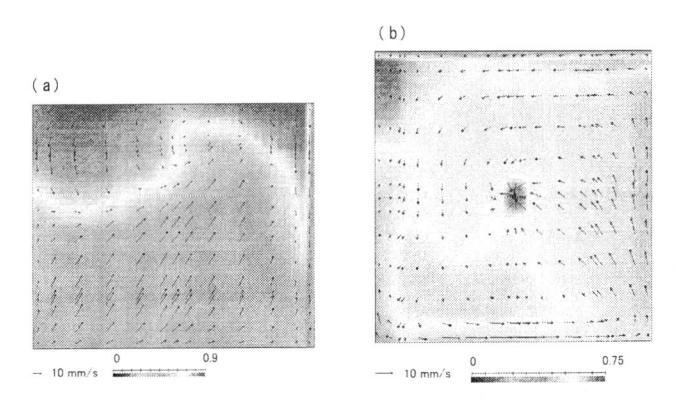

(a) (b)

図9 室内の濃度分布と速度分布

す。縦軸のFA濃度は0.5回/h換気のみで平衡するFA濃度で規格化した値を示した。実測値と解析値を比較すると濃度の時間推移は大体よく似た傾向を示しており，本例で用いたシミュレーション手法により，住宅室内での実現象をほぼ予測出来ると考えられる。但し，解析値が実測値とやや乖離した部分が見られるのは，これらの部分で解析に用いた特性値（反応速度定数 k_1 等）に誤差があるためと考えられ，今後改善する必要がある。

5.4.5 室内濃度分布

濃度シミュレーションを用いて光触媒部材によるVOC分解効果を可視化することにより，その効果的な使い方を提示することが可能となる。図9に室内における光照射開始から約5時間後のFA濃度分布と速度分布を示す。(a)は光触媒パネルを一面に懸架した東側壁面付近の鉛直断面，(b)は床上1.3mの部屋中央水平断面の分布である。これらの図よりFAのよどみ点等の分布

可視光応答型光触媒

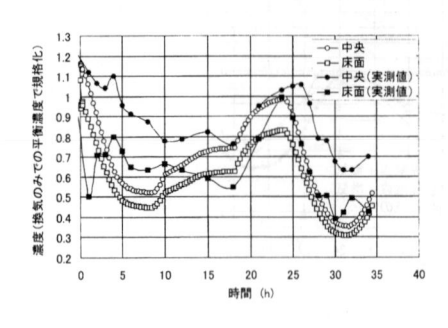

図10　室内各地点での濃度経時変化

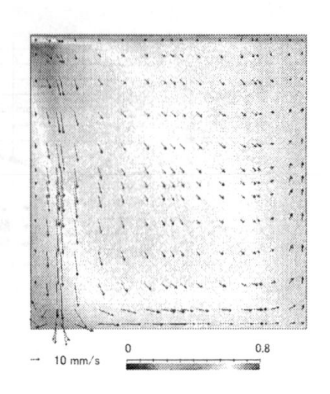

図11　床上250mmでの濃度と速度の分布

が一目で把握でき，光触媒部材を置くべき位置の推定等，利用技術が開発できる。図10は室内の中央と床面中央付近のFA濃度の経時変化を実測値と解析値双方について示したものである。解析結果は実測値と差が見られるものの，濃度分布傾向を概ね表しており，室内濃度分布の予測に利用できるものと思われる。図11は室内床付近での生活時間が長い乳幼児の顔の位置を想定した水平断面でのFA濃度分布を示したものである。図中央か

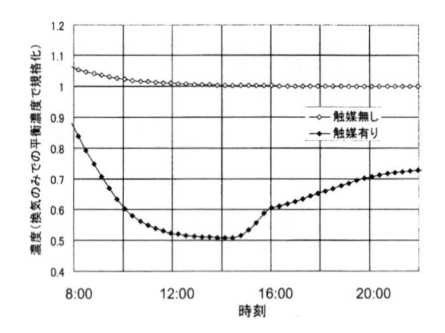

図12　光触媒の有無による床上250mmでの濃度の比較

ら左上（北西）にかけて濃度が高いことが見て取れる。この断面でのFA平均濃度の活動時間帯での推移を図12に示す。光触媒を設置することにより，昼間，乳幼児が移動する範囲でFA濃度を大幅に低減できることが判る。

5.5　おわりに

可視光型光触媒を利用した室内VOC浄化部材の効果予測あるいは室内浄化に必要な部材仕様や適正配置の提案を目的としてシミュレーションモデルの開発に取り組んだ。得られた主な結果は次のとおりである。

(1) 可視光型光触媒によるアルデヒド類の分解反応速度に与える環境因子の影響を把握するため，アセトアルデヒドを反応基質として閉鎖系チャンバー試験を行ない，照度，濃度域の効果を含む

第7章 可視光応答型光触媒の性能・安全性

一次反応の実験式を得た。
(2) 非定常流体解析（HSMAC法）による室内空気流動解析に，一次反応の実験式を適用した分解反応を含む濃度計算を組み込んで，VOCの濃度および気流の分布・時間変化を算定する計算コードを開発した。
(3) シミュレーション計算値は，実大規模でVOC定常発生と機械換気を施した室内VOC濃度の実測値と比較的よく一致し，計算手法の妥当性を確認できた。

文　　　献

1) 加藤ら，多孔質固体内部における物質拡散のモデル化とミクロ-マクロモデルによる室内VOCs濃度予測 揮発性有機化合物 (VOCs) の吸脱着・放散現象のモデル化とその数値予測 (その2), 日本建築学会計画系論文集, 第542号 (2001)
2) 例えば T.Noguchi and A.Fujishima, Photocatalytic Degradation of Gaseous Formaldehyde Using TiO_2 Film, *Environ. Sci. Technol.*, Vol.32, No.23, pp3831-3833 (1998)
3) JIS A 1901
4) 古市ら, 室内空気中の化学物質のための吸着建材の性能に関する実験と数値解析, 日本建築学会関東支部研究報告集, 2002. 3

第8章　可視光応答型光触媒の開発，実用化技術

1　合成皮革応用

溝口郁夫[*1]，山田真義[*2]

1.1　製品概要・特徴

　現在，当社で生産している合成皮革は，靴，カバン，室内用や車輌用シートなどの表皮材として皮の代替品として広く利用されている。特にこの中で一般的なリビングのソファー一式（3人掛け1脚と1人掛け2脚）には，約10m^{2}が表皮材として使用されている。これらの表皮材へ光触媒を用いることにより，空気浄化効果だけではなく，抗菌効果，手垢などの生活汚れやタバコのヤニ汚れを低減させる効果も期待されている。また，合成皮革は家具の表皮材だけではなく，車輌用内装材での市場も大きい。車内は特に，密閉空間のためにタバコ臭などの悪臭が蓄積され易い環境であり，光触媒を用いることにより悪臭の分解除去が期待されている。最近の車内では，紫外線はカットされているものの，高い可視光エネルギーを得ることができ，可視光応答型光触媒の光照射条件にとっては最適な環境であると言える。参考として，日中の車内ダッシュボード付近の光量は，0.3μW/cm^2，50,000ルクスであり，室内の数十倍の光エネルギーが存在する。

　また，居住空間での問題点としては，新建材，衣料品，化粧品，塗料，接着剤，印刷物，各種クリーナー等から放出するVOCガス，タバコ臭やペット臭など様々な悪臭の問題が挙げられる。家具や新建材より放散する有害化学物質は，室内空気汚染の原因として問題視され，人体への影響が懸念されている。そこで，活性炭など物理吸着材を用いる方法が建築業界では採用されつつあるが，ガス吸着量に限界があり初期の吸着効果しか得ることはできず，半永久的な効果を期待することは難しい。さらに，温度や湿度の環境が変化した場合，吸着したガスの再放出が起こる可能性もある。これらの問題点を改善させるために，光触媒と吸着材を複合化したハイブリッド型光触媒の応用も提案されている。光触媒については，可視光応答型の製品でも活性力の高い次世代品も市場に現われ，室内における光触媒の実用性はさらに高くなってきている。

　光触媒合成皮革の商品設計として，光触媒を少ない量で効率良く発揮させることが望ましい。そこで，当社は表面層に光触媒層を積層させる方式をとってきている。また，光触媒性能が向上するにつれ光触媒による有機物基材の劣化が問題となってくる。そこで，光触媒層のみならず下

[*1]　Ikuo Mizoguchi　アキレス㈱　研究開発本部　主任研究員
[*2]　Masayoshi Yamada　アキレス㈱　研究開発本部　研究員

第8章 可視光応答型光触媒の開発,実用化技術

層に光触媒でも分解しづらいプライマー層群を傾斜的に設け,基材の耐久性を向上させている(図1)。特に合成皮革に於いては,その特徴である柔軟な風合いを損なわない光触媒塗料及び構成層の開発に注力してきた。この塗料及び固着技術の開発により,基材の耐久性,柔軟性,耐摩耗性を維持させた光触媒塗布合成皮革が開発できた。また,光触媒には㈱豊田中央研究所が開発した紫外光のみならず可視光線にも応答する光触媒「V-CAT」を用いている。

1.2 特 性
1.2.1 メチレンブルー褪色
付着した有機物汚れを想定した汚れ分解評価として,メチレンブルー溶液の褪色試験を行った。メチレンブルーの褪色評価方法として,0.01mmol/lのメチレンブルー溶液に試料を浸漬し,乾燥させ着色させた試料に380nm以下UVカットフィルムを付けた白色蛍光灯(1500ルクス,0.2μW/cm^2)を6時間照射させ,メチレンブルーの青色の褪色効果を色差値(Δb)により評価を行った。結果として,光触媒加工品のみ青みの褪色が確認された(図2)。

この結果より,室内を想定した可視光線照射下において光触媒合成皮革は付着した有機物汚れを低減できると考える。

1.2.2 ガス分解
タバコの煙の成分であるアセトアルデヒドとVOCガスの代表としてホルムアルデヒドを選定し,ガス分解評価を行った。アセトアルデヒドガスの分解評価には,容積5Lのテドラーバッグに10cm×10cmの裏面をアルミテープにより遮蔽した試料を入れ,380nm以下UVカットフィルム付き白色蛍光灯6000ルクスを照射し可視光環境下にて評価をおこなった。ガス濃度分析には,検知管と光音響マルチガスモニターを用い,分解生成物の二酸化炭素濃度の測定も行った。結果として,可視光を照射した場合,可視光応答型光触媒品のみアセトアルデヒドの分解(図3)

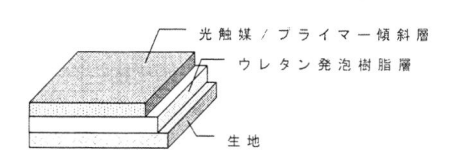

図1 合成皮革の構成例

図2 メチレンブルーの褪色

可視光応答型光触媒

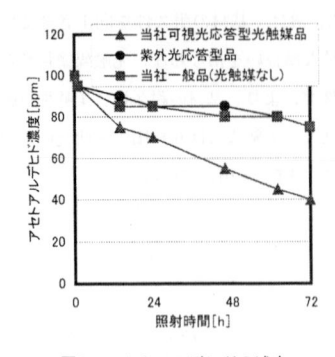

図3 アセトアルデヒドの減少

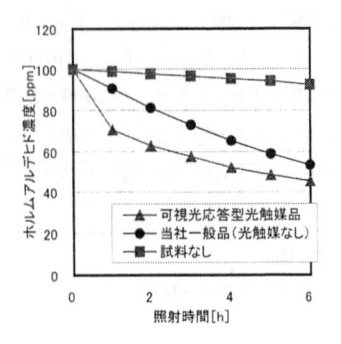

図4 ホルムアルデヒドの減少

とホルムアルデヒドが分解し二酸化炭素が生成していることが確認された（図4，図5）。また，紫外光応答型光触媒は，ブランクである一般品と同じ結果となり，可視光では光励起し難いことが確認された。

これらの結果より，可視光応答型光触媒応用製品は室内環境での生活臭やVOCガスに対し，分解効果を得ることができると考えられる。

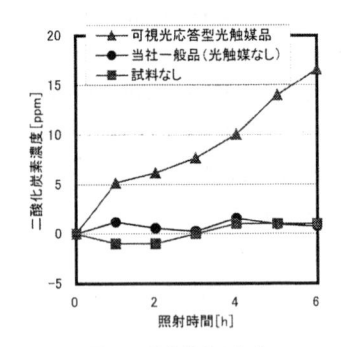

図5 二酸化炭素の生成

1.2.3 抗菌試験

評価方法として，抗菌製品技術協議会の試験法（光照射フィルム密着法）に準じ，光源は380nm以下UVカットした蛍光灯5000lxを照射し，大腸菌，黄色ブドウ球菌に対する抗菌試験を行った。結果として，光照射を行うことにより，菌を完全に死滅させることが確認できた（表1）。

表1 抗菌試験例

菌種	初期菌数	明所	暗所
大腸菌	520,000	<10	470,000
黄色ブドウ球菌	440,000	<10	12,000

※試験機関　栃木県保健衛生事業団

1.2.4 物性

家具用合成皮革における物性結果を表2に示す。この結果から，耐摩耗性，柔軟性を付与した光触媒塗料を用いることにより，光触媒加工を施したものでも従来の合成皮革に劣らない耐摩耗性，耐久性を保持することができ，実使用において光触媒効果の低下も少ないと考えられる。

第8章 可視光応答型光触媒の開発，実用化技術

表2 可視光応答型光触媒合成皮革の一般物性例

項目	試験条件	自社規格値	判定
耐摩耗性	平面磨耗試験（6号帆布，1000回）	3級以上	4－5級
	テーバー磨耗試験（CS-10，1kg，1000回）	3級以上	4－5級
耐光性	スーパーUV試験（40h照射）	3級以上	4級
	フェードメーター（63℃，200h照射）	3級以上	4級
耐久性	スーパーUV 40h照射後，平面磨耗試験	3級以上	4級
	スーパーUV 40h照射後，テーバー磨耗試験	3級以上	4級
	フェードメーター200h照射後，平面磨耗試験	3級以上	4級
	フェードメーター200h照射後，テーバー磨耗試験	3級以上	4級

1.3 技術PR

本研究は，2003年度㈱新エネルギー・産業技術総合開発機構（NEDO）の開発テーマ「室内部材への光触媒応用研究」として商品化を行ったものである。また，光触媒として㈱豊田中央研究所の開発した可視光応答型V-CAT光触媒を活用し，柔らかい基材でも柔軟性と密着性を維持するとともに，基材自体を光触媒により劣化させないといったこれまでの問題を解消した塗料及び固着技術を開発し，光触媒の応用範囲を大幅に広げることが可能になった。今後，自社の室内向け製品への応用展開を図り，順次上市していく計画である。

2 壁紙応用

溝口郁夫[*1], 山田真義[*2]

2.1 製品概要・特徴

従来の紫外光応答型光触媒酸化チタンは、蛍光灯しか光源がない室内環境下では通常380〜420nmまでの極一部の可視光線にしか応答せず、蛍光灯照射下において光触媒効果を得ることは難しい。そこで、近年開発されてきた380〜600nmまでの可視光領域にも応答する可視光応答型光触媒酸化チタンを用いることにより、室内環境下においても十分な光触媒効果を得ることができる様になった。また、床面積100m^2、高さ2.4m、ドアや窓がある標準的な住宅の場合、壁紙の使用面積として、壁面には約80〜90m^2、天井には100m^2の壁紙が施工されている。この様に壁紙は、使用面積が非常に多いことから、新建材から空気中へ放散されているVOCガスや生活悪臭などの分解に対し、極めて有効的な室内空気浄化部材であると言える。さらに、壁紙に光触媒を用いた場合の機能性については、空気浄化効果だけではなく、抗菌効果、手垢などの生活汚れやタバコのヤニ汚れを低減させる効果も期待することができる。

壁紙の施工環境としては、戸建の住宅だけではなく学校、老人施設、病院、高層住宅など広範囲の建物での施工を考慮にいれた防火性能も考慮にいれなければならない。また、可塑剤やVOCガスが放散しない素材の選定など環境面を考慮にいれた材料選定も考慮に入れる必要がある。

壁紙の商品設計として、光触媒効果を少ない量で効率良く発揮させることが望ましい。そこで、当社は表面層に光触媒層を積層させる方式をとってきている。また、光触媒性能が向上するにつれ光触媒による有機物基材の劣化が問題となってくる。そこで、光触媒層の下層に光触媒でも分解しづらいプライマー層群を傾斜的に設け、基材の耐久性を向上させている(図1)。

光触媒酸化チタン原料粉末や光触媒塗膜の光触媒活性評価には、スピントラップESR法を用い、光触媒から生成したOHラジカルの生成量を解析することで最適条件化を行っている。この方式の特徴は、簡便に光触媒粉末や塗膜の光触媒活性評価を短時間で行うことができることから、当社では光触媒評価法の有効な手段の1つとして用いている。

本研究は、2003年度㈱新エネルギー・産業技術総合開発機構（NEDO）の開発テー

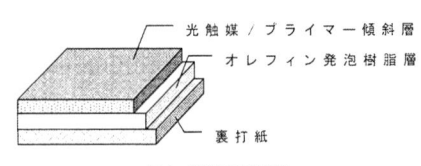

図1 壁紙の構成例

光触媒／プライマー傾斜層
オレフィン発泡樹脂層
裏打紙

[*1] Ikuo Mizoguchi アキレス㈱ 研究開発本部 主任研究員
[*2] Masayoshi Yamada アキレス㈱ 研究開発本部 研究員

第8章　可視光応答型光触媒の開発, 実用化技術

マ「室内部材への可視光応答型光触媒応用研究」として商品化を行ったものである。また, 当社では可視光応答型光触媒粉末, 塗料化及び塗膜性能の比較検討と, 環境を考慮に入れた基材選定から, 総合的な可視光応答型光触媒壁紙の商品設計を行っている。

2.2 評　価
2.2.1　OHラジカル生成量測定

光触媒酸化チタンの粉末の選定において, スピントラップESR法を用い最適な光触媒の選定を行った。測定条件として, 可視光線を想定した380nm以下UVカットフィルムを付けた白色蛍光灯（6000ルクス, $0.2\mu W/cm^2$）を15分間照射させたときに生成したOHラジカルをラジカル安定剤（DMPO）と結合させ, 日本電子㈱製電子スピン共鳴装置（ESR）により解析を行った（図2）。この結果より, A, B, DのOHラジカル生成量は多く, 光触媒粉末におけるOHラジカルの生成に差が生じることが確認された。また, 同様に光触媒塗膜でのOHラジカル量の比較も行い, 酸化チタンとバインダー比率の最適塗膜配合の検討にも応用している。

2.2.2　メチレンブルー褪色

有機物汚れを想定したメチレンブルーの褪色試験を行った。メチレンブルーの褪色評価方法として, 0.01mmol/lのメチレンブルー溶液に試料を浸漬し, 乾燥させ着色させた試料に380nm以下UVカットフィルムを付けた白色蛍光灯（1500ルクス, $0.2\mu W/cm^2$）を6時間照射させ, メチレンブルーの青色の褪色効果を色差値（Δb）により評価を行った。メチレンブルーの褪色性効果として, 光触媒加工品のみ青味の褪色が確認された（図3）。

この結果より, 室内を想定した可視光線照射下において, 光触媒壁紙は付着した有機物汚れを低減できると考える。

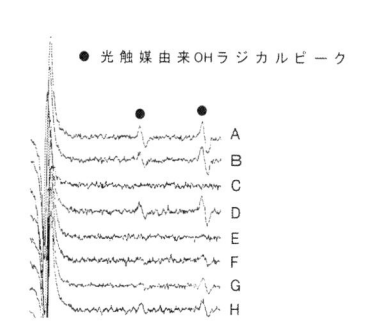

図2　光触媒粉末のOHラジカル生成

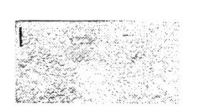

図3　メチレンブルーの褪色

可視光応答型光触媒品（Δb=3.39）

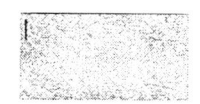

当社一般の壁紙（Δb=0.07）

可視光応答型光触媒

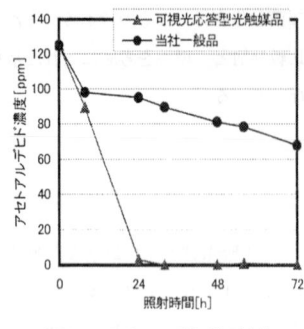

図4 アセトアルデヒドの減少

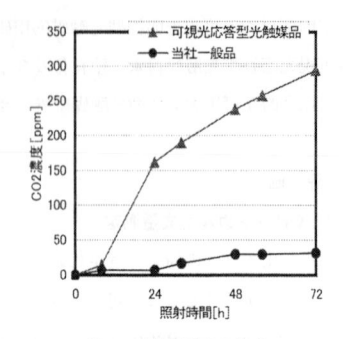

図5 二酸化炭素の生成

2.2.3 ガス分解

タバコの煙の成分であるアセトアルデヒドガスを選定し，ガス分解評価を行った。アセトアルデヒドガスの分解評価には，容積1Lのガラス容器に4cm×20cmの試料を入れ，白色蛍光灯8000ルクスを照射し評価を行った。結果として，アセトアルデヒドが分解し二酸化炭素が生成していることが確認された（図4，図5）。

この結果より，可視光応答型光触媒応用製品は室内環境での生活臭やVOCガスに対し，分解効果を得ることができると考えられる。

表1 抗菌試験例

菌種	初期菌数	明所	暗所
大腸菌	460,000	<10	3,900
黄色ブドウ球菌	300,000	<10	303,000

※試験機関　栃木県保健衛生事業団

2.2.4 抗菌試験

評価方法として，抗菌製品技術協議会の試験法（光照射フィルム密着法）に準じ，光源は380nm以下UVカットした蛍光灯5000lxを照射し，大腸菌，黄色ブドウ球菌に対する抗菌試験を行った。結果として，光照射を行うことにより，菌を完全に死滅させることが確認できた（表1）。

2.2.5 物　性

壁紙における物性結果を表2に示す。この結果から，耐磨耗性，柔軟性を付与した光触媒塗料を用いることにより，光触媒加工を施したものでも耐磨耗性，耐久性を高くすることができ，実使用において光触媒効果の低下は少ないと考えられる。

2.3 施工事例

光触媒壁紙の施工事例としては，トヨタグループの協力を得て，愛知万博のトヨタグループ館の壁面へ施工され，室内空気浄化部材として室内環境浄化に貢献している。また，光触媒壁紙の

第8章 可視光応答型光触媒の開発,実用化技術

表2 光触媒壁紙の物性

試験項目			規格値,評価条件	判定
退色性			4級以上(JIS A 6921)	4-5級
耐摩耗性	DRY	縦	4級以上(JIS A 6921)	4-5級
		横	4級以上(JIS A 6921)	4-5級
	WET	縦	4級以上(JIS A 6921)	4-5級
		横	4級以上(JIS A 6921)	4-5級
隠蔽性			3級以上(JIS A 6921)	3級
施工性			浮き及び剥がれがないこと(JIS A 6921)	剥がれ浮き等なし
湿潤強度(N/1.5cm)		縦	5.0以上(JIS A 6921)	24.15
		横	5.0以上(JIS A 6921)	19.52
ホルムアルデヒド(mg/L)			0.2以下(JIS A 6921)	検出限界0.1以下
硫化汚染性(5分間浸漬)			4級以上	4-5級
耐薬品性			2%NaOH 24h浸漬	4-5級
			5%HCl 24h浸漬	4-5級
			10%CH_3COOH 24h浸漬	4-5級
			10%NH_4 24h浸漬	4-5級
防火性能			下地:不燃石膏ボード	準不燃

他に,学校や老人福祉施設へのシックハウス症候群対策商品として,光触媒掲示板や光触媒間仕切り,病院においては空気中の浮遊菌の除菌対策品としての応用展開も図っている。

壁紙は新築施工,模様替え,リフォームなどの需要により,年間壁紙出荷量は約7億m^2と市場は大きい。今後,この大きな市場において光触媒壁紙が室内空気浄化部材として普及することを期待する。

3 フィルター応用

加藤真示＊

3.1 可視光応答型光触媒のフィルター化

　粉末状の可視光応答型光触媒を空気浄化用フィルターに応用するためには，光触媒粉末をなんらかの基材に固定化する必要がある。その固定化の方法としては，金属やセラミックスにコーティングを施す手法や有機繊維に漉き込んでハニカム状に成形する手法が一般的である。

　図1は窒素ドープ型の可視光応答型光触媒粉末[1]（以下，Ti-O-N粉末）をセラミック多孔体の表面にコーティングした例である。セラミック多孔体は3次元に複雑に絡み合った網目状の骨格からなり，多孔体内を汚染空気が通過すると気体中の有害物質がTi-O-N粉末に接触しやすい構造となっている。また，セラミック多孔体は酸化物であるのでTi-O-N粉末との濡れ性が高く，コーティング液の調製により高い比表面積（例えば，BET比表面積$250m^2/g$）を保った状態で，Ti-O-N粉末をセラミック多孔体にコーティングすることが可能となる。

　図2の装置は，JIS R-1701-1「光触媒材料の空気浄化性能試験方法」[2]の光照射容器をフィルター形状の試験片が評価できるように改造したものである。Ti-O-N粉末をコーティングしたフィルター（以下，光触媒フィルター）の空気浄化性能を試験した結果を図3と図4に示した。図3は，1ppmのアセトアルデヒドガスを10,000lxの蛍光灯下で分解除去した結果である。試験ガスを湿度50％，流量1.5L/minに調整し，光触媒フィルターを通過後のアセトアルデヒドおよびCO_2濃度を測定した。蛍光灯による可視光線の照射直後において，アセトアルデヒドの著しい濃度低下が認められるとともにCO_2の発生が確認された。蛍光灯点灯時におけるCO_2の発生量は，アセトアルデヒドの減少量の約2倍であることから，除去されたアセトアルデヒドは反応式①に

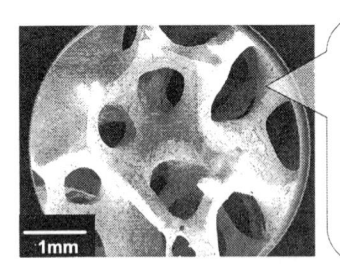

図1　可視光応答型光触媒がコーティングされた光触媒フィルター

＊　Shinji Kato　㈱ノリタケカンパニーリミテド　研究開発センター　チームリーダー

第8章 可視光応答型光触媒の開発，実用化技術

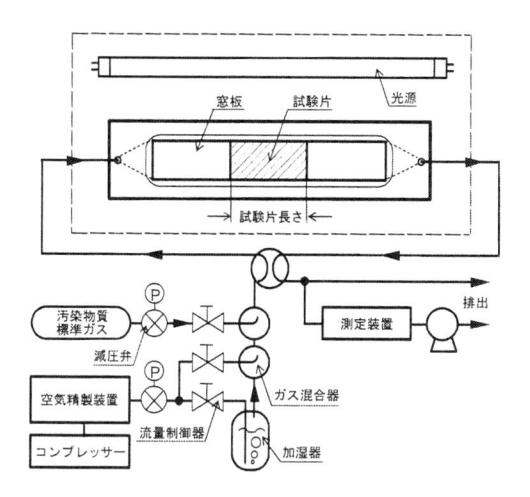

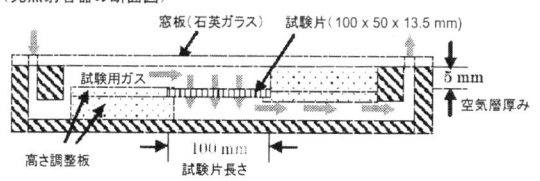

図2 試験装置の構成

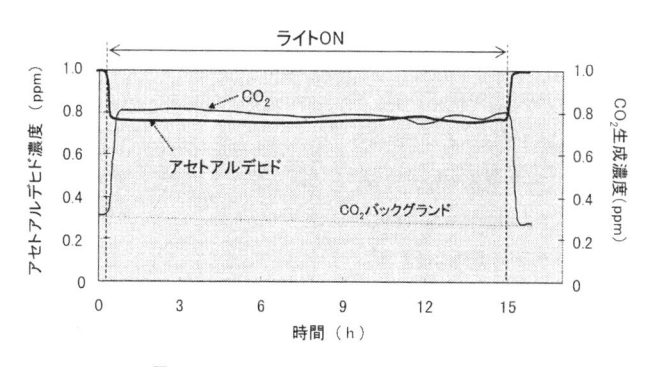

図3 アセトアルデヒドの分解除去評価の結果

可視光応答型光触媒

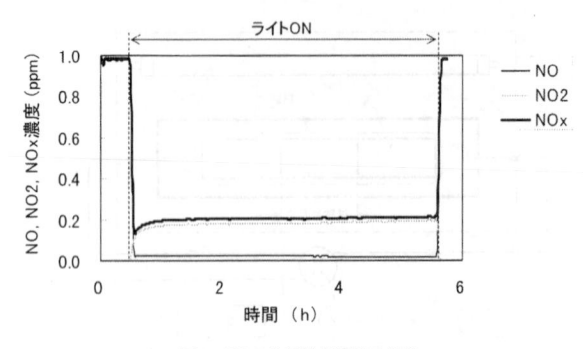

図4 NOの分解除去評価の結果

従ってCO_2まで酸化分解されたものと考えられる。

反応式①　$2CH_3CHO + 5O_2 \rightarrow 4CO_2 + 4H_2O$

次いで，擬似太陽光を用いて光触媒フィルターによるNOの除去評価を行った。1ppmのNOガスを3L/minの流量で光触媒フィルターに通過させて，NOとNOx（= NO+NO_2）濃度を測定した。擬似太陽光はキセノンランプを用いて作製し，その輝度は15,000 lxとした。その結果，光触媒フィルターに太陽光を照射するとNOガスが0.02ppm付近まで低下し，0.2ppm程のNO_2ガスが発生するものの，約78％のNOが除去できることが明らかになった。

3.2 光触媒フィルターの実用化開発

2003年度から㈱新エネルギー・産業技術総合開発機構（NEDO）のもとに光触媒利用高機能住宅用部材の開発プロジェクトが進められており，室内において可視光線があたる状態で使用し，新たなエネルギーを使わず有害物質を効果的に分解・除去できる室内環境浄化部材が開発されている。われわれは光触媒フィルターを用いて，室内の揮発性有機化合物（VOC）を除去するオフィス用蛍光灯具（以下，光触媒蛍光灯具）と常時換気システムにおける外気取込用ユニット（以下，光触媒ユニット）の開発に取り組んでいる。

3.2.1 プロジェクトにおける開発背景

この開発の背景には，近年，社会問題となっているシックハウス症候群がある。シックハウス症候群は室内の施工に用いられる接着剤，塗料，建材などに含まれるホルムアルデヒド，トルエン，キシレンをはじめとしたVOCが原因とされている。元来，通気性のよい構造であった日本家屋が防音，省エネのニーズに応えた高気密住宅へと進化したことによって，建材や家具などか

第8章 可視光応答型光触媒の開発,実用化技術

ら放出されるVOCが室内に留まってしまうことが問題となっているのである。そこで,厚生労働省は13種類のVOCに対して濃度指針値[3]を策定し,国土交通省では改正建築基準法(2003年7月施行)を設けて建築物に使用する建材の規制や常時換気システムの設置を義務付けた。

3.2.2 光触媒蛍光灯具

図5に光触媒蛍光灯具の試作品を示した。この蛍光灯具には可視光応答型光触媒をコーティングしたセラミックフィルターと省エネタイプの小型ファンが組み込まれており,光触媒フィルターに室内の空気を通過させることでVOCを除去する仕組みになっている。

われわれは40m^3(約8畳)の密閉空間に光触媒蛍光灯具を設置し,代表的なVOCであるホルムアルデヒド(10ppm)の除去試験を行った。図6に実験結果を示した。蛍光灯具に組み込まれた1060×240×13.5mmの光触媒フィルターに室内空気を通過させ,15,000lxの白色蛍光灯を照射した。その結果,蛍光灯を点灯することにより,消灯時に比べてホルムアルデヒドの除去率が約2倍に増加することが明らかとなった。

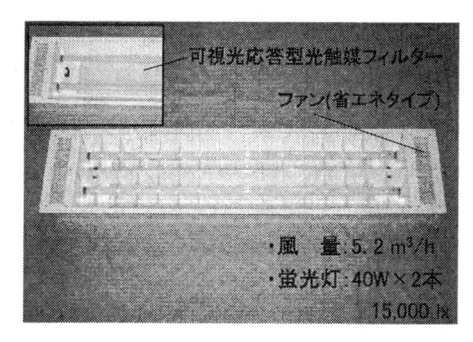

図5 光触媒蛍光灯具(天井埋め込み式)

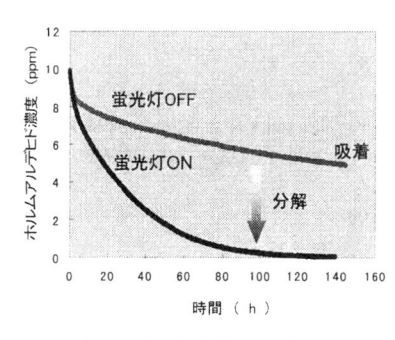

図6 光触媒蛍光灯具によるホルムアルデヒドの分解評価

可視光応答型光触媒

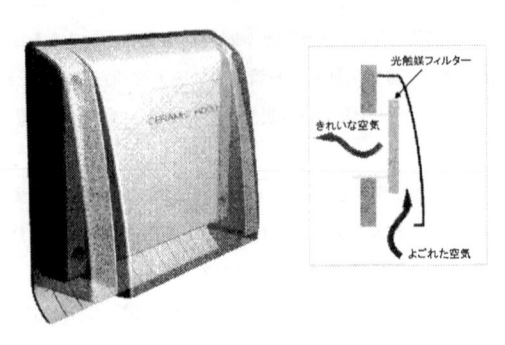

図7 外気取入用光触媒ユニットの構成

3.2.3 光触媒ユニット

改正建築基準法によって常時換気システムの設置が義務づけられたが,交通量の多い幹線道路沿いの建物では換気システム設置時に注意が必要である。なぜならば,外気には自動車の排気ガスによるNOxをはじめとした有害物質が含まれているからである。環境庁の調べによると全国の自動車排出ガス測定局の約15％（2003年度）において,環境庁が定める環境基準0.06ppm（NO_2）を超えているのが現状である[4]。

われわれは,交通量の多い都市部のオフィスおよび住宅用として,可視光応答型光触媒を利用した外気取入用の光触媒ユニットの開発に着手した。図7に光触媒ユニットの構造図を示した。光触媒ユニットは光触媒フィルターに太陽光線が当たる構造になっており,これを換気システムの外気取入れ口に設置し,汚れた外気が光触媒フィルターを通過しNOxを分解除去する仕組みである。

文　献

1) R. Asahi, T. Morikawa, T. Ohwaki, K. Aoki and Y. Taga, *Sience*, **293**, 269 (2001)
2) JIS R-1701-1, ファインセラミックス 光触媒材料の空気浄化性能試験方法 第1部：窒素酸化物の除去性能
3) 小林秀幸, 空気清浄, **39**, No.6, 352 (2002)
4) 環境庁ホームページ, http://www.env.go.jp/

4 繊維,ファブリック応用

金法順正*

4.1 はじめに

我が社では,生活空間の中で広く使われている繊維素材に光触媒の機能性を持たせることができれば,快適性向上に大きく寄与できると考えてきた。特に,光触媒の酸化還元能力による有機物の分解を利用した分解消臭効果に着目し,開発を行ってきた。いくつかの技術的ハードルをクリアすることで,紫外領域の光によって活性化されるタイプの光触媒を用いた「HOTO FRESH®」として上市することができ,商品展開を進めてきていた。そんな中で,多くの客先から,この優れた光触媒機能をもっと広範囲で使えるようにできないか,という要望を投げ掛けられていたところ,㈱豊田中央研究所において開発された新規光触媒[1]とめぐりあうことができた。

この新規光触媒は,Ti-O-N系による可視領域での活性を持つもので,これを応用できれば,室内の蛍光灯の光のみの場合や,紫外線カットガラスを使用している車の中でも,効果を発揮できるものと予測され,開発を推し進めた。可視領域での活性を繊維上でも保ったまま固着するには,紫外光対応の「HOTO FRESH®」の場合よりもハードルが高くなり,㈱豊田中央研究所とも何度も論議し,改良を重ねることで,技術確立に至り,「V-CAT®」として商品化にこぎつけた。

4.2 「V-CAT®」開発

4.2.1 可視光応答型光触媒

多くの研究機関・光触媒メーカーにおいて活発に開発が進められていた中で,繊維への適応性が高く,また,加工性に優れた状態で入手できるものとして,㈱豊田中央研究所において開発された窒素ドープ型酸化チタン光触媒を選択した。この光触媒は,紫外領域に加えて520nmまでの可視領域の光にまで優れた触媒活性を発揮するため,蛍光灯レベルの光源でも,従来の紫外線タイプに比べて飛躍的に高い効果が確認された。

4.2.2 繊維への固着

この優れた光触媒を繊維上に固着させるにあたり,光触媒の強い酸化還元力により生ずる分解能力から有機物である繊維を守りつつ,不快臭気成分などを分解除去することと,合成あるいは天然繊維のしなやかさ,柔らかさといった風合を素材として活かしたいという要望にも応えるために,光触媒表面に特殊処理を施す方向で開発を進めた。この表面処理には,ヒドロキシアパタ

---

* Junsho Kanenori 小松精練㈱ 研究開発センター 次長

可視光応答型光触媒

イトを選択し，分解性能とのバランスを確認しつつ，最適被覆条件を見出した。この結果，光触媒による繊維の変色，異臭発生（低分子量の繊維分解生成物の揮散によるもので，分解臭気と呼んでいる），強度低下，といった問題点を抑えることが可能となった。

また，固着のためのバインダーについては，可視領域での優れた光触媒活性を失活させないために，成分とともに触媒に対する配合比率の検証を積み重ね，更には，衣類などの繊維素材につきものの洗濯耐久性に対しても効果的な配合系を見出すことができた。

これらの要素技術の組合せによって，可視光対応型の新たな光触媒機能を保持し，良好な風合と洗濯耐久性を具えることができる，繊維素材への加工技術の確立に至った。

4.3 「V-CAT®」特長

4.3.1 技術的特長

① 光触媒特殊表面処理で自己分解による変色・分解臭気発生・脆化などを抑制。

② 特殊バインダーを最適量使用することで紫外・可視領域での光触媒活性を失活させずに繊維上に固着。

③ 織物・編物に後加工方式で機能付与可能。

④ 防炎加工，制電加工，吸水加工，ソイルリリース（SR）加工など，各種機能加工との組合せが可能。

4.3.2 機能的特長

① 波長520nmの可視光まで有効なので，従来の紫外光応答型に比べて活用範囲拡大。
　　…室内蛍光灯下，UVカットガラス使用車内，ほか

② 光触媒の非常に高い分解能力による不快臭気，VOCガスなどの分解除去や，抗菌性。

③ 分解作用のため，雰囲気中だけでなく，生地への不快臭気成分の残留低減。
　　…生地着臭防止効果

4.4 「V-CAT®」性能

4.4.1 可視光照射下での分解性能

波長410nm以下をカットした光源を用いて，アセトアルデヒドの分解能力を最終分解生成物である二酸化炭素の発生量を指標にして試験を行った。この試験方法であれば，吸着効果だけではなく，分解反応が進んでいるという確認ができるためである。結果としては，図1に示したように経時的に二酸化炭素の発生量の増加が観測され，従来の紫外光応答型光触媒加工品では，未加工品とほとんど差が表れなかったのに対して，可視領域での分解能力が明らかに発揮されているのが確認できた。

第8章 可視光応答型光触媒の開発,実用化技術

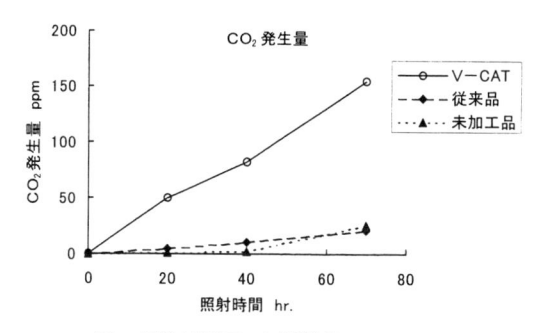

図1 可視光照射下での分解性能
光源波長＞410nm　0.9mW/cm^2
アセトアルデヒド⇒二酸化炭素への分解
$CH_3CHO + 5/2O_2 \Rightarrow 2CO_2 + 2H_2O$

4.4.2 蛍光灯下での消臭性能

生活環境において,不快臭気であり,消臭することが難しいといわれている悪臭の代表例として,タバコ臭気があり,酸性・アルカリ性・中性にわたる数万種類の臭気成分が混ざり合っているため,化学吸着タイプの消臭剤では,対応しきれていなかった。このタバコ臭気に対する効果を成分毎ではなく,実物を用いて,かつ人間の嗅覚で評価をすることで,効果を確認してみた。

表1 蛍光灯下での消臭性能

対象臭気		臭気強度		
		未加工品	V-CAT	従来品
マイルドセブン	雰囲気臭	5.0	3.0	4.0
	生地残臭	4.5	2.5	4.0
イソ吉草酸	生地残臭	5.0	2.0	4.0

● 6段階臭気強度表示法
0：無臭
1：やっと感知できる臭い
2：何の臭いか分かる弱い臭い
3：楽に感知できる臭い
4：強い臭い
5：強烈な臭い

実際にマイルドセブンの副流煙を三角フラスコに捕集し,加工品と未加工品をそれぞれ入れて密封したものを20W蛍光灯下40cmの所に置いて8時間後に,6段階臭気強度表示法にて嗅覚評価した結果を表1に示す。未加工品対比だけでなく従来の紫外光応答型光触媒加工品と対比しても,消臭効果が認められ,更に,フラスコ内の雰囲気のニオイはもとより生地に残っているニオイも少なくなっており,生地着臭防止効果も確認できた。

次に,汗臭気の不快成分であるイソ吉草酸に対する消臭効果について,同じく嗅覚評価にて試験を行った。臭気強度が5レベルのイソ吉草酸を加工品と未加工品にそれぞれ付着させてから,三角フラスコに密封して,同様に蛍光灯下に置いて,光照射した場合の結果も表1に併せて示した。イソ吉草酸に対しても,良好な消臭効果が認められた。

4.4.3 蛍光灯下での抗菌性能

JIS L1902統一試験法に準拠して黄色ブドウ球菌に対して,通常条件である暗所で培養した場合と,培養中に蛍光灯の光を照射させた場合での抗菌性の評価を試みた.

表2に示すように,蛍光灯の光によって静菌活性値が大きく向上しており,良好な抗菌性を発揮することが確認された.

表2 蛍光灯下での抗菌性能

静菌活性値	未加工品	V-CAT
通常条件下	0.34	0.90
蛍光灯下	0.81	4.53

※20W蛍光灯下30cmにて培養

4.5 「V-CAT®」商品展開

商品展開としては,

① 室内蛍光灯下

インテリア関連,ユニフォーム関連,寝装関連,一般衣類,など

② UVカットガラス使用車内

車両内装材関連,シートカバー,など

をターゲットに考えており,光触媒機能単独だけでなく,用途に応じて他の機能加工と組合せることで,より広く商品展開できるように開発を進めていく.

なお,「V-CAT®」製品については,豊田通商㈱を窓口として販売展開していく形となっている.

おわりに,根気よく光触媒の改良を重ねていただいた㈱豊田中央研究所の方々に,この場をお借りいたしまして,深く感謝申し上げます.

文　　献

1) R. Asahi *et al.*, *SCIENCE,* **293**, 269 (2001)

5 可視光応答型光触媒の人工観葉樹応用

何合泰源[*1]，陳　杰[*2]，何合栄昭[*3]

5.1 はじめに

光触媒の人工観葉樹・造花への応用は，1998年に開始された。"光触媒"当時は，まだまだこの言葉は人々の間にはほとんど知られていなかった。大学や一部の企業では研究開発がまさに激化しようとしていた時でもある。そんな時にこの光触媒に出会ったのである。そして，人造花や樹木の技術開発・市場開発が盛んで，中国などからかなり安価な人造花が大量に国内に流入してきた時でもあり，ある面では，人造花に対して倦怠感を人々が持っていた時期でもあった。アロマテラピーが流行し様々な匂いを室内につけて，人々の心の癒しを担うブームにもなっていた。世界中が健康ブームに走っていた時でもあった。そんな時代で流行したものと言えば，トルマリンによるマイナスイオン効果というブームが，日本を始めアジアに流出し始めていた。

生花店を経営運営し，花産業の子弟を養成するための専門学校で教鞭をとらせて貰っていたその時期，匂いという言葉に対しては過敏であり，匂いによる癒し効果よりも過激な匂いに包まれ，悩まされ続けた欧州での過去の生活時代を思い描いていた。そんな折に，光触媒という耳慣れない言葉が国営放送局から流れて来た。

光の力でタバコやトイレの匂いを分解する画期的な日本の最先端技術が，今，始まろうとしている。この言葉が耳に飛び込んだ。

光触媒の特性を持つ酸化チタンが，浮遊する空気中の有機物を酸化分解する。それによって空気中に存在する匂いや有害ガスなどの有機物を分解して，心地良い生活空間を作る。

そんなことが出来るのか？　という考えがまず浮かんだ。何だろう？　光触媒って？　酸化チタンとは？　確か，ゴルフのシャフトとか釣竿でチタンという名前をつかっていたが？　ぐらいの知識しかなかった時代のことであった。

しかし，その酸化チタンが浮遊する空気中の匂いや有害物質を分解してなくすなら，花や人工樹木などに応用できないか？　と，考えたのは確かだった。

人工観葉樹や花に酸化チタンをまんべんなく塗布することによって，その分解力を利用して室内空間の悪臭や，油脂分を軽減させることを目的とした研究を始めたのはその時からであった。酸化チタンの光に反応する触媒の力を借りて，人工花や人工観葉樹が美しく室内空間を飾り，その上，空気清浄の機能を付加させることを狙った開発は，結果的には光触媒産業を広く世に知ら

[*1] Hironori Kakou　㈱かこうクリーン・フローラ　代表取締役
[*2] Jie Chen　㈱かこうクリーン・フローラ　ケミカル研究室　主任研究員
[*3] Yoshiaki Kakou　㈱かこうクリーン・フローラ　ケミカル研究室　研究助手

可視光応答型光触媒

しめ、産業の活性化の一役を担うことになった。

始めは、当時通産省工業技術院名古屋工業技術研究所に勤務していた垰田博史博士が開発したアパタイト型酸化チタンに出会った。光触媒の効果や特性に長年研究を積んだ博士は、暗い場所では酸化チタンの特性である光に反応する能力が激減され、酸化分解効果が発揮されないことに着目した。その能力を補うため吸着力の強いアパタイトを生成させ、アパタイト型酸化チタンを開発した。

一般の光触媒たる酸化チタンは光に反応して、非常に強い酸化力のある活性酸素を発生させ、この活性酸素はあらゆる有機物を酸化分解させる。もし、この裸の酸化チタンを直接に有機素材によって作られた人工花や観葉・樹木に塗布したら、その基部をも分解破壊してしまう恐れがあった。それを防ぐために、セラミック質であるアパタイトを酸化チタンの表面に生成させ、基部との間のクッションとして、基部の破壊を和らげると共に、酸化チタン自体に存在しない吸着能力を付加させることによって、裸の酸化チタンより一段の環境浄化能力を発揮するものが開発された。

このアパタイト型光触媒をコーティングした、空気を清浄する機能を付加した人造観葉樹木は、1998年に発表された。そして、当初の発売元の申請により、1999年度に日本経済新聞社により、優秀商品サービス賞の優秀賞を与えられたのであった。

その後、人造花・観葉樹木が空気中の有機物の吸着、分解効果を有することを表す"クリーン・フローラ"という名称で、都内の有名百貨店のもとで発売され、そして、その機能効果を広く知らしめるため、香港のギフトショーに出展された。広く、国際市場に光触媒の名を掲げたのであった。

さて、一般的な光触媒酸化チタンの効果の発揮は、380nm以下の光の波長によることは、物理的に計算され周知のことである（図参照）。

ところが、380nm以下の光は、室内にはどれだけあるのだろう？　一般的に室内の蛍光灯を含む光の大部分は、目で感知できる光である可視光と呼ばれる光で、400nm以上のものである。

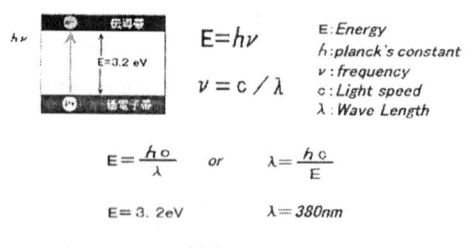

$$E = h\nu$$
$$\nu = c / \lambda$$

E : Energy
h : planck's constant
ν : frequency
c : Light speed
λ : Wave Length

$$E = \frac{hc}{\lambda} \quad \text{or} \quad \lambda = \frac{hc}{E}$$

$E = 3.2 eV \qquad \lambda = 380nm$

光触媒の反応原理

第8章 可視光応答型光触媒の開発，実用化技術

その400nm以上の波長の光の量は，室内の光の全体の80％以上を占めているだろうと算定されている。そのため室内での不可視光である紫外線の量は，全体での割合では，ほんの十数％程度になってしまう。また，その光の強さも非常に弱いものである。しかして，その酸化チタンの室内での光触媒効果の発揮力は非常に弱いものになってしまう。そのため，当社の発売した"クリーン・フローラ"は，その分解力の少なさを補うがために，吸着力の極めて強いアパタイト複合型の酸化チタンを使用したのである。

これは，まあまあ上手くいった。一般家庭では，常日頃の手入れや空気の入れ替えなどを頻繁に行うことにより，クリーン・フローラの花や観葉樹木は非常に良く働いた。特に匂いの吸着はスピーディーで，一般家庭によくあるペットの匂いや，タバコの匂いをよく吸着分解した。しかし，これは一般家庭でも，一日の匂いを一晩かかって吸着分解作業を続ける事と，継続的長時間での匂い源の発生の停止と空気の流通という大きな条件下にあってのことである。決して，即効的かつ万能的に匂いの吸着分に大きな効果を継続的に上げたのではない。また，この光触媒による効果の大きさ確認と効果の継続期間の確認は，具現的に測定表示することは非常に難しく，様々な方面から方法を持ち入れて試行を重ねたが，人間の臭覚より優れた効果の確認方法を見つけることは困難であった。その測定方法として一般的には，光触媒の特性である酸化作用の活性的な働きにより，炭酸ガスを生成させるという性質に着目して，密閉された空間での炭酸ガスCO_2の生成度合いを測定するということで，酸化分解の効果や力を測定する。この酸化チタンの酸化分解作用による炭酸ガスCO_2の生成の度合いは，眼を見張るほどの大量の生成量が測定されていたわけではないが，確実に生成していることは確認され，光触媒作用の有効性が測定されている。

そして，2003年，この年新しい光触媒技術が発表された。それは，可視光応答型酸化チタン「V-CAT」というものであった。私は，いち早くこの可視光応答型に着目をしてみた。この，可視光応答型は，従来の裸の酸化チタンの弱点を大きくカバーする力を有していた。前説のように，従来の酸化チタンの反応する光の波長が380nmなのに対して，この可視光応答型酸化チタンは，研究室発表段階では420nm以上とさえ言われていた。これは，すなわち，反応する光も量も大きく拡大したことを言うものであった。したがって，それは言外に光触媒効果の著しい発展でもあった。とかく，人工樹木や造花は，光の少ない場所に飾られていることが多かったことを考えると，人工樹木・造花の光触媒能力を応用するにあたってなくてはならない研究でもあった。

さて，今，人工樹木・造花を購入したとする。一般的には室内装飾に使われる。その部屋にどんな光があるのだろうか？　考えてみよう。

① 窓から入ってくる太陽の光
② 蛍光灯

可視光応答型光触媒

③ 白熱光
④ その他の光

と大きく分けることができる。

そして，その光の源はどんな波長の光をどれだけ発生させているのだろう。

太陽光，これは極めて大きな量の紫外線を常に発散させている。したがって，室外においての光触媒酸化チタンは，その紫外線に反応する能力を良く発揮しており，その酸化分解力が良く応用されている。また，それなりの効果が確認されている。しかし，室内ではどうだろう？　一般的に室内では太陽光の強い紫外線によって起こる様々な現象に対して，紫外線のもたらすその効果よりも，むしろその力による影響で起こる悪現象を忌避するため，窓などのガラス面には紫外線を通させないような工夫がなされている。したがって，紫外線が室内に入り込む量を大幅に制限しているので，室内における紫外線の光の量はかなり少ないのが実状である。つまり，室内の紫外線の量は室内全体の光のほんの数％しかないというのが，通常の室内光の偽らざる実状である。

光触媒の活性というと一般的には，紫外線の照射をもってその活性の実験を行う。それは，光触媒酸化チタンが紫外線によってのみ活性化されると，考えられているからである。そのことにより，当社も当初可視光応答型酸化チタンの効果実験をするに当たって，そのテストが頭から離れず紫外線下による実験を繰り返した。

次項以降は，当社ケミカル実験室で行った実験結果である。

5.2　光触媒をコーティングしたクリーン・フローラのアルデヒド分解性能試験
Ⅰ．実験方法
① 　光触媒がコーティングされた15cmのミニ観葉3鉢をデシケーター（40L容量）中に入れ，既知濃度のアセトアルデヒドガスを40L注入した。

（アセトアルデヒド初期濃度：40ppm）

② 　紫外線を照射し，デシケーター内のアセトアルデヒドガスをDNPHカートリッジに捕集，高速液体クロマトグラフにて濃度を測定した。

（紫外線照射強度：1.0mW/cm^2）

第8章 可視光応答型光触媒の開発, 実用化技術

II. 試験結果

	注入直後	0.5	1	1.5	2	4	21	24
対象区（ブランク）	1	0.803	0.865	0.976	0.668	0.942	0.513	0.44
V（＝当社可視光型）	1	0.876	0.793	0.83	0.724	0.694	0.345	0.237
T（＝当社アパタイト型）	1	0.726	0.852	0.549	0.777	0.511	0.173	0.203

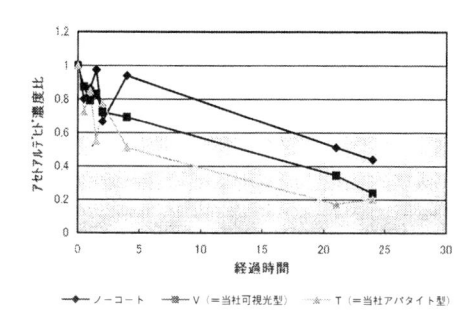

- 当社の光触媒は吸着効果（アパタイト付き）をも同時に持っているため, アセトアルデヒドガスを注入した直後の減少が顕著に見られる。
- 厚生労働省により定められている室内濃度指針値は, ホルムアルデヒドで0.08ppm, アセトアルデヒドで0.03ppmである。

この実験結果から見ると紫外線下では, アパタイト型酸化チタンを塗装した人工観葉は, 紫外線の強度に関係なく, その強い吸着力によってアセトアルデヒドを吸着することによって実験空間内のアセトアルデヒドを減少させることが出来た。ただし, 長時間にわたり紫外線照射を行った結果, 可視光型も同じ減少率を得ることが出来, ほとんど, 同じ程度の濃度にまで低下したことが分かる。しかし, 当社の独自の素材で作られた人工観葉は, 素材の特質で実験空間に放出したアルデヒドを吸着してしまい, その濃度を時間と共に減少させ数値を落としている。この実験で, もともとの素材にもアセトアルデヒドを吸着する性能を有する当社の人工観葉は, アセトアルデヒドの吸着, さらに, 分解に効果を発揮していることは判明したが, 環境基準以下まで落とすことが出来なかった。しかし, 確実に数値が落ちたことを証明できた。

この実験の数値から, 紫外線光下でのアパタイト型と, 可視光型の効果はほとんど変わらないことが判明した。ある意味では, 当然な結果であるが, 商品性能の即効性を訴える立見地から見ると, 吸着能力のあるアパタイト型の方が有効性を感知される, との報告を受けた。

可視光応答型光触媒

5.3 メチレンブルー退色効果試験

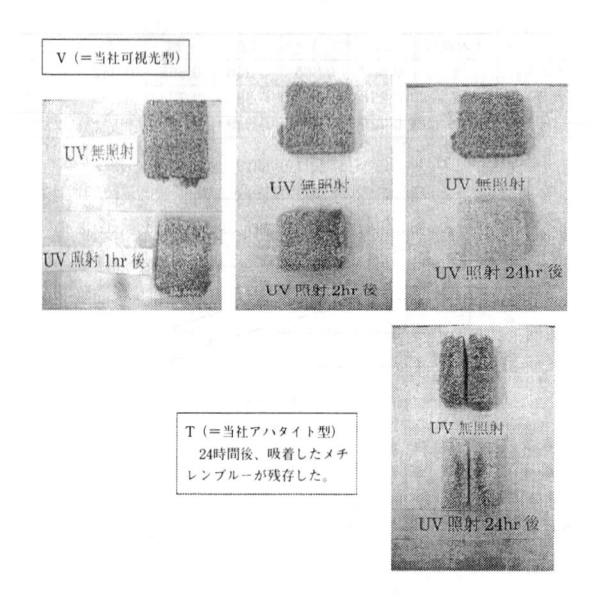

V (＝当社可視光型)

UV無照射
UV照射1hr後

UV無照射
UV照射2hr後

UV無照射
UV照射24hr後

T (＝当社アパタイト型)
24時間後、吸着したメチレンブルーが残存した。

UV無照射
UV照射24hr後

　光触媒効果によるメチレンブルーの分解退色効果試験を行った。検体は光触媒をコーティングした多孔質のセラミックで，主に空気清浄機の内部に設置される空気清浄フィルターである。試験は検体にメチレンブルーをディップコーティングにて色づけし，その後紫外線をあてて時間経過と共にメチレンブルーの退色具合を調査した。
　実験で見られるように，吸着力を生かしたアパタイト型は，吸着したメチレンブルーがセラミック質により多く残存しているのが分かる。その反面，アパタイト型は吸着力の効果で，吸着力のない可視光型と比べると，即効性があることが予想される。

5.4 防汚活性用光触媒評価チェッカー（胡蝶蘭）①

5.3項を証明するため，花びらをコーティングしたメチレンブルー試験を行った。

I. 試験条件

- 気温・湿度　　23度・71％
- 光源　　　　　紫外線（1mW/cm^2）
- メチレンブルー　約100ppm
- 測定時間　　　20分
- コーティング液　No（＝No-coating）・T（＝当社アパタイト型）・V（＝当社可視光型）
- 試験試料　　　胡蝶蘭（白）花びら一枚

II. 数　値

① （No-coating & T＝当社アパタイト型 & V＝当社可視光型）

Time (min)	No ABS	T ABS	V ABS	No 透過率(%)	T 透過率(%)	V 透過率(%)
0	0	0	0	56.206166	31.306335	43.492656
1	-0.002564	-0.010248	-0.013957	56.350466	31.628799	44.103942
2	-0.002722	-0.021433	-0.027991	56.359371	31.984554	44.727255
3	-0.001945	-0.034115	-0.041069	56.315572	32.392775	45.316055
4	0.000323	-0.047005	-0.054465	56.187992	32.813023	45.927167
5	0.002324	-0.058046	-0.065467	56.075678	33.177319	46.435264
6	0.00381	-0.067994	-0.076268	55.992442	33.509021	46.939527
7	0.004829	-0.078622	-0.085358	55.935377	33.867042	47.368142
8	0.005414	-0.090436	-0.094355	55.902664	34.269511	47.796233
9	0.0056	-0.102483	-0.102519	55.892305	34.684879	48.18807
10	0.005824	-0.114606	-0.110338	55.879765	35.107915	48.56631
11	0.005463	-0.126942	-0.118288	55.899938	35.543677	48.953963
12	0.004894	-0.138652	-0.125766	55.931742	35.962356	49.321397
13	0.00428	-0.147171	-0.132262	55.96609	36.270003	49.642815
14	0.003255	-0.153556	-0.138872	56.02352	36.502351	49.972076
15	0.002334	-0.15908	-0.145131	56.075133	36.704544	50.285824
16	0.001087	-0.163856	-0.150524	56.145102	36.880243	50.557739
17	0.000013	-0.168589	-0.156608	56.205439	37.055245	50.866257
18	-0.001024	-0.172912	-0.162369	56.263777	37.215779	51.160135
19	-0.002422	-0.177352	-0.168327	56.342469	37.381368	51.465865
20	-0.003799	-0.181693	-0.173825	56.420071	37.543994	51.749632

可視光応答型光触媒

Ⅲ．グラフ
① (No-coating & T ＝当社アパタイト型)

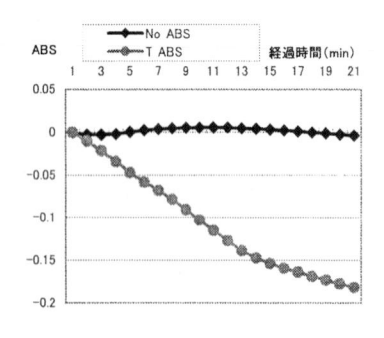

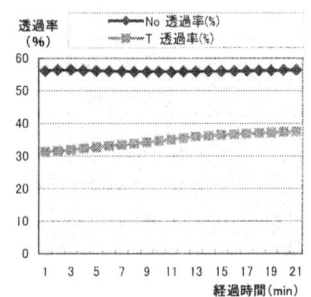

② (No-coating & V ＝当社可視光型)

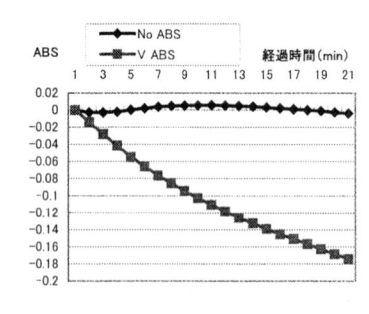

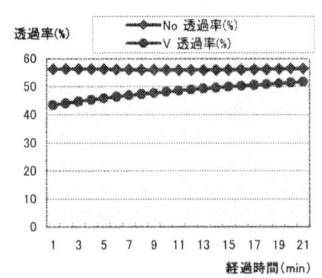

③ (T ＝当社アパタイト型 & V ＝当社可視光型)

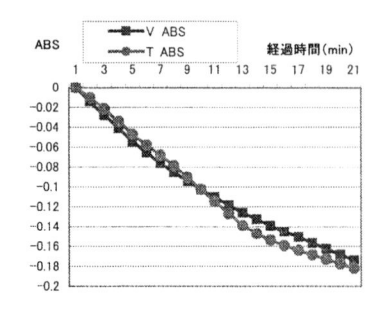

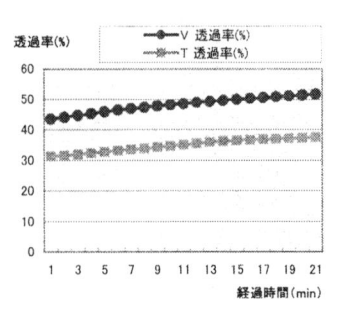

第8章 可視光応答型光触媒の開発,実用化技術

① ＡＢＳ：光触媒によるメチレンブルーの分解を数値で表したもの。
数値が0以下に減少していくほど,分解の効果が大きいことを証明できる。
② 透過率：100％＝白という原理の元に,検体の光触媒によるメチレンブルーの色素の分解により,どれだけ検体が白色に近づいたかを表す。分解が進むにつれ,検体に付着させたメチレンブルーの青が白へと変わっていくと共に透過率は上昇していく。

IV. 結　果

　Ｔ＝アパタイト型・Ｖ＝可視光型,ともにNo-coatingとの差がはっきりとあらわれた。紫外線下において,Ｖ＝可視光型の分解能力がＴ＝アパタイト型と同等である良い例となった。ABSの下がり具合,透過率の上昇具合ともに同等の数値を示している。

　したがって,紫外線の照射下での試験では可視光・アパタイト型の差はほとんどないことが判明した。

5.5 防汚活性用光触媒評価チェッカー（胡蝶蘭）②

普通光下で5.4項と同じ検体を使って実験を行った。

I. 試験条件

- 気温・湿度　　23度・71％
- 光源　　　　　可視光（1mW/cm^2）
- メチレンブルー　約100ppm
- 測定時間　　　20分
- コーティング液　No（＝No-coating）・T（＝当社アパタイト型）・V（＝当社可視光型）
- 試験試料　　　胡蝶蘭（白）花びら一枚

II. 数値

① No-coating & T＝当社アパタイト型 & V＝当社可視光型

Time（min）	No ABS	T ABS	V ABS	No 透過率(%)	T 透過率(%)	V 透過率(%)
0	0	0	0	56.455329	65.931914	55.149615
1	-0.004753	-0.008199	-0.01815	56.724301	66.474698	56.159883
2	-0.009114	-0.016079	-0.03264	56.972191	67.000574	56.979463
3	-0.013363	-0.021912	-0.04434	57.214811	67.392585	57.649838
4	-0.017724	-0.02606	-0.055	57.464882	67.672692	58.267921
5	-0.021975	-0.029852	-0.06488	57.709683	67.929791	58.846264
6	-0.026193	-0.03307	-0.07463	57.953575	68.148718	59.423037
7	-0.030267	-0.036127	-0.08393	58.190198	68.35736	59.978197
8	-0.034363	-0.039156	-0.09308	58.429001	68.564782	60.529522
9	-0.038392	-0.041807	-0.10196	58.664897	68.746756	61.069517
10	-0.042393	-0.0444	-0.11068	58.900066	68.925244	61.604109
11	-0.046365	-0.046807	-0.11917	59.134508	69.091356	62.129462
12	-0.050337	-0.049057	-0.12743	59.369858	69.24701	62.644706
13	-0.054159	-0.051046	-0.13541	59.597212	69.384885	63.146354
14	-0.057933	-0.052881	-0.14313	59.822567	69.512301	63.635975
15	-0.06166	-0.05468	-0.15061	60.045923	69.637452	64.113918
16	-0.065297	-0.056451	-0.15781	60.264735	69.760859	64.576871
17	-0.069018	-0.058116	-0.16496	60.489363	69.87712	65.040521
18	-0.072617	-0.059693	-0.17183	60.707448	69.987455	65.488483
19	-0.07611	-0.061159	-0.17845	60.9199	70.09012	65.92407
20	-0.079663	-0.062697	-0.18493	61.136713	70.198015	66.352336

第8章　可視光応答型光触媒の開発．実用化技術

Ⅲ．グラフ

① (No-coating & T＝当社アパタイト型)

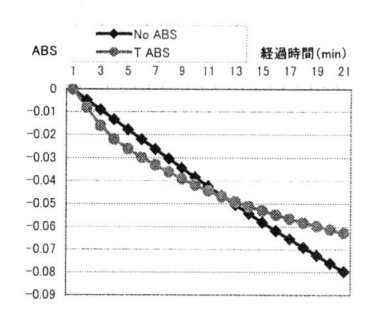

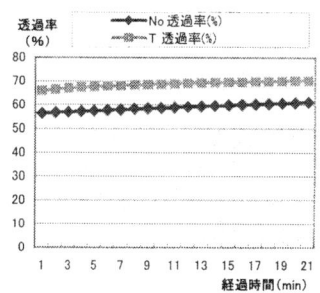

② (No-coating & V＝当社可視光型)

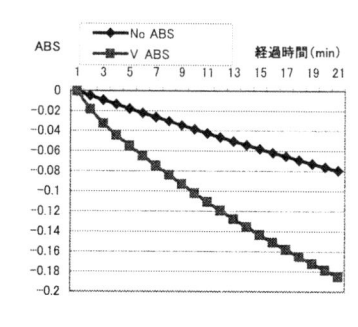

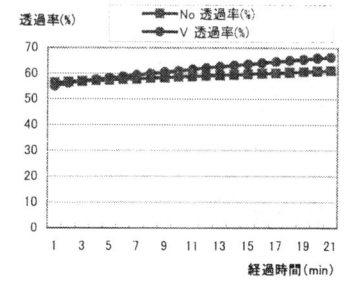

③ (T＝当社アパタイト型 & V＝当社可視光型)

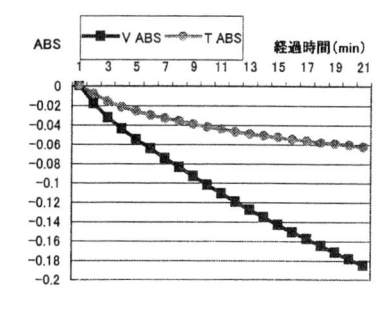

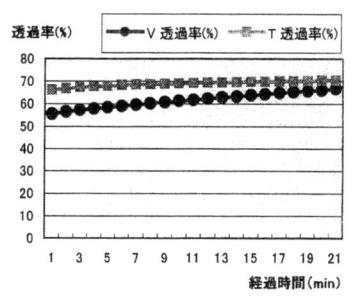

215

可視光応答型光触媒

IV. 結　果

　可視光下において，明らかな性能の差が出た。実に2倍近くの分解率の差である。条件は同様，白い胡蝶蘭への着色時間も40分，乾燥時間を60分と十分にとったことが分解能率上昇につながっている可能性がある。V-CATは透過率が10％も上昇し，試料である胡蝶蘭の白に視覚的にも近づいていることが確認できる。

　このように，可視光では，アパタイト型はノーコーティングとの格差はそれほどでなかったが，可視光応答型光触媒をコーティングした花びらは大きな効果の違いを見せた。

第8章　可視光応答型光触媒の開発,実用化技術

5.6 防汚活性用光触媒評価チェッカー（ガラス板）

コーティング液自体の性能を調べるため,ガラス板にアパタイト型と可視光型をコーティングして,可視条件下でその格差を見てみた。

I. 評価法・測定原理

センサー部にはブラックライト（UV光）及び蛍光管（可視光）とファイバーで導かれた発光素子と受光素子を配置。センサーには,膜の光触媒の活性度に全く影響を与えない発光素子に一定周期のパルスで発光させ,受光素子では直流光はカットし,発光素子の発光周期と同期して受光検出し,着色膜を透過,反射したパルス光の強さを検出する。光触媒による着色膜の分解に伴う吸光度変化を相対的に測定し,活性度の良否判定を評価。

II. 試験条件

- 光源　　　　　可視光（1mW/cm^2）
- メチレンブルー　約100ppm
- 測定時間　　　20分
- コーティング液　T（＝当社アパタイト型）・V（＝当社可視光型）
- 試験試料　　　ガラス板（10cm×10cm）

Time (min)	ch1電圧 (V)	ch2電圧t (V)	T ABS	V ABS	T 透過率(%)	V 透過率(%)
0	5.802198	5.995461	0	0	91.658285	92.463295
1	5.801035	5.995804	0.000243	-0.000069	91.636026	92.469629
2	5.803028	5.998627	-0.000173	-0.000632	91.674158	92.521712
3	5.806871	6.003042	-0.000975	-0.001512	91.747686	92.603178
4	5.810676	6.006828	-0.001768	-0.002266	91.820484	92.673032
5	5.810114	6.007925	-0.001651	-0.002484	91.809719	92.693266
6	5.807806	6.007362	-0.00117	-0.002372	91.765566	92.682885
7	5.810276	6.010471	-0.001685	-0.002991	91.812821	92.740246
8	5.813576	6.013905	-0.002372	-0.003674	91.875949	92.803589
9	5.817343	6.018082	-0.003156	-0.004504	91.948017	92.880657
10	5.81657	6.018463	-0.002995	-0.004579	91.933239	92.887695
11	5.815426	6.018587	-0.002757	-0.004604	91.911345	92.889982
12	5.814644	6.019102	-0.002594	-0.004706	91.896384	92.899484
13	5.817686	6.02224	-0.003227	-0.005329	91.954586	92.957373
14	5.820165	6.02532	-0.003743	-0.00594	92.002023	93.014206
15	5.818315	6.025349	-0.003358	-0.005946	91.966627	93.014733
16	5.817724	6.025768	-0.003235	-0.006029	91.955316	93.022475
17	5.816685	6.025902	-0.003019	-0.006056	91.935428	93.024939
18	5.819422	6.029249	-0.003589	-0.00672	91.987792	93.086698
19	5.822578	6.03274	-0.004245	-0.007411	92.048183	93.151097
20	5.825268	6.035782	-0.004804	-0.008014	92.099634	93.207227

可視光応答型光触媒

III. 数　値
IV. グラフ

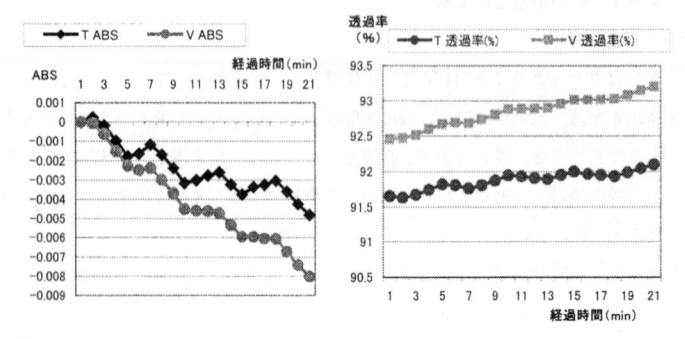

V. 結　果

可視光下においては，やはりT＝アパタイト型よりもV＝可視光型のほうが優れた性能を示した。ABSの数値においては約2倍に近く，メチレンブルーの退色がV＝可視光型の方が顕著にでている。メチレンブルーの分解に伴い上昇する透過率も1.5％の差がでており，ABSの低下数値の差を裏付ける結果として，確認できる。

5.7 防汚活性用光触媒評価チェッカー（シンゴニウム）①

花びらとガラスでの試験を行ったが，双方とも可視光型の有効性が見られた．しかし，検体の変化により今までも大きな効果の食い違いを見せることがよくあったため，今度は，色素が検体の表面に出ている葉に同じような試験を行った．

I. 試験条件

- 光源　　　　　　可視光（1mW/cm^2）
- メチレンブルー　約100ppm
- 測定時間　　　　20分
- コーティング液　No＝No-coating　V＝当社可視光型
- 試験試料　　　　シンゴニウムの葉

II. 数　値

Time (min)	ch1電圧 (V)	ch2電圧 t(V)	No ABS	V ABS	No 透過率(%)	V 透過率(%)
0	2.48172	3.580936	0	0	28.18676	47.996582
1	2.481577	3.582662	0.000097	-0.000664	28.184018	48.028473
2	2.481568	3.583282	0.000104	-0.000903	28.183835	48.039925
3	2.481959	3.586162	-0.000162	-0.00201	28.191328	48.093135
4	2.482741	3.589958	-0.000694	-0.003467	28.206314	48.16326
5	2.483408	3.593753	-0.001147	-0.004922	28.219107	48.233384
6	2.483828	3.596786	-0.001432	-0.006083	28.227148	48.289413
7	2.484	3.599485	-0.001548	-0.007115	28.230438	48.339276
8	2.48441	3.601383	-0.001827	-0.00784	28.238296	48.374338
9	2.484381	3.603109	-0.001807	-0.008499	28.237748	48.406229
10	2.484066	3.603643	-0.001594	-0.008703	28.231717	48.416096
11	2.483885	3.603099	-0.001471	-0.008495	28.228245	48.406053
12	2.484076	3.603338	-0.0016	-0.008586	28.2319	48.410457
13	2.484744	3.603958	-0.002053	-0.008823	28.244692	48.42191
14	2.485564	3.605713	-0.00261	-0.009492	28.260409	48.454329
15	2.486155	3.60845	-0.00301	-0.010535	28.27174	48.504896
16	2.486174	3.610366	-0.003023	-0.011265	28.272106	48.540311
17	2.486727	3.613199	-0.003398	-0.012342	28.282705	48.59264
18	2.487061	3.615945	-0.003624	-0.013386	28.289102	48.643384
19	2.487929	3.618806	-0.004212	-0.014472	28.305732	48.696241
20	2.488406	3.621877	-0.004535	-0.015636	28.31487	48.752975

可視光応答型光触媒

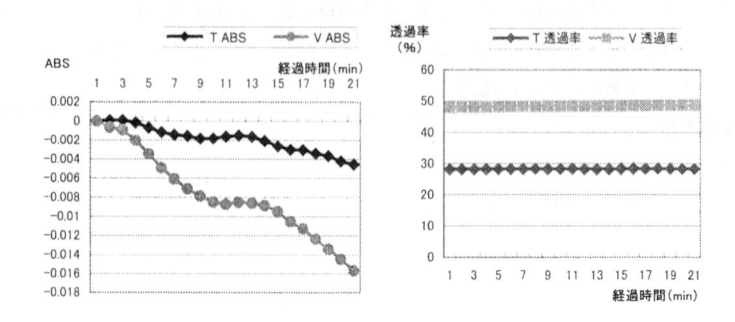

Ⅲ．グラフ

Ⅳ．結　果

　今回はシンゴニウムの葉を使用して試験を行った。ABSにおいてはガラス試験の数値を上回る結果を示し，しかも光源が可視光のみであることを考慮すると今回の試験結果からは有効性を見出すことができる。透過率は終始一定のままであるが，これはシンゴニウムの葉がかなり濃い緑色に着色されているためであり，分解率の不良とはつながらない。No-coating試料のABSの3倍の数値を示した今回の試験は今後の光触媒造花の防汚性能を証明する試料となりうる。V-CATコーティングの可視光照射下での性能が確認された。疑問が残るのが，ガラス試験よりもABSの減少が顕著に見られた点である。性能としては申し分ないが，理論上としては無機であるガラスコーティングの方が性能が顕著に現れる可能性が極めて高いにもかかわらず，葉の方が数値が上回った事由を引き続き検証中である。

　ここで，大きな問題がでてきた。実は，よく試験の実績を見て比べてみると分かってくることがあった。

　それは，可視光での試験と紫外線照射での試験の際の大きな違いであった。可視光は本当に我々の生活環境内での試験となるのに対して，紫外線照射は，極めて生活環境ではない環境下での条件となるのである。この強い紫外線下では，様々な検体の基部自体が破壊されてしまい，本当の生活条件での試験結果にならないのではないかと，この度の試験結果から，疑問が出てきたのである。

　そのことを表すかのような結果が，次項の試験から得られたのである。

第8章 可視光応答型光触媒の開発．実用化技術

5.8 防汚活性用光触媒評価チェッカー（シンゴニウム）②

5.7項と同じシンゴニウムの葉を使って，ノーコーティングと可視光型をコーティングした試験の際出た結果である。

I．試験条件

- 光源　　　　　　紫外線（1mW/cm^2）
- メチレンブルー　約100ppm
- 測定時間　　　　20分
- コーティング液　No＝No-coating　V＝当社可視光型
- 試験試料　　　　シンゴニウムの葉

II．数　値

Time (min)	ch1電圧 (V)	ch2電圧t (V)	No ABS	V ABS	No 透過率(％)	V 透過率(％)
0	2.472985	3.55985	0	0	28.019357	47.607021
1	2.472804	3.558811	0.000124	0.000403	28.015885	47.587816
2	2.472794	3.557409	0.00013	0.000948	28.015702	47.561916
3	2.473767	3.558019	-0.000535	0.000711	28.034343	47.573192
4	2.474511	3.559946	-0.001043	-0.000037	28.048598	47.608783
5	2.474959	3.561796	-0.001349	-0.000755	28.057187	47.642964
6	2.475874	3.563894	-0.001974	-0.001568	28.074732	47.681726
7	2.475741	3.564724	-0.001883	-0.001889	28.072173	47.697055
8	2.475913	3.565649	-0.002	-0.002248	28.075463	47.714146
9	2.475502	3.565601	-0.00172	-0.002229	28.067604	47.713265
10	2.474978	3.565029	-0.001362	-0.002008	28.057553	47.702693
11	2.474835	3.564991	-0.001265	-0.001993	28.054811	47.701989
12	2.474806	3.565134	-0.001245	-0.002048	28.054263	47.704631
13	2.474282	3.565086	-0.000887	-0.00203	28.044212	47.703751
14	2.474301	3.564399	-0.0009	-0.001764	28.044577	47.691065
15	2.474472	3.564237	-0.001017	-0.001701	28.047867	47.688069
16	2.47535	3.566679	-0.001616	-0.002646	28.06468	47.733175
17	2.476027	3.569101	-0.002078	-0.003584	28.077656	47.777927
18	2.476532	3.571189	-0.002423	-0.004391	28.087342	47.816514
19	2.476504	3.57201	-0.002404	-0.004708	28.086793	47.831666
20	2.476437	3.571943	-0.002358	-0.004682	28.085514	47.830433

可視光応答型光触媒

Ⅲ．グラフ（No＝No-coating　V＝当社可視光型）

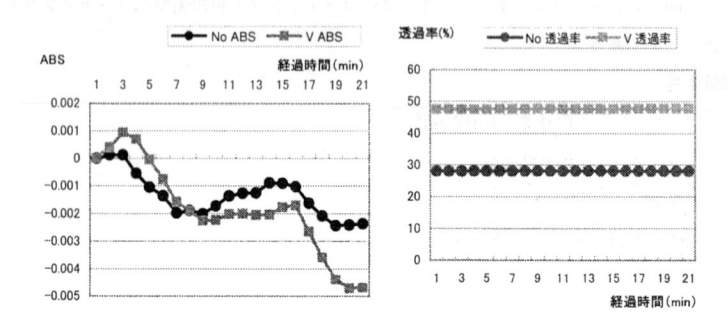

Ⅳ．結　果

　グラフの変動が不安定であり，光触媒特有のなだらかな減少が見られない。最終的に数値としてきちんとNo-coatingとの差は見られているが，試験中に不備か，何かの変化の発生があったことが予測される。ABSが試験開始直後に上昇しているが，これはメチレンブルーの定着が不足しているか，紫外線照射の影響で色素が剥離していることにより，メチレンブルーが再流出したり，乾燥・固定したために一時的に濃度が上がったと見られる。その後，不規則ではあるが数値は減少し始めたことから，試験自体は万全とは言えないまでも光触媒そのものの性能があることはきちんと確認された。

　このように，非常に強い紫外線の照射を行った事により，検体の葉の基部自体が紫外線によって破壊され始め，分解・発生・分解・発生などの繰り返しの結果が出てきた。これは，いったん光触媒酸化チタンによる分解作用が行われたが，その，強い紫外線の照射により基部の有機物が破壊分離し新たな色素が流出していると考えても，良い結果が出ている。

5.9　おわりに

　以上の試験により，強い紫外線の照射による光触媒効果の確認という効果試験自体が，ある面では実に不適切な試験となる場合もあるのではないかと，考えられてくる。

　勿論，今回の試験で全ての面で紫外線照射試験を否定するものではないが，ある意味で検体の質・組成分によっては，この紫外線による試験が適さないことになる場合がある。

　我々は非常に強い紫外線照射の下では生きていることが出来ない。このことからも，今後，我々が光触媒を研究開発するにあたって，通常の生活環境下での研究が最も大切である。あり得ない条件下での光触媒の反応を試験しての商品開発は，生きた商品の生産に伴われるものではない。

第8章　可視光応答型光触媒の開発，実用化技術

　可視光型の開発は，まだ始まったばかりである。今後は，さらなる効果テストを行いより良い性能の開発が急がれる。本当に必要な光触媒の開発が今，始まった。

6 眼鏡応用

浅野英昭*

6.1 はじめに

まず，メガネフレームにとって重要な要素は「見え具合」，「掛け心地」，「デザイン」である。

見え具合はもちろんメガネの基本的な要素であり，レンズを目に対して適正な位置に保持するように設計がされている。掛け心地に関しては，ソマトロジーで人間の頭部の測定を行い，メガネの最適な寸法を研究し，また超弾性素材の導入やバネ丁番というバネの力で頭部への圧迫を和らげる機構の開発が行われている。最後にデザインについても様々なデザイナーズブランドの導入やデザインのバリエーションを増やしており，メガネを視力補正具としてだけではなくファッションアイテムとしても魅力ある商品にしてきた。このように眼鏡業界でそれぞれの要素について商品開発が行われており，開発に力を入れれば入れるほど結果として市場に似通った商品が氾濫していた。今回「光触媒」という技術要素をメガネフレームへ応用することにより，光触媒フレーム「ニコンプローグネクシア」（写真参照）という従来に無い特徴を持つ商品を市場に送り込むことが出来た。プローグネクシアはフレーム部分（金属部）に可視光応答型光触媒「V-CAT／ブイキャット」（後述）をコーティングしている。

6.2 開発の経緯

メガネフレームは，顔に掛けて使用するため，肌の油脂が付きやすく非常に汚れやすいものである。油汚れは通常拭き取っても薄く伸びるだけで拭き取りにくく，こびりついた汚れにはカビ細菌が繁殖して肌に悪影響を及ぼす。また，メガネユーザーはレンズの汚れについては意識するが，メガネフレームについては眼鏡を外してしまえば汚れに気がつくことができず案外無頓着な方もいる。このように「汚れ」という要素は意識されにくいが，眼鏡にとって重要な要素の一つである。そのような状況の中で，汚れを分解する「光触媒」はメガネフレームの特性に合った技

光触媒フレーム「ニコンプローグネクシア」

---

* Hideaki Asano ㈱ニコンアイウェア　ニコンプロダクトグループ　プロダクトマネージャー

第8章 可視光応答型光触媒の開発,実用化技術

術であった。光触媒コートをフレームに施すことにより,薄く伸びた汚れであれば光触媒作用で分解され,また,こびりついた汚れであれば光触媒が汚れの付着している境界面を分解することにより,簡単に拭き取ることが出来るようになる。つまりメガネフレームがセルフクリーニングとイージークリーニングの機能を併せ持つことになる。汚れに無頓着な方でも自然に汚れが分解し,こまめに清掃される方はより清掃し易くなる。

しかし,従来型光触媒は紫外線領域での反応であり,建築物など屋外での使用が前提であった。そのため,眼鏡製品としての応用は屋外で使用するサングラスに限定されていた。今回,可視光応答型光触媒「V-CAT／ブイキャット」を採用することにより,初めて屋外のみならず屋内でも使用されるメガネフレームへの応用が可能となった。「V-CAT／ブイキャット」は㈱豊田中央研究所が開発し,豊田通商㈱が販売している窒素ドープ型酸化チタン(Ti-O-N)で,紫外線のみならず,可視光線のみの照射によっても高い光触媒活性を発揮する(応答域は波長520nm以下の紫外－可視光線(紫,青,緑))。

6.3 問題点

光触媒フレームの開発上の問題点は「外観」と「コート膜の耐久性」であった。光触媒を使用した小物のなかには表面が干渉色で虹の様に見えるものがある。その状態は,光触媒を使用していることをアピールする製品にとっては適しているが,肌の色に合うことが求められるメガネフレームのカラーとしては汎用性のないものになってしまう。そのため,コート膜は透明化することが条件であった。干渉色は膜厚の変化によって発生する。しかし,外壁や鏡等と違いメガネフレームは意外と複雑な形状をしており,膜厚の管理が非常に難しいものであった。また,メガネフレームの表面処理には強い耐久性が求められる。メガネは常に傷がつく可能性にさらされ,特に髪の毛は意外と硬く毎日の掛け外しによって擦れて金属メッキすら摩耗する場合がある。この二つの問題解決のためにコーティングの手法とコート液の配合及び焼き付けの様々な条件の実験を行った。当初はコートを行っても白濁し,透明になっても干渉色が発生するなど失敗の繰り返しであり,眼鏡への実用化が危惧されたものであった。しかし,地道な試行錯誤の繰り返しにより,ようやく最適条件を割り出すことに成功し,眼鏡製品として使用できるレベルの外観・性能のコートを開発することに成功した。

6.4 今後の展開

現行の光触媒フレーム「ニコンプローグネクシア」は8モデルの商品展開で,すべて男性向けのデザインとなっている。現在,女性用や子供用のフレームの開発を行っている。また男性用フレームの中でもデザインの幅を増やし,選択の余地を広げ,より多くの方に光触媒コートフレー

可視光応答型光触媒

ムを掛けていただけることを目指す。そして今後，より肌に触れるパッド（鼻当て部），先セル（耳掛け部）等のプラスチック部品への応用を行い，製品の完成度を高めることでお客様が清潔さを実感し，満足していただける製品を世の中に送り出していきたい。

7 歯科応用

山口　晋*

7.1　はじめに

　二酸化チタンは多くの分野で光触媒として使われているが，口腔内では二酸化チタンを光触媒として使用できない。なぜなら，二酸化チタンの光触媒能力を発揮させるためには口腔内に紫外線を照射する必要があり，紫外線が人体へ与える影響を考えると，好ましくないのである。このことから，紫外域だけでなく可視光域にも吸収波長を有する可視光応答型酸化チタンは，口腔内で光触媒として使用するには，最適の材料であると考えられる。

　また，現在の歯科治療で用いられているコンポジットレジンや歯科用接着材はほとんどが可視光線を使用する光重合型の材料であり，通常の歯科医院では必ず1台以上の歯科用可視光線照射器を所有している。この歯科用可視光線照射器は，歯科材料で使われる光重合開始剤の吸収波長（通常400〜470nm）を全て網羅するよう設計されている（図1）。可視光応答型酸化チタンの吸収波長は，歯科用可視光線照射器の分光スペクトルにも重なっているので，可視光応答型酸化チタンを用いた歯科材料が開発されれば，歯科医院では新しい設備を投入することなく使用することが出来る。このことから，可視光応答型酸化チタンは歯科医療の現場に受け入れられやすい材料であると考えられる。

　我々は，可視光応答型酸化チタンのもつ様々な優れた機能を活かした歯科材料の開発をおこなってきた。ここでは，可視光応答型酸化チタンの機能を活かした歯科材料として，近年国民の関心が高まっている歯科用ホワイトニング材について紹介する。

　なお，開発にあたり，可視光応答型酸化チタンとして㈱豊田中央研究所により開発されたV-CATを採用した。

7.2　歯を白くするためにはどうしたらよいか？

　日本人の口腔内に対する美意識は自然感を追求する傾向が強い。このことは，米国では矯正治療が盛んに行われているのに対し，日本では少しぐらい歯並びが悪い程度では矯正治療を行わないことからも伺える。歯の色調に関しても同様で，"歯の色も個性である"という意識があり，"歯を白くするための治療"はあまり一般的に行われていなかった。しかしながら，近年，口腔内に対する美意識が徐々に変化し，もっと歯を白くしたいと希望する人が増えてきた。この要望に応えるために，歯科医院では様々な方法で治療が行われている。

　日本では，ホワイトニングという治療方法がまだそれほど一般的ではなく，歯を白くしたい希

＊　Shin Yamaguchi　㈱ジーシー　研究所　研究員

望を持つ患者に対してはホワイトニング以外の治療，すなわち，歯の表面を削って貝殻状のセラミックスを貼ったり（ラミネートベニア法），歯全体を削って差し歯にしたりする治療が行われることが多い。しかしながら，これらの方法を行うには健全な歯を切削しなくてはならず，一度削った歯は二度と元に戻らないことを考えると，治療に踏み切るには相当な覚悟が必要となる。さらに，これらの治療方法では，歯を削って，歯型をとり，石膏模型を作り，貝殻状のセラミックスや差し歯を作製し，口腔内に装着するという一連の作業が必要となるので，白い歯を手に入れるまでには1ヶ月以上の時間を要することとなる。このことも患者に心理的負担をかけることとなっている。

日本では1998年にホワイトニング材が承認され，ようやく臨床でホワイトニングが行われるようになってきたが，海外，特に口腔内に対する意識が高い米国では20年以上前からホワイトニングが盛んに行われてきている。ホワイトニングには，歯科医院で歯科医師が施術を行うオフィスホワイトニングと，患者が自宅で行うホームホワイトニングの二つの方法があるが，どちらも健全歯を切削する必要がない。また，治療期間も前述のラミネートベニア法などに比べて短く，オフィスホワイトニングでは1日（60～90分），ホームホワイトニングでは1～2週間で完了する。このように，ホワイトニングは他の治療方法にくらべてリスクが少なく，"歯を白くする治療"としては最も気軽に行える方法である。

オフィスホワイトニングは患者の歯をその日のうちに白くできる唯一の方法である。海外ではこれまで数多くのメーカーから歯科医院で使用する様々なオフィスホワイトニング材が発売されているが，これらの製品の主成分は全て同じで，高濃度の過酸化水素水（35％程度）である。すなわち，どの製品の漂白機構も全て同じで，歯面に塗布した高濃度の過酸化水素水に光（熱）を加え活性化させ，その酸化力により歯面の着色原因物質を分解するという機構である。

しかしながら，高濃度の過酸化水素水は刺激性が強く，歯面に作用させるとホワイトニング処置中もしくは術後に知覚過敏が生じるケースが多く，患者も，"ホワイトニングをすると歯がしみる"，"歯を白くするためには痛みを我慢しなくてはならない"ことを理解している。

7.3 歯の着色原因物質と治療法

着色・変色している歯のことを変色歯といい，その着色原因物質の存在する場所によって，外因性のものと内因性のものに分けられる。また，着色原因物質も異なる。

外因性の変色歯とはコーヒー，お茶，赤ワイン，カレーなどの飲食物の摂取や，喫煙，うがい薬の常用などによって歯の表面に色素が沈着，着色してしまった歯のことをいう。この場合，着色原因物質は歯の表面に存在するため，ホワイトニングを行うことによって白い歯を取り戻すことが出来る。

第8章 可視光応答型光触媒の開発,実用化技術

一方,内因性の変色歯とはテトラサイクリン変色歯(歯の形成期に感染症などの治療で投与されたテトラサイクリン系抗菌薬の副作用で象牙質が変色し,暗い黄色,茶色,灰色または縞模様になっている歯)などのことをいう。内因性の変色歯の場合には,着色原因物質が歯の内部に存在するため,ホワイトニングでは効果が得られない症例が多く,このときは従来法(ラミネートベニア法や差し歯)による治療が必要となる。

7.4 ホワイトニング材の設計
7.4.1 どんなオフィスホワイトニング材が求められているか?

現在販売されているオフィスホワイトニング材について,患者が最も不満に感じていることは,漂白処置に伴い場合により知覚過敏が発生することであろう。当然ながら痛みを伴う治療は改善する必要がある。ホワイトニングによる知覚過敏発生を無くすためには,ホワイトニング材の過酸化水素濃度を下げて刺激性を和らげることが考えられるが,ただ過酸化水素濃度を下げるだけでは,ホワイトニング材として最も要求される"高い漂白効果"という特性が失われてしまう。患者の第一の希望は,歯を白くしたいのであって,治療を行った後に"刺激もなかったけど漂白効果もなかった"という結果では困るのである。

つまり市場では,科学的には相反する二つの特性を両立したホワイトニング材,すなわち,"漂白効果が高く刺激がないオフィスホワイトニング材"が求められているのである。

7.4.2 可視光応答型酸化チタンの漂白能力

可視光応答型酸化チタンにはそれ自身に有機物分解能力があるため,理論的には歯面に塗布し光を当てるだけで着色原因物質は分解され歯は白くなるはずである。しかし,抜去歯を用いた漂白試験の結果から,この方法では満足する白さに到達するまでには著しく時間がかかるものと判断された(少なくとも1時間では漂白効果は全く確認できなかった)。オフィスホワイトニングに限ったことではないが,患者が歯科治療のために口を開けていられる時間には限りがあり,治療時間は出来るだけ短い方がよい。現在販売されているオフィスホワイトニング材から判断するとオフィスホワイトニングの治療時間は1時間程度が妥当であると考えられ,可視光応答型酸化チタンのみを主成分としたホワイトニング材では治療時間が長くなりすぎるため臨床上現実的ではないと考えられた。

7.4.3 可視光応答型酸化チタンと過酸化水素の組み合わせ

前述のように患者からは,漂白効果が高く,痛みがないオフィスホワイトニング材が求められており,さらに,臨床上,治療時間に限りがあることから短時間で漂白効果を出すことが望まれている。これらの要求品質を満たすオフィスホワイトニング材を開発するために,過酸化水素と可視光応答型酸化チタンを組み合わせた。すなわち,ホワイトニング材の過酸化水素濃度をホワ

可視光応答型光触媒

イトニング材による知覚過敏がほとんど発生しない濃度に下げ、可視光応答型酸化チタンを加えることにより高い漂白効果を維持するのである。

図2に、可視光応答型酸化チタンと過酸化水素水を混合した漂白剤の漂白試験の結果を示す。漂白試験は、βカロチン染色紙に、V-CAT＋10％過酸化水素水、V-CAT＋20％過酸化水素水をそれぞれ塗布し、プラズマアーク可視光線照射器を用いて1分間光照射することにより行われた。なお、コントロールとして35％過酸化水素水（従来のホワイトニング材の同等品）についても同時に試験を行った。漂白効果は漂白前後のβカロチン染色紙の色の差を比較することにより評価した。この結果、35％過酸化水素水よりもV-CAT＋10％過酸化水素水、V-CAT＋20％過酸化水素水の漂白能力の方が高いことが明らかとなった。このことから、過酸化水素濃度を低下させても可視光応答型酸化チタンと併用すれば、従来の製品と同等かそれ以上の漂白効果が得られる可能性が示唆された。

7.4.4 臨床的な製品設計

過酸化水素水と可視光応答型酸化チタンを組み合わせることにより、ホワイトニング材の過酸化水素の濃度を低くしても漂白効果が得られることが明らかとなったので、高い漂白効果と低刺激性を実現するための過酸化水素及び可視光応答型酸化チタンの最適濃度の決定を行った。また、可視光線照射時間と漂白効果について調べ、臨床における光照射時間を決定し、治療方法の確立を行った。さらに、ホワイトニング材の性状を安全に歯面に作用させることができるジェル状にし、軟組織を保護するためのアイテムの開発を行うなど、歯科医師が臨床的に使いやすいようにアレンジした。この結果、"高い漂白効果と低刺激性"を両立し、治療時間が短く、臨床的に使いやすいオフィスホワイトニング材が完成した。

7.5 GC TiON IN OFFICEの特徴

可視光応答型酸化チタンを応用したオフィスホワイトニング材は、2005年2月にGC AMERICAよりGC TiON IN OFFICE（図3）として米国で発売された。GC TiON IN OFFICEは、可視光応答型酸化チタンを含むリアクター、過酸化水素水を含むホワイトニングジェル、歯肉を保護するレジンの3点から構成されるオフィスホワイトニングシステムである。

本製品の特徴は、過酸化水素濃度が20％（一般的な製品は35％）であることと、可視光応答型酸化チタンを併用していることにある。過酸化水素濃度を下げることにより低刺激性を実現し、可視光応答型酸化チタンを併用することにより低い過酸化水素濃度でも高い漂白効果を得ることが出来る。また、可視光応答型酸化チタンの歯面への導入方法も特徴的であり、リアクターという形で歯面に作用させるようになっている。リアクターを使うことにより、可視光応答型酸化チタンを歯面の着色原因物質に確実に付着させることが出来、また、歯面を漂白に最適なコンディ

第8章　可視光応答型光触媒の開発，実用化技術

ション（水分量，pH等）に整えることができるのである。

　以上のことから，GC TiON IN OFFICEは高い漂白効果と低刺激性を両立したオフィスホワイトニング材となっている。このことは，米国で実施した臨床試験でも実証されており，漂白効果，知覚過敏発生率ともに良好な結果が得られている。

　GC TiON IN OFFICEの漂白機構は図4に示すとおりであり，可視光線照射により可視光応答型酸化チタンが励起され，それに伴って過酸化水素が活性化され，着色原因物質が分解されるのである。

　GC TiON IN OFFICEの治療方法を図5に示す。作業手順は極めて単純で，歯肉保護を行った後，「リアクター塗布」，「ホワイトニングジェル塗布」，「光照射20分」という作業を3回繰り返すだけである。複雑な作業がなく，特殊な医療機器を使用する必要がないので，歯科医師の心理的負担も少なく，安心して治療を行うことができる。

　図6に臨床写真を示す。左の写真がホワイトニング前，右の写真がホワイトニング後である。痛みもなく，60分間でこの程度の漂白効果があれば，患者の満足度も高いと考えられる。

　なお，本製品は日本での上市も予定しており，現在，臨床試験を実施している。

7.6　おわりに

　可視光応答型酸化チタンは可視光線照射により光触媒能力を発揮させることができるため，今回紹介したホワイトニング材だけでなく，口腔内で使用する様々な歯科材料に応用できる可能性が考えられる。今後も可視光応答型酸化チタンの優れた機能を活かした歯科材料の開発，製品化を行っていきたい。

8 可視光応答型光触媒を用いた消菌クリーンシステム

入内嶋一憲*

8.1 緒言

「消菌クリーンシステム」は病院の手術室や無菌病室などのように無菌環境を必要とする分野のために開発したシステムで，このシステム及び技術を利用して病院内の減菌化や消臭化を自動的に行って室内環境を良好に維持しようとするものである。

病院には結核等の伝染病や様々な感染性の病原菌の保菌者や感染者などが集まってくる。そのため，感染予防は医療従事者や維持管理者などのような健康者といえども保護策が必要であり，基本となる空気感染予防の手段として，常に清潔な環境であることが望まれる。そのため，可視光応答型光触媒を使用し院内における蛍光灯の明かりにより消菌・消臭分解効果を発揮する消菌クリーンシステムを確立した。

本稿では，可視光応答型光触媒を利用した菌別消菌試験を通し製品の効果／特長に関し説明をする。

8.2 機能的特長

① 消菌の効果は消毒のような速効性はなく遅効性であるが，持続性・継続性があり，様々な細菌類やカビ等の真菌類及び，それらが産生する毒素の分解にも有効である。

また，可視光応答型光触媒による消菌作用は薬剤による殺菌とは違い耐性菌を発生させることはないので安全・安心して使用できる。

② 可視光応答型光触媒を利用する事により空気中を浮遊する菌類は消菌エア・フィルターで捕捉・分解し，室内面に付着・堆積する菌などは光触媒を消菌加工した内装材で分解する仕組みになっている。

③ 最大のメリットは「消毒の簡素化」であり，一般的なアルコール水溶液や酸性水などによる「拭き取り消毒」で充分効果を発揮する。そのため，消毒に費やす時間・人手・経費等の低減と利用効率の上昇に大きく貢献する。

また，室内における菌の変化は時間経過とともに増加傾向を示すが，消菌システムを導入後は，時間経過とともに減少傾向をたどる環境に変化するので，休日などによる汚染不安の解消に貢献する。

---

* Kazunori Iriuchijima 平山設備㈱ 抗菌システム部 課長代理

第8章 可視光応答型光触媒の開発,実用化技術

8.3 技術的特長
① 消菌空調
　空調機・エアコン類を可視光応答型光触媒により消菌加工（浮遊菌の分解）
② 消菌内装
　天井・壁・床面などを可視光応答型光触媒により消菌加工（付着・堆積する菌の分解）

8.4 消菌分解性能

菌別消菌試験

試験菌		作用時間	
		0時間	24時間後
緑膿菌	Pseudomonas aeruginosa	7.9×10^4	10以下
MRSA	Staphylococcus aureus	1.1×10^5	10以下

測定方法：フィルム密着法　㈶北里環境科学センター
試験温度照度：25℃　蛍光灯照射（約500Lux）
＊500Luxの蛍光灯照射下において緑膿菌，MRSAの分解が確認。

8.5 用途
　具体的に必要な場所は，外来・待合室や受付や一般病室など多くの患者（易感染症者）や医療従事者が集まる場所には，原因菌を減らす，空気感染や床からの再飛散を防ぐためにも，エアコン（空調機）や床の消菌加工は必ず必要だと考える。
　手術室・無菌病室・ICUなど，特に体が弱っている患者が入る室内は，空調機及び内装などのトータル的な消菌クリーンシステム化が必要である。
　床は菌汚染の源となるので，病院全体の消菌加工をすすめる。

8.6 使用に当たっての留意点
　可視光応答型光触媒が正常に機能するためには，照明光や自然光の照射及び可視光応答型光触媒と菌との接触が必要なので，光を照射すること及び汚れや塵埃を除去するための清掃に注意を要する。

8.7 消菌クリーンシステムの施工例

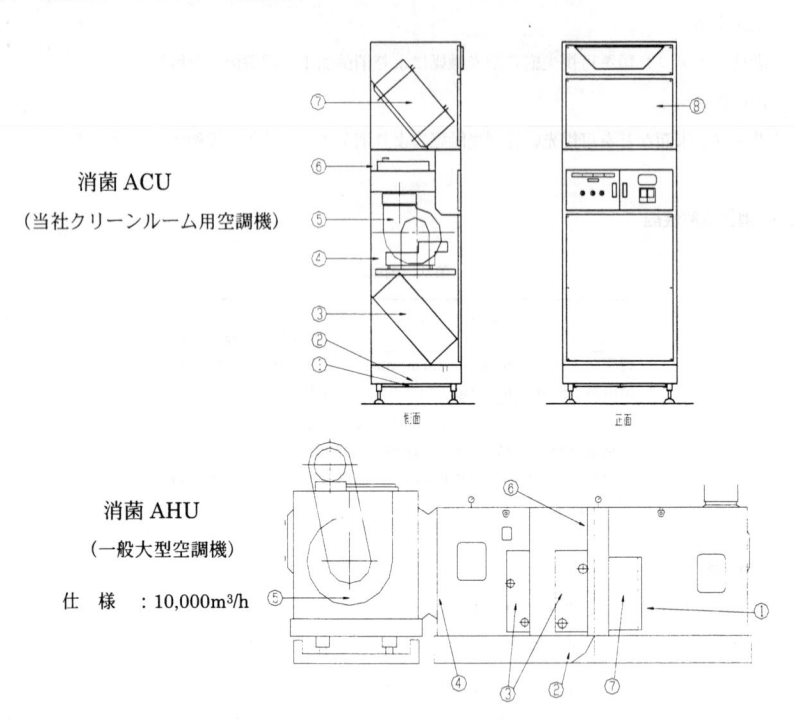

消菌 ACU
（当社クリーンルーム用空調機）

消菌 AHU
（一般大型空調機）

仕　様　：10,000m³/h

消菌仕様表

No.	消菌加工箇所
①	プレフィルター
②	ドレンパン
③	コイル
④	断熱材
⑤	送風機
⑥	ケーシング
⑦	高性能フィルター
⑧	室内露出部

図1　消菌空調機

第8章　可視光応答型光触媒の開発．実用化技術

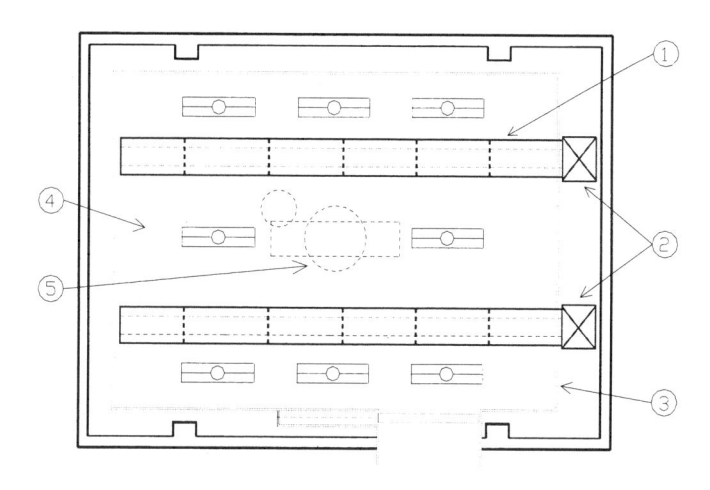

仕　様：床面積＝8m×6m＝48m²　高さ＝2.7m
清浄度：クラス1,000

消菌仕様表

No.	消菌加工箇所
①	消菌サプライダクト（吹出口）
②	消菌ACU（空調機）
③	消菌パネル（壁・天井）
④	消菌ワックス（床）
⑤	無影灯を消菌加工

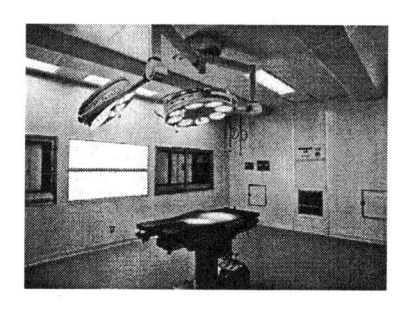

図2　消菌ライン式クリーンルーム手術室

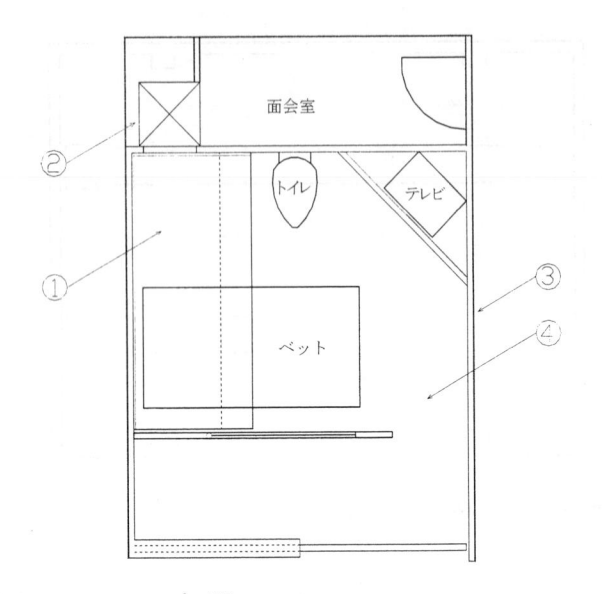

可視光応答型光触媒

仕　様　：床面積＝6m×6m＝36m²　高さ＝2.4m
清浄度　：クラス100

消菌仕様表

No.	消菌加工箇所
①	消菌サプライダクト（吹出口）
②	消菌ACU（空調機）
③	消菌パネル（壁・天井）
④	消菌ワックス（床）
その他	その他消菌加工

図3　消菌ライン式クリーンルーム無菌病室

8.8　消菌クリーンシステムを実際使用している病院の実データ

● 菌採取方法

　浮遊菌測定器：Biotest HYGIENE-CONTROL HYCON SYSTEM RCSエアーサンプラー

　浮遊菌測定培地：エアーサンプラー専用生培地　アガーストリップGK-A（一般細菌用）．HS（真菌用）

　付着菌培地：標準寒天培地（5cm×5cm　一般細菌・真菌用）

第8章　可視光応答型光触媒の開発，実用化技術

浮遊菌測定：エアーサンプラーにて，空気を1分間に40リットル，GK-A（一般細菌用），HS（真菌用）培地に採取
付着菌測定：標準寒天培地に，フィルムスタンプ法にて採取
培養：㈱エスアールエル・MBC・㈶北里環境科学センターに委託
菌測定結果表示方法：　i.　委託会社から提出されたコロニー数を下記に従い換算。
　　　　　　　　　　　ii.　浮遊菌は40L／分を1ft^3（28.32L）に換算。
　　　　　　　　　　　　　浮遊菌数（個／1ft^{3}の空気中）＝コロニー数×28.32L／40L
　　　　　　　　　　　iii.　付着菌は5cm×5cm＝0.0025m^{2}を1ft^2（0.0929m^2）に換算。
　　　　　　　　　　　　　付着菌数（個／1ft^{2}の面積中）＝コロニー数×0.0929m^2／0.0025m^2
　　　　　　　　　　　iv.　換算した結果の，小数点以下は四捨五入とする。
測定内容：1.　測定に入る前に無塵着・手袋・マスクを着用し準備する。
　　　　　2.　エアーサンプラーは採取後，その都度消毒する。
　　　　　3.　付着菌採取後，採取場所を消毒する。
　　　　　4.　浮遊菌は室内中央　FL1,200程度。
　　　　　5.　付着菌の壁はFL1,500程度。

8.8.1　実施例1

実施件名：某病院内無菌病室消菌化工事
目的：施工前と施工後の比較により消菌力効果を次の方法により評価した。
測定場所：無菌病室（3室）
菌培養：㈱エスアールエルに委託
測定方法：浮遊菌→エアーサンプラーにて採取
　　　　　付着菌→フィルムスタンプ法にて採取
施工内容：p.5の消菌ライン式クリーンルーム無菌病室消菌仕様表を参照

可視光応答型光触媒

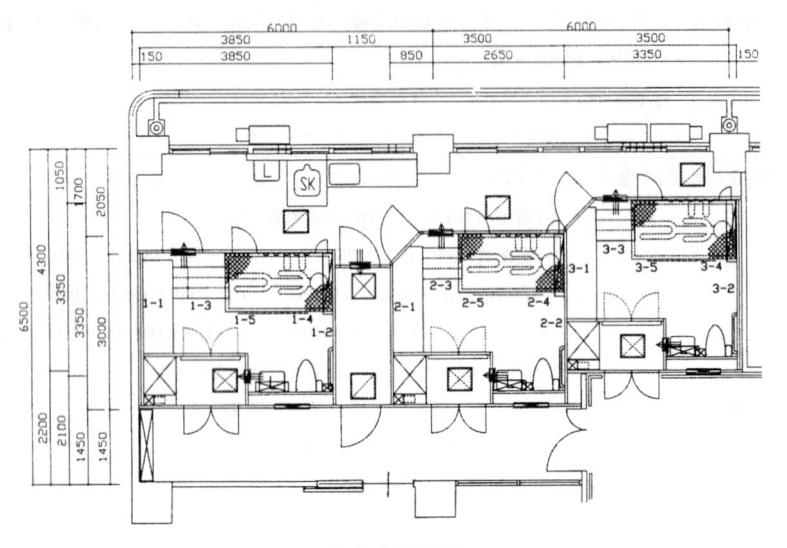

菌採取位置平面図

無菌病室

菌数結果報告書（施工前）

	施工前		
番号	採取場所	採取位置	菌数
1-1	無菌病室1	壁（付着菌）	77
1-2	無菌病室1	壁（付着菌）	206
1-3	無菌病室1	床（付着菌）	129
1-4	無菌病室1	床（付着菌）	258
1-5	無菌病室1	中央（浮遊菌）	1
	合計		671

菌数結果報告書（施工後）

	施工後		
番号	採取場所	採取位置	菌数
1-1	無菌病室1	壁（付着菌）	陰性
1-2	無菌病室1	壁（付着菌）	陰性
1-3	無菌病室1	床（付着菌）	陰性
1-4	無菌病室1	床（付着菌）	陰性
1-5	無菌病室1	中央（浮遊菌）	陰性
2-1	無菌病室2	壁（付着菌）	陰性
2-2	無菌病室2	壁（付着菌）	陰性
2-3	無菌病室2	床（付着菌）	陰性
2-4	無菌病室2	床（付着菌）	陰性
2-5	無菌病室2	中央（浮遊菌）	陰性
3-1	無菌病室3	壁（付着菌）	陰性
3-2	無菌病室3	壁（付着菌）	陰性
3-3	無菌病室3	床（付着菌）	陰性
3-4	無菌病室3	床（付着菌）	陰性
3-5	無菌病室3	中央（浮遊菌）	陰性
	合計		陰性

第8章 可視光応答型光触媒の開発,実用化技術

8.8.2 実施例2

実施件名：某病院内クリーン病室消菌化工事
目的：消菌施工部分と非消菌施工部分の比較により消菌力効果を次の方法により評価した。
測定場所：クリーン病室（2室），及び未熟児室・新生児室
菌培養：MBCに委託
測定方法：浮遊菌→エアーサンプラーにて採取
　　　　　付着菌→フィルムスタンプ法にて採取

クリーン病室

菌数結果報告書

工事種別	採取場所	採取位置	採取番号	コロニー数
AHU空調機消菌化 室内ファンフィルタ ユニット消菌化 内装壁・天井消菌化	クリーン 病室311	室内中央浮遊菌（一般細菌）	5-1	陰性
		室内中央浮遊菌（真菌）	5-2	陰性
		壁付着菌（一般細菌・真菌）	5-3	陰性
消菌化せず	クリーン 病室310	室内中央浮遊菌（一般細菌）	6-1	23
		室内中央浮遊菌（真菌）	6-2	5
		壁付着菌（一般細菌・真菌）	6-3	2,155
AHU空調機消菌化 内装消菌化せず	未熟児室	室内中央浮遊菌（一般細菌）	7-1	陰性
		室内中央浮遊菌（真菌）	7-2	陰性
		壁付着菌（一般細菌・真菌）	7-3	743
AHU空調機消菌化 内装消菌化せず	新生児室	室内中央浮遊菌（一般細菌）	8-1	陰性
		室内中央浮遊菌（真菌）	8-2	陰性
		壁付着菌（一般細菌・真菌）	8-3	186

8.8.3 実施例3

目的：消菌施工部分と非消菌施工部分の比較により消菌力効果を次の方法により評価した。
採取場所：某市民病院　ICU，他
菌培養：㈶北里環境科学センターに委託
測定方法：付着菌→フィルムスタンプ法にて採取
仕　様：病室周りを消菌化
　　　　天井・壁→消菌クリア　　床→消菌ワックス

239

可視光応答型光触媒

ICU病室

菌数結果報告書

NO	消菌施工部分		NO	非消菌施工部分	
	採取場所	コロニー数		採取場所	コロニー数
①	ICU壁	陰性	⑥	ICU壁	845
②	ICU壁	陰性	⑦	ICU壁	1951
③	ICU壁	陰性	⑧	ICU床	1672
④	ICU壁	陰性	⑨	個室 壁	697
⑤	ICU床	74	⑩	個室 床	2508
	合計	74		合計	7673

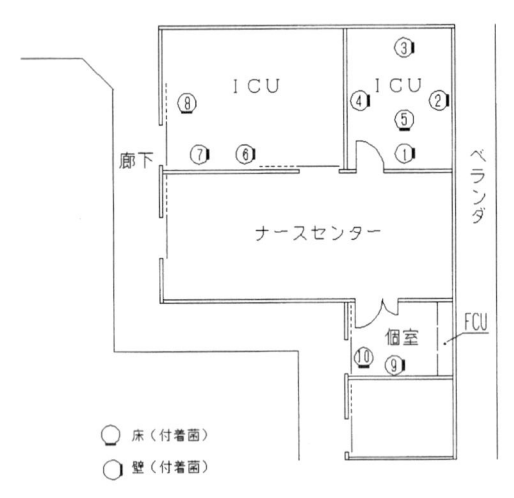

○ 床（付着菌）
○ 壁（付着菌）

菌採取場所平面図

8.8.4 実施例4

実施件名：某大学病院．AHU（空調機）消菌化工事

目的：消菌施工部分（空調機）と非消菌施工部分（空調機）の比較により消菌力効果を次の方法により評価した。

測定場所：AHU（空調機）消菌化工事1号棟と，AHU（空調機）非消菌化工事2号棟

菌培養：㈱エスアールエルに委託

測定方法：浮遊菌→エアーサンプラーにて採取

付着菌→フィルムスタンプ法にて採取

（5回目まで 採取面積6cm×6cm，6回目から採取面積5cm×5cm，一般細菌・真菌用）

第8章 可視光応答型光触媒の開発,実用化技術

仕様:p.3の消菌AHU消菌仕様表を参照
(PAC・FCU・HXFの消菌仕様書はAHUの消菌仕様書に準ずる。)

採取場所	採取方法
機内	●空調機作動中 風量測定口より二次側の浮遊菌採取,及び二次側ドレンパンの付着菌採取。(風量測定口無き機器については,本体二次側内にて採取)
吹出口	●空調機作動中 吹出口直下より浮遊菌採取,及びフェイスの付着菌採取。

菌数結果報告書

No	消菌施工部分(空調機) 採取場所	コロニー数 1回	2回	3回	4回	5回	6回	No	非消菌施工部分(空調機) 採取場所	コロニー数 1回	2回	3回	4回	5回	6回
1	AHU-95 9F 機内 二次側	0	26	0	0	26	373	①	AHU-92 9F 機内 二次側	1524	4500	10339以上	2949	778	15244以上
2	AHU-95 5F ロウカ 吹出口	1	2	0	413	129	1	②	AHU-92 5F ロウカ吹出口	30	9	60	82	3	41
3	AHU-23 2F 機内 二次側	0	31	4	234	0	0	③	AHU-22 2F 機内 二次側	83	1449	5175以上	770	779	60
4	AHU-23 2F 227号室吹出口	1	0	3	0	0	1	④	AHU-22 2F ライトコート前 4床室吹出口	113	105	5685以上	26	218	411
5	AHU-24 2F 機内 二次側	0	3	56	0	48	74	⑤	AHU-21 2F 機内 二次側	236	469	632	2616	214	156
6	AHU-24 2F 228号室吹出口	0	0	27	210	0	0	⑥	AHU-21 2F ライトコート前 4床室吹出口	184	53	295	1026	109	299
7	PAC-4-5 4F 機内 二次側	0	0	0	0	0	0			—	—	—	—	—	—
8	PAC-4-5 4F 新生児室 吹出口	1	0	11	13	0	0								
9	FCU-7 3F スタッフステーション 入口吹出口	0	0	1	3	3	0	⑨	FCU-7 3F スタッフステーション 入口吹出口	25	5	47	21	7	2
10	FCU-7 8F スタッフステーション 入口吹出口	0	5	11	0	10	1	⑩	FCU-7 8F スタッフステーション 入口吹出口	10	13	27	24	10	4
11	PAC天井カセット8F スタッフステーション隣 吹出口	1	1	0	3	5	3	⑪	PAC天井カセット8F スタッフステーション 入口吹出口	3	23	15	6	7	24
12	HXF-22 9F 機内 二次側	27	82	289	0	1	1	⑫	HXF-2 9F 機内 二次側	99	3319	5876以上	3330	40	5685以上
	合計	30	150	391	863	222	455		合計	2307	9945	22862以上	10850	832	22304以上

—は採取無し

注: 1回 平成09年9月16〜17日の菌採取
2回 平成10年3月23〜24日の菌採取
3回 平成10年9月7〜8日の菌採取
4回 平成11年3月17〜18日の菌採取
5回 平成11年9月21〜22日の菌採取
6回 平成12年4月19日の採取

可視光応答型光触媒

8.8.5 実施例5

実施件名：某病院内手術ホール消菌クリーンシステム工事
目的：施工前と施工後の比較により消菌力効果を次の方法により評価した。
測定場所：手術ホール
菌培養：㈱エスアールエルに委託
測定方法：浮遊菌→エアーサンプラーにて採取
　　　　　付着菌→フィルムスタンプ法にて採取（採取面積6cm×6cm，一般細菌・真菌用）
仕様：p.4の消菌ライン式クリーンルーム手術室消菌仕様表を参照

菌数結果報告書

検体番号	採取場所	採取位置	H6.12.22 消菌施工前 菌数 (コロニー) A	H7.11.22 消菌施工後 菌数 (コロニー)	H11.3.6 消菌施工後 菌数 (コロニー)	H12.4.15 消菌施工後 菌数 (コロニー) B	B÷A× 100
1	医師室	壁（付着菌）	78	0	0	37	0.47
2	前ホール	室内中央（浮遊菌）	−	−	0	0	
3	前ホール	室内中央（浮遊菌）	−	−	0	0	
4	手術ホール	床（付着菌）	825	0	0	0	0
5	手術ホール	床（付着菌）	26	0	0	0	0
6	手術ホール	壁（付着菌）	26	0	0	0	0
7	手術ホール	室内中央（浮遊菌）	−	0	0	0	
8	手術ホール	室内中央（浮遊菌）	−	−	0	0	
9	中央材料室	床（付着菌）	387	52	0	74	0.19
10	中央材料室	壁（付着菌）	−	−	0	0	
11	中央材料室	室内中央（浮遊菌）	−	−	0	0	
12	中央材料室	室内中央（浮遊菌）	−	−	0	0	
13	回復室	壁（付着菌）	0	0	0	0	0
14	回復室	壁（付着菌）	26	0	0	0	0
15	回復室	室内中央（浮遊菌）	−	−	0	0	
16	回復室	室内中央（浮遊菌）	−	−	0	0	
17	第一手術室	無影灯上部（付着菌）	52	0	0	0	0
18	第一手術室	室内中央（浮遊菌）	−	−	0	0	
19	第一手術室	室内中央（浮遊菌）	−	−	0	0	
20	第二手術室	室内中央（浮遊菌）	−	−	0	0	
21	第二手術室	室内中央（浮遊菌）	−	−	0	0	
22	第三手術室	壁（付着菌）	26	0	0	0	0
23	第三手術室	室内中央（浮遊菌）	−	−	0	0	
24	第三手術室	室内中央（浮遊菌）	−	−	0	0	
25	第五手術室	壁（付着菌）	0	0	0	0	0
26	第五手術室	無影灯上部（付着菌）	130	0	0	0	0
27	第五手術室	室内中央（浮遊菌）	−	−	0	0	
28	第五手術室	室内中央（浮遊菌）	−	−	0	0	
						アベレージ	0.06

＊　−は採取無し
注：この比較データは，従来の光触媒を消菌クリーンシステムに用いたものであるが，可視光応答型光触媒を用いることにより，より良い比較データが得られるものと思われる

9　光触媒フィルム

原田正裕*

9.1　はじめに

近年光触媒への理解が深まり，光触媒能を利用した製品，商品が数多く発表されるようになってきた。ざっと見渡しても外壁材，内装材，エクステリア用品，空気清浄機，エアコン，衣類等様々に挙げられる。当然ながら用途が広がればそれに伴い，光触媒能を発現させるための最適形態も数多くなってきている。そこで本節では，多岐に渡る光触媒形態の中でも㈱きもとが製造販売している製品（製品名：ラクリーン[R]）を中心に，光触媒フィルムに関して述べる。

9.2　光触媒フィルムの用途と機能

フィルム上に予め光触媒能を有する層が塗布してある光触媒フィルムは，透明性を有しなおかつ粘着層も予め備える事が出来るので，被着体として表面が比較的平面状のものであれば基本的に何にでも貼付する事が出来る。また，フィルム貼付は必要箇所に後から追加すればよいので，これから施工する物件に使用する各部材の製造工程後に予め貼付しておく事も出来るし，すでに施工が済んでいる物件に後から貼付する事も出来る。具体的な用途としては，カーポート，アーケード等の透明樹脂板を使用したエクステリア関連，透明遮音板，表示板等の道路資材関連，看板，案内板等の広告関連，ビル，一般家屋等の窓に貼るウインドウフィルム関連等多岐に渡る。これらの中でも貼付の容易さや性能を発揮しやすい事，貼付面積等を考慮すると，ウインドウフィルム関連用途がより有望な市場である。光触媒フィルムを貼付する目的としては，屋外用途では光触媒の持つ超親水性化作用を主に利用した防汚（図1），雨が付いても水滴にならない事による降雨時の視界確保（図2）等があり，屋内用途では分解作用を主に利用した消臭，シックハウス症候群の原因物質削減（図3）等が挙げられる。

9.3　光触媒フィルムの構造と各層の役割

次にフィルムを構成している各層の役割に関して，㈱きもとで製造している光触媒フィルムを例に述べる。構造を図4に示す。

① 保護フィルム

光触媒フィルムを貼付する場合，一般的にウインドウフィルムの貼付で用いられている"水貼り工法"にて行う事が多い（他にはラミネーターを使用するドライラミネート工法がある）。この工法では水を抜くためにスキージと呼ばれるへら状の冶具にてフィルム表面を擦る作業があ

---

*　Masahiro Harada　㈱きもと　企画開発部

可視光応答型光触媒

図1　東京都新宿区にあるビルにて曝露したサンプル（曝露後約1年経過）

図2　ゴルフカートでの使用例（ハンドル上部にある前面板に部分的に貼付している）

り，この時光触媒層に傷が生じてしまう事がある。そこで保護フィルムはこの傷の発生を防止するために用いられる。また，製品搬送時の外的な衝撃によるすり傷発生を防止し，貼付まで光触媒層をきれいに保つ役割もある。保護フィルムは貼付後その役目を終えるので，必ず剥がす必要がある。"保護"とあるが，利用時における光触媒フィルムを保護する役目では無い。その他，剥離する際にあまりに強い力を必要とする場合は上手く保護フィルムのみを剥がす事が出来ず，せっかく貼り付けた光触媒フィルムごと被着体から剥がれてしまう事があるため，剥離力はなるべく弱い方が良い。また光触媒層と保護フィルムの組み合わせによっては，貼付後保護フィルムを剥がすまでに長時間紫外線などの光にさらされると，剥離力が上昇する場合もあるので注意が必要である。さらには光触媒層と直接触れる事になるため，光触媒層に悪影響を及ぼすような物

第8章 可視光応答型光触媒の開発,実用化技術

アセトアルデヒド残存率

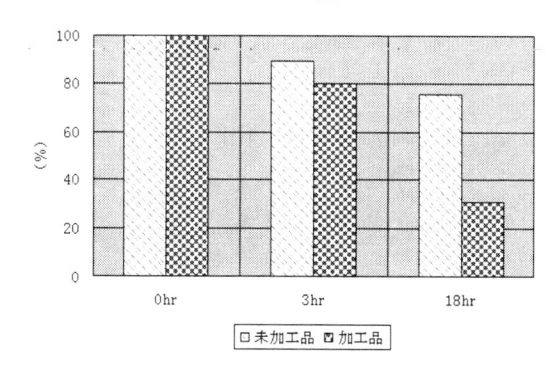

0hr　3hr　18hr
□ 未加工品　▨ 加工品

図3 アセトアルデヒド分解能(開発中のもの)
初期濃度;0.01%,光源;蛍光灯約10,000lx

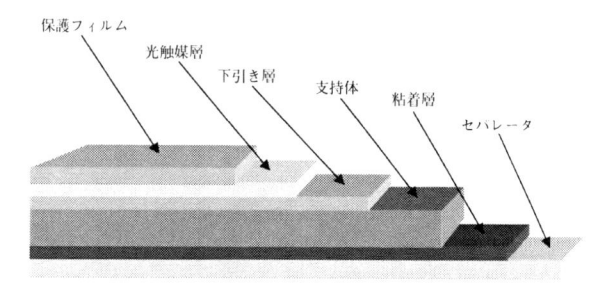

図4 光触媒フィルムの構造

質が混入していないものが好ましい。使用される材質としてはPE(ポリエチレン:polyethylene)やPP(ポリプロピレン:polypropylene)等を基材としたものが挙げられる。
② 光触媒層(Top層)
光触媒能を発現させる層であり,光触媒フィルムたる所以の部分である。一般的に光触媒能は酸化チタンにより発現させており,紫外線領域にのみ感応するものは主に屋外用途向けとして,また近年開発されている可視光領域においても感応するものは主に屋内向けに使用される。フィルム化の難点としては,外壁タイルと違ってチタンを焼成する事が出来ないため,酸化チタン単体ではフィルム上に固着しない事である。そこで構造的に安定な珪素化合物やフッ素化合物をバインダーとして添加している。ただしバインダーを添加すると,酸化チタンがフィルム表面に存在する確率が低下するため,光触媒能の発現にとっては不利である。そこでいかに性能低下を起

245

可視光応答型光触媒

こさせずに酸化チタンをフィルムに固着させるかが重要となる。そのため様々な工夫を凝らす必要があり，酸化チタンの分解性により周囲が劣化されないように，セラミックス類で酸化チタン表面を一部覆う技術もある[1]。

③ 下引き層（アンカー層）

光触媒層内にある酸化チタンが，有機物である支持体（フィルム）と直接触れないように，光触媒層で使用するバインダーと同様なもので下引き層を設ける。この層により酸化チタンの分解能が支持体に影響する事が少なくなるため耐久性が向上し，なおかつ光触媒層と支持体の接着性を向上させる事も狙える。

④ 支持体

材質としてはPET（ポリエチレンテレフタレート：polyethlene terephthalate），アクリル系，フッ素系等が挙げられる。PETは加工性，アクリル系は透明性，フッ素系は柔軟性等有利な点がそれぞれ異なるので，用途に合わせて選択する事が出来る。㈱きもとでは高透明性と紫外線カット性を求める場合アクリル基材，紫外線透過性や多少の柔軟性を求める場合フッ素基材と区別している。PETは平面性，加工性に優れているが，PET自身が持つ加水分解性により耐久性にやや難があるため，屋内用途向けとした方が好ましい。㈱きもと品では前述のようにアクリル系およびフッ素系の基材を使用しており，サンシャインウエザオメータで5000時間以上の耐候性を有している。

⑤ 粘着層

材質としてはアクリル樹脂系が一般的である。フィルムを貼付する時は前述のように"水貼り工法"を用いるため，粘着剤は水貼りに対応している必要がある。また樹脂板に貼付する場合，使用する樹脂板の種類，製造方法によってはアウトガスと呼ばれる現象が発生し易いものもあるので，この現象を抑える性能（ガス止め性と呼ばれる）を有する事がより好ましい。

⑥ セパレータ

粘着層は基本的にタック性（粘着剤特有のべたつき感）を有するので，貼付までの異物付着防止や搬送性向上のために用いられる。セパレータとしてはシリコーン系やフッ素系の離型剤を塗布したPET等が用いられる。保護フィルム同様，粘着層に対する剥離力が強いと凝集破壊（セパレータと粘着層の界面で分かれるのではなく，粘着層内で裂けてしまう現象。俗に糊残りと呼ばれる現象と同じ。）が生じてしまうため，なるべく剥離力は弱い方が好ましい。

9.4 光触媒能以外で求められる性能

光触媒フィルムとして目的に沿った光触媒能を有する事は当たり前だが，その他にも求められる性能がある。ここでは特に求められる場合が多い事項に関して述べる。

第8章　可視光応答型光触媒の開発,実用化技術

① 透明性

光触媒フィルムは,被着体に貼り合わせて使われるので,被着体の外観を損なうようなものであってはならない。例えば看板へ貼付する場合を考えると,看板の表示やイメージを変えてしまう事があってはならない。またウインドウフィルムとして貼付する場合は,外の景色がゆがんでしまうような事があってはならない。そのため無色高透明なものほど利用範囲が広がると思われる。

② 塗膜の均一性

光触媒で利用されている酸化チタンは,元来塗料業界では白色顔料として広く用いられているものであり,その白色度は優れている[2]。そのため光触媒として使用する場合は,塗膜の厚みに不均一な部分があると直ちにムラとなって見えてしまう。特に不均一に濃い部分があるとそこだけ白化したように見えてしまう。また酸化チタンは屈折率が高く,塗膜厚みが可視光線と干渉する領域にあるため,膜厚ムラが干渉縞となり外観を損ねる場合もある。被着体によっては許容される場合もあるが,塗膜の均一性は光触媒フィルムにとって重要である。

③ 表面硬度

可能な限り被着体本来の硬度程度以上が好ましい。しかしながらフィルムの場合,表面硬度はフィルム基材に大方依存してしまうため,ガラスのように高硬度にはならない。よって現実的にはちょっとした不注意による傷が入らない程度以上が好ましく,いたずら目的でも傷が付かなければ最高である。最低でも傷を付けずに洗浄が出来るぐらいは必要である。

9.5 他手法との比較

光触媒フィルムはよく光触媒液を現場で塗布する方法(以下塗布型と記す)と比較される事が多い。ここではフィルム型と塗布型での比較を行う。表1に大まかな比較を示す。

① 施工環境

被着体の洗浄に関しては両方とも充分に行う必要がありその手間はあまり変わらないが,塗布

表1　フィルム型と塗布型の比較

	フィルム型	塗布型
施工環境	・強風時以外可 ・保護フィルム、セパレータ等の廃棄物処理が必要	・強風、高湿時以外可 ・マスキングテープ、残液等の廃棄物処理が必要
作業性	・汎用用品で貼付 ・比較的貼付は容易	・専用機器で施工 ・施工にはある程度の技術が必要
施工適性	・ほぼ平面状以外は不可 ・被着体の表面光沢に変化が生じる	・ほぼ全ての形状に施工可 ・被着体の表面光沢にあまり変化はない
多機能化	・ある程度対応可	・対応不可

型はスプレーガンで塗布する時に塗布しない場所へ塗布液が掛からないようにするためのマスキングを行う必要がある。また，塗布型は施工時及び塗布液乾燥時は湿気に注意しないと，空気中の水分の影響により塗膜が白化する恐れがあり，何より乾燥に時間がかかる。一方フィルムであればこれらマスキング作業，貼付中の天候に対する注意は必要無いが，セパレータや保護フィルムを剥がす手間がかかり，これらが廃棄物になるという問題がある。ちなみに塗布型，フィルム型両方とも，砂埃が舞うような強風下では，施工面に砂を巻き込むため施工できない。

② 作業性

塗布型の場合は専門のスプレーガンがあるため一見容易だと考えられるが，塗布者にはある程度の塗布技術が求められる。特に膜厚ムラは干渉縞となって外観を損なうため，均一に塗布する技術が必要である。フィルムの場合は貼付治具としてスキージ（と前述の水または溶液）が必要となるが，これはホームセンターや大きなデパート等で販売されているものであり，貼り付け作業は特に経験を必要とするものではない。ただし一般の方が行う場合は，経験を積んだ施工業者が行うよりも貼付時間は長く掛かり，仕上がりもあまり良くない傾向がある。

③ 施工適性

フィルムの場合は基材が存在するため，被着体の表面状態を変えずに貼付する事は出来ない。例えば壁紙はその風合も性能の一つであるが，フィルムを貼付してしまうと表面光沢が変わり，壁紙が持つ風合を無くしてしまう。しかし塗布型の場合は被着体に直接吹き付けるため，被着体の表面状態をほぼそのままにする事が可能で，風合を残す事が出来る。また，フィルムでは被着体に平面性を求め，曲面に貼付するのは制限がある。しかし塗布型ではその制限は無く，自由曲線面でも施工が可能である。

④ 多機能化

塗布型では塗布液は光触媒能を有する液としてしか塗布出来ないが，フィルムでは光触媒能以外の性能（例えば紫外線防止能，ガラス飛散防止能等）を持たせる事も比較的容易に出来る。光触媒フィルムとしての外観が許される限りにおいては，熱線吸収能または熱線反射能も可能性がある。

9.6 おわりに

冒頭で光触媒に対する理解が深まっていると述べたが，一般消費者は現状の効果にまだまだ満足していないと思われる。これは光触媒としての性能が，いつも目に見えて実感出来るようなものではないためである。汚れ防止とは言ってもいつもきれいなままというわけではなく（降雨又は簡便な清掃が必要），分解性にしても比較的長時間掛けて分解していくものだからである。また，光触媒そのものの能力が過剰評価されている場合もあると思われる。よってこれらの点から

第8章　可視光応答型光触媒の開発，実用化技術

一般消費者が求めているような光触媒能を発現させているとは必ずしも言えない場合があり，結果として想像していた程の効果があるとは思われない事もある。そのため，これらの差を埋めるべくこれからもそれぞれの用途向けにさらなる改良を行い，性能向上に努める必要がある。

文　　　献

1) 峠田博史, トコトンやさしい光触媒の本, 日刊工業新聞社, p30 (2002)
2) 伊藤征司郎 (編), 顔料の事典, 朝倉書店, p186 (2000)

10 光触媒機能膜の防汚評価チェッカー

石井芳一*

10.1 はじめに

アナターゼ型の酸化チタン（TiO_2）が，紫外線応答型光触媒機能を利用してすでに実用化され，市場でさまざまな用途に開発製品が使われている。外壁タイルの防汚，自動車ミラーの防滴，公園・道路周辺等の施設の防汚などに応用されている。

最近では，紫外光だけの光触媒効果から，室内の蛍光灯などの光でも光触媒効果のある可視光応答型TiO_2光触媒の研究開発が進められている。紫外線がなくとも，可視光で応答する窒素ドープの酸化チタン触媒が注目され，室内や車内での利用が可能となり，VOC対策，防汚，防臭，抗菌，抗カビの機能を有するものの応用として，紙，内装塗料，内装クロスなどへの用途開発が検討されている。可視光応答型の光触媒材料の一層の性能向上，およびその応用製品開発が盛んになりつつある。

しかし，実際に，光触媒製品として，どのくらいの効果があるかを測定，評価することも必要である。光触媒機能の有効性を評価する場合，付着した汚れを分解して浄化する機能の評価や表面を親水性にして液滴を防ぐ機能評価として水の接触角の測定や，ホルムアルデヒドをはじめとするシックハウスの原因となるVOCの分解機能評価として酸化により生成するCO_2量の測定など種々ある。

ここでは，光触媒機能酸化チタンのコーティング層の表面に付着した汚染物の酸化分解の触媒機能を簡単に評価する方法として，防汚の触媒活性度を測定する簡易型ハンディタイプの光触媒機能評価チェッカーを紹介する。

10.2 光触媒機能の防汚の各種評価法

光触媒機能のうち，表面に付着した汚染物に対する光触媒作用による酸化分解を評価する方法として，

① 油脂減量法：酸化チタンをコーティングした表面にサラダ油を薄く塗り，紫外線あるいは可視光を照射することによるサラダ油の酸化分解を重量変化として測定する。

② 細菌観察法：酸化チタンをコーティングした表面に細菌を増殖させ，紫外線あるいは可視光を照射することによる細菌数の変化を測定する。

③ 吸光度測定法：酸化チタンをコーティングした表面に有機色素（メチレンブルー等）を塗布し，紫外線あるいは可視光を照射することによる有機色素の酸化分解を吸光度変化として

---

* Yoshikazu Ishii　アルバック理工㈱　代表取締役社長

第8章　可視光応答型光触媒の開発，実用化技術

測定する。
などが提案されている。

　ここでは，高見ら[1]によって報告された吸光度測定法の基本原理に準拠し，より簡単な設備で，容易に得られる光触媒機能の活性度評価法とその測定器を述べる。特に，屋外の光触媒製品の防汚活性度および屋内の光触媒製品の防汚活性度を評価する場合を想定し，紫外線型および可視光型の両方の触媒防汚活性を評価できる光触媒機能チェッカーを次に述べる。

10.3　光触媒機能チェッカー

　図1に光触媒機能酸化チタンのコーティング層の表面に付着した汚染物の酸化分解の触媒機能を簡単に評価測定する光触媒機能チェッカーの外観を示す。この光触媒機能チェッカーは，(財)神奈川科学技術アカデミー・藤嶋昭理事長，東京大学・橋本和仁教授，宇部日東化成㈱の発明（特許第3247857号）を基にアルバック理工㈱で製品化されたものである。

　光触媒機能評価チェッカーの構成は，センサー部，制御回路部，演算表示部からなる。図2に光触媒機能チェッカーの測定系統を示す。センサー部には，紫外線照射用として，ブラックライト（UV量約 $1mW/cm^2$）および可視光照射用として蛍光管（400nm以上の可視光約 $1mW/cm^2$）を測定試料表面に照射できるように配置し，また，ファイバーで導かれた発光素子と受光素子を測定試料表面近傍に設けた。センサー用発光素子には，発光ダイオード（波長650nm）を用い，制御回路部で，一定周期のパルスで発光させ，測定色素膜を透過した光を受光する受光素子では直流光はカットし，発光素子の発光周期と同期して受光検出する。その振幅をアナログ測定する

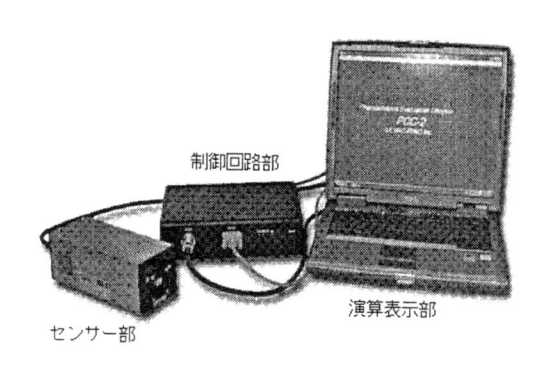

図1　防汚活性度評価用光触媒機能チェッカー　PCC-2の外観

可視光応答型光触媒

ことにより，外光の変化に影響されずに，色素膜を透過したパルス光の強さを定量することができる。演算表示部で，ブラックライトの紫外線あるいは蛍光管の可視光を連続的に照射しながら，色素の光分解による吸光度の減少速度を連続的に測定・表示することが可能となり，定量的な評価精度を著しく向上させることができる[2]。

10.4 光触媒機能のチェッカーの測定原理

光触媒機能のチェッカーは，吸光度測定法を用いた測定原理に基づいている。図3に示すような厚さd，吸収係数μの均質平板に強さI_0の光が入射して透過する場合，透過光の強さI_tは(1)式で与えられ，吸光度Aは(2)式で定義される。

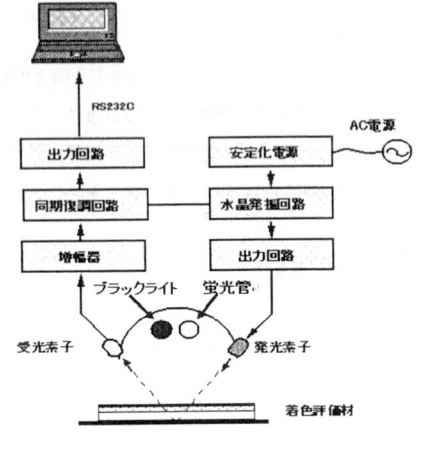

図2 光触媒機能チェッカーの測定系統

$$I_t = I_0 \cdot \exp(-\mu d) \tag{1}$$

$$A = -\ln(I_t/I_0) = \mu d \tag{2}$$

図4に示すような配置において，測定光I_0が入射角θで有機色素の着色層，光触媒機能酸化チタン層および基材に入射し，底部の反射体で反射し，反射出力光I_tが得られた場合，着色層，光触媒機能層および基材の厚さをそれぞれd_1，d_2，d_3とし，吸収係数をμ_1，μ_2，μ_3とし，底面の反射率をRとすると，吸光度Aは次式で表される。

$$A = -\ln(I_t/I_0) = -\ln(R) + 2/\cos\theta \cdot (\mu_1 d_1 + \mu_2 d_2 + \mu_3 d_3) \tag{3}$$

光学系の配置に変化を与えず，光触媒機能層であるTiO_2層に一定照度のブラックライト・ランプによる紫外線または，蛍光管による可視光をΔt時間照射することにより，触媒機能により酸化分解される着色層の吸光度$\mu_1 d_1$が減少して（$\mu_1 d_1 - \Delta\mu d$）に変化すると，Δt時間後の吸光度$A(\Delta t)$は，

$$A(\Delta t) = -\ln(R) + 2/\cos\theta \cdot (\mu_1 d_1 - \Delta\mu d + \mu_2 d_2 + \mu_3 d_3) \tag{4}$$

となる。したがって，吸光度の変化速度$\Delta A/\Delta t$は次式によって表されるように，単に酸化分解過程の着色層の吸光度の変化速度にのみ比例することになる。

第8章 可視光応答型光触媒の開発，実用化技術

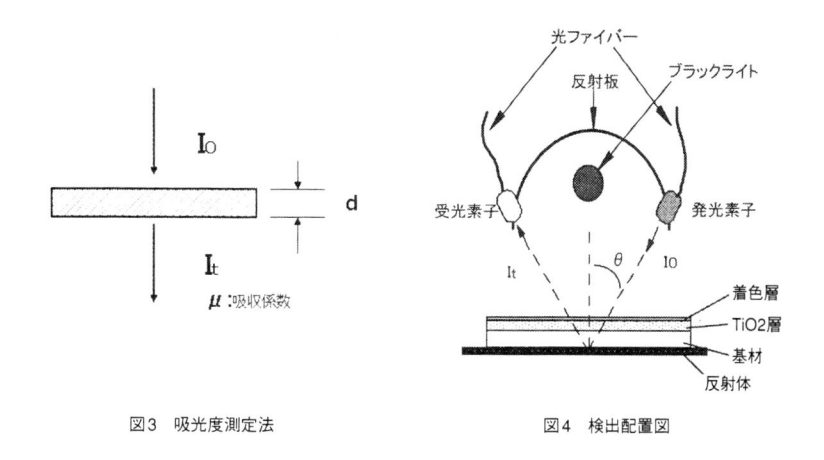

図3 吸光度測定法

図4 検出配置図

$$\Delta A / \Delta t = 2/\cos\theta \cdot \Delta\mu d / \Delta t \tag{5}$$

(5)式により光学的な配置を変化させず，一定照度のブラックライト・ランプまたは蛍光管の照射の下で，吸光度の変化速度を連続的に測定すると，着色層の減色速度が求められ，この値はその原因となるべき光触媒機能層の単位時間当たりの色素分解能力，すなわち，紫外線光応答型または可視光応答型の光触媒機能の防汚の活性度を与えるものとなる。

10.5 有機色素の吸光度測定による評価例

本チェッカーの有効性確認のため3種類の紫外線応答型の光触媒機能を有する被評価材を用い，以下の手順で有機色素メチレンブルーの着色層を形成した。

① ブラックライトの照射系内に被評価材を静置し，1時間照射し続けて酸化チタン膜の表面に付着している汚れの分解と再生をさせる。

② 濃度1mmol/Lのメチレンブルー水溶液に被評価材を30分浸漬して，酸化チタン表面に化学吸着をさせる。

③ 被評価材をデシケータ内の暗所で30分乾燥し，裏面のメチレンブルーを拭き取る。

このように準備した被評価材を白い用紙の上に置き，本装置のセンサー部を被評価材の上に被せる。あらかじめ設定した測定時間（通常は10〜20分間）紫外線を被評価材に照射し，連続的な吸光度変化（ΔABS）を測定した。

図5はブラックライト照射開始から20分間の有機色素の吸光度変化（ΔABS）曲線を示すが，光触媒反応の活性度の良否が明瞭に判定できることがわかる。

可視光応答型光触媒

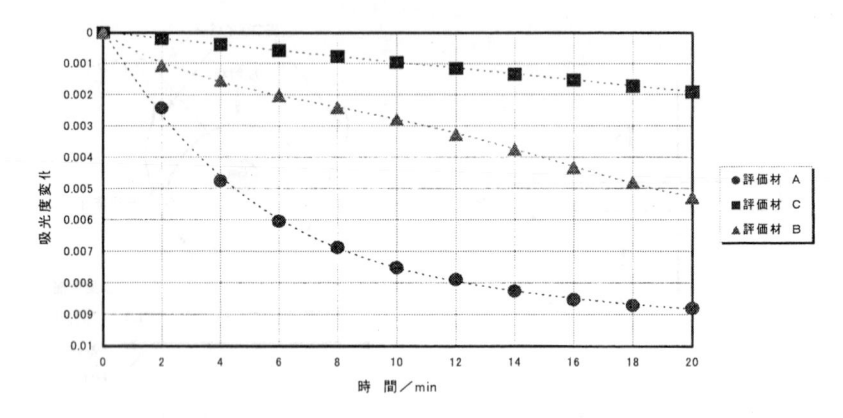

図5　光触媒活性力の違いの測定例

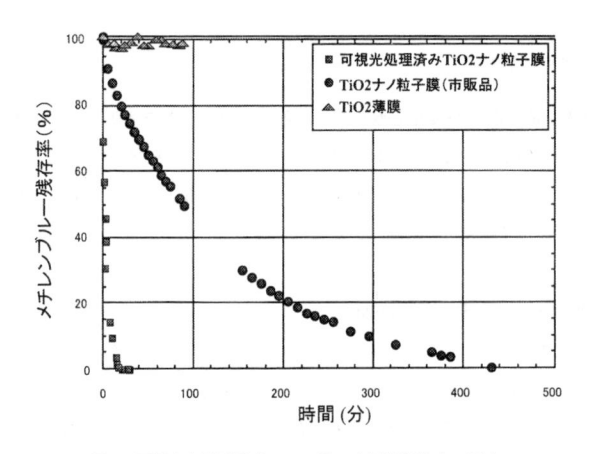

図6　可視光応答型酸化チタン膜の光触媒活性力の測定

10.6　可視光応答型光触媒の評価例

　図6には，TiO_2薄膜，TiO_2ナノ粒子膜（市販品），および可視光処理済応答型のTiO_2ナノ粒子膜の3種の被評価膜を用いて，光触媒機能チェッカーで評価した結果（データ提供：㈱アルバック　筑波超材料研究所）である．サンプルの被評価膜の素性は，通常の電子ビーム蒸着法で作製したTiO_2薄膜，市販の可視光応答もするTiO_2コロイドナノ粒子を膜化したもの，さらに，この膜を赤外線加熱炉内のアンモニアガス中で窒素ドープ処理した可視光応答型のTiO_2ナノ粒子

第8章 可視光応答型光触媒の開発, 実用化技術

膜である。蛍光管を用いて可視光照射する時間(400nm以上の可視光, 約1mW/cm^2)に対して, メチレンブルーの分解率の変化を測定したものである。通常の薄膜プロセスで作製したTiO$_2$膜は, 可視光照射下では, 光触媒活性はほとんど見られないが, 蛍光灯でも400nm程度の波長の光は出ているので, わずかにTiO$_2$のバンド(380nm)に不純物バンドが存在し, 多少触媒作用が働いていると考えられる。一方, 市販の可視光応答するTiO$_2$コロイドナノ粒子を膜化したものは, 可視光照射でも光触媒活性を示すが, その活性度は, 窒素ドープ処理した可視光処理済応答型のTiO$_2$ナノ粒子膜に比べて低いことがわかる。

このように, 本評価チェッカーは, 可視光応答型光触媒機能も十分簡便に評価できることが示された。

10.7 従来法との比較

10.2項で示したように, 従来から防汚活性の一般的な評価法として, 油脂減量法を採用していた。この方法は, 光触媒反応によるサラダ油の分解を, 電子天秤を用いて重さの変化として測定し, 防汚活性機能の評価としていたが, 以下のような難点もあった。

① サラダ油の分解量は非常に少ないために, 精度よく測定するためには, 高感度の電子天秤を必要とする。
② 重量変化量が少ないため, 外部からの振動を防止しなくてはならない。
③ 測定時間に, 数~数十時間と長時間を要する。
④ 紫外線または可視光をあて光触媒反応を励起する場所から, 重さ測定のために一定時間ごとに, 試料を移動しなくてはならない。

このような問題点を解決する測定法が求められ, 発明されたのが着色膜による吸光度測定法である。図7は, ガラス基板上に同一条件下で成膜した酸化チタンを試料として, 従来から用いられていた油脂減量法と吸光度測定法によっての比較をした。データを見ると同じようなカーブであるが, 時間スケールが異なっていることがわかる。油脂減量法で分解曲線を得るためには6時間も要するが, 吸光度測定法では20分と約1/18の時間短縮が図られることがわかる。

以上, 着色膜の吸光度測定による簡便な防汚活性評価法を紹介したが, その特徴をまとめると, 紫外線および可視光応答の光触媒機能の評価をワンタッチで切り替えて測定でき, 示差法の採用により高感度化し, 品質管理用の検査機としても可能で, 照射光(UV光もしくは可視光)の連続照射と連続測定で, 簡単に, 速く相対評価ができ, 接続したパソコンからの操作・データ収集は容易に取り扱える。下地の材料の表面に光触媒機能膜を形成した材料を使用する場合, 予めその光触媒機能の活性度を確かめておくことは, 材料管理や, 膜形成の技術管理にとって必要不可欠な事項となる。

可視光応答型光触媒

光触媒反応による色素の分解（吸光度評価）

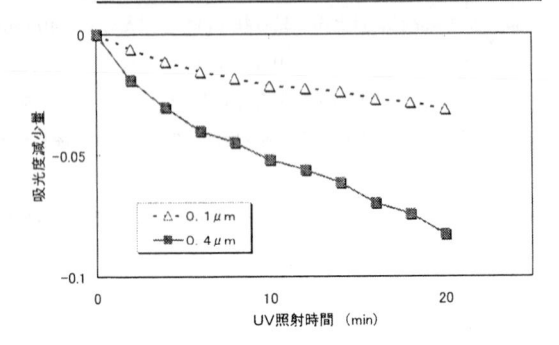

光触媒反応によるサラダ油の重量減少

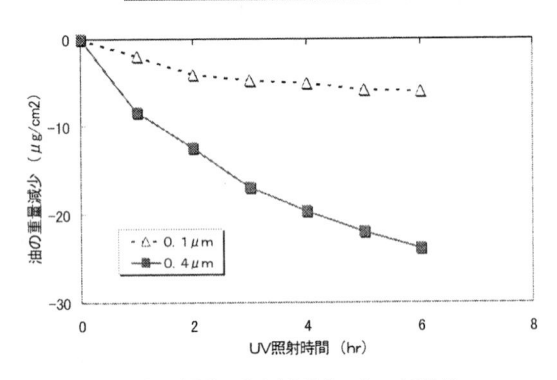

図7　油脂減量法と吸光度測定法によっての比較

10.8　おわりに

　光触媒機能を応用した製品は，数多く市販され始めているが，その機能の評価法や評価基準が現在，まだ完全には確立されていない。近年，㈶神奈川科学技術アカデミー・藤嶋昭理事長が代表となり「光機能材料研究会」が発足され，光触媒の規格化，標準化が推進されている[3]。今回紹介した防汚活性用光触媒機能チェッカーは，そのひとつの候補の評価試験器として考えられている。今後は，研究開発段階から工事・施工現場でも使用可能な携帯型小型化した光触媒機能チェッカーにしていきたいと考えている。

第8章　可視光応答型光触媒の開発,実用化技術

文　　献

1) 高見和之ら；第4回シンポジウム「光触媒反応の最近の展開」発表要旨, 36-37 (1997)
2) 高崎, 前園；第5回シンポジウム「光触媒反応の最近の展開」発表要旨, 148-149 (1998)
3) 多賀；光機能材料研究会第8回講演会「可視光動作型光触媒の開発と応用」発表要旨 (2004)

第9章　光触媒の物性解析

1　作用スペクトル解析による光触媒活性評価

大谷文章*

1.1　はじめに

　酸化チタンなどの半導体とよばれる固体が光を吸収して生じる励起電子と正孔によって誘起される酸化還元反応のうち，反応前後で固体が変化しないものが光触媒反応である．光をつかわない通常の触媒反応とはちがって，固体，すなわち光触媒だけがあっても反応は起こらないため，光触媒の性能の尺度である，いわゆる「光触媒活性」は光触媒の構造や物性，特性だけではなく，光照射条件の関数となる．たとえば，ある光照射条件において測定された光触媒活性は，その条件のみで通用する値であり，べつの光照射条件における活性（多くの場合には反応速度）をただちに予測できるわけではない．これは，通常の触媒の活性と大きくことなっており，この点を正しく理解しないと光触媒活性を考えることはむずかしい．

　本書の主題である「可視光応答型光触媒」は，酸化チタンのように紫外光のみを吸収する光触媒の光吸収領域を可視光側に拡大するか，あるいは酸化チタンとはべつの材料を光触媒にするものであり，光触媒反応を誘起することのできる照射光波長が興味の中心となる．したがって，その可視光応答型光触媒の性能を評価するにあたり，光触媒反応速度（正確には，後述する「みかけの量子収率」）の波長依存性，すなわち作用スペクトルを測定することが不可欠であるように思われる．しかし，実際に学会発表や論文をみると，あたらしい可視光応答型光触媒についての報告のなかに作用スペクトルが示されていないことも多い．その理由は明らかではないが，おそらく，高価な装置と煩雑な測定を必要とする（と誤解する）ためと考えられる．本稿では，光触媒反応の作用スペクトル解析の原理と実際の操作について解説する．

1.2　作用スペクトルと量子収率

　作用スペクトルは，後述するように光触媒反応の「みかけの量子収率」を照射光波長に対してプロットしたものである．したがって，まず「量子収率」を理解する必要がある．量子収率は，もともと均一系の光化学の概念（用語）である．現在では光触媒の分野においても使われている

＊　Bunsho Ohtani　北海道大学　触媒化学研究センター　触媒機能設計部門　触媒反応化学分野　教授

第9章　光触媒の物性解析

が，それを定義することがむずかしいだけでなく，たとえ定義がしっかりしていたとしても実際の計測は容易ではない。また，算出された量子収率の取り扱いについても誤解が多い。光触媒反応に関する論文を投稿した際に，「量子収率を測定すべきである」という審査員の意見がつくことが多い（ようである）。この種の意見の前提には，①量子収率が光触媒反応系や光触媒の性能を比較するための普遍的，一般的な尺度であり，②特殊な実験装置を必要としないで容易に測定できるはず，という思いがあるようである。しかし，「量子収率をどのようにして測定するのか」をすべての研究者が共通に認識しているとは言い難い現状では，①，②のいずれもが成立しない。実際に，光触媒反応の量子収率を測定しようと考えても，きちんと解説したものがないことに気づく。このあたりの事情の詳細については，筆者の近著[1, 2]に記した。ここではその概略を述べる。エレクトロニクス（物理）系などの他の分野では事情が異なることもあるようだが，ここでは「量子収率」「量子収量」「量子効率」「quantum efficiency」「quantum yield」などは，全部同じものであるとしておく。これらの基本的な意味は，「率」すなわち「わりあい」であり，分数を使ってあらわされるものである。

1.3　均一系光化学反応の量子収率

均一系の光化学の分野における量子収率の定義は，「吸収された光子数」で「反応または生成した分子数」をわったもの，つまり光の利用に関する数のディジタルの比率である。光を光量子（光子）という計数可能なものとしてとらえることによって，分子などの数との比率とすることができる（これに対して光化学反応系における「エネルギー変換の効率」などはアナログ量の比率になる）。

まず分母について考える。「吸収された光子数」を求めるには，入射した光子数I_0から吸収されずに出てきた光子数Iをひけばよい。化学光量計を用いるか，光強度計のように光エネルギー（あるいはパワー）を測定する機器を使って，光子数に換算して求める。多くの教科書などにはこのようにして測定セル内に入れた溶液や気体の吸収が求められると書かれているが，実際には，空あるいは溶媒のみを入れたセルを通過した光子数（光量）を測ったものをI_0とすることがほとんどである（図1）。また，光の強度が変化しても，透過率（I/I_0）は変化しないと考えるのがふつうである。ただし，このようにして得られるのは，ある1つの波長についての光子数であり，ある波長範囲において「吸収された光子数の総和」を求めるには，入射と吸収の2つのスペクトルどうしのアナログ量のかけ算をする必要がある。このため，量子収率は一定の波長の光，すなわち単色光について求めることがほとんどである。

一方，「反応または生成した分子数」については，定量分析の誤差と不確かさだけが問題である。ただし，よく考えてみれば，反応または生成した分子数というのはかなり大雑把なとらえ方

可視光応答型光触媒

であり，たとえば，反応によって1つの分子が2つに分解する場合にはどちらをとるのか，という笑えないような疑問が生じる。このようなあいまいさが光化学の分野において許容されているのは，均一系の光化学反応が基本的に「1光子過程－1電子移動」であるためだと思われる。レーザのような超高強度の光源は別にして，通常の光源から発せられる光子の空間的，時間的な密度は低く，最大でも1nmのサイズの分子が比較的長い励起状態の寿命（たとえば1ns）をもっているとしても，励起状態の分子がさらに光子を吸収する現象，すなわち多光子励起はほとんど起こらない。このため，1つの分子によって1つの光子が吸収された結果として1つの電子励起状態が生じ（光吸収と電子励起は1つの現象である），これによって化学反応が起こる（化学反応以外の蛍光発光のような物理過程でも同じ）と仮定し，光を吸収した分子が変化したら，それは1電子移動によるものであり，変化した分子の数を数えればよいことになる（図2）。おそらく，このような事情により，均一系光化学における量子収率は，比較的あいまいな定義でも問題が生じないと推察される。

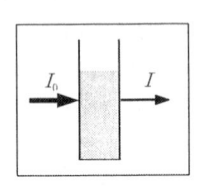

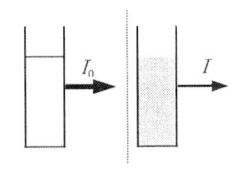

図1 均一系（溶液あるいは気体）の光吸収の測定法
(上) 原理：入射光と透過光の強度（それぞれ I_0, I）を測定する。(下) 実際：溶媒だけあるいは空のセルからの透過光と試料溶液あるいは気体が入ったセルからの透過光の強度（それぞれ I_0, I）を測定する。

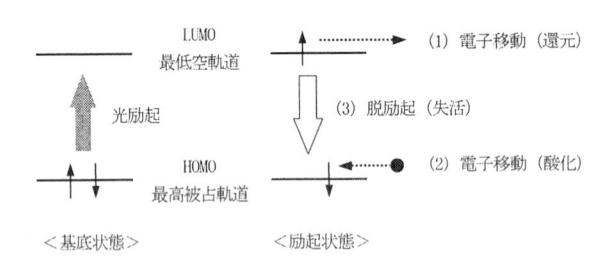

図2 均一系光反応の主要な過程
基底状態の分子が光を吸収して，HOMOの電子がLUMOに励起する（励起状態）。励起電子は (1) 他の分子に移動して還元作用を示す。また，(2) LUMOの電子の空きに他の分子から電子が注入されて酸化作用を示す場合もある。さらに，励起電子がLUMOにもどって脱励起（失活）する過程もある。いずれにしても，1個の光子が吸収されて生じる励起状態からは，最大1個の電子が移動する。

第9章 光触媒の物性解析

なお、言及されることはほとんどないが、上記のように量子収率が分数で定義されることを考えると、分母がゼロでは成りたたない。したがって、量子収率は、対象とする物質が光を吸収する波長領域でのみ定義される（ただし、物理の立場から見ると「光の吸収は非常に小さくなることはあってもゼロにならない」と考えるようである）。

1.4 光触媒反応の量子収率

「光触媒反応」ということばも「量子収率」と同じようにあいまいとしたことばであるが、ここでは「固体の光吸収により（励起電子と正孔が生じ、これらが起こす酸化還元反応によって）誘起される化学反応で、反応前後で固体が変化しないもの」としておく。この用語の歴史的な経緯はともかく[1]、「触媒」は後半の部分をあらわしているだけである。つまり、光触媒は「光」＋「触媒」、すなわち「触媒に光をあてる」ということではなく、「光触媒」という独立した概念であると考えるのがよい。こう解釈すれば、光触媒反応でも、均一系の光反応でも量子収率の定義は同じで、分子がより大きな粒子になっただけである。

光触媒反応の量子収率の測定について考える。まず、分母の「吸収された光子数」を計測する必要がある。固体の光吸収を議論する前に、もう一度均一系の光吸収を測定することを考えてみよう。均一溶液や気体の吸収の波長依存性、すなわちスペクトルは、さきに述べたように、溶媒だけあるいは空のセルを通過した光の強度I_0と、溶液あるいは気体が入ったセルを通過した光の強度Iの比、$(I_0-I)/I_0$（吸収率。これのかわりに、吸光度（透過率の逆数の対数）を使うことも多い）を波長に対してプロットしたものである。単結晶をセルに入れた場合には、入射面での反射を無視あるいは補正すれば、均一系と同じ扱いをすることができる。ただし、実際には固体の吸光係数（溶液系での単位は［濃度］$^{-1}$［長さ］$^{-1}$の単位だが、固体では濃度の項はなく、［長さ］$^{-1}$となる）は比較的大きく、たとえば、酸化チタンにおいてバンドギャップよりじゅうぶんに大きなエネルギーをもつ光に対する吸光係数は$10^6 cm^{-1}$程度なので、100nmの厚みで入射光は14％にまで減少する。このため、1μm以下の厚さにしないとほとんど光が透過しない。また、板状であっても多結晶、すなわち微小な粒子が集合している場合には、基本的には粉末や懸濁液と同じで、光の散乱のために透過測定はほぼ不可能である。たとえば、可視光を吸収しないはずの酸化チタンの懸濁液に可視光を含む白色光を入射しても、光がまったく通過しないことを考えれば理解できる。入射光を固体試料にあて、反射（散乱）した光の強度（R）を入射光の強度（I_0）からひき算すれば、吸収量がわかるはずであるが、いくつかの問題点がある。考えつくだけでも、(a) 散乱光をすべて検出できるのか。(b) 入射光強度をどのようにして求めるのか。(c) Rの入射光強度依存性はないのか、などがあげられる。(a) は積分球を使うことで解決できることになっているが、積分球の内壁の物質が、すべての波長の光をすべて反射するという必要条件

可視光応答型光触媒

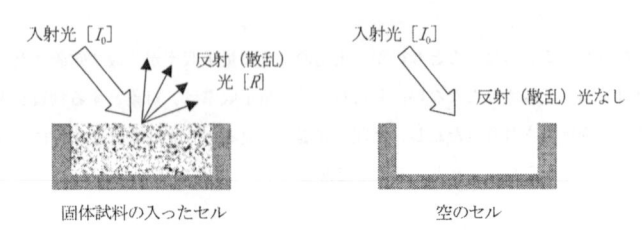

図3 固体（粉末）試料の吸収測定
（左）拡散反射光をすべて検出するのは事実上不可能（積分球をつかっても問題はのこる）。（右）反射測定の最大の問題は，試料がない状態では反射光がないために，標準物質が必要になることである。

を満たせないのは明らかであり，実際にどれだけ反射するのかを測定するのもほぼ不可能である。(b)については，前述と同様にすべての光を反射する標準物質が必要である。反射測定の最大の問題点はここにある。透過測定では，試料がない状態での透過光強度を基準にできるが，反射測定では試料をはずすと反射がないので計測できない（図3）。(c)を確認するのもやはりむずかしい。

反射測定では，クベルカ−ムンク関数（Kubelka-Munk function）が使われることが多い。これは，マトリクス中に少量混合（分散）された試料の光吸収の指標にはなるが，光触媒粉末のような試料（マトリクスそのもの）ではあまり意味はない。結論をいえば，粉末などの固体試料の光吸収スペクトルを測定するのは容易ではない。

1.5 電子−正孔の利用効率

つぎに，光触媒反応の量子収率の定義における分数の分子について考えてみよう。均一系の光反応における量子収率と同じく「光触媒に吸収された光がどれだけ有効に利用されたか」を知る必要がある。光触媒反応では，1個の光子が吸収されると1個の電子と1個の正孔が生じ，反応前後で固体は変化しないので，電子と正孔はどちらもが化学反応に利用されるか，両者が再結合して消滅（熱あるいは光を放出）するかのどちらかで，片一方だけが残ることはないはずである。これを実験的に確認できるのであれば，電子と正孔のどちらの反応でその生成量あるいは生成速度を求めても同じとなる。問題は，生成物量から電子あるいは正孔の反応量を知ることができるかどうか，という点にある。電子あるいは正孔の反応は酸化還元であり，正孔の移動は電子が逆方向に移動したと思えばよいから，電極反応を考えることが多い。たとえば，水素分子の発生では，

$$H^+ + e^- \rightarrow \frac{1}{2}H_2$$

第9章 光触媒の物性解析

となる．水から解離したプロトンが電子1個をうけとって水素分子半分ができるから，水素分子が1mol生成するとき，電子2molが利用されたことになる．量論式から考えれば，水の分解の場合には水素分子の2倍あるいは酸素分子の4倍の数の電子あるいは正孔が使われたことになる．それではどんな反応でも水素が発生するときに使用される電子の数が水素分子数の2倍かというと，そうでない場合も想定できる．1つの例が，電流二倍効果を示す化学物質の反応である．電流二倍効果とは，酸化チタンなどの半導体電極系において，電解質水溶液だけ（この場合には正孔により水が酸化されて酸素が発生）の場合の飽和アノード電流が，アルコールやアミン類などの電流二倍剤とよばれる化学物質を添加したときに2倍程度にまで増加する現象である．簡単にいえば，アルコールやアミンは正孔によって酸化されると，還元力の高いラジカル中間体を生じ，これが電極に電子を注入するため，もともとの励起電子に加えてこの注入電子が流れる．結果的に電流が2倍になると考えられている（図4）．化学反応を考えれば1個の正孔で電流二倍剤は2電子分酸化されたことになる．このような電流二倍剤の水溶液に光触媒を懸濁させて光を照射すると水素が発生する．このとき，水素分子がいくつの励起電子によって生じるのかについては，まだ明らかになっていない．また，酸素存在下において有機化合物などが正孔によって酸化される反応では，ペルオキシラジカルを連鎖担体とするラジカル連鎖反応を含むと考えられているため，実際に使われた正孔の数をうわまわる酸化反応が起こると考えられており，やはり電子－正孔の真の利用効率を正確に求めることは困難である．

1.6 みかけの量子収率と作用スペクトル

前述のように，光触媒反応の量子収率を求めるために必要な「吸収光子数」と「化学反応に利用された電子－正孔数」のいずれもが測定のむずかしいものである．このため，光触媒反応では，「みかけの量子収率」（apparent quantum efficiency・「光子利用率」ともよばれる）を使う方が実際的である．みかけの量子収率は，吸収光子数ではなく入射光子数を使って求めた量子収率である．入射光子数の測定は比較的簡単なので，「化学反応に利用された電子－正孔数」をどのように求めたか（たとえば，『生成した水素分子数の2倍

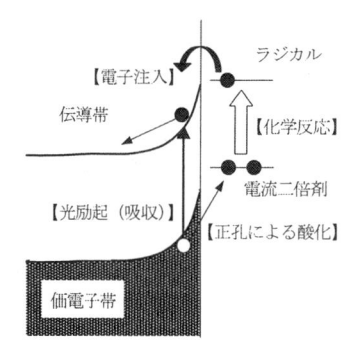

図4 n型半導体電極における電流二倍効果の模式図

価電子帯電子の励起によって生じる正孔が電流二倍剤を酸化すると，還元力のつよいラジカルが生じる．これが，伝導帯に電子を注入すると，1個の光子の吸収によって，伝導帯に2個の電子が生じることになる．

可視光応答型光触媒

を用いた」)をはっきりさせる(明記する)だけで,データを相互に比較することが可能となる。

　光反応の効率の波長依存性を作用スペクトル (action spectrum) とよぶ。よこ軸は波長(物理の分野では光子のエネルギーを使うことが多い)である。たて軸は,吸収光子数を使う粒子収率ではなく,みかけの量子収率をプロットするのが正しい。これは,均一系光反応の場合でも同様である。吸収光子数を使わない理由は,光がほとんど吸収されない波長領域では,分母がゼロになってしまうので量子収率が求められない,あるいは,その領域のデータは極端に誤差が大きくなるからである。

　みかけの量子収率は,入射した光子数あたりの反応分子数(光触媒反応では化学反応に利用された電子－正孔の数)であるから,[光の吸収効率]×[電子－正孔の利用効率]と書くこともできる。したがって,これを波長に対してプロットした作用スペクトルは,[光吸収スペクトル]×[電子－正孔の利用効率の波長依存性(スペクトル)]となる(図5)。もし,後者が波長によらず一定(スペクトルとしては水平の直線)であるとすると,作用スペクトルは光吸収スペクトルのかたちと一致する。たとえば,酸化チタンの典型的な結晶型であるアナタースとルチルの混合物による光触媒反応の作用スペクトルをとると,いずれの結晶型の酸化チタンが目的の反応に対して活性であるかに対応して作用スペクトルの形状が変化する[3]。逆に,まったく同じ光触媒を使い,にかよった条件でべつの光触媒反応をおこなって,異なるかたちの作用スペクトルが得ら

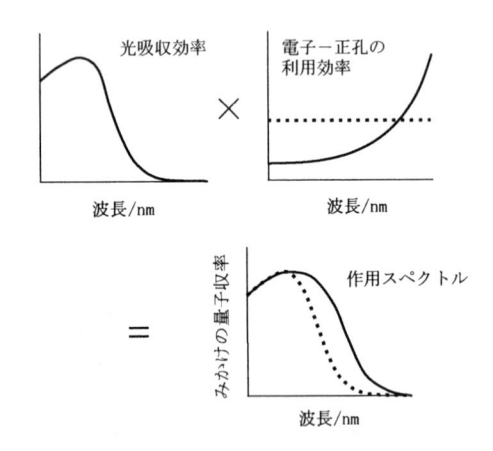

図5　作用スペクトルのなりたち
　作用スペクトルは光吸収効率のスペクトル(吸収スペクトル)と電子－正孔の利用効率のスペクトルの積である。同じ光吸収スペクトルでも,電子－正孔の利用効率のスペクトルが異なる場合(反応)では,作用スペクトルは異なった形状となる。たとえば,電子－正孔の利用効率が波長とともに増大する場合には,作用スペクトルは長波長側にシフトする。

第9章 光触媒の物性解析

れたとすると,それぞれの光触媒反応における後者のスペクトルが異なることが考えられる[4]。

1.7 作用スペクトルと光触媒活性

みかけの量子収率やそれをプロットした作用スペクトルは,光触媒の性能をあらわす指標になりうる有用なものである。光触媒の性能としては,「光触媒活性」という用語が用いられる。これを「何らかのかたちで光触媒反応という化学反応を利用するときに,光触媒に求められる性能」と考える。光触媒反応は,光を照射したときにおこる化学反応であるから,同じだけの光を照射したときにより多くの反応がおこる方がよい。この意味では,入射した光をどれだけ吸収するかという性能と生じる電子-正孔がどれだけ有効に利用されるかの2つがともに重要である。この2つをかけあわせたものがみかけの量子収率であるから,まさに光触媒活性をあらわすことになる。いくら電子-正孔の利用効率が高くても,光の吸収が小さければ役に立たないともいえる。たとえば,酸化チタンを処理することによって可視光応答性とする研究は多いが,可視光域での活性はまだ低いといわざるをえない。これは,電子-正孔の利用効率が低いだけでなく,吸収特性もまだ改良の余地があることを示している。

実際の作用スペクトル測定の詳細については,文献[1,2]を参照されたい。通常は,特定の波長の光(単色光)を使って,その波長と強度におけるみかけの量子収率を求める。連続光源を使い,回折格子あるいはプリズムの分光器,干渉フィルター,あるいは溶液フィルターなどを用いて特定の波長の光を取り出し,その強度を測定する。なお,後述するように,みかけの量子収率が強度依存性をもつことがあるので,それぞれの単色光の強度(光束)が同程度になるように調整する必要がある。

1.8 可視光応答型光触媒の作用スペクトル解析

可視光応答型光触媒のように,反応が誘起される光の波長領域が重要である場合には,作用スペクトルを用いる材料物質の吸収あるいは拡散反射スペクトルと比較する。両スペクトルの立て軸は異なる物理量であるので,両者のかたちが一致するかどうかをしらべ,一致していれば,その光(触媒)反応が,その材料物質の光吸収によって起こるものであると推定できる。場合によっては,光触媒であると思っていたものの吸収ではなく,共存する化学物質が光を吸収して反応を起こすこともあり,そのときには,作用スペクトルはその共存物質の吸収スペクトルに似たものとなる。たとえば,筆者の経験では,メチレンブルーの水溶液に通常の酸化チタン粉末を懸濁させ,空気存在下で光を照射してメチレンブルーの退色を追跡すると,その作用スペクトルには,酸化チタンの吸収領域であるおよそ390nm以下の波長範囲と,メチレンブルーそのものの吸収波長域の両方にみかけの量子収率のピークがあらわれることがある。たしかに,可視光照射下に

可視光応答型光触媒

おいてメチレンブルーの退色が起こっているが，明らかに酸化チタンの光触媒反応ではない。

前述のような作用スペクトルを測定するかわりに，キセノンランプなどの光源からの光を，さまざまなシャープカットフィルター（特定の波長域よりも長波長側の光だけを透過させるガラス板）を透過させて光照射をおこない，得られた反応速度などを透過限界波長（カット波長）に対してプロットする報告も多い。これを作用スペクトルと称するケースもあるが，以下に述べるようにまったく別のものであり，その解釈には注意を要する。先の例のように，光触媒じたいの吸収とは別の波長領域の光でも反応が進行する場合を想定すると，単色光を用いて測定した作用スペクトルは図6のようになる。この系についてシャープカットフィルターの実験をおこない，透過限界波長に対して反応速度をプロットすると，点線のようなかたちになる。ここでは，これを「疑似作用スペクトル」とよぶことにする。疑似作用スペクトルは，作用スペクトルを透過波長範囲について積分したもの（ただし波長ごとに光強度は異なるので，これも加味したもの）なので，両者が異なる形状であるのは当然といえる。キセノンランプなどでは出射光強度の波長依存性が小さいので，光源からの光強度が波長によらず一定であると仮定すれば，疑似作用スペクトルを微分することによって作用スペクトルの形状を推定できる。図の例でいえば，疑似作用スペクトルがほぼ平坦な波長領域では，その微分値はゼロ，すなわちみかけの量子収率はゼロと考えられる。つまり，その波長領域の光は反応に関与していない。それにもかかわらず，疑似作用スペクトルでは，一見，この波長領域において光触媒活性があるかのように見えることが問題である。

求められた（みかけの）量子収率は，光強度依存性をもつことが多いが，ほとんど依存性がない反応も存在する[4]。このような依存性のちがいは，反応に関与する活性な中間体の寿命によると考えられる。一般的には，中間体の空間的，時間的密度が高いほど，中間体どうしの反応による失活などのために反応効率は低下するので，中間体の寿命が長いほど強度依存性が大きく，中間体どうしの反応が起こりえないような短寿命の反応の場合には，強度依存性がないと推察できる。可視光応答型光触媒では，水の分解による水素製造と環境中の化学物質の酸化分解がおもな目的反応である。筆者らのこれまでの研究結果か

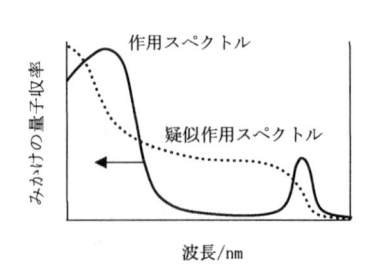

図6 単色光照射によって求めた作用スペクトルとシャープカットフィルターを使って求めた疑似作用スペクトル

疑似作用スペクトルは作用スペクトルを積分したものと考えることができ，疑似作用スペクトルを微分すれば作用スペクトルとなる。たとえば，2つの吸収ピークの中間領域で光吸収がなく，反応が進行しなくても，疑似作用スペクトルは有限値をもつ水平線となる。

第9章 光触媒の物性解析

ら類推すると,前者は活性中間体の寿命が短いために強度依存性がほとんどなく,逆に後者では酸素から生じる中間体の寿命が長いために,強度依存性をもつと考えられる[4]。

電子-正孔の利用効率(ひいては,みかけの量子収率)が光強度依存性をもつのは,空間的な励起密度に関係する。すなわち,一定の大きさの空間のなかでどれだけの電子-正孔ができるかということによって反応の効率が変化する。よく知られているように,酸化チタンなどの光触媒は,吸収端付近でなだらかに吸収が減少する。この波長領域では,吸光係数が小さいので,光は粒子の内部まで侵入,あるいは粒子を通過するのに対し,より短波長の領域では,粒子の表面付近でほぼすべての光が吸収される。したがって,照射光の波長が長波長になるほど電子-正孔の密度は低下するので,光強度依存性をもつ反応系では電子-正孔の利用効率が増大する。結果的に,作用スペクトルと吸収(拡散反射)スペクトルは異なる形状になる。これまでに報告されている可視光応答型光触媒でも事情は同じである。新たに生じた可視光領域の吸収が紫外光領域とくらべて小さい吸光係数をもつ場合には,作用スペクトルを解析するときに,光強度依存性の有無を確認する必要がある。また,前述のように,酸素が関与する酸化反応では連鎖反応が考えられるので,生じた励起電子-正孔の真の利用効率を知ることはむずかしい。量子収率や作用スペクトル測定以外の実験結果をもとに機構を議論したうえで考えるべき問題である。

1.9 おわりに

これまでに,可視光応答型光触媒の調製に関する報告は多いが,筆者が知るかぎりにおいて,その作用スペクトルをきちんと測定し,拡散反射スペクトルと比較した例はほとんどない。真の可視光応答型光触媒の開発のためには作用スペクトルの測定は欠かせないものであり,測定に関するさまざまな問題点を理解した上で,作用スペクトルを測定,評価し,反応の機構を明らかにしていくことが重要であると思われる。

文　　献

1) 大谷文章, 光触媒標準研究法, 東京図書 (2005)
2) 大谷文章, 触媒, **47**, No. 4, 301 (2005)
3) T. Torimoto, N. Nakamura, S. Ikeda, B. Ohtani, *Phys. Chem. Chem. Phys.*, **4**, 5910 (2002)
4) T. Torimoto, Y. Aburakawa, Y. Kawahara, S. Ikeda, B. Ohtani, *Chem. Phys. Lett.*, **392**, 220 (2004)

2 光触媒活性種の解析

野坂芳雄*

2.1 酸化チタン光触媒の反応と活性種

　酸化チタン光触媒の反応活性種を考える場合，気相系と溶液系で重要な活性種が異なる可能性がある事を充分考慮しなければならない。すなわち，気相中では吸着状態の寿命が長いので，表面に吸着した状態での反応が主であると考えられる。それに対し溶液系では，反応物の酸化チタン表面への吸着量が少ないこと，および，反応中間体が表面から離れて溶液内で反応したり，溶媒自体と反応することなどが起こり，活性種の寿命は気相系に比べ短いと考えられる。気相系では多くの場合，大気下で光触媒反応を行うが，その際，表面は数層の水分子で覆われている。一方，表面科学的に反応活性種を研究する場合は，酸化チタン表面は清浄でなければならない。そのため，真空中で実験することになるが，光触媒表面の化学構造が水蒸気や酸素との平衡にある大気下と同じでない可能性がある[1]。溶液系の場合，多くは水溶液を用いるが，反応物の溶解度などにより，有機溶媒を用いる場合もある。そのときは，酸化チタンの前処理により，表面の吸着水の量が反応にどのように影響するかを考慮しなければならないと思われる。反応活性種を検出する場合それぞれの検出方法の適用可能な環境が異なることは避けて通れないが，参考にする場合は注意しなければならないと思われる。

2.1.1 OHラジカルは反応活性種か？

　光触媒反応の酸化反応活性種としてOHラジカルを第一に挙げている報告があるが，次のような理由から主な酸化反応は価電子帯正孔あるいは捕捉された正孔への電子移動が吸着物質から生じるために起こると言える[2]。

① OHラジカルが光照射した酸化チタン表面で直接ESR観測されたという報告が過去にはあったが，その後の実験で，否定されている報告が複数ある[3]。

② 溶液でスピントラップ法によりOHラジカルが観測されたという報告はあるが，直接スピントラップ剤が光触媒で反応する可能性は否定されていない[4]。

③ 酸化チタン電極による水の光酸化反応で過酸化水素になる反応機構として，OHラジカルを経由しないことが示されている[5]。

④ 酸化チタン電極を用いた有機物の電気化学的酸化反応ではOHラジカルの反応への寄与は否定されている[6]。

　このように溶液懸濁系での光触媒酸化は固体表面での直接的な酸化反応が主である。たとえば，酢酸の無酸素下での光触媒酸化では，酸化チタンの種類を変えると観測される不安定中間体ラジ

---

*　Yoshio Nosaka　長岡技術科学大学　物質・材料系　教授

第9章 光触媒の物性解析

カルの種類が異なることが知られており[7]，固体表面の酸化反応が酸化の主反応であるといえる。しかし，メタノール，エタノール，イソプロパノール溶液の光触媒酸化では，いずれも，αヒドロキシラジカルが観測され，H_2O_2の光分解で作成したOHラジカルにより生成するラジカルと同じである[8]ことなどから，光触媒酸化の初めのステップを区別するのは簡単ではない。いずれにしても，表面での反応であることは確かであるから，反応物の吸着が大事である。このことは高活性な光触媒の設計には重要である。

2.1.2 一般的な反応機構と時間依存性

このような今までの報告をもとに，一般的な光触媒の反応機構は図1のように描ける。反応物は表面で酸化され不安定なラジカルとなるが，それは素早く酸素と反応し，自動酸化反応で二酸化炭素を放出することで骨格炭素原子数を減らし，そのサイクルを繰り返すことで分解反応がすすむ。反応中には酢酸など有機酸が比較的安定な中間体として存在することが多い。酸化に伴い同じ量の還元反応が生じるはずであるが，その多くは空気中の酸素分子の還元でスーパーオキサイドラジカル $O_2^{-}\cdot$ の形成反応である。$O_2^{-}\cdot$ はさらに還元され，H_2O_2になり，反応に関与すると考えられる。

このような光触媒反応の過程を酸化反応と還元反応に分けて，その概略の時間スケールを，図2にまとめた。正孔・電子対は光子の吸収と同時に生じるが，その後，数十フェムト秒以内に価電子帯正孔が捕捉される。電子の捕捉は少し遅れるとされているが，それは酸化チタンの伝導帯電子の有効質量が価電子帯正孔のそれより大きいことに関連付けられる。このような電子・正孔の捕捉により電荷分離状態が達成されるといってよい。その後，正孔は表面を移動し50nsまでに酸化反応を起こす。このようにして生成したラジカルは酸素分子と反応して自動酸化反応の過程で酸化分解される。一方，捕捉電子はO_2へ移動して$O_2^{-}\cdot$が形成されるが，その反応は遅く，数十μs後だという報告がいくつか見られる。しかし，これはバルク水中へ拡散する時間であり，

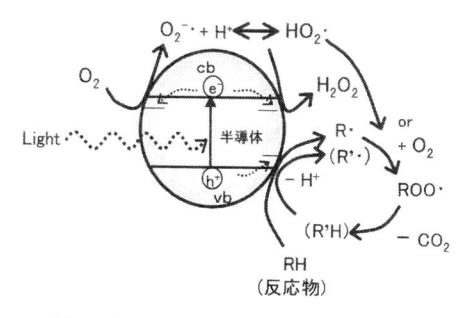

図1 光触媒反応の一般的な機構を表わす模式図

可視光応答型光触媒

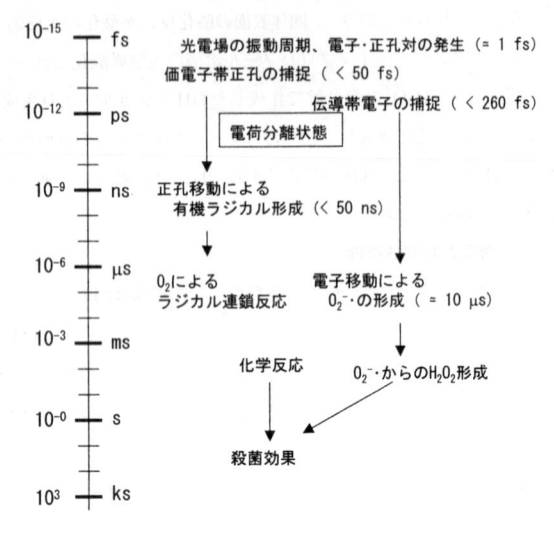

```
10⁻¹⁵  fs    光電場の振動周期、電子・正孔対の発生 (= 1 fs)
              価電子帯正孔の捕捉 ( < 50 fs)
10⁻¹²  ps            伝導帯電子の捕捉 ( < 260 fs)
              電荷分離状態
10⁻⁹   ns    正孔移動による
              有機ラジカル形成 ( < 50 ns)
10⁻⁶   μs   O₂による        電子移動による
              ラジカル連鎖反応  O₂⁻·の形成 ( ≈ 10 μs)
10⁻³   ms
              化学反応    O₂⁻·からのH₂O₂形成
10⁻⁰   s
                    殺菌効果
10³    ks
```

図2 光触媒反応の起こる時間と活性種

吸着状態での形成は速いのではないかと思われる。生じた$O_2^-·$は、弱酸性ではHO_2の形になるが、HO_2の不均化反応、あるいは還元反応でH_2O_2が生成する。この時間依存性のタイムスケールは主として後で述べるように懸濁系での測定データに基づいている。次に、反応活性種を検出する方法について述べる。

2.2 光触媒に生じた捕捉正孔・捕捉電子の解析
2.2.1 電子スピン共鳴（ESR）法による解析

捕捉された電子や正孔の反応は液体窒素温度（77K）に冷やすと止めることができるので、酸化チタン上に生じるラジカルをESRで観測することができる。また、一般に、固体試料のESR信号は観測温度が低いほどシャープで観測が容易である。固体試料に生じるESR信号からは2つの情報が得られる。一つは、信号の出る位置で測定装置の磁場強度に依存しないg値が表わされる。もう一つは、原子核の持つスピンに基づく信号の超微細分裂である。g値は3次元テンソルの主値で一般にあらわされ、不対電子の分布の形状に依存する。その分布が完全に球対称であれば、図3Aに示すように、一本だけの等方的な信号が現れる。軸対称の場合はB、Cに、また対称性が無ければ、3つの主値は異なった値をとり、Dのようになる。もう一つの超微細分裂は固体の試料のESRスペクトルではいつも観測されるとは限らない。すなわち、固体のESRスペク

第9章 光触媒の物性解析

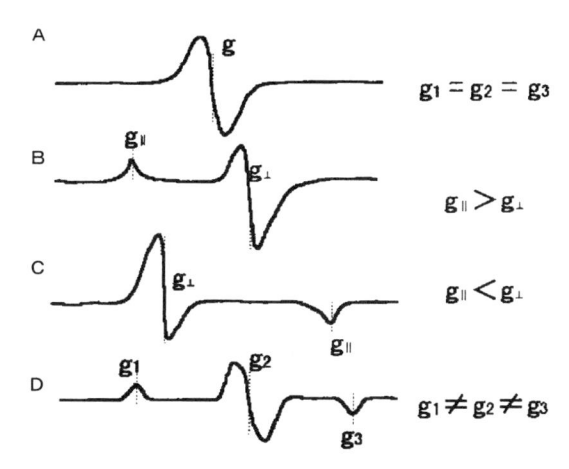

図3 固体粉末試料で観測されるESR信号の典型的なパターンとg値の組み合わせ

トルは線幅が広い上に, ^{16}O, ^{12}C, ^{32}S や ^{48}Ti など多くの原子は核スピンを持たないなどの理由による。しかし, ^{1}H や ^{14}N 原子は核スピンを持つため, ESR信号は分裂する。したがって, OHラジカルの確認は可能である。また, Nドープ酸化チタンでは, 後に述べるように ^{14}N 核による分裂が観測されているが, gの異方性と混同されることもある[9]。

酸化チタンに光照射して生じるラジカルについては多くの研究があり, 77Kの低温では捕捉電子, および捕捉正孔に起因する信号が見られる場合が多い[10]。ルチル結晶のような比表面積が小さく, 結晶性がよい酸化チタンでは, 信号強度が小さく観測できない場合もある。この場合は, 低温においても光励起で生じた電子と正孔を捕捉するエネルギー準位がなく, ほとんどが再結合していると思われる。アナターゼ結晶の捕捉正孔は図3のDの形をして, ESRの自由電子g＝2.0023より低磁場に現れる。一方, 捕捉電子はCの形をして, 自由電子の位置より高磁場に現れる。信号の現れる位置は不対電子の位置するエネルギーに関連し, 捕捉正孔は電子の詰まった準位の上に, 捕捉電子は空準位の下に位置することが理論的に予想される。このことは, 正孔は価電子帯を作る酸素原子に捕捉され, 一方, 捕捉電子は伝導帯を作るTi原子に捕捉されることに対応している。吸着水の酸化に基づく活性種はESRで観測されないが, 酸素の還元で生じる O_2^{-} については, ESRで観測されており, Bの形状のスペクトルが知られている。吸着が強いと $g_{\parallel}$ は $g_{\perp}$ に近づき, AあるいはDの形のスペクトルになる。

可視光応答型酸化チタンとして代表的な窒素ドープ酸化チタンでは, 酸化チタンの価電子帯を作る酸素原子の2p軌道のエネルギー準位が窒素原子の2p軌道と相互作用することにより, エネ

ルギー準位がシフトし，バンドギャップが狭められていることが知られている。したがって，ドープした酸化チタンの捕捉正孔のESR信号に酸化チタンとの差異が表れることが予想される。図4には，窒素ドープした酸化チタンに生じるラジカルのESRスペクトルを示す[11]。ゾルゲル法で作製しても，メカノケミカル法で作製しても，窒素ドープ酸化チタンに観測されるESR信号は変わりがない。信号としては，2種類のラジカルが観測される。図4のaで示すスペクトルは $(g_1, g_2, g_3) = (2.001, 1.998, 1.927)$ であり，かつ，超微細分裂定数が $(A_1, A_2, A_3) = (0, 3.22, 0.96)$ mTで解析したシミュレーション a' と一致する。このスペクトルは77Kで観測されるが，170Kに昇温すると消失する。それにともない，77Kではaに隠れていた，bの信号，$(g_1, g_2, g_3) = (2.005, 2.004, 2.003)$，$(A_1, A_2, A_3) = (0, 0.49, 3.23)$ mT，が観測できるようになり，これは室温でも見える。温度を77Kに戻すと，aの信号が，もとの強度まで回復する。この事から，これら2種類のラジカルは酸化チタン微結晶の内部に取り込まれた窒素含有化学種であることを示す。脱気下で500Kに昇温するとbの信号は消え，さらに脱気下で，770Kに昇温すると，酸素の脱離に伴い Ti^{3+} の信号が現れる。aの信号は変化しない。bの信号は，770Kで酸化することにより再び観測できる。信号aは吸着したNOなど，非対称の雰囲気にあるNOであることが，ESR信号のg値と超微細分裂定数から分かる。熱処理の挙動などから，結晶粒子中にNOラジカルが取り込まれているものと考えられる。一方，信号bで観測される不安定種は，折れ曲がったO-N-O結合を有する NO_2^{2-} とパラメータは類似する。したがって，不対電子はNの2p軌道と

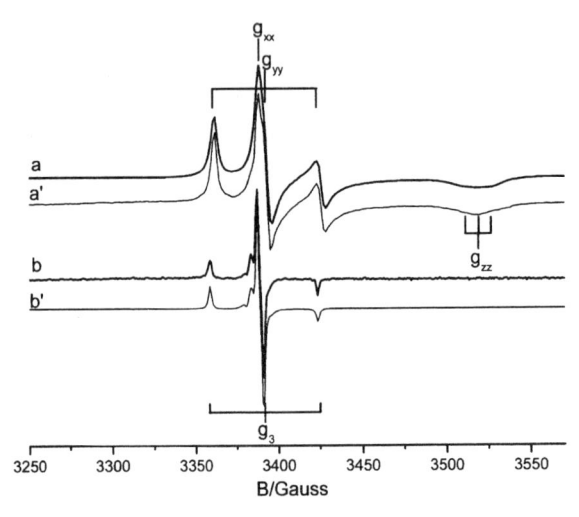

図4 窒素ドープ酸化チタンで観測されるESR信号[11]

第9章 光触媒の物性解析

その両隣の2つの酸素原子の平行した2p軌道からなると考えられ，結晶中で酸素原子と強く相互作用している窒素原子の存在が示唆される。それらのラジカルと光触媒の捕捉正孔との関連は現段階では明らかではない。しかし，筆者らのESR測定では，酸素の存在で信号強度が増加すること，また，光の照射中のみ観測される図4のbと類似の信号が観測されることから，信号bを生じるラジカルが窒素ドープ酸化チタンの捕捉正孔に対応すると考えている。しかし，酸化活性があるものは，Ti-N結合を持つことがXPS観測で明らかにされていること[12]，また，NOでドープされた酸化チタンは金属イオンと同様の不純物準位を作ると報告されている[13]ことなどから，このESRで検出される捕捉正孔は光触媒活性には寄与しないとも考えられる。

2.2.2 吸収スペクトルによる解析

ESRは正孔や酸化された反応種のラジカルを検出するには高感度で有力な方法ではあるが，速い時間変化を調べるには適していない。速い時間変化を検出するには，パルスレーザーを使って，可視から赤外領域の光の吸収スペクトルを観測する[1]。電子捕捉剤存在下でナノ秒レーザーを照射して観測された捕捉正孔の吸収スペクトルは，450nmにピークがある。一方，フェムト秒レーザーで励起直後に測定された吸収スペクトルは，520nmにピークを持ち，これは，浅く捕捉され，緩和が充分でない正孔であることが示唆される。すなわち，時間が経つと捕捉正孔の吸収帯が広がり，短波長側にシフトすることが知られている。

酸化チタンに捕捉された電子の吸収スペクトルとして良く知られているのは，700nmを中心としてブロードな吸収である。これは，脱気下でアルコールなどの被酸化物を添加し光照射すると酸化チタン粉末が青く着色するときに見られる吸収に対応し，ESRスペクトルとの対比からTi^{3+}による吸収と同定されている。捕捉される前の電子は，半導体に特有の自由電子により吸収を生じる。この吸収は波長の1.7乗に比例して長波長になるほど吸光度が増加し，ピークを持たないという特徴をもつ。酸化反応が速いほど，また，再結合反応が遅いほど，この自由電子による吸収は大きくなる[14]。

2.3 活性酸素種の形成と解析

酸素は水を4電子酸化すると発生するが，その逆もある。すなわち，酸素を4電子還元すれば水になる。その途中の段階では，酸素が一電子還元されれば，O_2^-・（スーパーオキサイドラジカル）を，2電子還元されれば，H_2O_2（過酸化水素），3電子還元されれば，OH・（水酸化物ラジカル）を生じる（図5）。これらのうち，O_2^-・とOH・は不対電子を持つラジカルであり，H_2O_2も反応性は高く，活性酸素と呼ばれる。水と酸素の間にあるこれら3種の化学種について，図5に酸化還元電位とpKaの値を示す。これら3種の化学種のほかに，励起状態の酸素（一重項酸素）も活性酸素の1つであり，光触媒反応によるこれらの活性酸素の発生が知られている。これら活性

(・は不対電子)

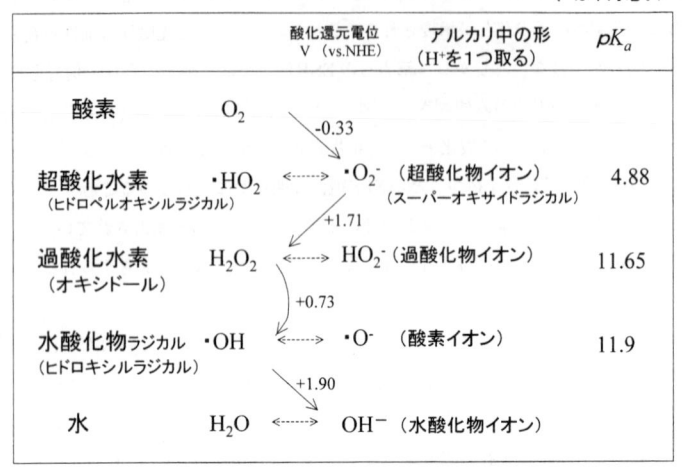

		酸化還元電位 V (vs.NHE)	アルカリ中の形 (H^+を1つ取る)	pK_a
酸素	O_2	↓ -0.33		
超酸化水素 (ヒドロペルオキシルラジカル)	$\cdot HO_2$	<----> ↓ +1.71	$\cdot O_2^-$ (超酸化物イオン) (スーパーオキサイドラジカル)	4.88
過酸化水素 (オキシドール)	H_2O_2	<----> ↓ +0.73	HO_2^- (過酸化物イオン)	11.65
水酸化物ラジカル (ヒドロキシルラジカル)	$\cdot OH$	<----> ↓ +1.90	$\cdot O^-$ (酸素イオン)	11.9
水	H_2O	<---->	OH^- (水酸化物イオン)	

図5　活性酸素の酸化還元電位とイオン解離定数　pKa

酸素種は，生体への影響が問題視されており[15]，測定法も種々報告されている[16]が，本書では光触媒に適用された例を中心に述べる。

2.3.1 スーパーオキサイドの解析

大気下での光触媒反応では多くの場合，空気中の酸素を還元し$O_2^-\cdot$を生じる。「スーパーオキサイドはどれほどスーパーか？」という総説[17]によると，スーパーオキサイドの反応性は決して高くなく，フッ酸のフッ化物イオンのようなものであるとされている。$O_2^-\cdot$の反応性をOHラジカルの反応性と比較すると，$O_2^-\cdot$との反応速度が大きい分子もいくらかあるが，一般に$O_2^-\cdot$の反応性はOHラジカルに比べ，かなり低いといえる。$HO_2\cdot$ラジカルの反応性は$O_2^-\cdot$と大差は無い[10]。$O_2^-\cdot$は不均化反応で過酸化水素H_2O_2と酸素になり，生成した過酸化水素が反応に関与することが多いとされている[17]。光触媒反応でも同様なことがいえると思われる。$O_2^-\cdot$の生成量子収率は多いが，多くは，光触媒上で正孔により酸化され，間接的な再結合反応が生じていることが近年予想されている。すなわち，$O_2^-\cdot$の酸化によってある決まった比率で発生する一重項酸素の生成量子収率が非常に高いことが見出され，また，その寿命が短いことから，$O_2^-\cdot$は吸着したままもとのO_2に戻ると考えられるからである[18]。

$O_2^-\cdot$の測定方法には，スピントラップ法やルミノールやMCLA（ルシフェリンアナログ）を用いる方法がある[18]。ルミノールは一重項酸素やOHラジカル，H_2O_2と反応して化学発光をすると考えられていたが，主要反応は$O_2^-\cdot$であることが明らかにされている[15]。実際，H_2O_2水溶

第9章 光触媒の物性解析

液中には微量のO$_2^-$・が存在するといわれており，筆者らも，ESRスピントラップ法で，H$_2$O$_2$水溶液中にO$_2^-$・が含まれる事を確認している。O$_2^-$・の速い反応を観測する試みとして，ルミノール存在下でパルスレーザーを照射して発光を観測する試みもなされているが，ルミノール自身の反応などが含まれ解析が簡単でないようである[20]。また，O$_2^-$・の定量法として，ニトロブルーテトラゾリウム（NBT）のO$_2^-$・による還元で生じるブルーホルマザンを測定する方法もあるが，NBT自身の光触媒による還元に注意が必要であると思われる[15,16]。O$_2^-$・の寿命は活性酸素の中ではH$_2$O$_2$に次いで長いので，光照射後に検出試薬を加えることができる。

2.3.2 過酸化水素の解析

酸化チタン表面で酸素が還元される機構は水が酸化される過程と関係があり，H$_2$O$_2$が酸化チタンに強く吸着された状態が中間体とされている。酸性あるいは中性の酸化チタン表面で，伝導帯の電子が水を吸着した表面Ti^{4+}を還元すると，これを直ちにO$_2$が攻撃しペルオキソTi（O$_2$）を生成する。このペルオキソは，寿命の短いスーパーオキソTiOO・を経ると考えられるが，酸素分子が2電子還元された状態なので，これにプロトンが付加すると過酸化水素が吸着した状態と同一になる。一方，アルカリ性の雰囲気では，吸着している酸素に，伝導帯電子が移り，O$_2^-$・が生成する。これは，酸化されるかあるいは反応に用いられなければ，不均化によりやはり過酸化水素になる。したがって，過酸化水素は，O$_2^-$・の還元あるいは，O$_2^-$・の不均化反応で生成する。光触媒反応ではOHラジカルの生成量は少ないのでOHラジカルの2量化でH$_2$O$_2$を生じる可能性は低く，むしろ，H$_2$O$_2$の還元でOHラジカルが生じると考えられる。

H$_2$O$_2$は複数の反応過程を経て光触媒的に生成するので，生成量は反応条件に左右される。過酸化水素の定常濃度は酸化チタンの水懸濁系でヨウ素定量法で分析され数十マイクロモルと言われている。また，ジヒドロローダミン123を用いた定量法も用いられている[1]。大気下での光触媒反応では気相中にH$_2$O$_2$が拡散することが，図6の装置を用いて調べられている。アジノビスベンゾチアゾリン誘導体（ABTS）と西洋ワサビペルオキシダーゼ（HRP）水溶液を入れた捕集ビンに，反応後のガスを通して気相に拡散するH$_2$O$_2$の量子収率を測定すると10^{-7}になる[21]。

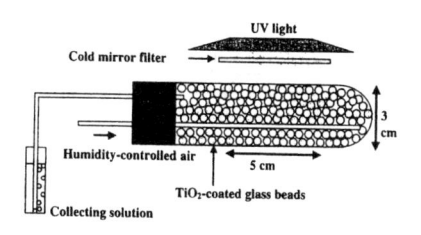

図6 酸化チタン光触媒反応で発生するH$_2$O$_2$定量のための装置[21]

可視光応答型光触媒

2.3.3 殺菌反応の解析

　酸化チタン光触媒で細菌の細胞を死滅させるタイムスケールは長いが，速い反応と遅い反応の2段階で生じると考えられている．大腸菌の場合には，まず細胞壁が損傷し，さらに細胞質膜の損傷が起こり，細胞内部の酸化チタン光触媒による直接的な攻撃が可能となる．粒径の小さい酸化チタンほど細胞内の損傷を速く起こす．酸化チタン薄膜上の大腸菌をAFM観察すると，細胞壁と細胞膜が破壊された結果カリウムイオンをはじめとする細胞内物質が溶出し，それが細胞を死に至らしめることが確かめられている．細胞壁の外膜の破壊が遅い反応で律速となる．外膜は障壁としての役割を果たすが，ペプチドグリカン層は障壁とはならない．外膜は有機化合物であるので，光触媒による直接酸化反応で破壊され，それに続いて，細胞質膜の無秩序化が起こり細胞死がもたらされる．実用的な光触媒では，殺菌力のあるCu^{2+}イオンなどの助けを借りて光触媒分解で弱った細胞を攻撃することが行われている[1]．

2.4 その他の光触媒反応の解析
2.4.1 水の分解反応の解析

　光触媒を用いた水の分解，すなわち，水の酸化による酸素発生と水の還元による水素発生は太陽エネルギーを水素燃料のエネルギーに直接変換できるので，重要な研究テーマである．RuO_2，NiO，Ptなどの触媒を光触媒表面に微粒子として担持すると，水の還元が容易に生じる．
　酸化チタン光触媒反応ではOHラジカルが水の酸化で発生すると考えられてきたので，OHラジカルの二量化で生じるH_2O_2を経て，O_2が発生すると多くの研究者は考えてきた．しかし，OHラジカルの生成を示す確かな報告はないため，現在では，水の酸化はOHラジカルを経ないと考えられる．赤外吸収スペクトルのその場観察の研究で，図7に示すように，光誘起された価電子帯正孔が表面にあるブリッジ酸素 [Ti-O-Ti] に捕捉されると同時に，これに溶媒の水が解離的に吸着し，[TiO·HO·Ti] が形成され，それが結合して酸素が発生するという機構が示されている[22]．この正孔の準位は，伝導帯下端より1.5 eV低いエネルギー準位にあり，ドープされ

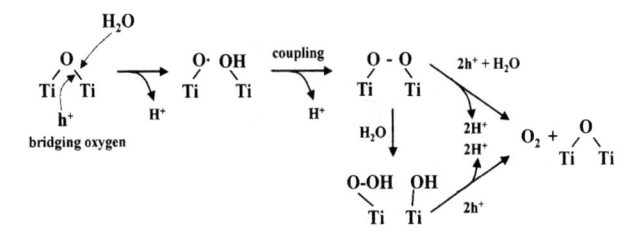

図7　酸化チタン結晶表面における水の酸化反応機構[23]

第9章 光触媒の物性解析

た窒素の2p準位より上であるため，オキシナイトライド系光触媒でも同じ構造が示唆されている[23]。GaN：ZnOなど窒化物を用いた水の酸化反応についても，表面の金属酸化物ZnOが関与すると考えられている[24]。

2.4.2 増感型光触媒反応における反応活性種

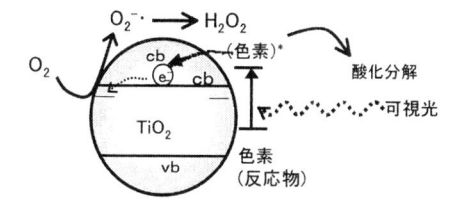

図8 色素増感型光触媒反応の機構を表わす模式図

　増感型光触媒反応とは，図8に示すように色素を吸着させた酸化チタンの色素の方に光を吸収させ，酸素の還元で生じるスーパーオキサイドや過酸化水素を用いる反応である。この反応は，光を吸収する色素が分解されることを前提としている場合が多いが，可視光を用いることができることを特長としている。ポルフィリンで光増感した酸化チタン懸濁系では室温でスーパーオキサイドラジカルの発生が直接観測されている。また，銅フタロシアニンを含むTiO_2膜では，可視光で大腸菌の増殖を阻害する。この場合，酸素の還元で生成されるH_2O_2やOHラジカルが，増殖阻害作用を引き起こす反応に関与していると考えられている[25]。

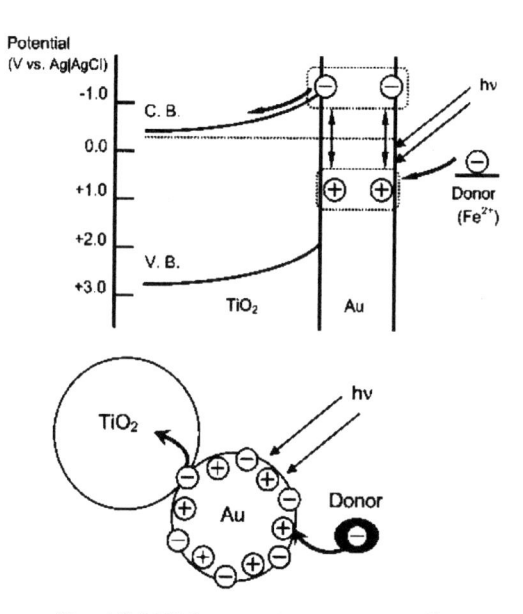

図9　金微粒子担持による増感型光触媒反応機構[26]

可視光応答型光触媒

貴金属微粒子を担持する事で、酸化チタンに可視光活性が発現することが知られているが、この原理も増感型光触媒反応と類似している。図9に示すように、貴金属微粒子のプラズモン吸収で生じた電子が酸化チタンの伝導帯に入り、電荷分離が達成され、光触媒反応が進行することがアクションスペクトルなどの測定から明らかにされている[26]。

2.4.3 超親水性化反応とその活性種

超親水性化現象は実用にも使われている光触媒機能の一つであるが、それが化学反応であるか明確でないので、活性種については明確でない点も多い。光生成した正孔が表面で捕捉されたことで酸素の欠陥が表面に生じ、そこへ水分子が多く吸着するという説が知られている[27]。光照射により表面吸着水が増加する現象は、NMR[28]など多くの方法で確認されているが、いずれも表面の水分子は複数の層をなしていることが知られているので、もう少し間接的な機構で表面エネルギーの増加が吸着水の増加に繋がるのではないかと考えられる。

文　献

1) 野坂芳雄, 野坂篤子,「入門 光触媒」, 東京図書 (2004)
2) Y. Nosaka, *et al., Phys. Chem. Chem. Phys.* **5**, 4731 (2003)
3) O. I. Micic, *et al., J. Phys. Chem.* **97**, 7277 (1993)
4) M. A. Grela, *et al., J. Phys. Chem.* **100**, 16940 (1996)
5) R. Nakamura, *et al., J. Am. Chem. Soc.* **125**, 7443 (2003)
6) G. Chen, *et al., J. Appl. Electrochem.* **29**, 961 (1999)
7) Y. Nosaka, *et al., J. Phys. Chem. B*, **102**, 10279 (1998)
8) M. Keise, *et al., Langmuir*, **10**, 1345 (1994)
9) Y. Sakatani, *et al., Chem. Lett.* **32**, 1156 (2003)
10) 野坂芳雄,「光触媒－基礎・材料開発・応用」p72, 橋本和仁他編, エヌ・ティー・エス (2005)
11) S. Livraghi, *et al., Chem. Commun*, 498 (2005)
12) Y. Nosaka, *et al., Sci. Technol. Adv. Mater.* **6**, 143 (2005)
13) S. Sato, *et al., Appl. Catal. A.* **284**, 131 (2005)
14) 山方啓, 石橋孝章, 大西洋, 表面科学, **24**, 46 (2003)
15) 吉川敏一, 河野雅弘, 野原一子,「活性酸素・フリーラジカルのすべて」丸善 (2000)
16) 浅田浩二, 中野稔, 柿沼カツ子,「活性酸素測定マニュアル」講談社 (1992)
17) D. T. Sawyer, and J. S. Valentine, *Acc. Chem. Res.* **14**, 393 (1981)
18) Y. Nosaka, *et al., Phys. Chem. Chem. Phys.* **6**, 2917 (2004)
19) Y. Nosaka, *et al., J. Phys. Chem. B*, **101**, 5822 (1997)
20) X. -Z. Wu and K. Akiyama, *Chem. Lett.* **32**, 1108 (2003)

第9章 光触媒の物性解析

21) W. Kubo and T. Tatsuma, *Anal. Sci.* **20**, 591 (2004)
22) R. Nakamura and Y. Nakato, *J. Am. Chem. Soc.* **126**, 1290 (2004)
23) R. Nakamura, *et al.*, *J. Phys. Chem. B*, **109**, 8920 (2005)
24) K. Maeda, *et al.*, *J. Am. Chem. Soc.* **127**, 8286 (2005)
25) J. C. Yu, *J. Photochem. Photobiol. A*, **156**, 235 (2003)
26) Y. Tiam and T. Tatsuma, *J. Am. Chem. Soc.* **127**, 7632 (2005)
27) 橋本和仁, 入江寛, 表面科学, **25**, 252 (2004)
28) A. Y. Nosaka, *et al.*, *J. Phys. Chem. B*, **107**, 12042 (2003)

3 半導体物性計測技術によるバンドギャップ内準位評価

中野由崇＊

3.1 はじめに

最近，光触媒材料である酸化チタンに窒素をドーピングすることにより，可視光応答性が現れることが報告[1,2]され，大きな注目を集めている。その後も，硫黄や炭素などのアニオンドープ型酸化チタンの可視光応答化が続々と報告[3〜12]されている。しかしながら，アニオンドープ型酸化チタンの可視光応答メカニズムに関しては，光触媒特性や親水性の分光感度特性による間接的な測定結果からの推定であり，バンドギャップ内準位の直接測定から検討されたものではない。したがって，バンドギャップ制御によるアニオンドープ型酸化チタンの可視光応答メカニズムを考える上で，酸化チタンのバンドギャップ内準位などの電子物性を検討することが，現状の光触媒材料研究には欠けている点であり，今後の新規材料開発や一層の高活性化にとっても重要な点であると思われる。

ここでは，可視光応答型光触媒である窒素ドープTiO_2（$TiO_2:N$）薄膜を例にとり，電気的手法による半導体物性評価技術（C-V，Deep Level Spectroscopy）を用いて$TiO_2:N$薄膜のバンドギャップ内の電子物性情報（キャリア濃度，伝導帯近傍の電子トラップ準位，深い準位，価電子帯状態）の収集について報告する。特に，価電子帯状態は可視光応答メカニズムを理解する上で意味深い検討項目であり，DLOS（Deep Level Optical Spectroscopy）法[13〜15]を新たに適用した。また，これらの分光学的半導体評価法は一般の物理的評価法に比べて高感度計測が可能であり，キャリア濃度の1/1000〜1/10000程度の高分解能を有している。

3.2 DLOS測定原理

図1に，本実験で用いた半導体物性計測装置の概略を示す。基本的には，DLTS（Deep Level Transient Spectroscopy）測定装置に分光照射システムを追加することで，DLOS法にも対応している。一般的には，DLTS法[16]はキャリアの熱励起を利用しているため，伝導帯（価電子帯）から〜1eV程度のトラップ準位までが検出限界である（図2(a)）。一方，DLOS法ではキャリアの光励起を用いているため，熱励起では対応できないmid-gap準位（深い準位）からバンド端までの電子状態密度を測定できる（図2(b)）。したがって，DLTS法とDLOS法を組み合わせることで，半導体のバンドギャップ内準位を詳細に網羅することが可能となる（図3）。特に，TiO_2のようなワイドバンドギャップ半導体にはDLTS法とDLOS法の組み合わせは有用である。ここでは，$TiO_2:N$薄膜の電子物性を計測する上で，膜裏面からの分光照射を可能とするため，

＊　Yoshitaka Nakano　㈱豊田中央研究所　材料分野　無機材料研究室　研究員

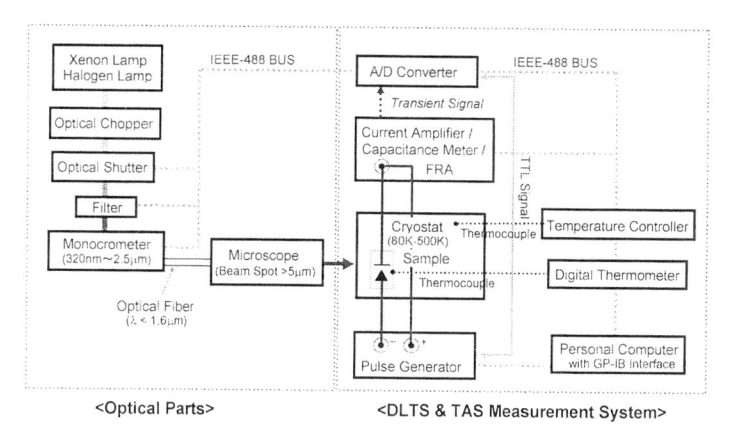

第9章 光触媒の物性解析

図1 DLTS & DLOS測定装置

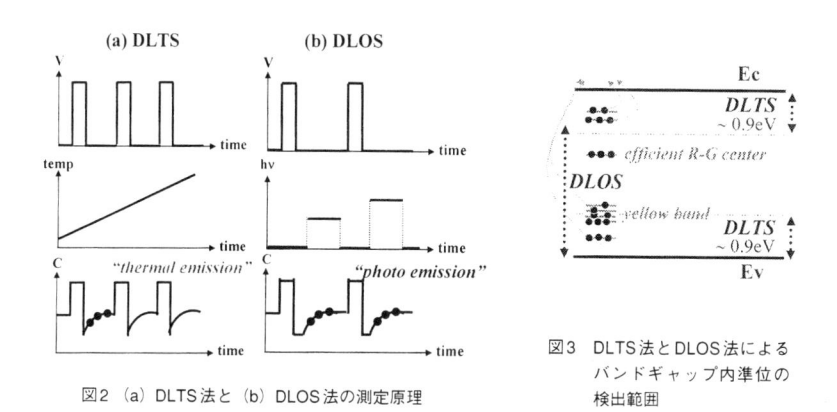

図2 (a) DLTS法と (b) DLOS法の測定原理

図3 DLTS法とDLOS法によるバンドギャップ内準位の検出範囲

透明導電性基板としてn^+-GaN/Al_2O_3基板を使用した。また，一般に，酸化物半導体膜では結晶粒界に高密度の界面準位が存在し，粒界近傍には2重Schottky障壁のバンド構造が形成されている。この場合，通常のSchottky接合やpn接合のような片側接地での電子空乏層伸縮を利用する一般的な半導体評価手法では対応できないため，2重Schottky障壁に対応できるゼロバイアス状態での半導体評価手法の適用が合理的であると考えられる[17～19]。

3.3 サンプル作製

TiO_2ターゲットを用いて，Ar＋N_2混合ガス雰囲気での反応性スパッタリング法により，約

可視光応答型光触媒

1μmのTiO$_2$:N薄膜をn$^+$-GaN/Al$_2$O$_3$基板上に形成した。その後，N$_2$及びO$_2$ガス雰囲気中で550℃90分の熱アニールにより結晶化した。N$_2$アニール試料は黄色，O$_2$アニール試料は無色透明であった。また，Ar＋O$_2$混合ガス雰囲気での反応性スパッタリング後，O$_2$ガス雰囲気中で550℃90分熱処理した約1μmのTiO$_2$薄膜を標準試料とした。窒素含有量が明らかに異なる3種類の試料を用いて，後述する縦型Schottkyダイオードを作製し，半導体物性計測技術によりバンドギャップ内の電子物性を比較検討した。ここで，n$^+$-GaN層はSiドープ量が$5.1×10^{18}$cm^{-3}，電子移動度193cm^2/Vsで，膜厚は約4μmであった[20, 21]。

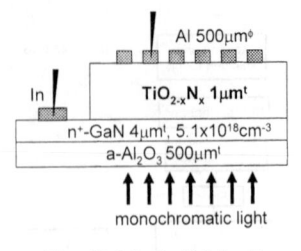

図4に，本実験で作製したAl-Schottkyダイオード（Al/TiO$_{2-x}$N$_x$/n$^+$-GaN）の概略図を示す。試料をUVオゾン処理により洗浄後，真空蒸着によりAl電極（500μm$^\phi$）をTiO$_2$:N膜上に形成した。更に，n$^+$-GaN上にInハンダによりオーミック電極を形成し，擬似的に縦型Schottkyダイオード構造を作製した。

図4 Al-Schottkyダイオード

3.4 電気的測定条件

静電容量ーバイアス電圧（C-V）測定は周波数1MHzで室温（300K）で行った。バイアス電圧は＋3.0V（順方向）から－6.0V（逆方向）に0.1Vステップで掃引した。界面準位からのキャリア放出が十分えるように，ランプ速度は約3.3mV/sとした。得られた$1/C^2$-Vプロットの微分系である$d(1/C^2)/dV$から，有効キャリア濃度のdepthプロファイルを算出した。ただし，TiO$_2$:N膜の比誘電率はTiO$_2$単結晶の値31を用いた[22]。

DLTS測定は周波数1MHzで，暗中85～480Kで行った。バイアス条件は，ゼロバイアスを定常状態として，欠陥準位への電荷注入パルス電圧は10V，パルス幅は10μsとした。この注入条件では，欠陥準位の捕獲断面積が小さくても，キャリアが十分注入されていると思われる。

DLOS測定は，周波数1MHzで暗中・室温（300K）で行った。図1に示すように，ハロゲンランプ（250W）を用いて，分光器（分解能0.2nm）を通して，波長1300nmから300nmまでの分光を2nmステップで試料裏面に照射した。その際のバイアス電圧設定はDLTS測定と同一条件とした。すなわち，分光照射毎に，暗中で10V，10μsのキャリア注入電圧パルスによりバンドギャップ内準位を充満し，ゼロバイアス状態に戻してキャリアの熱的な放出後に，所望波長の分光照射を行うことで，キャリアの光学励起に伴う静電容量の過渡応答性を0～300秒まで計測した[23, 24]。

第9章 光触媒の物性解析

3.5 物理的評価

N_2及びO_2アニールしたTiO_2:N膜の表面近傍の窒素含有量をX線光電子分光（XPS）により測定した。図5に，TiO_2:N試料のN_{1s}状態のXPSスペクトルを示す。どちらの試料も，金属Tiと結合した窒素Nに由来するピーク[25]が396eV付近に確認されている。N_2アニールしたTiO_2:N試料のほうが大きなピーク強度を有していることから，窒素の酸素サイトへの置換量が多いことがわかる。この窒素含有量を，396eVピーク面積と感度因子から見積もると，N_2及びO_2アニールしたTiO_2:N試料では8.8％，1.4％である。

X線回折（XRD）と透過電子顕微鏡（TEM）により，結晶化したTiO_2:N膜の結晶構造を評価した。図6に，N_2及びO_2アニールにより結晶化したTiO_2:N膜のXRDパターンを示す。N_2アニールしたTiO_2:N試料ではルチル（110）相のみが観察される。一方，O_2アニールしたTiO_2:N試料とTiO_2標準試料ではルチル（110）相とアナターゼ（101）相が混在していることがわかる。また，ルチル（110）相のピークに着目すると，N_2アニールしたTiO_2:N試料のほうが高角側に大きくシフトしている。すなわち，窒素ドーピング量が多いほど，TiO_2格子内に多量の酸素空孔欠陥が導入されていることが示唆される。

図7に，N_2アニールしたTiO_2:N試料とTiO_2標準試料の断面TEM像を示す。TiO_2標準試料ではスパッタ膜特有の柱状構造が見られ，コラム径は10～20nmである。一方，N_2アニールしたTiO_2:N試料では粒径が6nm程度の粒状構造を有している。すなわち，窒素ドーピングはランダムな核発生を促進し，その結果，結晶粒の成長を抑制していることがわかる。

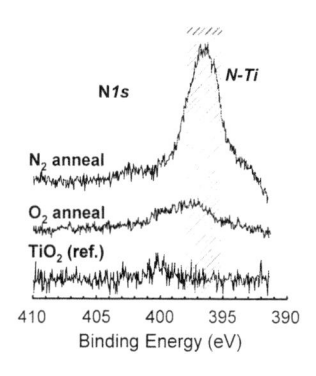

図5 N_2及びO_2アニールしたTiO_2:N膜とTiO_2標準膜のXPSスペクトル

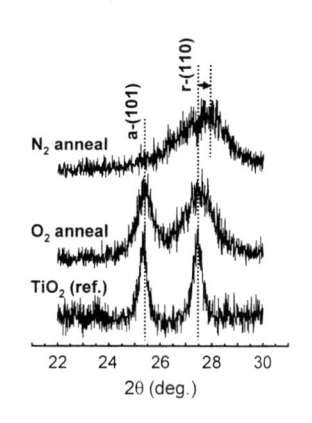

図6 N_2及びO_2アニールしたTiO_2:N膜とTiO_2標準膜のXRDパターン

可視光応答型光触媒

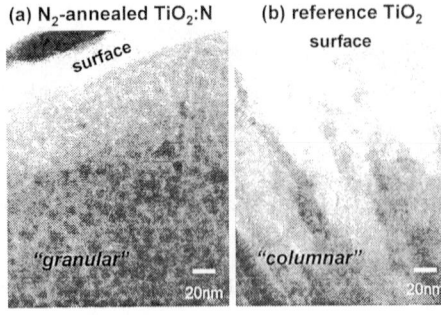

図7 N₂アニールしたTiO₂:N膜とTiO₂標準膜の断面TEM像

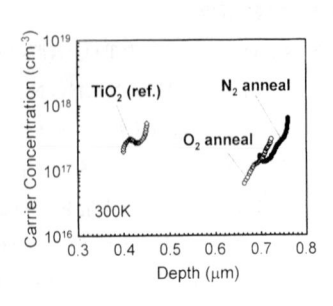

図8 N₂及びO₂アニールしたTiO₂:N膜とTiO₂標準膜のキャリア濃度のdepthプロファイル

3.6 電気的評価

図8に，TiO₂膜とTiO₂:N膜の有効キャリア濃度のdepthプロファイルを示す。N₂及びO₂アニールしたTiO₂:N試料とTiO₂標準試料におけるゼロバイアス状態での電子空乏層は膜表面から0.70，0.65，0.40μm程度伸びている状態であり，有効キャリア濃度はそれぞれ1.7×10^{17}，6.1×10^{16}，$2.1 \times 10^{17} cm^{-3}$である。これらの値は，電気化学的手法（PEC法）を用いて測定された報告値（膜表面：$\sim 10^{17} cm^{-3}$)[26)]と同程度である。また，どちらの試料とも，膜内部に向けてキャリア濃度が多くなるというキャリア濃度のdepth依存性が認められる。これは，スパッタ膜特有の現象であり，窒素ドーピングとは無関係のようである。

TiO₂膜及びTiO₂:N膜ともに，通常の逆バイアス状態でのDLTS測定では電子トラップ準位による欠陥ピークは検出できなかったが，ゼロバイアス状態では明確なDLTSピークが検出される。この結果から，これらのピークは結晶粒内（バルク）ではなく，膜中の柱状及び粒状構造などによる結晶粒界準位に帰属することがわかる。図9に，N₂及びO₂アニールしたTiO₂:N試料の代表的なゼロバイアスDLTSスペクトルを示す。N₂アニールした試料では，2つの電気的に活性な欠陥準位に起因するDLTSピーク（N_1，N_2）が検出される。一方，O₂アニール試料では，ブロードな欠陥準位に対応するDLTSピーク（O_1）が検出され，N₂アニール試料とは明らかに異なる欠陥準位である。N_1，N_2，O_1ともに，rate-windowであるt_1/t_2から算出される熱放出速度の増加に伴い，ピーク温度が高温度側にシフトしていることから，電子トラップ準位である。N_1，N_2はピーク温度が室温以上にあることから比較的深い欠陥準位であるが，O_1は80Kの低温度領域でもテールを有するブロードなピークであることから浅い欠陥準位である。また，TiO₂標準

284

第9章 光触媒の物性解析

試料でも，O_2 アニールした $TiO_2:N$ 試料と同傾向の結果が得られている。以上の結果から，$TiO_2:N$ 膜内の窒素ドーピング量により欠陥準位の導入状態が明らかに異なることがわかる。すなわち，欠陥準位の形成機構は窒素ドーピングにより形成される結晶構造に大きく依存していることが伺える。図10に，N_1，N_2，O_1 の熱放出速度のアレニウス・プロットを示す。得られた直線の傾きから，それぞれの欠陥準位の深さ（活性化エネルギー）は，N_1: Ec-0.34eV ($5.5 \times 10^{14} cm^{-3}$)，$N_2$: Ec-0.70eV ($5.0 \times 10^{14} cm^{-3}$)，$O_1$: Ec-0.15eV ($1.7 \times 10^{14} cm^{-3}$) である。また，$N_1$，$N_2$ 準位と比べて，O_1 準位はキャリア捕獲断面積を表すアレニウス・プロットのy軸切片値が2～6桁小さいことがわかる。この結果は，O_1 準位は浅い欠陥準位であると同時にディープ・ドナーとして振る舞っていることを示唆している。

図11に，TiO_2 膜と $TiO_2:N$ 膜のゼロバイアスDLOSスペクトルを示す。どの試料でも，電気・光学的に活性なmid-gap準位や価電子帯に関する明確な電子物性情報を得ることができる。まず，TiO_2 標準試料では，2.9～3.2eV付近にルチル型とアナターゼ型 TiO_2 の価電子帯に相当する r-O_{2p} 準位 (2.9eV) と a-O_{2p} 準位 (3.1eV) に帰属するバンド端遷移 (NBE: Near-Band-Edge Transitions) が観察される。さらに，$TiO_2:N$ 膜では，これらの価電子帯のバンド端遷移強度が大きく低下す

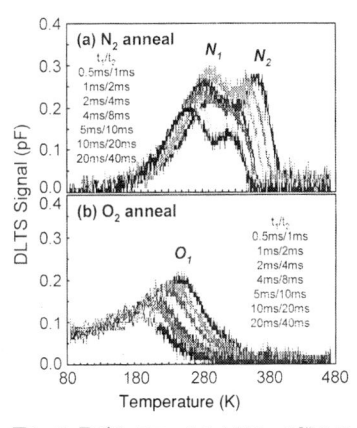

図9　N_2 及び O_2 アニールした $TiO_2:N$ 膜のゼロバイアスDLTSスペクトル

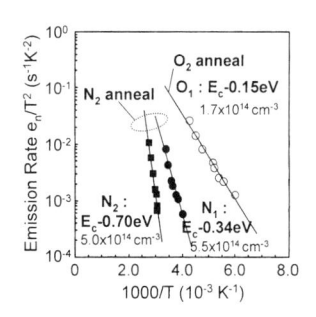

図10　N_2 及び O_2 アニールした $TiO_2:N$ 膜の熱放出速度のアレニウス・プロット

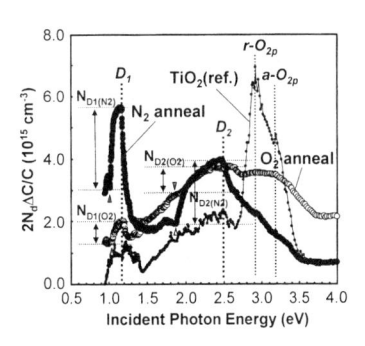

図11　N_2 及び O_2 アニールした $TiO_2:N$ 膜と TiO_2 標準膜のゼロバイアスDLOSスペクトル

可視光応答型光触媒

ると同時に，伝導帯下1.18eVと2.48eVに2つの特徴的なmid-gap準位（D_1, D_2）が見られる。前者のD_1ピークは極めてシャープであるが，後者のD_2ピークは比較的ブロードである。D_1準位は窒素含有量に依存せず1.02eVの光学的閾値を有する単一準位である。この欠陥準位を詳細にキャラクタリゼーションすると，分光照射により1.02eVから1.18eVまで欠陥準位から電子が伝導帯へ光励起されるが，ピーク・エネルギー（1.18eV）を超えると，少数キャリア（ホール）の価電子帯への遷移が生じている。すなわち，この欠陥準位は，伝導帯と価電子帯への2つの遷移を同時に行える再結合中心として振る舞っていることがわかる。それぞれのピーク高さから，欠陥準位濃度（N_{D1}）を算出すると，N_2アニールしたTiO_2:N試料では$2.5 \times 10^{15} cm^{-3}$であり，$O_2$アニールした$TiO_2$:N試料の3.9倍である。このように，$D_1$準位密度はN含有量に強く依存しており，$D_1$準位は窒素ドーピングにより容易に導入されることがわかる。一方，後者のD_2準位は1.88eVの光学的閾値を有し，ブロードな電子状態を有している。このD_2準位のバンド的な特徴は種々の微視的な構造配置を反映していると思われる。N_2アニールしたTiO_2:N試料のピーク欠陥準位濃度（N_{D2}）は$2.0 \times 10^{15} cm^{-3}$であり，$O_2$アニールした$TiO_2$:N試料の2.2倍である。このように，$D_2$準位密度も窒素含有量に強く依存している。前述したように，TiO_2膜は窒素をドーピングすることで，本来の価電子帯のバンド端遷移強度は著しく低下していることを考慮すると，D_2準位とO_{2p}準位には明確な境目はなく，混成している状態である[1]と考えられる。その混成度合いはN_2アニールしたTiO_2:N試料のほうが顕著であり，D_2準位が価電子帯の一部として振る舞っていると考えられる。なお，TiO_2:N試料の有効バンドギャップは2.5eV程度であり，D_2準位と良く一致している。以上の結果から，窒素ドーピングによりバンドギャップ内に導入されるD_2準位は，本来の価電子帯であるO_{2p}準位と密接に混成することでブロードな価電子帯を形成し，バンドギャップを狭窄化していると考えられる。

　窒素ドーピングを行っていないTiO_2標準膜でもD_1準位は僅かに存在していることから，D_1準位はTiO_2固有の欠陥であることがわかる。一般的に，窒素イオン径（1.71）は酸素イオン径（1.40）より大きいのでTiO_2膜の酸素を窒素で置換することは困難であるため，2個の窒素原子が3個の酸素原子に置換し，Ti^{4+}状態を維持するために1個の酸素空孔を生成するのであろう。さらに，1959年にCronemeyerは「還元処理したTiO_2中の酸素空孔準位は伝導帯下0.75〜1.18eVにある」と報告[27]しており，D_1準位と良く一致している。したがって，TiO_2:N試料中に見られるD_1準位は酸素空孔欠陥準位（電子1個を捕獲したV_O^-と推定[28]）であると考えられる。この準位密度の窒素ドーピングによる挙動は，上述したXRDによるルチル（110）相のピークシフトと定性的に良く一致している。一方，D_2準位はTiO_2固有の欠陥ではなく，窒素ドーピングにより新たに導入された局在電子状態であると考えられる。D_2準位の起源についてはまだ明らかにされていないが，バンド的な特徴を有することから，ドープされた窒素がつくるN_{2p}準

第9章 光触媒の物性解析

位であると思われる。すなわち，第1原理計算で予測されているように[1]，窒素ドーピングにより導入される N_{2p} 準位が O_{2p} 準位と混成しバンドギャップを狭窄化することで可視光応答性が付与されると考えられる。さらに，可視光応答型光触媒の材料開発の観点からは，バンドギャップを狭窄化する D_2 準位の十分な形成と再結合中心である D_1 準位の抑制を両立することが重要な課題である。したがって，TiO_2 への窒素ドーピングは，D_1 準位と D_2 準位の濃度バランスを変化させることが可能な有効な方法であることがわかる。さらに，光触媒材料へのDLOS分光計測技術の適用は，キャリア・ダイナミクスの観点から，バンドギャップ内の電子状態などの材料設計指針を得る有用なツールになるといえる。

3.7 おわりに

スパッタ法で形成した窒素ドープ TiO_2 膜に，半導体物性評価技術であるC-V法，DLTS法，DLOS法を適用し，キャリア濃度のデプス・プロファイル，電子トラップ準位，mid-gap準位，価電子帯状態などのバンドギャップ内の電子物性を詳細に調べた。窒素ドーピング量により，これらの電子物性値は大きく変動することがわかった。特に，窒素ドーピングにより新たに導入される D_2 準位（~2.5eV）は価電子帯 O_{2p} 準位の上にブロードに位置し，O_{2p} 準位と混成していることがわかった。更に，窒素ドーピング量が増えると，この価電子帯との混成度合いは増えるが，再結合中心として働く D_1 準位（~1.2eV）も急激に増加することもわかった。

文　献

1) R. Asahi, T. Morikawa, T. Ohwaki, K. Aoki, and Y. Taga, *Science* **293**, 269 (2001)
2) T. Morikawa, R. Asahi, T. Ohwaki, K. Aoki, and Y. Taga, *Jpn. J. Appl. Phys.* **40**, L561 (2001)
3) T. Umebayashi, T. Yamaki, H. Itoh, and K. Asai, *Appl. Phys. Lett.* **81**, 454 (2002)
4) T. Umebayashi, T. Yamaki, H. Itoh, and K. Asai, *Chem. Lett.* **32**, 330 (2003)
5) H. Irie, Y. Watanabe, and K. Hashimoto, *Chem. Lett.* **32**, 772 (2003)
6) H. Irie, Y. Watanabe, and K. Hashimoto, *J. Phys. Chem. B* **107**, 5483 (2003)
7) H. Irie, S. Washizuka, N. Yoshino, and K. Hashimoto, *Chem. Commun.* **11**, 1298 (2003)
8) O. Diwald, T. L. Thompson, T. Zubkov, E. G. Goralski, S. D. Walck, and J. T. Yates, Jr., *J. Phys. Chem. B* **108**, 6004 (2004)
9) R. Nakamura, T. Tanaka, and Y. Nakato, *J. Phys. Chem. B* **108**, 10617 (2004)
10) T. Ohno, T. Mitsui, and M. Matsumura, *Chem. Lett.* **32**, 364 (2003)
11) T. Lindgren, J. M. Mwabora, E. Avendaño, J. Jonsson, A. Hoel, C.-G. Granqvist, and S.-

E. Lindquist, *J. Phys. Chem. B* **107**, 5709 (2003)
12) S. Sakthivel and H. Kisch, *Angew. Chem. Int. Ed.* **42**, 4908 (2003)
13) A. Chantre, G. Vincent, and D. Bois, *Phys. Rev. B* **23**, 5335 (1981)
14) G. -C. Yi and B. W. Wessels, *Appl. Phys. Lett.* **68**, 3769 (1996)
15) A. Hierro, D. Kwon, S. H. Goss, L. J. Brillson, S. A. Ringel, S. Rubini, E. Pelucchi, and A. Franciosi, *Appl. Phys. Lett.* **75**, 832 (1999)
16) D. V. Lang, *J. Appl. Phys.* **45**, 3023 (1974)
17) K. Mukae, K. Tsuda, and I. Nagasawa, *Jpn. J. Appl. Phys.* **16**, 1361 (1977)
18) Y. Nakano, M. Watanabe, and T. Takahashi, *J. Appl. Phys.* **70**, 1539 (1991)
19) Y. Nakano, J. Sakata, and Y. Taga, *J. Mater. Res.* **14**, 371 (1999)
20) Y. Nakano and T. Jimbo, *Appl. Phys. Lett.* **82**, 218 (2003)
21) Y. Nakano, T. Kachi, and T. Jimbo, *Appl. Phys. Lett.* **83**, 4336 (2003)
22) L. Kavan, M. Gratzel, S. E. Gilbert, C. Klemenz, and H. J. Scheel, *J. Am. Chem. Soc.* **118**, 6716 (1996)
23) Y. Nakano, T. Morikawa, T. Ohwaki, and Y. Taga, *Appl. Phys. Lett.* **86**, 132104 (2005)
24) Y. Nakano, T. Morikawa, T. Ohwaki, and Y. Taga, *Appl. Phys. Lett.* **87**, 052111 (2005)
25) N. C. Saha and H. G. Tompkins, *J. Appl. Phys.* **72**, 3072 (1992)
26) 入江, 鷲塚, 渡邊, 橋本, 光触媒, **12**, 26 (2003)
27) D. C. Cronemeyer, *Phys. Rev.* **87**, 876 (1952)
28) T. Sekiya, T. Yagisawa, K. Kamiya, D. D. Mulmi, S. Kurita, Y. Murakami, and T. Kodaira, *J. Phys. Soc. Jpn.* **73**, 703 (2004)

第10章　可視光応答型光触媒の課題

多賀康訓*

1　高性能化へのアプローチ

屋外の太陽光に比べ屋内，車室内の光強度は著しく弱く可視光光触媒材料そのものの高効率化が不可欠である。ここでは，論文（Science 293, 269 (2001)）等で公開されている $TiO_{2-x}N_x$ 系可視光応答型光触媒のアセトアルデヒド分解特性を例にその科学的実力を紫外光応答型の TiO_2 と比較しながらその量子効率で評価する。紫外光（351nm）における量子効率は2.6～3.0％でほぼ同等であるが可視光（436nm）においては TiO_2 の0.14％に対し $TiO_{2-x}N_x$ では0.42％と約3倍の性能が確認されている。しかし紫外光の2.6～3.0％に比べるとおおよそ0.15倍の性能である。太陽光に含まれる紫外光の光子数（3～5％）に比べ，例えば波長400～800nmに含まれる光子数は約45％と見積もられる。可視光応答型光触媒の機能発現波長領域は大方400～500nmでありその間の量子効率を0.42％とすると可視光応答型光触媒の実使用実力は紫外光のそれに比べ約50％と見積もられる。ただし，紫外光，可視光を問わず光触媒粉末のコーティング液化およびその固定化により初期粉末の性能は必ず低下することから固定化プロセス技術の重要性が認識できる。何れにせよこうした簡単な見積もりからもわかるように可視光応答型光触媒の高性能化は不可欠である。

第6章にはバルクの物性を制御し可視光化を達成した代表的な材料群を紹介した。こうしたバルク材料の開発指針の一つは可視光域での吸収をより大きくすることである。ドーパントの増加が直接的に有効であるがそれに伴う結晶内の電荷補償，欠陥導入による励起された電子や正孔の再結合確率の増大，表面への移動度低下，等が考えられる。従って，これらを巧みに制御する共ドーピング，等の材料設計，プロセスが重要となる。

また光触媒反応は表面化学反応であることから触媒の比表面積や反応を制御するための表面修飾技術も必要である。この表面修飾による光増感は色素増感太陽電池，等で広く用いられている手法である。光増感修飾法による可視光応答化はまたガスの選択吸着機能の付与にもなり高感度化だけでなくガス選択性をも狙うことが可能となり今後の発展が期待される。

---

*　Yasunori Taga　㈱豊田中央研究所　リサーチアドバイザー；東北大学　多元物質科学研究所　研究教授

可視光応答型光触媒

2 応用製品開発へのアプローチ

2.1 プロセス技術開発

　TiO_2光触媒（粉末，スラリー等）は通常の顔料用TiO_2の約10倍の価格である。もちろん材料の価格は製造プロセス等に強く依存し決定されているのであろうが光触媒の用途は広く，その付加価値を考慮した性能と価格の広い選択幅が必要である。例えば，多量の粉末を使用し厚膜をコーティングする壁紙，等の応用ではその付加価値を考慮すれば粉末の価格を十分低く抑える必要がある。一方，歯科漂白用に用いる可視光応答型光触媒粉末には超高性能が求められるが逆に使用粉末量が少なく粉末の単価は致命的ではない。

　つまり粉末製造プロセスの改良により用途付加価値を考慮し性能／価格に大きな自由度が必要となる。

2.2 安全性確認

　可視光応答型光触媒の安全性に関する検討は平成15年度からNEDO「光触媒利用高機能住宅用部材プロジェクト」で精力的に展開されている。その過程でVOCのみならず表面汚染物質の光触媒分解過程で表面に滞留したり気相に放出される反応生成物や中間生成物，等の特定とその安全性の確認が行われている。公開されるデータに注目したい。

2.3 特性評価と官能評価との対比

　光触媒においては実験室または研究段階でのテストサンプルによる特性評価結果が実用サンプルを用いた実環境下で実感できない場合が非常に多い。原因の一つにテストサンプルの特性が実用サンプルで再現されていないことがある。他方，光触媒効果の発現にはVOC，等の分解対象物質や有機汚染物質の触媒表面への接触と光触媒反応に必要な光量との共存が不可欠である。居住空間や車室内におけるVOC汚染物質の運動と光触媒表面への接触更には同時共存する光量に関する実験とシミュレーションによる詳細な検討がNEDO「光触媒利用高機能住宅用部材プロジェクト」で行われている。公開されるデータに注目したい。

2.4 商品コンセプト

　可視光応答型光触媒は使用される場所，環境が紫外光応答型光触媒とは本質的に異なりその特徴を十分理解した上でのユニークな商品コンセプトの提案が不可欠である。今後住居，オフィス，車室内への新しい商品コンセプトによる応用展開により新しい産業分野の形成が期待される。

おわりに

　我々がより快適で健康な生活を送るために可視光応答型光触媒がユーザーの広範な支持を得ながら人の居住空間で健全な商品として広く使われる日が近いとおもわれる。可視光応答型光触媒の現状を統一されたコンセプトの下にまとめた本書が研究開発者のみならず商品開発メーカーの技術を担当される方々にもお役に立てればと考えている。また，現在推進中のNEDOの「可視光応答型光触媒の安全性，性能評価技術開発」プロジェクト成果もユーザーに安心を与え，有用性を実感させるための一助となろう。本書が可視光応答型光触媒の研究開発のマイルストーンとして今後更なる発展に寄与出来るものと確信している。

2005年9月

多賀康訓

《CMCテクニカルライブラリー》発行にあたって

弊社は、1961年創立以来、多くの技術レポートを発行してまいりました。これらの多くは、その時代の最先端情報を企業や研究機関などの法人に提供することを目的としたもので、価格も一般の理工書に比べて遙かに高価なものでした。

一方、ある時代に最先端であった技術も、実用化され、応用展開されるにあたって普及期、成熟期を迎えていきます。ところが、最先端の時代に一流の研究者によって書かれたレポートの内容は、時代を経ても当該技術を学ぶ技術書、理工書としていささかも遜色のないことを、多くの方々が指摘されています。

弊社では過去に発行した技術レポートを個人向けの廉価な普及版《CMCテクニカルライブラリー》として発行することとしました。このシリーズが、21世紀の科学技術の発展にいささかでも貢献できれば幸いです。

2000年12月

株式会社　シーエムシー出版

可視光応答型光触媒の実用化技術　(B0939)

2005年 9月30日　初　版　第1刷発行
2010年10月22日　普及版　第1刷発行

監　修　多賀　康訓　　　　　　　　　　Printed in Japan
発行者　辻　　賢司
発行所　株式会社　シーエムシー出版
　　　　東京都千代田区内神田1-13-1　豊島屋ビル
　　　　電話 03(3293)2061
　　　　http://www.cmcbooks.co.jp

〔印刷　倉敷印刷株式会社〕　　　　　　　© Y. Taga, 2010

定価はカバーに表示してあります。
落丁・乱丁本はお取替えいたします。

ISBN978-4-7813-0272-0 C3043 ¥4400E

本書の内容の一部あるいは全部を無断で複写（コピー）することは，法律で認められた場合を除き，著作者および出版社の権利の侵害になります。

CMCテクニカルライブラリー のご案内

LTCC の開発技術
監修/山本 孝
ISBN978-4-7813-0219-5　　B926
A5判・263頁　本体4,000円+税（〒380円）
初版2005年5月　普及版2010年6月

構成および内容：【材料供給】LTCC用ガラスセラミックス/低温焼結ガラスセラミックグリーンシート/低温焼成多層基板用ペースト/LTCC用導電性ペースト 他【LTCCの設計・製造】回路と電磁界シミュレータの連携によるLTCC設計技術 他【応用製品】車載用セラミック基板およびベアチップ実装技術/携帯端末用Txモジュールの開発 他
執筆者：馬屋原芳夫/小林吉伸/富田秀幸 他23名

エレクトロニクス実装用基板材料の開発
監修/柿本雅明/高橋昭雄
ISBN978-4-7813-0218-8　　B925
A5判・260頁　本体4,000円+税（〒380円）
初版2005年1月　普及版2010年6月

構成および内容：【総論】プリント配線板および技術動向【素材】プリント配線基板の構成材料（ガラス繊維とガラスクロス 他）【基材】エポキシ樹脂銅張積層板/耐熱性材料（BTレジン材料 他）/高周波用材料（熱硬化型PPE樹脂 他）/低熱膨張性材料-LCPフィルム/高熱伝導性材料/ビルドアップ用材料/受動素子内蔵基板】他
執筆者：高木 清/坂本 勝/宮里桂太 他20名

木質系有機資源の有効利用技術
監修/舩岡正光
ISBN978-4-7813-0217-1　　B924
A5判・271頁　本体4,000円+税（〒380円）
初版2005年1月　普及版2010年6月

構成および内容：木質系有機資源の潜在量と循環資源としての視点/細胞壁分子複合系/植物細胞壁の精密リファイニング/リグニン応用技術（機能性バイオポリマー 他）/糖質の応用技術（バイオナノファイバー 他）/抽出成分（生理機能性物質 他）/炭素骨格の利用技術/エネルギー変換技術/持続的工業システムの展開
執筆者：永松ゆきこ/坂 志朗/青柳 充 他28名

難燃剤・難燃材料の活用技術
著者/西澤 仁
ISBN978-4-7813-0231-7　　B927
A5判・353頁　本体5,200円+税（〒380円）
初版2004年8月　普及版2010年5月

構成および内容：解説（国内外の規格、規制の動向/難燃材料、難燃剤の動向/難燃化技術の動向 他）/難燃剤データ（総論/臭素系難燃剤/塩素系難燃剤/りん系難燃剤/無機系難燃剤/窒素系難燃剤、窒素-りん系難燃剤/シリコーン系難燃剤 他）/難燃剤データ（高分子材料と難燃材料の動向/難燃性PE/難燃性ABS/難燃性PET/難燃性変性PPE樹脂/難燃性エポキシ樹脂 他）

プリンター開発技術の動向
監修/高橋恭介
ISBN978-4-7813-0212-6　　B923
A5判・215頁　本体3,600円+税（〒380円）
初版2005年2月　普及版2010年5月

構成および内容：【総論】【オフィスプリンター】IPSiO Colorレーザープリンタ 他【携帯・業務用プリンター】カメラ付き携帯電話用プリンターNP-1 他【オンデマンド印刷機】デジタルドキュメントパブリッシャー（DDP）他【ファインパターン技術】インクジェット分注技術 他【材料・ケミカルスと記録媒体】重合トナー/情報用紙 他
執筆者：日高重助/佐藤眞澄/醍井雅裕 他26名

有機EL技術と材料開発
監修/佐藤佳晴
ISBN978-4-7813-0211-9　　B922
A5判・279頁　本体4,200円+税（〒380円）
初版2004年5月　普及版2010年5月

構成および内容：【課題編（基礎、原理、解析）】長寿命化技術/高発光効率化技術/駆動回路技術/プロセス技術【材料編（課題を克服する材料）】電荷輸送材料（正孔注入材料 他）/発光材料（蛍光ドーパント/共役高分子材料 他）/リン光用材料（正孔阻止材料 他）/周辺材料（封止材料 他）/各社ディスプレイ技術 他
執筆者：松本敏男/照元幸次/川村祐一郎 他34名

有機ケイ素化学の応用展開
―機能性物質のためのニューシーズ―
監修/玉尾皓平
ISBN978-4-7813-0194-5　　B920
A5判・316頁　本体4,800円+税（〒380円）
初版2004年11月　普及版2010年5月

構成および内容：有機ケイ素化合物群/オリゴシラン、ポリシラン/ポリシランのフォトエレクトロニクスへの応用/ケイ素を含む共役電子系（シロールおよび関連化合物他）/シロキサン、シルセスキオキサン、カルボシラン/シリコーンの応用（UV硬化型シリコーンハードコート剤他）/シリコン表面、シリコンクラスター 他
執筆者：岩本武明/吉良満夫/今 喜裕 他64名

ソフトマテリアルの応用展開
監修/西 敏夫
ISBN978-4-7813-0193-8　　B919
A5判・302頁　本体4,200円+税（〒380円）
初版2004年11月　普及版2010年4月

構成および内容：【動的制御のための非共有結合性相互作用の探索】生体分子を有するポリマーによる新規細胞接着基質/水素結合を利用した階層構造の構築と機能化/サーフェースエンジニアリング 他【複合機能の時空間制御】モルフォロジー制御 他【エントロピー制御と相分離リサイクル】ゲルの網目構造の制御 他
執筆者：三原久和/中村 聡/小畠英理 他39名

※書籍をご購入の際は、最寄りの書店にご注文いただくか、㈱シーエムシー出版のホームページ(http://www.cmcbooks.co.jp/)にてお申し込み下さい。

CMCテクニカルライブラリーのご案内

ポリマー系ナノコンポジットの技術と用途
監修／岡本正巳
ISBN978-4-7813-0192-1　　　　B918
A5判・299頁　本体4,200円＋税（〒380円）
初版2004年12月　普及版2010年4月

構成および内容：【基礎技術編】クレイ系ナノコンポジット（生分解性ポリマー系ナノコンポジット／ポリカーボネートナノコンポジット　他）／その他のナノコンポジット（熱硬化性樹脂系ナノコンポジット／補強用ナノカーボン調製のためのポリマーブレンド技術）【応用編】耐熱，長期耐久性ポリ乳酸ナノコンポジット／コンポセラン　他

執筆者：祢宜行政／上田一恵／野中裕文　他22名

ナノ粒子・マイクロ粒子の調製と応用技術
監修／川口春馬
ISBN978-4-7813-0191-4　　　　B917
A5判・314頁　本体4,400円＋税（〒380円）
初版2004年10月　普及版2010年4月

構成および内容：【微粒子製造と新規微粒子】微粒子作製技術／注目を集める微粒子（色素増感太陽電池　他）／微粒子集積技術【微粒子・粉体の応用展開】レオロジー・トライボロジーと微粒子／情報・メディアと微粒子／生体・医療と微粒子（ガン治療法の開発　他）／光と微粒子／ナノテクノロジーと微粒子／産業用微粒子

執筆者：杉本忠夫／山本孝夫／岩村　武　他45名

防汚・抗菌の技術動向
監修／角田光雄
ISBN978-4-7813-0190-7　　　　B916
A5判・266頁　本体4,000円＋税（〒380円）
初版2004年10月　普及版2010年4月

構成および内容：防汚技術の基礎／光触媒技術を応用した防汚技術（光触媒の実用化例　他）／高分子材料によるコーティング技術（アクリルシリコン樹脂　他）／帯電防止技術の応用（粒子汚染への静電気の影響と制電技術　他）／実際の応用例（半導体工場のケミカル汚染対策／超精密ウェーハ表面加工における防汚　他）

執筆者：佐伯義光／高濱孝一／砂田香矢乃　他19名

ナノサイエンスが作る多孔性材料
監修／北川　進
ISBN978-4-7813-0189-1　　　　B915
A5判・249頁　本体3,400円＋税（〒380円）
初版2004年11月　普及版2010年3月

構成および内容：【基礎】製造方法（金属系多孔性材料／木質系多孔性材料　他）／吸着理論（計算機科学　他）【応用】化学機能材料への展開（炭化シリコン合成法／ポリマー合成への応用／光応答性メソポーラスシリカ／ゼオライトを用いた単層カーボンナノチューブの合成　他）／物性材料への展開／環境・エネルギー関連への展開

執筆者：中嶋英雄／大久保達也／小倉　賢　他27名

ゼオライト触媒の開発技術
監修／辰巳　敬／西村陽一
ISBN978-4-7813-0178-5　　　　B914
A5判・272頁　本体3,800円＋税（〒380円）
初版2004年10月　普及版2010年3月

構成および内容：【総論】【石油精製用ゼオライト触媒】流動接触分解／水素化分解／水素化精製／パラフィンの異性化【石油化学プロセス用】芳香族化合物のアルキル化／酸化反応【ファインケミカル合成用】ゼオライト系ピリジン塩基類合成触媒の開発【環境浄化用】NO_x選択接触還元／Co-βによるNO_x選択還元／自動車排ガス浄化【展望】

執筆者：窪田好浩／加地立身／岡崎　肇　他16名

膜を用いた水処理技術
監修／中尾真一／渡辺義公
ISBN978-4-7813-0177-8　　　　B913
A5判・284頁　本体4,000円＋税（〒380円）
初版2004年9月　普及版2010年3月

構成および内容：【総論】膜ろ過による水処理技術　他【技術】下水・廃水処理システム　他【応用】膜型浄水システム／用水・下水・排水処理システム（純水・超純水製造／ビル排水再利用システム／産業廃水処理システム／廃棄物最終処分場浸出水処理システム／膜分離活性汚泥法を用いた畜産廃水処理システム　他）／海水淡水化施設　他

執筆者：伊藤雅喜／木村克輝／住田一郎　他21名

電子ペーパー開発の技術動向
監修／面谷　信
ISBN978-4-7813-0176-1　　　　B912
A5判・225頁　本体3,200円＋税（〒380円）
初版2004年7月　普及版2010年3月

構成および内容：【ヒューマンインターフェース】読みやすさと表示媒体の形態的特性／ディスプレイ作業と紙上作業の比較と分析【表示方式】表示方式の開発動向（異方性流体を用いた微粒子ディスプレイ／摩擦帯電型トナーディスプレイ／マイクロカプセル型電気泳動方式　他）／液晶とELの開発動向【応用展開】電子書籍普及のためには　他

執筆者：小清水実／眞島　修／高橋泰樹　他22名

ディスプレイ材料と機能性色素
監修／中澄博行
ISBN978-4-7813-0175-4　　　　B911
A5判・251頁　本体3,600円＋税（〒380円）
初版2004年9月　普及版2010年2月

構成および内容：液晶ディスプレイと機能性色素（課題／液晶プロジェクターの概要と技術展開／高精細LCD用カラーフィルター／ゲスト-ホスト型液晶用機能性色素／偏光フィルム用機能性色素／LCD用バックライトの発光材料　他）／プラズマディスプレイと機能性色素／有機ELディスプレイと機能性色素／LEDと発光材料／FED　他

執筆者：小林駿介／鎌倉　弘／後藤泰行　他26名

※ 書籍をご購入の際は、最寄りの書店にご注文いただくか、
㈱シーエムシー出版のホームページ(http://www.cmcbooks.co.jp/)にてお申し込み下さい。

CMCテクニカルライブラリーのご案内

難培養微生物の利用技術
監修／工藤俊章・大熊盛也
ISBN978-4-7813-0174-7　　　　B910
A5判・265頁　本体3,800円＋税（〒380円）
初版2004年7月　普及版2010年2月

構成および内容：【研究方法】海洋性VBNC微生物とその検出法／定量的PCR法を用いた難培養微生物のモニタリング　他【自然環境中の難培養微生物】有機性廃棄物の生分解処理と難培養微生物／ヒトの大腸内細菌叢の解析／昆虫の細胞内共生微生物／植物の内生窒素固定細菌　他【微生物資源としての難培養微生物】EST解析／系統保存化　他
執筆者：木暮一啓・上田賢志・別府輝彦　他36名

水性コーティング材料の設計と応用
監修／三代澤良明
ISBN978-4-7813-0173-0　　　　B909
A5判・406頁　本体5,600円＋税（〒380円）
初版2004年8月　普及版2010年2月

構成および内容：【総論】【樹脂設計】アクリル樹脂／エポキシ樹脂／環境対応型高耐久性フッ素樹脂および塗料／硬化方法／ハイブリッド樹脂【塗料設計】塗料の流動性／顔料分散／添加剤【応用】自動車用塗料／アルミ建材用電着塗料／家電用塗料／缶用塗料／水性塗装システムの構築　他【塗装】【排水処理技術】塗装ラインの排水処理
執筆者：石倉慎一・大西　清・和田秀一　他25名

コンビナトリアル・バイオエンジニアリング
監修／植田充美
ISBN978-4-7813-0172-3　　　　B908
A5判・351頁　本体5,000円＋税（〒380円）
初版2004年8月　普及版2010年2月

構成および内容：【研究成果】ファージディスプレイ／乳酸菌ディスプレイ／酵母ディスプレイ／無細胞合成系／人工遺伝子系【応用と展開】ライブラリー創製／アレイ系／細胞チップを用いた薬剤スクリーニング／植物小胞輸送工学による有用タンパク質生産／ゼブラフィッシュ系／蛋白質相互作用領域の迅速同定　他
執筆者：津本浩平・熊谷　泉・上田　宏　他45名

超臨界流体技術とナノテクノロジー開発
監修／阿尻雅文
ISBN978-4-7813-0163-1　　　　B906
A5判・300頁　本体4,200円＋税（〒380円）
初版2004年8月　普及版2010年1月

構成および内容：超臨界流体技術（特性／原理と動向）／ナノテクノロジーの動向／ナノ粒子合成（超臨界流体を利用したナノ微粒子創製／超臨界水熱合成／マイクロエマルションとナノマテリアル　他）／ナノ構造制御／超臨界流体材料合成プロセスの設計（超臨界流体を利用した材料製造プロセスの数値シミュレーション　他）／索引
執筆者：猪股　宏・岩井芳夫・古屋　武　他42名

スピンエレクトロニクスの基礎と応用
監修／猪俣浩一郎
ISBN978-4-7813-0162-4　　　　B905
A5判・325頁　本体4,600円＋税（〒380円）
初版2004年7月　普及版2010年1月

構成および内容：【基礎】巨大磁気抵抗効果／スピン注入・蓄積効果／磁性半導体の光磁化と光操作／配列ドット格子と磁気物性　他【材料・デバイス】ハーフメタル薄膜とTMR／スピン注入による磁化反転／室温強磁性半導体／磁気抵抗スイッチ効果　他【応用】微細加工技術／Development of MRAM／スピンバルブトランジスタ／量子コンピュータ　他
執筆者：宮﨑照宣・髙橋三郎・前川禎通　他35名

光時代における透明性樹脂
監修／井手文雄
ISBN978-4-7813-0161-7　　　　B904
A5判・194頁　本体3,600円＋税（〒380円）
初版2004年6月　普及版2010年1月

構成および内容：【総論】透明性樹脂の動向と材料設計【材料と技術各論】ポリカーボネート／シクロオレフィンポリマー／非複屈折性脂環式アクリル樹脂／全フッ素樹脂とPOFへの応用／透明ポリイミド／エポキシ樹脂／スチレン系ポリマー／ポリエチレンテレフタレート　他【用途展開と展望】光通信／光部品用接着剤／光ディスク　他
執筆者：岸本祐一郎・秋原　勲・橘本昌和　他12名

粘着製品の開発
―環境対応と高機能化―
監修／地畑健吉
ISBN978-4-7813-0160-0　　　　B903
A5判・246頁　本体3,400円＋税（〒380円）
初版2004年7月　普及版2010年1月

構成および内容：総論／材料開発の動向と環境対応（基材／粘着剤／剥離剤および剥離ライナー）／塗工技術／粘着製品の開発動向と環境対応（電気・電子関連用粘着製品／建築・建材関連用／医療関連用／表面保護用／粘着ラベルの環境対応／構造用接合テープ）／特許から見た粘着製品の開発動向／各国の粘着製品市場とその動向／法規制
執筆者：西川一哉・福田雅之・山本宜延　他16名

液晶ポリマーの開発技術
―高性能・高機能化―
監修／小出直之
ISBN978-4-7813-0157-0　　　　B902
A5判・286頁　本体4,000円＋税（〒380円）
初版2004年7月　普及版2009年12月

構成および内容：【発展】【高性能材料としての液晶ポリマー】樹脂成形材料／繊維／成形品【高機能性材料としての液晶ポリマー】電気・電子機能（フィルム／高熱伝導性材料）／光学素子（棒状高分子液晶／ハイブリッドフィルム）／光記録材料【トピックス】液晶エラストマー／液晶性有機半導体での電荷輸送／液晶性共役系高分子　他
執筆者：三原隆志・井上俊英・真壁芳樹　他15名

※書籍をご購入の際は、最寄りの書店にご注文いただくか、㈱シーエムシー出版のホームページ（http://www.cmcbooks.co.jp/）にてお申し込み下さい。

CMCテクニカルライブラリーのご案内

CO₂固定化・削減と有効利用
監修／湯川英明
ISBN978-4-7813-0156-3　B901
A5判・233頁　本体3,400円+税（〒380円）
初版2004年8月　普及版2009年12月

構成および内容：【直接的技術】CO_2隔離・固定化技術（地中貯留／海洋隔離／大規模緑化／地下微生物利用）／CO_2分離・分解技術／CO_2有効利用【CO_2排出削減関連技術】太陽光利用（宇宙空間利用発電／化学的水素製造／生物的水素製造）／バイオマス利用（超臨界流体利用技術／燃焼技術／エタノール生産／化学品・エネルギー生産　他）
執筆者：大隅多加志／村井重夫／富澤健一　他22名

フィールドエミッションディスプレイ
監修／齋藤弥八
ISBN978-4-7813-0155-6　B900
A5判・218頁　本体3,000円+税（〒380円）
初版2004年6月　普及版2009年12月

構成および内容：【FED 研究開発の流れ】歴史／構造と動作　他【FED 用冷陰極】金属マイクロエミッタ／カーボンナノチューブエミッタ／横型薄膜エミッタ／ナノ結晶シリコンエミッタ BSD／MIM エミッタ／転写モールド法によるエミッタアレイの作製【FED 用蛍光体】電子線励起用蛍光体【イメージセンサ】高感度撮像デバイス／赤外線センサ
執筆者：金丸正則／伊藤茂生／田中　満　他16名

バイオチップの技術と応用
監修／松永　是
ISBN978-4-7813-0154-9　B899
A5判・255頁　本体3,800円+税（〒380円）
初版2004年6月　普及版2009年12月

構成および内容：【総論】【要素技術】アレイ・チップ材料の開発（磁性ビーズを利用したバイオチップ／表面処理技術　他）／検出技術開発／バイオチップの情報処理技術【応用・開発】DNA チップ／プロテインチップ／細胞チップ（発光微生物を用いた環境モニタリング／免疫診断用マイクロウェルアレイ細胞チップ　他）／ラボオンチップ
執筆者：岡村好子／田中　剛／久本秀明　他52名

水溶性高分子の基礎と応用技術
監修／野田公彦
ISBN978-4-7813-0153-2　B898
A5判・241頁　本体3,400円+税（〒380円）
初版2004年5月　普及版2009年11月

構成および内容：【総論】概説【用途】化粧品・トイレタリー／繊維・染色加工／塗料・インキ／エレクトロニクス工業／土木・建築／用廃水処理【応用】ドラッグデリバリーシステム／水溶性フラーレン／クラスターデキストリン／極細繊維製造への応用／ポリマー電池・バッテリーへの高分子電解質の応用／海洋環境再生のための応用　他
執筆者：金田　勇／川副智行／堀江誠司　他21名

機能性不織布
―原料開発から産業利用まで―
監修／日向　明
ISBN978-4-7813-0140-2　B896
A5判・228頁　本体3,200円+税（〒380円）
初版2004年5月　普及版2009年11月

構成および内容：【総論】原料の開発（繊維の太さ・形状・構造／ナノファイバー／耐熱性繊維　他）／製法（スチームジェット技術／エレクトロスピニング法　他）／製造機器の進展【応用】空調エアフィルタ／自動車関連／医療・衛生材料（貼付剤／マスク）／電気材料／新用途展開（光触媒空気清浄機／生分解性不織布）
執筆者：松尾達樹／谷岡明彦／夏原豊和　他30名

RF タグの開発技術 II
監修／寺浦信之
ISBN978-4-7813-0139-6　B895
A5判・275頁　本体4,000円+税（〒380円）
初版2004年5月　普及版2009年11月

構成および内容：【総論】市場展望／リサイクル／EDI と RF タグ／物流【標準化、法規制の現状と今後の展望】ISO の進展状況　他【政府の今後の対応方針】ユビキタスネットワーク　他【各事業分野での実証試験及び適用検討】出版業界／食品流通／空港手荷物／証券業界／諸団体の活動／郵便事業への活用　他【チップ・実装】微細 RFID　他
執筆者：藤浪　啓／藤本　淳／若泉和彦　他21名

有機電解合成の基礎と可能性
監修／淵上寿雄
ISBN978-4-7813-0138-9　B894
A5判・295頁　本体4,200円+税（〒380円）
初版2004年4月　普及版2009年11月

構成および内容：【基礎】研究手法／有機電極反応論　他【工業的利用の可能性】生理活性天然物の電合成／有機電解法による不均一還元／選択的電解フッ素化／金属錯体を用いる有機電解合成／電解重合／超臨界 CO_2 を用いる有機電解合成／イオン性液体中での有機電解反応／電極触媒を利用する有機電解合成／超音波照射下での有機電解反応
執筆者：跡部真人／田嶋稔樹／木瀬直樹　他22名

高分子ゲルの動向
―つくる・つかう・みる―
監修／柴山充弘／梶原莞爾
ISBN978-4-7813-0129-7　B892
A5判・342頁　本体4,800円+税（〒380円）
初版2004年4月　普及版2009年10月

構成および内容：【第1編　つくる・つかう】環境応答（微粒子合成／キラルゲル　他）／力学・摩擦（ゲルダンピング材　他）／医用（生体分子応答性ゲル／DDS 応用　他）／産業（高吸水性樹脂　他）／食品・日用品（化粧品　他）他【第2編　みる・つかう】小角 X 線散乱によるゲル構造解析／中性子散乱／液晶ゲル／熱測定・食品ゲル／NMR
執筆者：青島貞人／金岡鐘局／杉原伸治　他31名

※ 書籍をご購入の際は、最寄りの書店にご注文いただくか、
㈱シーエムシー出版のホームページ（http://www.cmcbooks.co.jp/）にてお申し込み下さい。

CMCテクニカルライブラリーのご案内

静電気除電の装置と技術
監修／村田雄司
ISBN978-4-7813-0128-0　　　B891
A5判・210頁　本体3,000円＋税（〒380円）
初版2004年4月　普及版2009年10月

構成および内容：【基礎】自己放電式除電器／ブロワー式除電装置／光照射除電装置／大気圧グロー放電を用いた除電／除電効果の測定機器　他【応用】プラスチック・粉体の除電と問題点／軟X線除電装置の安全性と適用法／液晶パネル製造工程における除電技術／湿度環境改善による静電気障害の予防　他【付録】除電装置製品例一覧
執筆者：久本　光／水谷　豊／菅野　功　他13名

フードプロテオミクス
―食品酵素の応用利用技術―
監修／井上國世
ISBN978-4-7813-0127-3　　　B890
A5判・243頁　本体3,400円＋税（〒380円）
初版2004年3月　普及版2009年10月

構成および内容：食品酵素化学への期待／糖質関連酵素（麹菌グルコアミラーゼ／トレハロース生成酵素　他）／タンパク質・アミノ酸関連酵素（サーモライシン／システイン・ペプチダーゼ　他）／脂質関連酵素／酸化還元酵素（スーパーオキシドジスムターゼ／クルクミン還元酵素　他）／食品分析と食品加工（ポリフェノールバイオセンサー　他）
執筆者：新田康則／三宅英雄／秦　洋二　他29名

美容食品の効用と展望
監修／猪居　武
ISBN978-4-7813-0125-9　　　B888
A5判・279頁　本体4,000円＋税（〒380円）
初版2004年3月　普及版2009年9月

構成および内容：総論（市場　他）／美容要因とそのメカニズム（美白／美肌／ダイエット／抗ストレス／皮膚の老化／男性型脱毛）／効用と作用物質（ビタミン／アミノ酸・ペプチド・タンパク質／脂質／カロテノイド色素／植物性成分／微生物成分（乳酸菌、ビフィズス菌）／キノコ成分／無機成分／特許から見た企業別技術開発の動向／展望
執筆者：星野　拓／宮本　達／佐藤友里恵　他24名

土壌・地下水汚染
―原位置浄化技術の開発と実用化―
監修／平田健正／前川統一郎
ISBN978-4-7813-0124-2　　　B887
A5判・359頁　本体5,000円＋税（〒380円）
初版2004年4月　普及版2009年9月

構成および内容：【総論】原位置浄化技術について／原位置浄化の進め方【基礎編-原理、適用事例、注意点-】原位置抽出法／原位置分解法【応用編】浄化技術（土壌ガス・汚染地下水の処理技術／重金属等の原位置浄化技術／バイオベンティング・バイオスラーピング工法　他）／実際事例（ダイオキシン類汚染土壌の現地無害化処理　他）
執筆者：村田正敏／手塚裕樹／奥村興平　他48名

傾斜機能材料の技術展開
編集／上村誠一／野田泰稔／篠原嘉一／渡辺義見
ISBN978-4-7813-0123-5　　　B886
A5判・361頁　本体5,000円＋税（〒380円）
初版2003年10月　普及版2009年9月

構成および内容：傾斜機能材料の概観／エネルギー分野（ソーラーセル　他）／生体機能分野（傾斜機能型人工歯根　他）／高分子分野／オプトデバイス／電気・電子デバイス分野（半導体レーザ／誘電率傾斜基板　他）／接合・表面処理分野（傾斜機能構造CVDコーティング切削工具　他）／熱応力緩和機能分野（宇宙往還機の熱防護システム　他）
執筆者：鎌田正裕／野口博徳／武内浩一　他41名

ナノバイオテクノロジー
―新しいマテリアル，プロセスとデバイス―
監修／植田充美
ISBN978-4-7813-0111-2　　　B885
A5判・429頁　本体6,200円＋税（〒380円）
初版2003年10月　普及版2009年8月

構成および内容：マテリアル（ナノ構造の構築／ナノ有機・高分子マテリアル／ナノ無機マテリアル　他）／インフォーマティクス／プロセスとデバイス（バイオチップ・センサー開発／抗体マイクロアレイ／ナノマイクロ質量分析システム　他）／応用展開（ナノメディシン／遺伝子導入法／再生医療／蛍光分子イメージング　他）他
執筆者：渡邉英一／阿尻雅文／細川和生　他68名

コンポスト化技術による資源循環の実現
監修／木村俊範
ISBN978-4-7813-0110-5　　　B884
A5判・272頁　本体3,800円＋税（〒380円）
初版2003年10月　普及版2009年8月

構成および内容：【基礎】コンポスト化の基礎と要件／脱臭／コンポストの評価　他【応用技術】農業・畜産廃棄物のコンポスト化／生ごみ・食品残さのコンポスト化／技術開発と応用事例（バイオ式家庭用生ごみ処理機／余剰汚泥のコンポスト化）他【総括】循環型社会にコンポスト化技術を根付かせるために（技術的課題／政策的課題）他
執筆者：藤本　潔／西尾道徳／井上高一　他16名

ゴム・エラストマーの界面と応用技術
監修／西　敏夫
ISBN978-4-7813-0109-9　　　B883
A5判・306頁　本体4,200円＋税（〒380円）
初版2003年9月　普及版2009年8月

構成および内容：【総論】【ナノスケールで見た界面】高分子三次元ナノ計測／分子力学物性　他【ミクロで見た界面と機能】走査型プローブ顕微鏡による解析／リアクティブプロセシング／オレフィン系ポリマーアロイ／ナノマトリックス分散天然ゴム　他【界面制御と機能化】ゴム再生プロセス／水添NBR系ナノコンポジット／免震ゴム　他
執筆者：村瀬平八／森田裕史／高原　淳　他16名

※書籍をご購入の際は、最寄りの書店にご注文いただくか、
㈱シーエムシー出版のホームページ（http://www.cmcbooks.co.jp/）にてお申し込み下さい。